SÄCHSISCHE AKADEMIE DER WISSENSCHAFTEN
ZU LEIPZIG

JAHRBUCH
1985–1986

Mit 11 Tafeln und 8 Abbildungen im Text

AKADEMIE-VERLAG BERLIN
1988

Nach dem Stand vom 31. Dezember 1986
Manuskript eingeliefert am 20. Juli 1987
Druckfertig erklärt am 22. August 1988

Im Auftrage der Akademie
bearbeitet und herausgegeben
von Gerald Wiemers

ISBN 3-05-000113-5
ISSN 0080-5262

Erschienen im Akademie-Verlag, DDR-1086 Berlin, Leipziger Straße 3–4

Lizenznummer: 202 · 100/055/88
Printed in the German Democratic Republic
Gesamtherstellung: VEB Druckhaus „Maxim Gorki", 7400 Altenburg
LSV 0725
Bestellnummer: 754 683 6 (1011/85–86)
04000

INHALT

PRÄSIDIUM

Präsident

Bahner, Werner, Prof. Dr. phil., Dr. phil. h. c.

Vizepräsident

Lösche, Artur, Prof. Dr. phil., Dr. rer. nat. h. c.

Sekretar der mathematisch-naturwissenschaftlichen Klasse

Beckert, Herbert, Prof. Dr. phil., Dr. rer. nat. h. c.

Stellvertr. Sekretar der mathematisch-naturwissenschaftlichen Klasse

Oelßner, Wilhelm, Prof. Dr. med.

Sekretar der philologisch-historischen Klasse

Brüning, Eberhard, Prof. Dr. phil.

Stellvertr. Sekretar der philologisch-historischen Klasse

Lieberwirth, Rolf, Prof. Dr. jur.

Czok, Karl, Prof. Dr. phil.

SATZUNG DER AKADEMIE

siehe Jahrbuch 1969–1970 (Berlin 1972) S. 9–13

ARCHIV

7010 Leipzig, Goethestraße 3–5, Tel. 29 28 86
Leiter des Archivs: Dr. Gerald Wiemers
Wiss. Mitarbeiterin: Dr. Elisabeth Lea
Wiss.-techn. Mitarbeiterin: Beate Koch

BIBLIOTHEK

Bibliothekar im Nebenamt: Dr. Dietmar Debes, Kustos der Karl-Marx-Universität Leipzig, Universitätsbibliothek, 7010 Leipzig, Beethovenstraße 6, Tel. 3 91 33 10
Bibliothekarin im Nebenamt: Jutta Sporleder
Magazinverwalter: Paul Tottermusch

SEKRETARIAT

7010 Leipzig, Goethestraße 3–5, Tel. 28 10 81
Wiss. Sekretär: Dipl. paed. Manfred Kobialka
Leiterin für Haushaltwirtschaft: Renate Bauer
Wiss.-techn. Mitarbeiter: Petra Jung, Evelin Schöppe
Angestellte: Ursula Hodek

VERLAG DER AKADEMIE

Akademie-Verlag, 1086 Berlin, Leipziger Straße 3–4, Tel. 2 23 60

VERTRAGSHEIM DER AKADEMIE

Kurhaus 6113 Masserberg, Tel. Masserberg/Thür. 221

MITGLIEDER

(Die eingeklammerten Zahlen bedeuten das Datum der Zuwahl)

Ordentliche Mitglieder
der mathematisch-naturwissenschaftlichen Klasse

Beckert, Herbert, Dr. phil., Dr. rer. nat. h. c. (Karl-Marx-Stadt) o. em. Professor für Mathematik (Analysis) an der Karl-Marx-Universität Leipzig, Nationalpreisträger, Verdienter Hochschullehrer der DDR, Mitglied der Poggendorff-Kommission der Akademie, Inhaber des Gustav-Hertz-Preises und der Ehrennadel der Karl-Marx-Universität Leipzig, der goldenen Verdienstmedaille der Universität Olomouc und von Medaillen der Universität Helsinki, der Mathematisch-Physikalischen Fakultät der Karls-Universität Prag und der Bolzano-Medaille der Karls-Universität Prag, Mitglied der Deutschen Akademie der Naturforscher Leopoldina in Halle und Sekretar für Mathematik und Naturwissenschaften dieser Akademie, Mitglied der Mathematischen Gesellschaft der DDR und der Österreichischen Mathematischen Gesellschaft in Wien, geb. 12. X. 1920 in Colmnitz (Kreis Freital), 7113 Markkleeberg, Raschwitzerstr. 12, Tel. Leipzig 31 12 05 (17. X. 1975).

Berg, Hermann, Dr. rer. nat., Prof. für physikalische Chemie an der Akademie der Wissenschaften der DDR, Zentralinstitut für Mikrobiologie und experimentelle Therapie in Jena, Leiter der Abteilung Biophysikochemie und der URANIA-Gruppe der Akademieinstitute in Jena, Inhaber der Heyrovský-Medaille des Heyrovský-Instituts für Polarographie der Tschechoslowakischen Akademie der Wissenschaften in Prag, Mitglied der Gesellschaft für mathematische und physikalische Biologie der DDR, Vizepräsident der Bioelectrochemical Society (BES), Editor von „Bioelectrochemistry and Bioenergetics" (Elsevier), geb. 16. VII. 1924 in Greifswald, 6900 Jena, Greifbergstr. 15, 110-35, Tel. 24817 (18. VI. 1971).

Bethge, Heinz, Dr. rer. nat., Dr. rer. nat. h. c. (Karl-Marx-Stadt), Honorarprofessor für Physik an der Martin-Luther-Universität Halle—Wittenberg, Direktor des Instituts für Festkörperphysik und Elektronenmikroskopie der Akademie der Wissenschaften der DDR in Halle, Nationalpreisträger, Inhaber des Vaterländischen Verdienstordens, der Verdienstmedaille der DDR und der Carus-Medaille der Deutschen Akademie der Naturforscher Leopoldina in Halle, Hervorragender Wissenschaftler des Volkes, o. Mitglied der Akademie der Wissenschaften der DDR, korresp. Mitglied der Bayerischen Akademie der Wissenschaften in München, der Heidelberger Akademie der Wissenschaften und der Österreichischen Akademie der Wissenschaften in Wien, auswärtiges Mitglied der Bulgarischen Akademie der Wissenschaften in Sofia und der Holländischen Akademie der Wissenschaften in Haarlem, Mitglied und Präsident der Deutschen Akademie der Naturforscher Leopoldina in Halle, Mitglied der Physikalischen Gesellschaft der DDR, Ehrenmitglied der Roland Eötvös Physikalischen Gesellschaft in Ungarn, geb. 15. XI. 1919 in Magdeburg, 4020 Halle (Saale), Ginsterweg 15, Tel. 651070 (17. X. 1975).

Buchheim, Wolfgang, Dr. phil., em. o. Professor für theoretische Physik an der Bergakademie Freiberg, Inhaber der Ehrennadel der Bergakademie Freiberg, Mitglied der

Poggendorff-Kommission und der Kommission für spezielle Umweltprobleme der Akademie, Mitglied der Deutschen Akademie der Naturforscher Leopoldina in Halle, Mitglied der Permanenten Kommission für die Festerdegezeiten der Internationalen Association für Geodäsie in Strasbourg, der Goethe-Gesellschaft in Weimar, der Physikalischen Gesellschaft der DDR, der Gesellschaft für Géologische Wissenschaften der DDR, geb. 18. X. 1909 in Leipzig, 9200 Freiberg (Sachsen), Richard-Wagner-Straße 25, Tel. 48383 (7. XII. 1959).

Busch, Karl-Franz, Dr.-Ing., Dr.-Ing. E. h. (Freiberg), Diplom-Gewerbelehrer, em. o. Professor für Wasserversorgung und Abwasserbehandlung an der TU Dresden, Träger des Vaterländischen Verdienstordens in Bronze, der Hubert-Engels-Plakette und der Lohrmann-Plakette der TU Dresden, der Goldenen und Silbernen Ehrennadel der Kammer der Technik, Inhaber der Medaille zum 30. Jahrestag der Gründung der DDR, Held der Arbeit, Verdienter Techniker des Volkes, Verdienter Hochschullehrer der DDR, Mitglied der Kommission für spezielle Umweltprobleme der Akademie und der Deutschen Agrarwissenschaftlichen Gesellschaft, geb. 22. III. 1917 in Oberhausen, 8053 Dresden, Waldparkstraße 2, Tel. 334424 (25. III. 1977).

Dörter, Klaus, Dr. agr. (Wissenschaftsgebiet Grünland und Meliorationswesen sowie Landeskultur), o. Professor für landwirtschaftliche Meliorationen und Landeskultur an der Martin-Luther-Universität Halle—Wittenberg, Inhaber der Verdienstmedaille der DDR, der Erinnerungsmedaille zum 20. Jahrestag der Demokratischen Bodenreform, der Ehrennadel in Gold der Agrarwissenschaftlichen Gesellschaft, der Humboldt-Medaille in Silber, der Ehrennadel für Verdienste im sozialistischen Bildungswesen, der Thomasius-Plakette der Martin-Luther-Universität und der Erinnerungsmedaillen der Landwirtschaftlichen Hochschulen Poznań und Nitra, Mitglied und Leiter der Kommission für spezielle Umweltprobleme der Akademie, Mitglied der Agrarwissenschaftlichen Gesellschaft der DDR, der Bodenkundlichen Gesellschaft der DDR, der Internationalen Bodenkundlichen Gesellschaft in Amsterdam/Holland und der Sektion Landeskultur und Naturschutz der Akademie der Landwirtschaftswissenschaften der DDR, geb. 10. I. 1922 in Breslau, 4020 Halle (Saale), Elsa-Brändström-Straße 190, Tel. 41587 (18. VI. 1974).

Dürwald, Wolfgang, Dr. med., o. Professor für Gerichtliche Medizin an der Karl-Marx-Universität Leipzig, Direktor des Instituts für Gerichtliche Medizin im Bereich Medizin der Karl-Marx-Universität, Held der Arbeit, Verdienter Arzt des Volkes, Obermedizinalrat, Friedrich-Engels-Preisträger, Inhaber der Hufeland-Medaille in Gold, der Verdienstmedaille des Ministeriums des Inneren in Gold, der Verdienstmedaille der NVA in Silber, des Ehrenzeichens der Deutschen Volkspolizei, der Verdienstmedaille der Deutschen Reichsbahn Stufe I, der Medaille für treue Dienste im Gesundheits- und Sozialwesen in Silber und Gold, der Medaille für selbstlosen Einsatz bei Katastrophen, der Ehrennadel der Karl-Marx-Universität, der Ehrennadel der Rechtspflegeorgane in Gold, der Kopernikus-Medaille der Universität Kraków und der Richard-Kockel-Medaille der Gesellschaft für Gerichtliche Medizin der DDR, Mitglied der Internationalen Akademie für Gerichtliche und soziale Medizin, 1976—1979 Vizepräsident dieser Akademie, Mitglied der Royal Society of Medicine in London, der Gesellschaft für Gerichtliche Medizin der DDR, der Gesellschaft für Militärmedizin der DDR, der Gesellschaft für Hämatologie und Bluttransfusion der DDR, der Gesellschaft für Humangenetik der DDR und der Gesellschaft für Experimentelle Medizin der DDR, Ehrenmitglied der Allunions-Gesellschaft für Gerichtliche Medizin der UdSSR, der Gesellschaft für gerichtliche Medizin und Kriminologie der VR Polen, der ungarischen Gesellschaft für Gerichtliche Medizin, der tschechoslowakischen Gesellschaft für Gerichtliche Medizin, der Sociedad Cubana de Medicina Legal und der Sociedad de Medicina Legal in Chile, geb. 13. I. 1924 in Hagen (Westfalen), 7027 Leipzig, Naunhofer Straße 18, Tel. 8611636 (20. X. 1978).

Emons, Hans-Heinz, Dr. rer. nat., Dr. rer. nat. h. c. (Leningrad, Merseburg), o. Professor für anorganische und anorganisch-technische Chemie an der Bergakademie Freiberg, Rektor der Bergakademie Freiberg, Nationalpreisträger, Held der Arbeit, Träger des Vaterländischen Verdienstordens in Silber, der Verdienstmedaille der DDR, der Humboldt-Medaille, der Kurnakov-Medaille der Akademie der Wissenschaften der UdSSR, der Clemens-Winkler-Medaille der Chemischen Gesellschaft der DDR, der Emil-Votoček-Medaille der TH Prag, der Arthur-Becker-Medaille der Freien Deutschen Jugend in Gold und der Ehrennadel der Gesellschaft für Deutsch-Sowjetische Freundschaft in Gold, Inhaber des Carl-Schorlemmer-Preises der TH Leuna—Merseburg und des Wissenschaftspreises 1. Stufe der Bergakademie Freiberg, o. Mitglied und Vizepräsident der Akademie der Wissenschaften der DDR, o. Mitglied der Königlich-Norwegischen Wissenschaftsakademie in Trondheim, korresp. Mitglied der Norwegischen Akademie der Wissenschaften in Oslo, Mitglied des Forschungsrates der DDR in Berlin, der Chemischen Gesellschaft der DDR in Berlin, Vereinigung für Kristallographie, der Nationalen Pugwash-Gruppe der DDR, der Electrochemical Society in New York und der International Society of Electrochemistry, geb. 1. VI. 1930 in Herford (Westfalen), 9200 Freiberg, Richard-Wagner-Str. 23, Tel. 3565 (12. X. 1979).

Eßbach, Hasso, Dr. med., Dr. med. h. c. (Magdeburg), em. o. Professor für pathologische Anatomie an der Medizinischen Akademie Magdeburg und an der Deutschen Akademie für Ärztliche Fortbildung Berlin, Gründungsrektor der Medizinischen Akademie Magdeburg, Träger des Vaterländischen Verdienstordens, Inhaber des Rudolf-Virchow-Preises des Ministeriums für Gesundheitswesen, der Humboldt-Medaille des Ministeriums für Hoch- und Fachschulwesen der DDR und der Otto-v.-Guericke-Plakette der Stadt Magdeburg, Mitglied der Deutschen Gesellschaft für Pathologie in Münster, der Gesellschaft für Experimentelle Medizin der DDR in Berlin, der Gesellschaft für Pathologie der DDR in Berlin, der Gesellschaft für Neuropathologie der DDR in Leipzig, der Deutschen Gesellschaft für Elektronenmikroskopie in Düsseldorf und der Gesellschaft für Perinatale Medizin der DDR in Halle, Ehrenmitglied der Gesellschaft für Pathologie der DDR in Berlin und der Medizinischen Gesellschaft in Magdeburg, geb. 9. III. 1909 in Chemnitz, 3271 Möser über Burg bei Magdeburg, Kastanienallee 5, Tel. 274 (24. V. 1965).

Fanghänel, Egon, Dr. rer. nat., o. Professor für organische Chemie an der Technischen Hochschule „Carl Schorlemmer“ Leuna—Merseburg, Nationalpreisträger, Träger des Vaterländischen Verdienstordens in Bronze, Inhaber des Ordens „Banner der Arbeit“ und des Carl-Schorlemmer-Preises der TH „Carl Schorlemmer“ Leuna—Merseburg, Mitglied der Poggendorff-Kommission der Akademie, Mitglied und Vorsitzender der Chemischen Gesellschaft der DDR in Berlin, Mitglied des Rates für Akademische Grade und des Beirates für Chemie beim Ministerium für Hoch- und Fachschulwesen der DDR, stellvertretender Vorsitzender des Nationalkomites Chemie der DDR, Mitglied des Wissenschaftlichen Rates des Forschungsprogramms Chemie der DDR, geb. 25. VI. 1935 in Waldheim (Sachsen), 4020 Halle (Saale), Albrecht-Dürer-Str. 6, Tel. 39822 (9. X. 1981).

Freimuth, Ulrich, Dr. rer. nat., em. Professor mit Lehrstuhl für Lebensmittelchemie an der TU Dresden, Inhaber der Verdienstmedaille der DDR, der Kekulé-Medaille der Chemischen Gesellschaft, der Pettenkofer-Medaille der Gesellschaft für Allgemeine und kommunale Hygiene in der DDR und der Ehrenplakette des Zentralinstituts für Ernährung der Akademie der Wissenschaften der DDR, Mitglied der Kommission für spezielle Umweltprobleme der Akademie und der Biochemischen Gesellschaft der DDR, Ehrenmitglied der Chemischen Gesellschaft der DDR und des Fachverbandes Lebensmittelchemie dieser Gesellschaft, Ehrenmitglied der Gesellschaft für Ernährung der DDR und des Ungarischen Wissenschaftlichen Vereins für Lebensmittelindustrie, geb. 16. X. 1914 in Wismar, 8020 Dresden, Bernerstraße 1, Tel. 472266 (28. VI. 1971).

Fröhlich, Klaus, Dr. rer. nat., o. Professor für angewandte Physik an der Bergakademie Freiberg, Inhaber des Ordens „Banner der Arbeit“ und der Arthur-Becker-Medaille der Freien Deutschen Jugend in Gold, Wissenschaftlicher Rat der Forschungsrichtung „Isotope in der Natur“ der Hauptforschungsrichtung „Isotopen- und Strahlenforschung“, Nationale SCAR (Scientific Comitee on Antarctic-Research)-Gruppe der DDR, geb. 12. VI. 1937 in Großbreitenbach, 9200 Freiberg, Straße der Einheit 24c, Tel. 67613 (11. X. 1985).

Gläser, Albrecht, Dr. med., o. Professor für Chirurgie an der Martin-Luther-Universität Halle—Wittenberg, Direktor der Chirurgischen Klinik an dieser Universität, Obermedizinalrat, Träger der Ehrennadel der Karl-Marx-Universität Leipzig, Inhaber des Robert-Rößle-Preises der Gesellschaft für Geschwulstbekämpfung der DDR, seit Gründung Vorstandsmitglied und seit 1981 Vorsitzender und Mitglied der Gesellschaft für Chirurgie der DDR, der wissenschaftlichen Gesellschaft für Chirurgie in Leipzig und der wissenschaftlichen Gesellschaft für Chirurgie der Martin-Luther-Universität Halle—Wittenberg, Vorsitzender dieser Gesellschaft, Mitglied der European Association Cancer Research (EACR), geb. 27. VII. 1928 in Chemnitz, 7101 Burghausen, An der Rehwiese 12, Tel. 251183 (12. X. 1984).

Haase, Günter, Dr. rer. nat., Professor für Geographie an der Akademie der Wissenschaften der DDR, Inhaber der Verdienstmedaille der DDR und der Hermann-Haack-Medaille der Geographischen Gesellschaft der DDR, Mitglied der Deutschen Akademie der Naturforscher Leopoldina in Halle, der Sektion Landeskultur und Naturschutz der Akademie der Landwirtschaftswissenschaften der DDR, Mitglied und Vizepräsident der Geographischen Gesellschaft der DDR, Mitglied der Wissenschaftlichen Räte des Forschungsprogramms Geo- und Kosmoswissenschaften, der Hauptforschungen Geographie/Hydrologie und Ökologie bei der Akademie der Wissenschaften der DDR, der Bodenkundlichen Gesellschaft der DDR, der Gesellschaft für Geologische Wissenschaften der DDR, der Nationalkomitees für Geographie und Kartographie sowie für SCOPE bei der Akademie der Wissenschaften der DDR, der International Society of Soil Science und der International Union of Quaternary Research, geb. 16. I. 1932 in Pulsnitz (Kr. Kamenz), 7030 Leipzig, Selneckerstraße 3, Tel. 324460 (11. X. 1985).

Hänsel, Christian, Dr. rer. nat., o. Professor für allgemeine und Umweltgeophysik an der Sektion Physik der Karl-Marx-Universität Leipzig, Träger der Ehrennadel des Ministeriums für Volksbildung und der Ehrennadel der Karl-Marx-Universität Leipzig, Mitglied und Vorstandsmitglied der Meteorologischen Gesellschaft der DDR und Mitglied der Gesellschaft für Geologische Wissenschaften der DDR, geb. 12. I. 1925 in Planitz (Kr. Meißen), 7113 Markkleeberg, Friedrich-Ebert-Straße 24, Tel. 381196, dienstlich: Karl-Marx-Universität, Wissenschaftsbereich Geophysik, 7010 Leipzig, Talstraße 35, Tel. 7165389 (11. X. 1985).

Hennig, Horst, Dr. rer. nat., o. Professor für anorganische Chemie an der Karl-Marx-Universität Leipzig, Rektor dieser Universität, Inhaber der Verdienstmedaille der DDR, der Ehrennadel der Karl-Marx-Universität Leipzig und der Humboldt-Medaille der DDR in Bronze, stellvertretender Vorsitzender des Beirates für Chemie beim Ministerium für Hoch- und Fachschulwesen, stellvertretender Vorsitzender des Wissenschaftlichen Rates des Forschungsprogramms Chemie und Stellvertreter des Beauftragten für dieses Forschungsprogramm, Mitglied der Chemischen Gesellschaft der DDR, geb. 6. VI. 1937 in Leipzig, 7010 Leipzig, Straße des 18. Oktober 15, Tel. 315222 (11. X. 1985).

Hülsenberg, Dagmar, Dr. rer. oec., Dr.-Ing., o. Professor für Glas- und Keramikwerkstoffe/Glas- und Keramiktechnologie an der Technischen Hochschule Ilmenau, Präsident der Kammer der Technik, Verdienter Techniker des Volkes, Inhaber der Verdienstmedaille der DDR, der Ernst-Abbe-Medaille der KDT und der Ehrennadel der KDT in Bronze, Silber und Gold, Mitglied des Forschungsrates der DDR, des Präsidiums der KDT und der International Commission on Glass, geb. 2. XII. 1940 in Sonneberg (Thüringen), 6300 Ilmenau, Lindenberg 60/6/49, Tel. 8878 (10. X. 1986).

Jordan, Herbert, Dr. med., em. Honorarprofessor für Physiotherapie an der Friedrich-Schiller-Universität Jena, Direktor des Forschungsinstituts für Balneologie und Kurortwissenschaft Bad Elster, Verdienter Arzt des Volkes, Obermedizinalrat, Inhaber des Vaterländischen Verdienstordens in Bronze, Träger der Hufeland-Medaille in Gold und der Medaille für treue Dienste im Gesundheits- und Sozialwesen in Gold, Inhaber des Julius-Grober-Preises sowie der Medaille der Gesellschaft für Physiotherapie der DDR, Mitglied der Kommission für spezielle Umweltprobleme der Akademie, der Gesellschaften für Innere Medizin, Kardiologie und Angiologie der DDR und der Internationalen Gesellschaft für Biologische Rhythmusforschung, korresp. Mitglied der Deutschen Gesellschaft für Physikalische Medizin und Rehabilitation, Ehrenmitglied der Gesellschaft für Rheumatologie der DDR, der Medizinisch-Wissenschaftlichen Allunionsgesellschaft für Physiotherapie und Kurortologie der UdSSR, der Bulgarischen Gesellschaft für Physikalische Therapie, Kurortologie und Rehabilitation, der Československá fyziatrická spoločnost' und der Polnischen Gesellschaft für Balneologie, Bioklimatologie und Physikalische Therapie, geb. 8. XII. 1919 in Markneukirchen (Vogtland), 9933 Bad Elster, Karl-Marx-Straße 30, Tel. 467 (18. VI. 1974).

Keller, Ott-Heinrich, Dr. phil. nat., em. o. Professor für Mathematik an der Martin-Luther-Universität Halle—Wittenberg, Nationalpreisträger, Mitglied der Deutschen Akademie der Naturforscher Leopoldina in Halle, geb. 22. VI. 1906 in Frankfurt (Main), 4050 Halle (Saale), Dölauer Straße 82, Tel. 31480 (15. IX. 1958).

Krug, Herbert, Dr.-Ing., em. o. Professor für Verfahrenstechnik an der Bergakademie Freiberg, Ehrensenator der Bergakademie Freiberg, Nationalpreisträger, Inhaber der Verdienstmedaille der DDR, der Medaille zum 30. Jahrestag der Gründung der DDR, der Humboldt-Medaille in Gold, der Medaille für Verdienste in der Kohlenindustrie in Gold, der Medaille für hervorragende Leistungen im Bergbau und in der Energiewirtschaft, der Goldenen Ehrennadel der KDT, der Arthur-Becker-Medaille der Freien Deutschen Jugend in Silber, der Ehrenplakette der Stadt Freiberg in Silber, der Karl-Kegel-Medaille der ehem. Brennstofftechnischen Gesellschaft in der DDR und der Agricola-Medaille der Bergakademie Freiberg, Mitglied der wissenschaftlich-technischen Gesellschaft „Energiewirtschaft“ der KDT, geb. 10. I. 1919 in Brossen (Kreis Zeitz), 9200 Freiberg, Lindenweg 10, Tel. 47801 (20. X. 1978).

Lehmann, Nikolaus Joachim, Dr.-Ing., em. o. Professor für mathematische Kybernetik und Rechentechnik an der TU Dresden, Hervorragender Wissenschaftler des Volkes, Nationalpreisträger, Träger des Vaterländischen Verdienstordens in Bronze, des Ordens „Banner der Arbeit“, der Verdienstmedaille der NVA in Gold, der Medaille zum 30. Jahrestag der Gründung der DDR, der Gauß-Ehrenplakette des Gauß-Komitees der AdW der DDR, des Ordens „Kirill i Metodi“ 1. Stufe der VR Bulgarien, des Ehrenzeichens der Bulgarischen Akademie der Wissenschaften sowie deren Jubiläums-Medaille 1978 und des „Silver Core“ der Internationalen Föderation für Informationsverarbeitung, korresp. Mitglied der AdW der DDR, DDR-Vertreter und Vizepräsident 1980 bis 1983 der Internationalen Föderation für Informationsverarbeitung, Mitglied der Mathematischen Gesellschaft, der Gesellschaft für Informatik der DDR in Berlin und des Forschungsrates der DDR, geb. 15. III. 1921 in Camina (Sachsen), 8010 Dresden, Ernst-Thälmann-Straße 9, Tel. 4952709 (9. X. 1981).

Lösche, Artur, Dr. phil., Dr. rer. nat. h. c. (Jena), o. Professor für experimentelle Physik an der Karl-Marx-Universität Leipzig, Nationalpreisträger, Träger des Vaterländischen Verdienstordens in Silber und Bronze, Verdienter Hochschullehrer der DDR, Inhaber des Gustav-Hertz-Preises und der Ehrennadel der Karl-Marx-Universität Leipzig, Mitglied der Poggendorff-Kommission der Akademie, o. Mitglied der Akademie der Wissenschaften der DDR, Mitglied der Deutschen Akademie der Naturforscher Leopoldina in Halle, korresp. Mitglied der Société Royale des Sciences de Liège, Mitglied des Vorstandes des Groupement AMPERE (Internationale Gesellschaft für HF-Spektroskopie) und des Council der International Society of Magnetic Resonance, geb. 20. X. 1921 in Leipzig, 7027 Leipzig, Egon-Erwin-Kisch-Weg 35, Tel. 8612553 (24. V. 1965).

Müller, Fritz, Dr. med., o. Professor für Pathobiochemie an der Karl-Marx-Universität Leipzig, Direktor des Instituts für Pathologische Biochemie, Obermedizinalrat, Inhaber des Vaterländischen Verdienstordens in Bronze, des Ordens „Banner der Arbeit“, der Verdienstmedaille der DDR, des Rudolf-Virchow-Preises und des Preises für Medizin des Bezirkes Leipzig „Prof. Dr. Karl Gelbke“, Mitglied des Wissenschaftlichen Beirates für Medizin beim MHF, Beauftragter für die Hauptforschungsrichtung „Modell- und Biomembranen“, Vorstandsmitglied der Biochemischen Gesellschaft der DDR, Mitglied der Gesellschaft für Klinische Chemie und Labor-Diagnostik, geb. 28. I. 1935 in Altenburg, 7030 Leipzig, Heilemannstraße 29, Tel. 312592 (9. X. 1981).

Oelßner, Wilhelm, Dr. med., em. o. Professor für Radiologie an der Karl-Marx-Universität Leipzig, Obermedizinalrat, Verdienter Arzt des Volkes, Träger des Vaterländischen

Verdienstordens in Bronze und der Ehrennadel der Karl-Marx-Universität Leipzig, Inhaber der Ehrenplakette der Deutschen Gesellschaft für klinische Medizin und des Robert-Rößle-Preises der Gesellschaft für Geschwulstbekämpfung der DDR, Mitglied der Deutschen Akademie der Naturforscher Leopoldina in Halle, Ehrenmitglied der Gesellschaft für Medizinische Radiologie der DDR, der Deutschen Röntgengesellschaft und der Tschechoslowakischen Radiologischen Gesellschaft, geb. 3. III. 1920 in Leipzig, 7124 Holzhausen (Sachsen), Richard-Wagner-Straße 15, Tel. Liebertwolkwitz 2363 (17. X. 1975).

Parthier, Benno, Dr. rer. nat., Professor für Molekularbiologie an der Akademie der Wissenschaften der DDR, Abteilungsleiter im Institut für Biochemie der Pflanzen in Halle, Inhaber der Verdienstmedaille der DDR, Mitglied und Präsidiumsmitglied (Sekretar für Mathematik und Naturwissenschaften) der Deutschen Akademie der Naturforscher Leopoldina in Halle, korresp. Mitglied der Akademie der Wissenschaften der DDR, Koordinator der Hauptforschungsrichtung „Grundlagen der pflanzlichen Prozeßsteuerung und der Phytopharmakologie", Mitglied der Biochemischen Gesellschaft der DDR sowie der Biologischen Gesellschaft in der DDR und Vorstandsmitglied in deren Sektion Biochemie und Physiologie der Pflanzen, Mitglied der American Society of Photobiology, geb. 21. VIII. 1932 in Holleben (Saalkreis), 4050 Halle (Saale), Am Birkenwäldchen 7, Tel. 31990 (20. X. 1978).

Penzlin, Heinz, Dr. rer. nat., o. Professor für Tierphysiologie an der Friedrich-Schiller-Universität Jena, Inhaber der Ehrennadel des Ministeriums für Volksbildung und der Ehrennadel für Verdienste im sozialistischen Bildungswesen, Präsident der Biologischen Gesellschaft der DDR, Mitglied der Gesellschaft für Neurowissenschaften der DDR, des Wissenschaftlichen Beirates Biologie beim Ministerium für Hoch- und Fachschulwesen, des Nationalkomitees Biowissenschaften bei der Akademie der Wissenschaften der DDR, der European Neuroscience Association (ENA) und der International Brain Research Organisation (IBRO) der UNESCO, geb. 26. I. 1932 in Waren (Müritz), 6900 Jena, Jenertal 21, Tel. 26820 (9. X. 1981).

Ries, Werner, Dr. med., o. Professor für innere Medizin-Gerontologie an der Karl-Marx-Universität Leipzig, Obermedizinalrat, Träger der Hufeland-Medaille in Gold, der Ehrennadel der Karl-Marx-Universität Leipzig, der Max-Bürger-Medaille der Gesellschaft für Innere Medizin der DDR, der Theodor-Brugsch-Medaille des Koordinierungsrates der medizinisch-wissenschaftlichen Gesellschaften der DDR, des Preises für Medizin „Dr. Margarete Blank" der Stadt Leipzig, der Reiman-Medaille für präventive Medizin der Slowakischen Ärzte-Gesellschaft in Bratislava und des Ehrenpreises der Gesellschaft für Gerontologie der DDR, Mitglied der Gesellschaft für Innere Medizin der DDR, der Gesellschaft für Gerontologie der DDR, der Gesellschaft für Ernährung der DDR und der Gesellschaft für Endokrinologie und Stoffwechselkrankheiten der DDR, Ehrenmitglied der Sektion Ernährung der Bulgarischen Wissenschaftlichen Gesellschaft, der Gesellschaft für Gerontologie der DDR und Vorstandsmitglied dieser Gesellschaft, geb. 20. III. 1921 in Nürnberg, 7030 Leipzig, Hermann-Schein-Straße 3, Tel. 320939 (25. III. 1977).

Rösler, Hans Jürgen, Dr. rer. nat., em. o. Professor für Mineralogie und Geochemie an der Bergakademie Freiberg, Ehrensenator der Bergakademie Freiberg, Verdienter

Hochschullehrer der DDR, Inhaber der Verdienstmedaille der DDR, der Medaille für hervorragende Leistungen in der Geologie der DDR, der Pablo-Neruda-Gedenkmedaille, der Ehrennadel der Bergakademie Freiberg und der Abraham-Gottlob-Werner-Nadel der Gesellschaft für Geologische Wissenschaften der DDR, Inhaber von Wissenschaftspreisen 1. und 2. Stufe der Bergakademie Freiberg, Träger der Serge-von-Bubnoff-Medaille der Gesellschaft für Geologische Wissenschaften der DDR, Mitglied der International Association on the Genesis of Ore Deposits und des Nationalen Komitees für Mineralogie, Mitglied des Rates für Geo- und Kosmoswissenschaften der Akademie der Wissenschaften der DDR und des Wissenschaftlichen Beirates für Geologische Wissenschaften des Ministeriums für Hoch- und Fachschulwesen der DDR, Mitglied und Vorsitzender des Nationalen Komitees für Geochemie und Ehrenmitglied der Gesellschaft für Geologische Wissenschaften der DDR, geb. 14. V. 1920 in Braschen (Kreis Crossen/Oder), 9200 Freiberg, Silberhofstraße 11, Tel. 47855 (9. X. 1981).

Sachsenweger, Rudolf, Dr. med., em. o. Professor für Augenheilkunde an der Karl-Marx-Universität Leipzig, Verdienter Arzt des Volkes, ehem. Präsident und Mitglied des European Ophthalmological Council, Inhaber des von-Graefe-Preises der Deutschen Ophthalmologischen Gesellschaft (Heidelberg), Mitglied und Senatsmitglied der Deutschen Akademie der Naturforscher Leopoldina in Halle, Ehrenmitglied der Gesellschaft der Augenärzte der DDR, Mitglied (em.) des Internationalen Gonin-Klubs in Lausanne, des International Council of Ophthalmology und der Französischen Ophthalmologischen Gesellschaft in Paris, Ehrenmitglied der Europäischen Strabismologischen Gesellschaft und der Europäischen Glaukomgesellschaft, Mitglied (em.) der Academia Ophthalmologica Internationalis in Chicago, Ehrenmitglied der Academia Barraquer in Barcelona und der Deutschen Ophthalmologischen Gesellschaft in Heidelberg, Ehrenvorsitzender der Sächsischen Gesellschaft für Augenheilkunde und der Wolgograder Ophthalmologischen Gesellschaft, geb. 29. II. 1916 in Nahlendorf (Kreis Querfurt), 7030 Leipzig, Heinzelmannweg 12, Tel. 8611971 (10. X. 1980).

Scharf, Joachim-Hermann, Dr. med., Dr. rer. nat., Dr. med. h. c. (Poznań), o. Professor für Anatomie, Histologie und Embryologie an der Martin-Luther-Universität Halle—Wittenberg, Inhaber der Verdienstmedaille der Deutschen Akademie der Naturforscher Leopoldina in Halle, der Medaillen „Leningrad — gorod geroj" der Stadt Leningrad und „Quondam ordo" der Medizinischen Akademie Poznań, der Gauß-Ehrenplakette des Gauß-Komitees der AdW der DDR und der Karl-Lohmann-Medaille des Koordinierungsrates der Medizinisch-Wissenschaftlichen Gesellschaften der DDR, Mitglied der Deutschen Akademie der Naturforscher Leopoldina in Halle, Director Ephemeridum dieser Akademie, korresp. Mitglied der math.-nat. Klasse der Akademie der Wissenschaften und der Literatur in Mainz, Mitglied und Präsident 1984/85 der Internationalen Anatomischen Gesellschaft, Mitglied der International Biometric Society in Washington, der Gesellschaft für physikalische und mathematische Biologie der DDR, der Mathematischen Gesellschaft der DDR und der Neuen Bachgesellschaft (Sitz Leipzig), Honorary Fellow of the Royal Microscopical Society in Oxford, Ehrenmitglied der Gesellschaft der Anatomen, Histologen und Embryologen der UdSSR in Moskau, der Gesellschaft für Anatomie der DDR in Berlin, der Gesellschaft für Topochemie und Elektronenmikroskopie der DDR und der Ungarischen Gesellschaft der Anatomen, Histologen und Embryologen in Budapest, geb. 7. XI. 1921 in Nebra (Unstrut), 4020 Halle (Saale), Kurallee 12, Post: 4010 Halle (Saale), Postschließfach 302, Tel. 28389 (9. X. 1981).

Schubert, Manfred, Dr.-Ing., o. Professor für Verfahrenstechnik an der TU Dresden, Inhaber des Vaterländischen Verdienstordens in Bronze und Silber, des Ordens „Banner der Arbeit“, des Ehrentitels „Verdienter Techniker des Volkes“, der Arthur-Becker-Medaille der Freien Deutschen Jugend in Gold, der Medaille zum 30. Jahrestag der Gründung der DDR, der Ernst-Abbe-Medaille der KDT und des Preises der TU Dresden 1. Stufe, korresp. Mitglied der Akademie der Wissenschaften der DDR, Präsident der Kammer der Technik, geb. 30. III. 1930 in Reichenstein (Schlesien), 8046 Dresden, Max-Kayser-Straße 22, Tel. 2231819 (9. X. 1981). † 7. VIII. 1987 in Berlin.

Strack, Erich, Dr. med., Dr. phil., Dr. med. h. c. (Leipzig und Rostock), Dr. rer. nat. h. c. (Leipzig), Diplom-Chemiker, em. Professor mit Lehrstuhl für physiologische Chemie an der Karl-Marx-Universität Leipzig, Nationalpreisträger, Träger des Vaterländischen Verdienstordens und der Fritz-Gietzel-Medaille der Humboldt-Universität Berlin, Mitglied der Kommission für spezielle Umweltprobleme der Akademie, Mitglied der Deutschen Akademie der Naturforscher Leopoldina in Halle, Ehrenmitglied der Biochemischen Gesellschaft in der DDR, Ehrensenator der Karl-Marx-Universität Leipzig, geb. 20. XI. 1897 in Wollin (Pommern), 7010 Leipzig, Philipp-Rosenthal-Straße 19, Tel. 322081 (14. II. 1949).

Stubbe, Hans, Dr. agr., Dr. agr. h. c. (Berlin, Jena, Kraków), Dr. rer. nat. h. c. (Halle), Dr. sc. h. c. (Brno), em. Professor mit Lehrstuhl für allgemeine und spezielle Genetik an der Martin-Luther-Universität Halle—Wittenberg, Nationalpreisträger, Hervorragender Wissenschaftler des Volkes, Träger des Vaterländischen Verdienstordens mit Ehrenspange, des Ordens „Banner der Arbeit“, des Sterns der Völkerfreundschaft, der Helmholtz-Medaille der Akademie der Wissenschaften der DDR, der Darwin-Plakette der Deutschen Akademie der Naturforscher Leopoldina, der Alexander-von-Humboldt-Gedenkmedaille der DDR, der Gregor-Mendel-Medaille der Tschechoslowakischen Akademie der Wissenschaften, der Erwin-Baur-Medaille der Akademie der Landwirtschaftswissenschaften der DDR und der Purkyně-Medaille der Universität Brno, Ehrenpräsident der Akademie der Landwirtschaftswissenschaften der DDR, o. Mitglied der Akademie der Landwirtschaftswissenschaften der DDR, o. Mitglied der Akademie der Wissenschaften der DDR, em. Direktor des Zentralinstituts für Genetik und Kulturpflanzenforschung Gatersleben dieser Akademie, Mitglied der Deutschen Akademie der Naturforscher Leopoldina in Halle, ausländ. Mitglied der W.-I.-Lenin-All-Unions-Akademie für Landwirtschaftswissenschaften in Moskau, der Rumänischen Akademie der Wissenschaften in Bukarest, der Bulgarischen Akademie der Wissenschaften und der Bulgarischen Akademie der Landwirtschaftswissenschaften in Sofia, der Polnischen Akademie der Wissenschaften in Warschau, Ehrenmitglied der Ungarischen Akademie der Wissenschaften in Budapest, der All-Unions Botanischen Gesellschaft der UdSSR, der Schwedischen Saatzuchtgesellschaft Svalöf, der Mendel-Gesellschaft in Lund, der Biologischen Gesellschaft und der Agrarwissenschaftlichen Gesellschaft in der DDR, geb. 7. III. 1902 in Berlin, 4325 Gatersleben, Schmiedestraße 1, Tel. 50 (13. II. 1950).

Uhlmann, Armin, Dr. rer. nat., o. Professor für theoretische Physik an der Karl-Marx-Universität Leipzig, Nationalpreisträger, Inhaber des Vaterländischen Verdienstordens in Gold, der Ehrennadel der Karl-Marx-Universität Leipzig, der Ehrennadel des Vereinigten Instituts für Kernforschung (VIK) in Dubna (UdSSR), des Gustav-Hertz-Preises der Karl-Marx-Universität Leipzig, der Gauß-Ehrenplakette des Gauß-Komitees der Akademie der Wissenschaften der DDR und der Humboldt-Medaille in Gold, o. Mitglied der Akademie der Wissenschaften der DDR, Mitglied der International Association of Mathematical Physics (IAMP), der Physikalischen Gesellschaft in der DDR und der Mathematischen Gesellschaft in der DDR, Direktor des „Interdisziplinären Seminars für den wissenschaftlichen Nachwuchs", geb. 19. II. 1930 in Chemnitz, 7010 Leipzig, Straße des 18. Oktober 28, Tel. 208536 (9. X. 1981).

Uhlmann, Dietrich, Dr. rer. nat., Professor für Hydrobiologie an der TU Dresden, Mitglied der Kommission für spezielle Umweltprobleme der Akademie, Träger der Medaille „De limnologia optime merito" der International Association of Theoretical and Applied Limnology (SIL), Executive Vice President der SIL, Mitglied des Scientific Council des International Centre for Advanced Environmental Studies, Como, Nationaler Korrespondent im Wissenschaftlichen Komitee für Umweltfragen (SCOPE) des International Council of Scientific Unions (ICSU), Mitglied des Nationalkomitees der DDR für das Internationale Hydrologische Programm (IHP), des Nationalkomitees für das Programm "Man and Biosphere" (MAB), des Advisory Committee der Indian Society of Limnology (ISL), Herausgeber der „Internationalen Revue der gesamten Hydrobiologie" in Berlin, geb. 4. VIII. 1930 in Chemnitz, 8021 Dresden, Schlüterstraße 19, Tel. 32856 (28. VI. 1971).

Watznauer, Adolf, Dr. rer. nat., em. Professor für Geologie an der Bergakademie Freiberg, Hervorragender Wissenschaftler des Volkes, Inhaber des Fourmarier-Preises (1972) in Gold der Académie Royale des Sciences, des Lettres et des Beaux-Arts de Belgique in Brüssel, der Cothenius-Medaille der Deutschen Akademie der Naturforscher Leopoldina, der Humboldt-Medaille, der silbernen Ehrennadel der Gesellschaft für Geologische Wissenschaften der DDR, der Gustav-Steinmann-Medaille der Internationalen Geologischen Vereinigung und der Agricola-Medaille der Bergakademie Freiberg, Mitglied der Kommission für spezielle Umweltprobleme der Akademie, o. Mitglied der Akademie der Wissenschaften der DDR und Mitglied der Klassen „Umweltschutz und Umweltgestaltung", „Physik in Naturwissenschaft und Technik" und „Geo- und Kosmoswissenschaften" dieser Akademie, Mitglied der Deutschen Akademie der Naturforscher Leopoldina in Halle, korresp. Mitglied der Geologischen Gesellschaft in Wien, Ehrenmitglied der Geologischen Gesellschaft der ČSSR, der Gesellschaft für Geologische Wissenschaften der DDR und der Ungarischen Geologischen Gesellschaft, geb. 29. IV. 1907 in Reichenberg in Böhmen, 9031 Karl-Marx-Stadt, Dieselstraße 8/31-35-53, Postschließfach 30 (18. XII. 1972).

Woschni, Eugen-Georg, Dr.-Ing., Dr.-Ing. E. h. (Dresden), Diplom-Ingenieur, o. Professor für Schwachstromtechnik, Elektronik und Meßtechnik an der TU Karl-Marx-Stadt, Träger des Vaterländischen Verdienstordens in Gold, der Verdienstmedaille der DDR und der Ehrennadel der KDT in Silber, korresp. Mitglied der Akademie der Wissenschaften der DDR, Mitglied der Physikalischen Gesellschaft der DDR und der Gesellschaft für Informatik der DDR, Vorstandsmitglied der Wissenschaftlichen Gesellschaft für Meß- und Automatisierungstechnik der DDR und des Forschungsrates der DDR, Vertreter der DDR im TC I der Internationalen Meßtechnischen Konföderation (IMEKO), Verdienter Hochschullehrer der DDR und Verdienter Techniker des Volkes, stellvertretender Vorsitzender des Wissenschaftlichen Beirates Elektroingenieurwesen beim Ministerium für Hoch- und Fachschulwesen der DDR, geb. 18. II. 1929 in Berlin, 8051 Dresden, Sonnenleite 4, Tel. 36729, dienstlich: TU Karl-Marx-Stadt, Sektion Informationstechnik, 9010 Karl-Marx-Stadt, PF 964, Reichenhainer Straße 70, Tel. 5610/9 (11. X. 1985).

Wußing, Hans, Dr. rer. nat., o. Professor für Geschichte der Mathematik und der Naturwissenschaften am Karl-Sudhoff-Institut der Karl-Marx-Universität Leipzig, Inhaber der Alexander-von-Humboldt-Medaille der DDR, der Nicolaus-Copernicus-Medaille der Polnischen Akademie der Wissenschaften in Warschau, der Carl-Friedrich-Gauß-Medaille und der Leonhard-Euler-Medaille der Akademie der Wissenschaften der DDR und der Ehrennadel der Karl-Marx-Universität Leipzig, Mitglied der Internationalen Akademie für Geschichte der Wissenschaften in Paris, der Mathematischen Gesellschaft der DDR in Berlin und der Medizinhistorischen Gesellschaft der DDR in Berlin, Ehrenmitglied der Bulgarischen Gesellschaft für Medizingeschichte, der Mexikanischen Gesellschaft für Geschichte der Wissenschaft und Technik und der Tschechoslowakischen Gesellschaft für Wissenschaftsgeschichte, Vorsitzender der Poggendorff-Kommission der Akademie, geb. 15. X. 1927 in Waldheim (Sachsen), 7022 Leipzig, Braunschweiger Straße 39, Tel. 50361 (12. X. 1984).

Auswärtige Mitglieder der mathematisch-naturwissenschaftlichen Klasse

Benetin, Ján, Dr.-Ing., Professor für Meliorationswesen an der Landwirtschaftlichen Hochschule in Nitra, Direktor des Instituts für Hydrologie und Hydraulik der Slowakischen Akademie der Wissenschaften in Bratislava, Inhaber von Gedenkmedaillen des ZK der Kommunistischen Partei der ČSSR, der Medaille für Verdienste um die Naturwissenschaften in Gold der Slowakischen Akademie der Wissenschaften in Bratislava, der Medaille für Verdienste um die biologischen Wissenschaften in Silber der Slowakischen Akademie der Wissenschaften in Bratislava, der Medaille für Verdienste um die sozialistische Erziehung des ZK des Sozialistischen Jugendverbandes der ČSSR, der Medaille der Naturwissenschaftlichen Fakultät der Universität „J. A. Komenský" in Bratislava, der Medaille der Technischen Universität in Bratislava in Gold, der Gedenkmedaille der Landwirtschaftlichen Hochschule in Brno und der Landwirtschaftlichen Hochschule in Nitra, Träger des Verdienstordens der Arbeit für die Sozialistische Landwirtschaft, Mitglied der Slowakischen Akademie der Wissenschaften in Bratislava, der Tschechoslowakischen Akademie der Landwirtschaftswissenschaften in Prag und Präsidiumsmitglied dieser Akademie, Mitglied im Kollegium der Tschechoslowakischen Akademie der Wissenschaften für Geographie, Geologie und Hydrologie in Prag und der Slowakischen Akademie der Wissenschaften für Wissenschaften der Erde und des Kosmos, Mitglied des Wissenschaftlichen Rates für das Forschungsprogramm „Der kosmische Raum, die Erde und die Nutzung der Quellen" der Tschechoslowakischen Akademie der Wissenschaften in Prag, Präsidiumsmitglied der Kommission für Wasserwirtschaft bei der Tschechoslowakischen Akademie der Wissenschaften in Prag, Vorsitzender des Tschechoslowakischen Nationalkomitees der Internationalen Gesellschaft für wissenschaftliche Hydrologie, geb. 18. VI. 1924 in Trhoviste, Kreis Michalovze (ČSR), Dienstanschrift: Institut für Hydrologie und Hydraulik bei der Slowakischen Akademie der Wissenschaften in Bratislava, Trnavská 32, 88146 Bratislava, Tel. 68497 (10. X. 1980).

Blinc, Robert, Dr. phil., o. Professor für Physik an der Universität Ljubljana, Institut „Jožef Stefan", Inhaber des Kidrič Prize for research in ferroelectric crystals, des Kidrič Prize for research in liquid crystals, des ISMAR Prize for NMR of structural phase transitions, des AVNOJ prize of Yugoslavia for contributions to physics und der Medal of Work with Golden Wreath Yugoslavia, o. Mitglied und Vizepräsident der Slowenischen Akademie der Wissenschaften und Künste, Mitglied der New York Academy of Sciences, Mitglied der Academy of Athenes, Mitglied und Vizepräsident des Groupement AMPERE (Internationale Gesellschaft für HF-Spektroskopie), Mitglied of the Council of the International Unions of Magnetic Resonance und der American Chemical Society, geb. 31. X. 1933 in Ljubljana, Yu 61000 Ljubljana, Kumanovska 1, Tel. (061) 315213; dienstlich: Univerza v Ljubljani, Institut „jožef stefan", 61 111 Ljubljana, Jamova 39, P. O. B. 53, Tel. 214-399 (8. X. 1982).

Bredt, Heinrich, Dr. med., em. o. Professor für allgemeine Pathologie und pathologische Anatomie an der Johannes-Gutenberg-Universität Mainz, Nationalpreisträger, Mitglied der Akademie der Wissenschaften und der Literatur in Mainz, auswärt. Mitglied der Akademie der Wissenschaften der DDR, Mitglied der Deutschen Akademie der Naturforscher Leopoldina in Halle, geb. 29. I. 1906 in Oberneudorf (Siebenbürgen), 6500 Mainz, Fintherlandstraße 58, Tel. 42417 (12. II. 1951).

Budevski, Evgeni Bogdanov, Dr. rer. nat., Professor für Chemie und Elektrochemie an der Bulgarischen Akademie der Wissenschaften in Sofia, Direktor des Zentrallaboratoriums für elektrische Stromquellen, Verdienter Wissenschaftler der VR Bulgarien, Inhaber des Staatspreises „Georgi Dimitrov" für Wissenschaft und der Auszeichnung „100 Jahre Bulgarische Akademie der Wissenschaften", Träger des Ordens „Kirill i Metodi" 1. und 2. Stufe, Mitglied der Bulgarischen Akademie der Wissenschaften in Sofia und der International Society of Electrochemistry (ISE), geb. 29. VII. 1922 in Sofia, Sofia 1113, Bul. Samokov 82, Tel. Institut 723454 (9. XI. 1974).

Fejes Tóth, László, Dr. phil., em. Professor, Direktor des Mathematischen Forschungsinstituts der Ungarischen Akademie der Wissenschaften in Budapest, Kossuth- und Staatspreisträger, Inhaber der Gauß-Medaille (1977) der Braunschweigischen Wissenschaftlichen Gesellschaft, Mitglied der Ungarischen Akademie der Wissenschaften in Budapest, auswärt. Mitglied der Akademie der Wissenschaften der DDR, korresp. Mitglied der Braunschweigischen Wissenschaflichen Gesellschaft, Klasse für Mathematik und Naturwissenschaften, geb. 12. III. 1915 in Szeged, 1025 Budapest, Pusztaszeri út. 32, Tel. 157261 (13. VI. 1966).

Finn, Robert, Dr., Professor für Mathematik (Analysis), geb. 8. VIII. 1922 in New York, 271 Lowell Av., Palo Alto, CA 94301; dienstlich: Stanford University, Stanford California 94305, Department of Mathematics, USA (22. III. 1985).

Hölder, Ernst, Dr. phil., em. o. Professor für Mathematik an der Johannes-Gutenberg-Universität Mainz, Inhaber der Silbernen Medaille der Universität Helsinki, auswärt. Mitglied der Akademie der Wissenschaften der DDR, Mitglied der Deutschen Akademie der Naturforscher Leopoldina in Halle, geb. 2. IV. 1901 in Leipzig, 6500 Mainz-Gonsenheim, Friedrichsstraße 36 (1. VII. 1948).

Hund, Friedrich, Dr. phil., Dr. phil. nat. h. c. (Frankfurt/Main), Dr. phil. h. c. (Uppsala), Dr. rer. nat. h. c. (Köln), em. Professor für theoretische Physik an der Georg-August-Universität Göttingen, Nationalpreisträger, Träger der Max-Planck-Medaille der Deutschen Physikalischen Gesellschaft, der Cothenius-Medaille der Deutschen Akademie der Naturforscher Leopoldina, des Otto-Hahn-Preises für Chemie und Physik und des Großen Verdienstkreuzes des Verdienstordens der Bundesrepublik Deutschland, auswärt. Mitglied der Akademie der Wissenschaften der DDR, Mitglied der Akademie der Wissenschaften in Göttingen und der Deutschen Akademie der Naturforscher Leopoldina in Halle, Ehrenmitglied der Deutschen Bunsengesellschaft für Physikalische Chemie und der Deutschen Physikalischen Gesellschaft, geb. 4. II. 1896 in Karlsruhe, 3400 Göttingen, Charlottenburgerstraße 19, Tel. (0551) 799-2009 (18. XI. 1933).

Kähler, Erich, Dr. phil., em. o. Professor für Mathematik an der Universität Hamburg, Hon.-Professor an der Technischen Universität Berlin, auswärt. Mitglied der Akademie der Wissenschaften der DDR, Mitglied der Deutschen Akademie der Naturforscher Leopoldina in Halle, auswärt. Mitglied der Accademia Nazionale dei Lincei in Rom, geb. 16. I. 1906 in Leipzig, 2000 Wedel (Holstein), Mozartstraße 42, Tel. (041 03) 865 35 (14. II. 1949).

Kaišev, Rostislav, Dr.-Ing., em. o. Professor für physikalische Chemie an der Universität Sofia, Vizepräsident der Bulgarischen Akademie der Wissenschaften in Sofia, Mitglied der Deutschen Akademie der Naturforscher Leopoldina in Halle, auswärt. Mitglied der Akademie der Wissenschaften der DDR, geb. 16. II. 1908 in St. Petersburg, Universität Sofia, ul. „7. noemvri“ 1 (19. II. 1968).

Kersten, Martin, Dr.-Ing., Hon.-Professor für Physik an der Technischen Universität Carola-Wilhelmina Braunschweig, o. Mitglied der Braunschweigischen Wissenschaftlichen Gesellschaft, Klasse für Mathematik und Naturwissenschaften, Mitglied des Kuratoriums der Physikalisch-Technischen Bundesanstalt, Präsident i. R. dieser Bundesanstalt, Ehrenmitglied der Internationalen Kommission für Maß und Gewicht, geb. 28. IV. 1906 in Zittau, 3300 Braunschweig, Am Hohen Tore 4 A, Tel. (0531) 80 83 81 (14. II. 1949).

Klimaszewski, Mieczysław, Dr. phil., Dr. rer. nat. h. c. (Jena, Kiew, Bratislava, Alliance College, Cambridge Springs [USA], St. Andrews, Uppsala, Katowice), em. o. Professor für physische Geographie an der Jagiellonischen Universität Kraków, Stellvertreter des Vorsitzenden des Staatsrates der VR Polen 1965—1972, Träger des Offizierskreuzes, des Kommandeur-Kreuzes mit dem Stern Polonia Restituta und zum zweiten Mal der Standarde der Arbeit I. Klasse, Grand officier du l'Ordre de Mérite, Inhaber der Alexander-von-Humboldt-Gedenkmedaille der DDR, der Karl-Sapper-Medaille der Geographischen Gesellschaft in Würzburg, der „Patron Medal“ der Royal Geographical Society und der Medail M. Bela der Slowakischen Akademie der Wissenschaften, o. Mitglied der Polnischen Akademie der Wissenschaften in Warschau, auswärtiges Mitglied der Königlich Schwedischen Akademie der Wissenschaften in Stockholm, Mitglied der Deutschen Akademie der Naturforscher Leopoldina in Halle, der Societas Scientiarum Fennica, der Jugoslawischen Akademie der Wissenschaften und Künste in Zagreb, der Wissenschaftlichen Gesellschaft in Wrocław, der Geographischen Gesellschaft der UdSSR in Leningrad, der Koninklijk Nederlands Aardrijkskundig Genootschap in Amsterdam, der Société Belge de Géologie, de Paléontologie e d'Hydrologie in Brüssel, der Suomen Maantieteellinen Seura-Geografiska Sällskapet i Finland in Helsinki und der Magyar Földrajzi Tarsaság in Budapest, Ehrenmitglied des Wissenschaftlichen Rates der Universitäten Kiew und Jena, geb. 26. VII. 1908 in Stanisławów, 30-035 Kraków, Wyspiańskiego 3, Tel. 337573 (13. VI. 1966).

Kolotyrkin, Jakov Mikhailovič, Dr. der chemischen Wissenschaften, Dr. h. c. (Budapest), Professor für Elektrochemie und Korrosionsschutz, Direktor des Instituts für Physikalische Chemie „L. Ja. Karpov" in Moskau, Held der Sozialistischen Arbeit, Inhaber von drei Leninorden, des Ordens des Roten Arbeitsbanners, des Völkerfreundschaftsordens und des Ehrenzeichens, Träger der Goldmedaille der Tschechoslowakischen Gesellschaft für Internationale Zusammenarbeit und der Gedenkmedaille zu Ehren des 50. Jahrestages des Bestehens der Kommunistischen Partei der ČSSR, Träger des Preises des Ministerrates der UdSSR, o. Mitglied der Akademie der Wissenschaften der UdSSR, korresp. Mitglied der Jugoslawischen Akademie der Wissenschaften und Künste in Zagreb, Mitglied der Internationalen Elektrochemischen Gesellschaft, der Japanischen Gesellschaft für Korrosionsfachingenieure, der Electrochemical Society in New York, des Staatlichen Komitees für Wissenschaft und Technik der UdSSR und nationaler Sekretär der Internationalen Elektrochemischen Gesellschaft, Chefredakteur der Zeitschrift „Zaščita metallov", geb. 14. XI. 1910 im Dorf Zanino des Jarcevsker Bezirks im Smolensker Gebiet, 107120 Moskva B-120, ul. Obukha 10, Karpov-Institut, Tel. 297-32-57 (12. XI. 1971).

Maier, Wilhelm, Dr. phil., em. Professor mit Lehrstuhl für Mathematik an der Friedrich-Schiller-Universität Jena, Mitglied der Heidelberger Akademie der Wissenschaften, geb. 4. I. 1896 in Neuenbürg (Schwarzwald), 7057 Winnenden, Stormstraße 6 (5. XII. 1960).

Schmetterer, Leopold, Dr. rer. nat., Dr. rer. nat. h. c. (Université Clermont-Ferrand), o. Professor für Statistik und Honorarprofessor für Mathematik an der Universität Wien, Fellow of the Institute of Mathematical Statistics (USA), Inhaber des Förderungspreises der Stadt Wien 1952, des Österreichischen Ehrenzeichens für Wissenschaft und Kunst I. Klasse 1975, des Preises der Stadt Wien 1976, des Goldenen Ehrenzeichens für Verdienste um das Land Wien 1979, des Großen Silbernen Ehrenzeichens für Verdienste um die Republik Österreich 1980 und des Ludwig-Boltzmann-Preises (Österreichischer Staatspreis) 1980, des Schrödinger-Preises der Österreichischen Akademie der Wissenschaften 1984, Mitglied und Generalsekretär (1975—1983) der Österreichischen Akademie der Wissenschaften in Wien, auswärt. Mitglied der Akademie der Wissenschaften der DDR, Mitglied der Deutschen Akademie der Naturforscher Leopoldina in Halle, korresp. Mitglied der Bayerischen Akademie der Wissenschaften in München, Fellow der American Association of Statistics, Mitglied der American Mathematical Society, der Deutschen Mathematiker-Vereinigung (BRD) und der Österreichischen Mathematischen Gesellschaft, gewähltes Mitglied des Internationalen Statistischen Instituts in Den Haag, geb. 8. XI. 1919 in Wien, A-1030 Wien, Rennweg 45/15, Tel. 7376763 (8. X. 1982).

Shirkov, Dmitrij Vasiljevič, Dr. rer. nat., o. Professor für theoretische Physik an der Lomonossov-Universität Moskau, Sektorenleiter am Labor für theoretische Physik des Vereinigten Institutes für Kernforschung Dubna, Inhaber des Leninordens, Staatspreisträger, korresp. Mitglied der Akademie der Wissenschaften der UdSSR, geb. 3. III. 1928 in Moskau, 101000 Moskau, Hauptpostamt, Postfach 79, VIK, LTF, Tel. 9262295 (22. III. 1985).

Skrjabin, Georgij Konstantinovič, Dr. rer. nat., Professor, Generalsekretär der Akademie der Wissenschaften der UdSSR, Direktor des Akademie-Instituts für Biochemie und Physiologie der Mikroorganismen in Puščino, Staatspreisträger der UdSSR, korresp. Mitglied der Akademie der Wissenschaften der UdSSR und auswärt. Mitglied der Akademie der Wissenschaften der DDR, geb. 17. IX. 1917 in Petrograd, Moskva V-71, Leninsky prospekt 13 AN 117901, GSP (15. X. 1976).

Smiałowski, Michał, Dr.-Ing., em. o. Professor für physikalische Chemie, ehemaliges Mitglied der polnischen Pugwash-Kommission, Staatspreisträger, Träger des Ordens Sztandar Pracy I. und II. Klasse und Inhaber des Kommandeurkreuzes des Ordens Polonia Restituta, o. Mitglied der Polnischen Akademie der Wissenschaften, Mitglied der Polnischen Chemischen Gesellschaft in Warschau, der Electrochemical Society in New York, der Faraday Society in London und der Société de Chemie Physique in Paris, geb. 14. XII. 1906 in Hordynia (Ost-Galizien), 00-656 Warszawa, ul. Marszałkowska 55/73 m. 18, Tel. 283773 (12. XI. 1971).

Spitcyn, Viktor Ivanovič, Dr. chem., Dr. rer. nat. h. c. (Leipzig, Wrocław), Professor für anorganische Chemie an der Lomonossov-Universität in Moskau, Held der Sozialistischen Arbeit der UdSSR, Inhaber von fünf Leninorden, des Ordens der Oktoberrevolution und des Ordens des Roten Arbeitsbanners, Inhaber des Staatspreises (1986), o. Mitglied der Akademie der Wissenschaften der UdSSR in Moskau, Direktor des Instituts für Physikalische Chemie dieser Akademie, auswärt. Mitglied der Akademie der Wissenschaften der DDR und der Polnischen Akademie der Wissenschaften, geb. 25. IV. 1902 in Moskau, V-312 Moskau, Leninsky prospekt 31, Tel. 2320462 (24. X. 1966).

Szabó, Zoltán Gábor, Dr. rer. nat., Dr. rer. nat. h. c. (München, FU Berlin[West], Szeged, Budapest), Dr. rer. techn. h. c. (TU Wien), em. o. Professor und Direktor des Instituts für anorganische und analytische Chemie an der Eötvös-Loránd-Universität Budapest, Inhaber von zwei Staatspreisen der VR Ungarn, von zwei Goldmedaillen des Arbeitsordens der VR Ungarn, des Apáczai Csere János-Preises der VR Ungarn, der Prechtl-Medaille der Technischen Universität Wien und der Gold-Medaille der Ungarischen Akademie der Wissenschaften, o. Mitglied der Ungarischen Akademie der Wissenschaften in Budapest, korresp. Mitglied der Jugoslawischen Akademie der Wissenschaften und Künste in Zagreb, Mitglied der Deutschen Bunsengesellschaft für physikalische Chemie in Frankfurt (Main), der American Chemical Society, der Chemical Society in London (em.) und des Council of the International Congress on Catalysis, Vertreter des „The Combustion Institutes, Philadelphia, Pa" in der VR Ungarn, geb. 30. V. 1908 in Debrecen, 1118 Budapest, Somlói u. 44, Tel. 665-565 (8. VI. 1979).

Tomašov, Nikon Danilovič, Dr., Prof. für physikalische Chemie der Metalle, Korrosions- und Metallschutz, Leiter des Laboratoriums für Korrosionsforschung von Metall-Legierungen am Institut für physikalische Chemie der Akademie der Wissenschaften der UdSSR in Moskau, Verdienter Wissenschaftler der UdSSR, Träger des Roten Arbeitsbanners, Inhaber der W. R. Whitney-Auszeichnung der NACE (USA), Mitglied der International Society of Electrochemistry (ISE), geb. 24. XII. 1905 in Kiew, V-312 Moskau, Vavilov-Straße 55/7, Wohnung 48, Tel. 124-61-27; dienstlich: Institut für physikalische Chemie der Akademie der Wissenschaften der UdSSR, V-915 G. S. P. Moskau, Leninsky prospekt 31, Tel. 234-00-14, -6-29 (11. IV. 1978).

Umezawa, Hamao, Ph. D., Dr. med., Dr. med. h. c., o. Professor für Molekularbiologie und Biochemie, Direktor des Instituts für Mikrobiologische Chemie in Tokyo, Commandeur de l'ordre de la Santé Publique/France, Träger der Culture Medal from Emperor of Japan, Inhaber des Japan Acedemy Prize, des Asahi Prize, des Paul-Ehrlich-Preises, des Ludwig-Darmstaedter-Preises, des Griffuel-Preises der L'Association pour le Development de la Recherche sur le Cancer/France und des Smissman Prize der American Chemical Society, Mitglied der Japan Academy, der Deutschen Akademie der Naturforscher Leopoldina in Halle, der American Academy of Arts and Sciences in Boston, der Königlich Schwedischen Akademie in Stockholm und der Pontifical Academy of Sciences im Vatican, geb. 1. X. 1914 in Tokyo, Microbial Chemistry Research Foundation, Institute of Microbial Chemistry, 14-23 Kamiosaki 3-Chome, Shinagawa-ku, Tokyo 141, Japan, Tel. (441) 4173-4. † 25. XII. 1986 in Tokyo.

Van der Waerden, Bartel L., Dr. phil., Dr. h. c. (Athen, Leipzig), em. o. Professor für Mathematik an der Universität Zürich, Mitglied des Ordens Pour le mérite für Wissenschaft und Künste, Inhaber der Goldenen Cothenius-Medaille der Deutschen Akademie der Naturforscher Leopoldina, Mitglied der Deutschen Akademie der Naturforscher Leopoldina in Halle, korresp. Mitglied der Bayerischen Akademie der Wissenschaften in München, der Akademie der Wissenschaften in Göttingen und der Heidelberger Akademie der Wissenschaften, ausländ. Mitglied der Koninklijke Nederlandse Akademie van Wetenschappen in Amsterdam und der Académie Royale de Belgique, Ehrenmitglied der österreichischen Akademie der Wissenschaften in Wien, geb. 2. II. 1903 in Amsterdam, CH 8053 Zürich, Wiesliacher 5, Tel. 552179 (31. VIII. 1934).

Vladimirov, Vasilii Sergejevič, Dr. rer. nat., o. Professor für Mathematik, stellvertretender Direktor und Leiter der Abteilung für Mathematische Physik am Mathematischen Institut (Steklov-Institut) der Akademie der Wissenschaften der UdSSR, Staatspreisträger, Held der sozialistischen Arbeit, Inhaber der Leninorden 1975 und 1983, der Orden des Roten Arbeitsbanners 1967 und 1973, des Ordens des Vaterländischen Krieges, der Medaille „Hammer und Sichel" in Gold, der Ljapunov-Medaille in Gold und der Bernard-Bolzano-Medaille in Gold der Akademie der Wissenschaften der ČSSR, o. Mitglied der Akademie der Wissenschaften der UdSSR, der Moskauer mathematischen Gesellschaft und der Internationalen Vereinigung für mathematische Physik, geb. 9. I. 1923 in Djaglevo, Leningrader Gebiet, UdSSR, 117312 Moskau V-312, ul. Fersman 9, Wohnung 37, Tel. 124-78-64, dienstlich: UdSSR, 117966 GSP-I, Moskau V-333, ul. Vavilov 42, Steklov Mathematisches Institut, Tel. 135-14-49 (22. III. 1985).

Ždanov, German Stepanovič, Dr. phys. math., Professor für Metallphysik an der Lomonossov-Universität Moskau, Verdienter Wissenschaftler und Techniker der UdSSR, Inhaber des A. N. Bach-Preises und des D. I. Mendeleev-Preises, Vorsitzender der Kommission für Röntgenographie der Akademie der Wissenschaften der UdSSR in Moskau, Mitglied des Nationalkomitees für Kristallographie in Moskau, geb. 11. VIII. 1906 in St. Petersburg, Moskva B-234, Moskauer Staatliche Universität, Block I, W. 52, Tel. 139-16-34 (13. VI. 1966).

Ordentliche Mitglieder
der philologisch-historischen Klasse

Bahner, Werner, Dr. phil., Dr. phil. h. c. (Leipzig), Professor, Direktor des Zentralinstituts für Sprachwissenschaft bei der Akademie der Wissenschaften der DDR, Nationalpreisträger, Träger des Vaterländischen Verdienstordens in Silber und Bronze, Inhaber der Ehrennadel der Karl-Marx-Universität Leipzig, des Friedrich-Engels-Preises und der Werner-Krauss-Medaille der Akademie der Wissenschaften der DDR, Mitglied der Sprachwissenschaftlichen Kommission der Sächsischen Akademie, o. Mitglied und Vizepräsident der Akademie der Wissenschaften der DDR, Vorsitzender des Nationalkomitees für Sprachwissenschaft der DDR und des Nationalkomitees für Südosteuropäische Studien bei der Akademie der Wissenschaften der DDR, Vizepräsident des Comité International Permanent des Linguistes, Mitglied der Société de Linguistique in Paris und Strasbourg, des Comité International der Internationalen Vereinigung für Südosteuropäische Studien (AIESEE) in Bukarest und der Asociación Internacional des Hispanistas, geb. 18. VI. 1927 in Neuwiese/Erzgebirge, 7010 Leipzig, Reichsstraße 13, Post: SAW, 7010 Leipzig, Goethestraße 3—5 (24. V. 1965).

Blumenthal, Lieselotte, Dr. phil., Dr. phil. h. c. mult., em. Professor an der Akademie der Wissenschaften der DDR, Inhaberin der Goethe- und Schiller-Plakette in Gold der Nationalen Forschungs- und Gedenkstätten der klassischen deutschen Literatur in Weimar und der Ehrenplakette des Wiener Goethe-Vereins, geb. 30. IX. 1906 in Bielefeld, 7027 Leipzig, Kommandant-Prendel-Allee 107, Tel. 8612336 (5. XII. 1960).

Brüning, Eberhard, Dr. phil., o. Professor für Amerikanistik an der Karl-Marx-Universität Leipzig, Verdienter Lehrer des Volkes, Inhaber der Verdienstmedaille der DDR, der Johann-Heinrich-Pestalozzi-Medaille in Bronze, Silber und Gold, der Ehrennadel det Karl-Marx-Universität Leipzig und der Ehrennadel der Gesellschaft für deutsch-sor wjetische Freundschaft in Gold, des Gustav-Hertz-Preises der Karl-Marx-Universitäe Leipzig, korresp. Mitglied der Akademie der Wissenschaften der DDR, Mitglied de-Deutschen Shakespeare-Gesellschaft in Weimar und der Association Internationale dr Littérature Comparée (AILC), Vorstandsmitglied des Nationalkomitees für Literatur. wissenschaft bei der Akademie der Wissenschaften der DDR, Mitglied des Rates für akademische Grade beim Ministerium für Hoch- und Fachschulwesen der DDR, geb- 4. VI. 1925 in Chemnitz, 7030 Leipzig, Scheffelstraße 53, Tel. 321193 (28. VI. 1971).

Coblenz, Werner, Dr. phil., em. Honorar-Professor für Ur- und Frühgeschichte an der Karl-Marx-Universität Leipzig, em. Direktor des Landesmuseums für Vorgeschichte in Dresden, Träger des Vaterländischen Verdienstordens in Bronze, Inhaber der Verdienstmedaille der DDR, der Humboldt-Medaille der DDR in Gold, der Medaille zum 30. Jahrestag der Gründung der Deutschen Demokratischen Republik, der Leibniz-Medaille der Akademie der Wissenschaften der DDR, der Johannes-R.-Becher-Medaille des Kulturbundes der DDR in Silber und Gold, der Ehrennadel für heimatkundliche Leistungen in Gold, des Ehrenzeichens der Tausendjahrfeier des polnischen Staates, der Gottfried-Semper-Medaille der Staatlichen Kunstsammlungen Dresden, Mitglied und Leiter der Historischen Kommission der Akademie, o. Mitglied des Deutschen Archäologischen Instituts in Berlin-Dahlem, korresp. Mitglied der philosophisch-historischen Klasse der Bayerischen Akademie der Wissenschaften in München, Mitglied im Conseil

Permanent der Union Internationale des Sciences Protohistoriques et Préhistoriques, des Nationalkomitees für Ur- und Frühgeschichte der DDR, des wissenschaftlichen Beirates für Bodendenkmalpflege beim Ministerium für Hoch- und Fachschulwesen, des wissenschaftlichen Beirates für Heimatforschung beim Geographischen Institut der Akademie der Wissenschaften der DDR, Mitglied des Wissenschaftlichen Rates für Archäologie und Alte Geschichte bei der Akademie der Wissenschaften der DDR, korresp. Mitglied der Österreichischen Arbeitsgemeinschaft für Ur- und Frühgeschichte, geb. 24. V. 1917 in Pirna/Elbe, 8020 Dresden, Geystraße 6, Tel. 470916 (18. XII. 1972).

Czok, Karl, Dr. phil., o. Professor für Deutsche Regionalgeschichte an der Karl-Marx-Universität Leipzig, Träger des Ordens „Banner der Arbeit“, der Johann-Heinrich-Pestalozzi-Medaille in Silber, der Johannes-R.-Becher-Medaille in Silber und Gold und der Ehrennadel der Karl-Marx-Universität Leipzig, Mitglied der Commission internationale pour l'historie des Villes, korresp. Mitglied des Österreichischen Arbeitskreises für Stadtgeschichte, Mitglied und stellvertr. Leiter der Historischen Kommission der Akademie, Mitglied des Zentralvorstandes der Gesellschaft für Heimatgeschichte im Kulturbund der DDR und des Nationalkomitees der Historiker der DDR, geb. 12. III. 1926 in Görlitz, 7050 Leipzig, Theodor-Neubauer-Straße 21, Tel. 691311 (25. III. 1977).

Diesner, Hans-Joachim, Dr. phil., o. Professor für Alte Geschichte an der Martin-Luther-Universität Halle—Wittenberg i. R., Inhaber der Deutschen Friedensmedaille des Friedensrates der DDR in Berlin, der Johann-Heinrich-Pestalozzi-Medaille in Bronze und Silber sowie der Verdienstmedaille der DDR, Mitglied der Historischen Kommission der Akademie, korresp. Mitglied der Akademie der Wissenschaften in Göttingen, Mitglied der Fachkommission Alte Geschichte bei der Historiker-Gesellschaft der DDR, der Association Internationale des Études Patristiques in Paris, der Association Internationale d'Epigraphie Greque et Latine (AIEGL) und der International Association for the History of Religions (IAHR), geb. 21. 1. 1922 in Böhlitz-Ehrenberg bei Leipzig, 4020 Halle (Saale), August-Bebel-Straße 69, Tel. 31788 (17. X. 1975).

Dietze, Walter, Dr. phil., Dr. phil. h. c. (Leipzig), Professor, Nationalpreisträger, Träger des Vaterländischen Verdienstordens in Silber, Kunstpreisträger der Stadt Leipzig, Literatur- und Kunstpreisträger der Stadt Weimar, Inhaber der Johannes-R.-Becher-Medaille in Silber und Gold und der Johann-Heinrich-Pestalozzi-Medaille in Bronze und Silber, o. Mitglied der Akademie der Wissenschaften der DDR, Mitglied der Internationalen Vereinigung für germanische Sprach- und Literaturwissenschaften (IVG) und der Association Internationale de Littérature Comparée (AILC), geb. 22. V. 1926 in Leipzig, 5300 Weimar, Hermann-Löns-Straße 10/043 (17. X. 1975). † 11. IX. 1987 in Weimar.

Dudek, Gerhard, Dr. phil., o. Professor für Russische Literatur an der Karl-Marx-Universität Leipzig, Inhaber der Johann-Heinrich-Pestalozzi-Medaille in Gold, Mitglied der Kommission für Slawische Poetik und Stilistik beim Internationalen Slawistenkomitee, geb. 30. XII. 1922 in Groß-Peterwitz (Westpreußen), 7050 Leipzig, George-Bähr-Straße 15, 66462 (20. X. 1978).

Eichler, Ernst, Dr. phil., o. Professor für Tschechische Sprache an der Karl-Marx-Universität Leipzig, Inhaber der Johann-Heinrich-Pestalozzi-Medaille in Gold, der Kurt-Barthel-Medaille und der Ehrennadel der Karl-Marx-Universität Leipzig, Mitglied der

Historischen und der Sprachwissenschaftlichen Kommission der Akademie, des Nationalkomitees der Slawisten der DDR, Vorsitzender der Onomastischen Kommission dieses Nationalkomitees, Mitglied der Onomastischen Kommission beim Internationalen Slawistenkomitee, des International Committee of Onomastic Sciençes (ICOS) und dessen Exekutivkomitees, des Nordischen Komitees für Zusammenarbeit auf dem Gebiet der Namenforschung (NORNA), der Societas Jablonoviana in Leipzig, der Bilateralen Kommission DDR/ČSSR für Bohemistik und Slowakistik beim Ministerium für Hoch- und Fachschulwesen der DDR und des Linguistischen Arbeitskreises an der Karl-Marx-Universität Leipzig, geb. 15. V. 1930 in Mimoň (ČSR), 7031 Leipzig, Marpergerstraße 14, Tel. 4014291 (20. X. 1978).

Felix, Werner, Dr. paed., o. Professor für Musikgeschichte an der Hochschule für Musik in Leipzig, Rektor dieser Hochschule, Generaldirektor der Nationalen Forschungs- und Gedenkstätten Johann Sebastian Bach der DDR in Leipzig, Leiter der AG Musikgeschichte der Hochschulen für Musik der DDR, Träger des Vaterländischen Verdienstordens in Silber und Bronze, Inhaber der Verdienstmedaille der DDR, der Johann-Heinrich-Pestalozzi-Medaille, der Johannes-R.-Becher-Medaille in Gold, der Ehrennadel des Komponistenverbandes in Silber, des Kunstpreises der DDR, der Medaille für Verdienste um die polnische Kultur und der Franz-Liszt-Medaille 1986 der VR Ungarn, Mitglied des Verbandes der Komponisten und Musikwissenschaftler der DDR, der Chopin-Gesellschaft der DDR, Mitglied und Vorstandsmitglied der Neuen Bachgesellschaft der DDR, Mitglied des Bachkomitees der DDR, des Musikrates der DDR und seines Exekutivkomitees und Mitglied des Herausgeber-Kollegiums der Neuen Bachausgabe, korresp. Mitglied der Chopin-Gesellschaft in Warschau, geb. 30. 7. 1927 in Weißenfels, 7033 Leipzig, Otto-Schmiedt-Straße 2b, Tel. 2512602 (11. X. 1985).

Forberger, Rudolf, Dr. rer. pol., Dr. rer. oec., em. Honorarprofessor für Wirtschaftsgeschichte, Träger der Ehrennadel für heimatkundliche Leistungen in Gold und der Johannes-R.-Becher-Medaille in Gold des Kulturbundes der DDR, Mitglied der Historischen Kommission der Akademie, geb. 13. IV. 1910 in Carlsfeld (Kreis Aue), 8019 Dresden, Eibenstocker Straße 14, Tel. 334441 (17. X. 1975).

Große, Rudolf, Dr. phil., o. Professor für Deutsche Philologie an der Karl-Marx-Universität Leipzig, Inhaber des Jacob- und Wilhelm-Grimm-Preises der DDR, der Johann-Heinrich-Pestalozzi-Medaille in Silber und Gold und der Ehrennadel der Karl-Marx-Universität Leipzig, Leiter der Sprachwissenschaftlichen Kommission und Mitglied der Historischen Kommission der Akademie, o. Mitglied der Akademie der Wissenschaften der DDR, Vorsitzender der Germanisten-Kommission der DDR und der VR Polen, Mitglied des Nationalkomitees für Sprachwissenschaft der DDR, der Societas Jablonoviana in Leipzig, des Senats der Internationalen Vereinigung für Germanische Sprach- und Literaturwissenschaft, des Comité International de Dialectologie in Louvain und der Redaktion sowie des Comité International de l'Atlas Linguarum Europae (Nimègue—Pays Bas), geb. 28. VII. 1924 in Heldrungen, 7030 Leipzig, Aschenbrödelweg 36, Tel. 872957 (24. V. 1965).

Günther, Rigobert, Dr. phil., o. Professor für Geschichte des Altertums an der Karl-Marx-Universität Leipzig, Träger des Ordens „Banner der Arbeit", der Johann-Heinrich-Pestalozzi-Medaille in Gold und der Ehrennadel der Karl-Marx-Universität Leipzig,

Mitglied und Präsidiumsmitglied der Historiker-Gesellschaft der DDR, Vorsitzender der Fachkommission Alte Geschichte dieser Gesellschaft, stellvertr. Vorsitzender des Rates für Archäologie und Alte Geschichte der Akademie der Wissenschaften der DDR in Berlin, Vorsitzender des Beirats für Altertumswissenschaften beim Ministerium für Hoch- und Fachschulwesen der DDR, geb. 18. V. 1928 in Magdeburg, 7031 Leipzig, Bayreuther Straße 2, Tel. 480456 (12. X. 1984).

Hiebsch, Hans, Dr. phil., em. o. Professor für Psychologie an der Friedrich-Schiller-Universität Jena, Nationalpreisträger, Inhaber der Verdienstmedaille der DDR, der Verdienstmedaille der NVA in Silber und der Humboldt-Medaille in Silber, Mitglied der Sprachwissenschaftlichen Kommission und der Kommission für spezielle Umweltprobleme der Akademie, der Gesellschaft für Psychologie in der DDR und des Präsidiums der European Association of Experimental Social Psychology in Den Haag, geb. 10. VIII. 1922 in Bodenbach (ČSR), 6900 Jena, Professor-Ibrahim-Straße 35, Tel. 25935 (28. VI. 1971).

Kühnert, Friedmar, Dr. phil., em. o. Professor für Klassische Philologie mit besonderer Berücksichtigung der Lateinischen Sprache und Literatur an der Friedrich-Schiller-Universität Jena, Inhaber der Schiller-Medaille in Silber der Friedrich-Schiller-Universität Jena und der Theodor-Neubauer-Medaille in Silber, Mitglied des Wissenschaftlichen Rates für Archäologie und Alte Geschichte bei der Akademie der Wissenschaften der DDR und der Winckelmann-Gesellschaft der DDR, geb. 16. XI. 1924 in Dreißigacker (Kreis Meiningen), 6900 Jena, Johannisplatz 22, Tel. 24280 (18. VI. 1974).

Lehmann, Edgar, Dr. phil., Dr.-Ing. e. h. (Eidgenössische Technische Hochschule Zürich), em. Professor, Direktor i. R. des Instituts für Geographie und Geoökologie der Akademie der Wissenschaften der DDR, Nationalpreisträger, Träger des Vaterländischen Verdienstordens in Gold, Inhaber der Alexander-von-Humboldt-Gedenkmedaille der DDR, der Hermann-Haack-Medaille der Geographischen Gesellschaft der DDR, der Moritz-Wilhelm-Drobisch-Medaille der Sächsischen Akademie der Wissenschaften, der Ehrennadel der Karl-Marx-Universität Leipzig, der Gauß-Ehrenplakette, der Lajós-Loczy-Gedenkmedaille der Ungarischen Geographischen Gesellschaft und der Medaille für wissenschaftliche Verdienste der Polnischen Geographischen Gesellschaft, Mitglied der Historischen Kommission und der Kommission für spezielle Umweltprobleme der Akademie, o. Mitglied der Akademie der Wissenschaften der DDR, Mitglied des Wissenschaftlichen Rates für Grundlagen der Umweltgestaltung und des Umweltschutzes beim Präsidium dieser Akademie, Vorsitzender des Wissenschaftlichen Beirates für Heimatforschung, Mitglied des Wissenschaftlichen Rates der Hauptforschungsrichtung Geographie/Hydrologie/Meteorologie der Akademie der Wissenschaften der DDR, Mitglied der Working group „Environmental atlases" der Internationalen Geographischen Union (IGU), Ehren- und Vorstandsmitglied der Geographischen Gesellschaft der DDR, Ehrenmitglied der Geographischen Gesellschaft der UdSSR, der Polnischen Geographischen Gesellschaft und der philosophisch-historischen Klasse der Österreichischen Akademie der Wissenschaften in Wien, geb. 25. III. 1905 in Berlin, 7030 Leipzig, Prinz-Eugen-Straße 44, Tel. 311219 (7. XII. 1959).

Lerchner, Gotthard, Dr. phil., o. Professor für Deutsche Sprache der Gegenwart an der Martin-Luther-Universität Halle—Wittenberg, Träger der Ehrennadel der Karl-Marx-

Universität Leipzig, Inhaber des Forschungspreises der Martin-Luther-Universität Halle—Wittenberg, Mitglied der Sprachwissenschaftlichen Kommission der Akademie, stellvertr. Vorsitzender des Beirates für Kultur-, Kunst- und Sprachwissenschaften beim Ministerium für Hoch- und Fachschulwesen der DDR, Mitglied der Bilateralen Germanistenkommission DDR/VR Bulgarien, geb. 25. XI. 1935 in Chemnitz, 7113 Markkleeberg-Ost, Vierzigackerweg 7, Tel. Leipzig 312835 (12. X. 1984).

Lieberwirth, Rolf, Dr. jur., em. o. Professor für Deutsche Rechtsgeschichte an der Martin-Luther-Universität Halle—Wittenberg, Inhaber des Vaterländischen Verdienstordens in Bronze, der Verdienstmedaille der DDR, der Christian-Thomasius-Plakette und der Erinnerungsmedaille in Bronze der Martin-Luther-Universität Halle—Wittenberg sowie der Wilhelm-Külz-Ehrennadel der LDPD, Mitglied der Historischen Kommission und der Kommission für spezielle Umweltprobleme der Akademie, Mitglied der Asociaţia de Istorie Comparativă a Instituţiilor şi Dreptului din Republica Socialistă România, der Gesellschaft für Völkerrecht der DDR und der International Law Association in London, geb. 1. XII. 1920 in Halle (Saale), 4020 Halle (Saale), Rainstraße 3b, Tel. 30465 (18. XII. 1972).

Markov, Walter, Dr. phil., Dr. phil. h. c. (Leipzig), em. o. Professor für mittelalterliche und neuere Geschichte an der Karl-Marx-Universität Leipzig, Nationalpreisträger, Träger des Vaterländischen Verdienstordens in Silber und Gold, Hervorragender Wissenschaftler des Volkes, Inhaber der Medaille für Kämpfer gegen den Faschismus 1933 bis 1945, des Sterns der Völkerfreundschaft, des Friedrich-Engels-Preises der Akademie der Wissenschaften der DDR, der Ehrenmedaille des Komitees der antifaschistischen Widerstandskämpfer der DDR, der Bronzemedaille der Universität Helsinki und der Ehrennadel für Verdienste um die Freundschaft der Völker in Gold, Verdienter Hochschullehrer der DDR, Mitglied der Historischen Kommission der Akademie, o. Mitglied der Akademie der Wissenschaften der DDR, Ehrenvorsitzender des Interdisziplinären Zentrums für Revolutionsforschung an der Karl-Marx-Universität Leipzig, Vizepräsident der Commission Internationale für Geschichte der Französischen Revolution des Comité International des Sciences Historiques in Paris, Vorstandsmitglied der Société des Études robespierristes in Paris, Mitglied der Association internationale d'histoire contemporaine de l'Europe in Strasbourg, Mitglied des Präsidiums der Historiker-Gesellschaft der DDR, Ehrensenator der Karl-Marx-Universität, geb. 5. X. 1909 in Graz, 7124 Holzhausen (Sachsen), Weißdornweg 4, Tel. Leipzig 61384 (7. XII. 1964).

Meyer, Rudolf, Dr. theol., D. theol. h. c. (Humboldt-Universität Berlin), em. o. Professor für Altes Testament und rabbinische Literatur sowie Leiter des Fachbereiches Altes Testament an der Friedrich-Schiller-Universität Jena, Sektion Theologie, em. Vorstand der Hilprecht-Sammlung Vorderasiatischer Altertümer, Mitglied der Alttestamentlichen Arbeitsgemeinschaft in der DDR, Inhaber der Gedächtnisplakette der Humboldt-Universität Berlin und der Schiller-Medaille der Friedrich-Schiller-Universität in Bronze und Silber, korresp. Mitglied der Heidelberger Akademie der Wissenschaften, geb. 8. IX. 1909 in Leipzig, 6900 Jena, Hornstraße 1, Tel. 24382 (15. IX. 1958).

Möbius, Friedrich, Dr. phil., Diplomkunstwissenschaftler, o. Professor für Kunstwissenschaft an der Friedrich-Schiller-Universität Jena, Träger des Vaterländischen Verdienstordens in Bronze, Inhaber der Johann-Heinrich-Pestalozzi-Medaille in Bronze, Mitglied der Association internationale du critique de l'art (AICA) und des Verbandes Bildender Künstler der DDR, geb. 24. V. 1928 in Dresden, 6901 Rothenstein 163, Postfach 523, Tel. Kahla 631 (25. III. 1977).

Mylius, Klaus, Dr. phil., Dr. rer. nat., ao. Professor für Sanskritistik und Indische Altertumskunde an der Karl-Marx-Universität Leipzig, Leiter der Fachgruppe Altorientalistik dieser Universität, Inhaber der Ehrennadel der Karl-Marx-Universität Leipzig, der Medaille „30 Jahre DDR" 1979 und des Friedrich-Weller-Preises der Sächsischen Akademie der Wissenschaften und der Karl-Marx-Universität 1985, Mitglied des Beirates für Altertumswissenschaften beim Ministerium für Hoch- und Fachschulwesen, der Geographischen Gesellschaft und des Schriftstellerverbandes der DDR, geb. 24. VIII. 1930 in Berlin, 4020 Halle (Saale), Große Märkerstraße 13, Tel. 26114 (10. X. 1986).

Neubert, Albrecht, Dr. phil., o. Professor an der Sektion Theoretische und angewandte Sprachwissenschaft an der Karl-Marx-Universität Leipzig, Träger des Ordens „Banner der Arbeit", Inhaber der Ehrennadel der Karl-Marx-Universität und der Johann-Heinrich-Pestalozzi-Medaille in Gold, Mitglied und stellvertr. Leiter der Sprachwissenschaftlichen Kommission der Akademie, o. Mitglied der Akademie der Wissenschaften der DDR, Vorsitzender des Wissenschaftlichen Rates für Sprachwissenschaft der DDR bei dieser Akademie, Mitglied des Nationalkomitees für Sprachwissenschaft der DDR, Vorsitzender des Linguistischen Arbeitskreises der Karl-Marx-Universität Leipzig, Mitglied der Deutschen Shakespeare-Gesellschaft in Weimar, gewähltes Mitglied des Executive Board der International Association of Applied Linguistics, geb. 3. III. 1930 in Hartenstein (Sachsen), 7022 Leipzig, Poetenweg 5, Tel. 50131 (18. XII. 1972).

Neumann, Werner, Dr. phil., Professor, em. Direktor des von ihm 1950 gegründeten Bach-Archivs Leipzig, Nationalpreisträger, Träger des Vaterländischen Verdienstordens in Bronze und Silber und der Verdienstmedaille der DDR, Mitglied des Johann-Sebastian-Bach-Komitees der DDR, des Verbandes der Komponisten und Musikwissenschaftler der DDR, des Musikrates der DDR, des Herausgeberkollegiums der Neuen Bach-Gesamtausgabe (Sitz Göttingen) und deren Redaktionsleiter (Leipzig), der Internationalen Gesellschaft für Musikwissenschaft (Sitz Basel, Ländergruppe der DDR), des Kuratoriums des Bachhauses Eisenach, des Beirates der Eterna-Edition, Ehrenmitglied der Neuen Bachgesellschaft (Sitz Leipzig), geb. 21. I. 1905 in Königstein (Sachsen), 7113 Markkleeberg, Robert-Schumann-Straße 3, Tel. 314325 (18. VI. 1974).

Poppe, Eberhard, Dr. jur., Dr. jur. h. c. (Bratislava), o. Professor für Verfassungstheorie, Staats- und Verwaltungsrecht an der Martin-Luther-Universität Halle—Wittenberg, Träger des Karl-Marx-Ordens, Inhaber des Vaterländischen Verdienstordens in Bronze und Silber, der Verdienstmedaille der DDR, der Verdienstmedaille der NVA in Silber und Gold, der Dr.-Theodor-Neubauer-Medaille in Gold, der Humboldt-Medaille in Silber, der Thomasius-Plakette der Martin-Luther-Universität Halle—Wittenberg, der Erinnerungsmedaille der Martin-Luther-Universität Halle—Wittenberg und der Komenski-Universität Bratislava in Gold, der Johannes-R.-Becher-Medaille des Kulturbundes der DDR in Gold, der Ehrennadel der Gesellschaft für deutsch-sowjetische Freundschaft in Gold, der Ehrenmedaillen der Akademie für Staats- und Rechtswissenschaft der DDR, der Mongolischen Staatsuniversität Ulan-Bator, der Staatsuniversität Woronesh (UdSSR), der Adam-Mickiewicz-Universität Poznań, der Universität Bagdad und der Ökonomischen Akademie Katowice sowie der Kopernikus-Medaille der VR Polen, Träger des Ordens des jugoslawischen Banners im goldenen Kranz, Mitglied der Kommission für spezielle Umweltprobleme der Akademie, o. Mitglied der Akademie der Wissenschaften der DDR, Mitglied des Senats der Martin-Luther-Universität, stellvertr. Vorsitzender des Rates für staats- und rechtswissenschaftliche Forschung der DDR, geb. 12. IX. 1931 in Wiesenburg (Sachsen), 7010 Leipzig, Davidstraße 1, Tel. 484206 (9. X. 1981).

Rathmann, Lothar, Dr. phil., Dr. h. c., o. Professor für Geschichte der arabischen Länder an der Karl-Marx-Universität Leipzig, Rektor dieser Universität, Nationalpreisträger, Inhaber des Vaterländischen Verdienstordens in Bronze und Gold, Träger des Ordens „Banner der Arbeit“ und des Verdienstordens der VAR, Inhaber der Verdienstmedaille der DDR, der Ehrennadel der Liga für Völkerfreundschaft der DDR und der Moritz-Wilhelm-Drobisch-Medaille der Sächsischen Akademie der Wissenschaften, o. Mitglied der Akademie der Wissenschaften der DDR, Präsidiumsmitglied der Internationalen Vereinigung der Universitäten, geb. 16. II. 1927 in Werdau (Sachsen), 7124 Holzhausen (Sachsen), Rehwagenstraße 10, Tel. Leipzig 2012442 (25. III. 1977).

Ricken, Ulrich, Dr. phil., o. Professor für Allgemeine Sprachwissenschaft und romanische Philologie an der Martin-Luther-Universität Halle—Wittenberg, Chevalier dans l'Ordre des Palmes Académiques, Inhaber der Verdienstmedaille der DDR, der Dr.-Theodor-Neubauer-Medaille in Bronze, der Johann-Heinrich-Pestalozzi-Medaille in Silber und der Ehrennadel für Verdienste um die Freundschaft der Völker in Gold, Mitglied der Société de Linguistique Romane in Paris und Strasbourg, der International Society for Eighteenth Century Studies, der Société française d'Etude du 18e siècle, der Société d'Histoire et d'Epistémologie des Sciences du Langage und der Société d'histoire littéraire de la France, geb. 28. XII. 1926 in Wolgast, 4020 Halle (Saale), Heideallee 11, Post: Wissenschaftsbereich Allgemeine und vergleichende Sprachwissenschaft der Martin-Luther-Universität Halle—Wittenberg, 4020 Halle (Saale), Franckeplatz 1, Haus 5, Tel. 25526 (9. X. 1981).

Růžička, Rudolf, Dr. phil., em. o. Professor für Slawistik und Allgemeine Sprachwissenschaft an der Karl-Marx-Universität Leipzig, Inhaber der Verdienstmedaille der DDR, der Johann-Heinrich-Pestalozzi-Medaille in Gold und der Ehrennadel der Karl-Marx-Universität, o. Mitglied der Akademie der Wissenschaften der DDR, Mitglied des Wissenschaftlichen Rates für Sprachwissenschaft bei dieser Akademie, Mitglied der Sprachwissenschaftlichen Kommission der Akademie, der Società di Linguistica Italiana, des Nationalkomitees der Slawisten der DDR, der Internationalen Terminologischen Kommission und der Internationalen Grammatikkommission des Internationalen Slawistenkomitees, geb. 20. XII. 1920 in Löbau, 7010 Leipzig, Ferdinand-Lassalle-Straße 5, Tel. 4787969 (18. XII. 1972).

Träger, Claus, Dr. phil., o. Professor für Allgemeine Literaturwissenschaft an der Karl-Marx-Universität Leipzig, Nationalpreisträger, Inhaber des Lessing-Preises der DDR, der Verdienstmedaille der DDR, der Johann-Heinrich-Pestalozzi-Medaille in Silber, der Goethe- und Schiller-Plakette in Gold der Nationalen Forschungs- und Gedenkstätten der klassischen deutschen Literatur in Weimar, der Ehrennadel und des Gustav-Hertz-Preises der Karl-Marx-Universität Leipzig, Verdienter Hochschullehrer der DDR,

Vorsitzender des Beirates für Kultur-, Kunst- und Sprachwissenschaften beim Ministerium für Hoch- und Fachschulwesen der DDR, Mitglied des Hoch- und Fachschulrates beim Minister für Hoch- und Fachschulwesen der DDR, des Nationalkomitees für Literaturwissenschaft bei der Akademie der Wissenschaften der DDR, der Association Internationale de Littérature Comparée (AILC) und der Internationalen Vereinigung für Germanische Sprach- und Literaturwissenschaft (IVG), geb. 4. II. 1927 in Leipzig, 7113 Markkleeberg, Heinrich-von-Kleist-Straße 19, Tel. 315720 (17. X. 1975).

Ullmann, Ernst, Dr. phil., o. Professor für Kunstgeschichte an der Karl-Marx-Universität Leipzig, Nationalpreisträger, Träger des Vaterländischen Verdienstordens in Bronze, Inhaber der Ehrennadel und des Gustav-Hertz-Preises der Karl-Marx-Universität Leipzig, der Johannes-R.-Becher-Medaille in Silber und Gold, der Humboldt-Medaille in Bronze und der Ehrennadel für Verdienste im sozialistischen Bildungswesen, Mitglied des Problemrates „Humanistisches Kultur- und Kunsterbe als Bestandteil der sozialistischen Nationalkultur“ bei der Akademie für Gesellschaftswissenschaften beim ZK der SED, des Beirates für Kultur-, Kunst- und Sprachwissenschaften beim Ministerium für Hoch- und Fachschulwesen der DDR, des Nationalkomitees für Kunstgeschichte der DDR, des Comité International d'histoire de l'Art (CIHA), der Association Internationale du Critique de l'Art (AICA), der Ernst-Barlach-Gesellschaft und der School of Historical Studies des Institute for Advanced Study, Princeton, N. J., geb. 19. XII. 1928 in Reichenberg-Franzendorf (ČSR), 7010 Leipzig, Tschaikowskistraße 31, Tel. 293720 (9. X. 1981).

Werner, Ernst, Dr. phil., Dr. phil. h. c. (Leipzig), em. o. Professor für Geschichte des Mittelalters an der Karl-Marx-Universität Leipzig, Nationalpreisträger, Träger des Vaterländischen Verdienstordens in Bronze, Inhaber der Verdienstmedaille der DDR und der Erinnerungsmedaille zum 50. Jahrestag der Großen Sozialistischen Oktoberrevolution der Universität Kiew, Verdienter Hochschullehrer der DDR, Mitglied der Historischen Kommission und der Sprachwissenschaftlichen Kommission der Akademie, o. Mitglied der Akademie der Wissenschaften der DDR, geb. 20. XI. 1920 in Tyssa (ČSR), 7022 Leipzig, Braunschweiger Straße 19, Tel. 52762 (18. VI. 1971).

Werner, Hans-Georg, Dr. phil., o. Professor für Deutsche Literatur an der Martin-Luther-Universität Halle—Wittenberg, Träger des Vaterländischen Verdienstordens in Silber, der Verdienstmedaille der DDR, der Johannes-R.-Becher-Medaille in Gold und Silber, des Lessing-Preises der DDR, des Händel-Preises des Bezirkes Halle und der Komensky-Medaille in Silber der Universität Bratislava, Mitglied der Internationalen Vereinigung für germanische Sprach- und Literaturwissenschaft, der Internationalen Lenau-Gesellschaft in Wien, des Nationalkomitees für Literaturwissenschaft der DDR, Vorstandsmitglied des Wissenschaftlichen Rates für marxistisch-leninistische Kultur- und Kunstwissenschaften der Akademie für Gesellschaftswissenschaften beim ZK der SED, geb. 5. II. 1931 in Militsch (Schlesien), 4020 Halle (Saale), Große Klausstraße 21 (12. X. 1984).

Werner, Jürgen, Dr. phil., o. Professor für Klassische Philologie und Neogräzistik an der Karl-Marx-Universität Leipzig, Inhaber der Johann-Heinrich-Pestalozzi-Medaille in Silber und Gold, der Ehrennadel der Karl-Marx-Universität Leipzig, der Ehrennadel der Gesellschaft für Deutsch-Sowjetische Freundschaft in Silber und Gold, der Ehrennadel der Liga für Völkerfreundschaft in Silber und Gold und der Dshawachischwili-Medaille der Staatlichen Georgischen Universität in Tbilissi, Mitglied der Deutschen Shakespeare-

Gesellschaft in Weimar, der Winckelmann-Gesellschaft in Stendal, der Kommission „Klassische Philologie“ des Wissenschaftlichen Rates für Archäologie und Alte Geschichte der Akademie der Wissenschaften der DDR und Mitglied des Präsidiums der Freundschaftsgesellschaft DDR—Griechenland der Liga für Völkerfreundschaft, geb. 14. VII. 1931 in Dresden, 7030 Leipzig, Kurt-Eisner-Straße 5, Tel. 315685, Post: Fachbereich Antike Literatur/Neogräzistik der Karl-Marx-Universität Leipzig, 7010 Leipzig, Karl-Marx-Platz, Tel. 7193009 (11. X. 1985).

Wittich, Dieter, Dr. phil., o. Professor für Philosophie (Erkenntnistheorie) an der Karl-Marx-Universität Leipzig, Mitglied des Senats dieser Universität, Nationalpreisträger, Inhaber der Humboldt-Plakette der Humboldt-Universität Berlin, des Gustav-Hertz-Preises und der Ehrennadel der Karl-Marx-Universität Leipzig, Träger der Johann-Heinrich-Pestalozzi-Medaille in Silber und Gold und der Verdienstmedaille der DDR, Mitglied des Rates für Philosophie bei der Akademie für Gesellschaftswissenschaften beim ZK der SED und Mitglied des Beirates für Philosophie beim Ministerium für Hoch- und Fachschulwesen der DDR, geb. 7. II. 1930 in Mansbach (Hessen), 7022 Leipzig, Braunschweiger Straße 2, Tel. 581390 (12. X. 1979).

Wollgast, Siegfried, Dr. phil., o. Professor für Geschichte der Philosophie an der Technischen Universität Dresden, Inhaber der Johann-Gottfried-Herder-Medaille in Gold, der Silbernen Ehrennadel der „Urania“, der Erinnerungsmedaille „20 Jahre Kampfgruppen der Arbeiterklasse“, der Kurt-Barthel-Medaille und des Preises der TU Dresden II. Klasse, Mitglied des Beirates für Wissenschaftsgeschichte beim Ministerium für Hoch- und Fachschulwesen der DDR, der Poggendorff-Kommission und der Historischen Kommission der Akademie, geb. 27. IX. 1933 in Schönlanke (Netzekreis), 8019 Dresden, Thomas-Müntzer-Platz 10, Tel. 4591264 (20. X. 1978).

Auswärtige Mitglieder der philologisch-historischen Klasse

Aland, Kurt, D. theol. h. c. (Göttingen), D. D. h. c. (St. Andrews), D. Litt. h. c. (Wartburg College, Iowa), em. o. Professor für Geschichte der Alten Kirche und Neutestamentliche Textforschung im Fachbereich Evangelische Theologie der Westfälischen Wilhelms-Universität Münster, Träger des Großen Verdienstkreuzes des Verdienstordens der Bundesrepublik Deutschland mit Stern, Geschäftsführer der Hermann-Kunst-Stiftung zur Förderung der neutestamentlichen Textforschung, Leiter der Arbeitsstelle Münster der Patristischen Kommission, Träger des Athos-Kreuzes in Gold, verliehen vom Ökumenischen Patriarchen von Konstantinopel, und der Burkitt-Medal for Biblical Studies der British Academy, korresp. Mitglied der British Academy in London und der Göttinger Akademie der Wissenschaften, auswärt. Mitglied der Königlich Niederländischen Akademie der Wissenschaften in Amsterdam, Mitglied des Kuratoriums des Vetus Latina in Beuron (Hohenzollern), Ehrenmitglied auf Lebenszeit der American Bible Society und Ehrenmitglied der Society of Biblical Literature und Exegesis (USA), geb. 28. III. 1915 in Berlin, 4400 Münster (Westfalen), Einsteinstraße 12, Tel. 22409 (14. III. 1955).

Angelov, Dimiter Simeonov, Dr. phil., o. Professor für byzantinische Geschichte an der Universität Sofia, Nationalpreisträger der VR Bulgarien, o. Mitglied der Bulgarischen

Akademie der Wissenschaften in Sofia und Direktor des Archäologischen Instituts dieser Akademie, Vizepräsident der Association Internationale des études byzantines und Vorsitzender des Bulgarischen Nationalkomitees für Byzantinistik, Mitglied des Exekutivkomitees der Internationalen Association für Slawische Archäologie, geb. 2. II. 1917 in Sofia, Sofia 11, bulv. Chr. Kabakčiev 79g (15. X. 1976).

Asmussen, Jes Peter, Dr. phil., Dr. theol. h. c., Professor für Iranische Philologie an der Universität Kopenhagen, Ritter von Dannebrog I. Klasse, Inhaber der Allama Igbal Memorial Medal der Republik Pakistan, o. Mitglied der Königlich Dänischen Akademie der Wissenschaften in Kopenhagen (Det Kongelige Danske Videnskabernes Selskab), Bibliothekar dieser Akademie, Mitglied des Religionsvetensskapliga Sälskapet i Finland in Helsinki, des International Rumi Committee in London und der Nathan Söderblom-Sällskapet in Uppsala, geb. 2. XI. 1928 in Aabenraa (Nordschleswig), DK 1260 Kopenhagen K, Bredgade 77, Tel. 01-127675 (8. X. 1982).

Beševliev, Veselin, Dr. phil., em. ao. Professor für altgriechische Philologie an der Universität Sofia, Professor für altgriechische Philologie am Institut für Balkanistik der Bulgarischen Akademie der Wissenschaften in Sofia, Inhaber des Gottfried-von-Herder-Preises der Universität Wien, Träger des Ordens für Wissenschaft „Kirill i Metodi“, I. Stufe, und des Verdienstordens „Cerveno zname“ (Rote Fahne), I. Stufe, korresp. Mitglied der Bulgarischen Akademie der Wissenschaften in Sofia, Mitglied des Archäologischen Instituts in Sofia und der Ungarischen Orientalischen Gesellschaft in Budapest, geb. 25. III. 1900 in Sofia, 1142 Sofia, L. Karavelov 2v, Tel. 87-96-08 (9. XI. 1974).

Białostocki, Jan, Dr. phil., Dr. litt. h. c. (Groningen), o. Professor für neuere Kunstgeschichte an der Universität Warschau, Leiter der Gemäldegalerie (ausländische Schulen) im Muzeum Narodowe, Warschau, Inhaber des Polnischen Nationalpreises I. Klasse, des Kavalierkreuzes, des Offizierskreuzes und Kommandeur-Kreuzes Polonia Restituta, des Goldenen Verdienstkreuzes und des Kavalierkreuzes Corona d'Italia, Herder-Preisträger 1970 in Wien, Aby M. Warburg-Preisträger der Freien und Hansestadt Hamburg 1980, Reuchlin-Preisträger der Stadt Pforzheim 1983, korresp. Mitglied der Polnischen Akademie der Wissenschaften in Warschau, der Bayerischen Akademie der Wissenschaften in München, der Akademie der Wissenschaften und der Literatur in Mainz, der Koninklijke Nederlandse Academie van Wetenschappen in Amsterdam, der Koninklijke Vlaamse Academie voor Wetenschappen, Letteren en Schone Kunsten van België in Brüssel, der Academia de Bellas Artes San Fernando in Madrid, der Norwegischen Akademie der Wissenschaften, der Accademia Clementina in Bologna und der Académie Européenne des Sciences, Arts et Lettres in Paris, seit 1984 Präsident des Conseil International de la Philosophie et des Sciences Humaines, geb. 14. VIII. 1921 in Saratov (UdSSR), 00238 Warszawa, Długa 30/34-7, Tel. 318094 (10. X. 1980).

Bruford, Walter Horace, M. A. Ll. D. h. c. (Aberdeen), D. Litt. h. c. (Newcastle, Edinburgh), em. Professor für Germanistik an der Universität Cambridge (England), Inhaber der Goethe-Medaille in Gold des Goethe-Instituts in München, Mitglied der British Academy in London, korresp. Mitglied der Deutschen Akademie für Sprache und Dichtung in Darmstadt, Mitglied der Modern Humanities Research Association in London, 1965 deren Präsident, Mitglied der Internationalen Vereinigung für germanische

Sprach- und Literaturwissenschaft, 1955—1960 deren Vizepräsident, geb. 14. VII. 1894 in Manchester (England), Guthrie Court, 10 Lasswade Road, Edinburgh EH 16 6 RZ, Scotland (21. VI. 1965).

D'Hondt, Jacques, Dr. phil., Professor für Geschichte der Philosophie an der Universität Poitiers, Inhaber der Médaille de bronze du Centre National de la Recherche Scientifique, Commandeur dans l'Ordre des Palmes Académiques und Chevalier de l'Ordre du Mérite National, Mitglied und Président der Französischen Gesellschaft für Philosophie, Mitglied der Societas Hegeliana, der Hegel-Vereinigung, der „Société d'étude du XVIIIe siècle", der „Société des amis de Paul-Louis Courier", der „Société du musée Descartes" und der „Société Internationale de Prophylaxie criminelle", geb. 17. IV. 1920 in Tours, 35, rue Lacépède, F-75005 Paris, Tel. (1) 43314431 (8. X. 1982).

Droz, Jacques, Dr. phil., em. o. Professor für neuere Geschichte an der Sorbonne (Panthéon) in Paris, Direktor des Instituts für Geschichte der Gewerkschaftsbewegung, Träger des Bandes der Ehrenlegion, Mitglied der Gesellschaft Frankreich—DDR, geb. 12. III. 1909 in Paris, Université de Paris 1. Panthéon. Sorbonne. Centre de recherches sur l'histoire des mouvements sociaux et du syndicalisme. 9, rue malher, 75004 Paris, Tel. (1) 42783322 (9. XI. 1974).

Erben, Johannes, Dr. phil., Dr. phil. h. c. (Innsbruck), o. Professor für Deutsche Sprache und ältere deutsche Literatur an der Rheinischen Friedrich-Wilhelms-Universität Bonn, Nationalpreisträger, Inhaber des Konrad-Duden-Preises 1969 der Stadt Mannheim, auswärt. Mitglied der Akademie der Wissenschaften der DDR, Kuratoriumsmitglied des Instituts für deutsche Sprache in Mannheim, geb. 12. I. 1925 in Leipzig, 5300 Bonn-Beuel, Ringstraße 39 (11. III. 1961).

Gadamer, Hans-Georg, Dr. phil., Dr. phil. h. c. (Ottawa, Washington, Hamilton), em. o. Professor für Philosophie an der Ruprecht-Karl-Universität Heidelberg, Mitglied des Ordens Pour le mérite für Wissenschaft und Kunst, Träger des großen Verdienstkreuzes mit Stern der Bundesrepublik Deutschland, Inhaber des Reuchlinpreises 1971 der Stadt Pforzheim, des Hegelpreises 1979 der Stadt Stuttgart und des Sigmund-Freud-Preises der Deutschen Akademie für Sprache und Dichtung in Darmstadt, o. Mitglied der Heidelberger Akademie der Wissenschaften, Mitglied der Deutschen Akademie für Sprache und Dichtung in Darmstadt, der Akademie der Wissenschaften in Athen, der Accademia Nazionale dei Lincei in Rom, der Accademia delle Science in Turin, der Ungarischen Akademie der Wissenschaften in Budapest, der British Academy in London und der American Academy of Arts and Sciences in Boston, korresp. Mitglied der Académie Royale de Belgique in Brüssel, geb. 11. II. 1900 in Marburg, 6900 Heidelberg, Am Büchsenackerhang 53, Tel. 802536 (15. VI. 1940).

Hamann, Günther, Dr. phil., o. Professor für Geschichte der Neuzeit an der Universität Wien, Inhaber des Förderungspreises der Stadt Wien (1957), des Portugiesischen Nationalpreises für Wissenschaft „Prémio Camões", der Jan-Amos-Comenius-Medaille der Karls-Universität Prag, der Nicolaus-Copernicus-Medaille der Polnischen Akademie der Wissenschaften in Warschau und des Deutschen Museums von Meisterwerken der Naturwissenschaft und Technik in München, der Ehrenmedaille der Bundeshauptstadt Wien in Gold, des Kommandeurkreuzes des Ordens für Verdienste um die Volksrepublik

Polen und der Johannes-Kepler-Medaille der Kepler-Kommission der ČSSR in Prag, wirkliches Mitglied der Österreichischen Akademie der Wissenschaften in Wien, Delegierter dieser Akademie bei der International Union of the History and Philosophy of Science in London, Mitglied und Vizeobmann der Kommission für Geschichte der Mathematik, Naturwissenschaften und Medizin dieser Akademie, Leiter der Dokumentationsstelle für Geschichte der Naturwissenschaften und Geographie dieser Akademie, korresp. Mitglied der Académie Internationale d'Histoire des Sciences in Paris und evangelisches Mitglied der Katholischen Akademie in Wien, Mitglied des Instituts für österreichische Geschichtsforschung, der Bibliothekskommission des Akademischen Senats der Universität Wien, der Copernicus-Kommission in München, des Wissenschaftlichen Kuratoriums für den Theodor-Körner-Stiftungsfonds der Republik Österreich zur Förderung von Wissenschaft und Kunst, Vorstandsmitglied der Gesellschaft der Freunde der Österreichischen Nationalbibliothek und der Österreichischen Geographischen Gesellschaft in Wien, Ehrenmitglied und Vizepräsident der Internationalen Coronelli-Gesellschaft für Globen- und Instrumentenkunde in Wien, Mitglied und Leiter der Österreichischen Sektion der Commission d'Histoire de la Pensée Géographique der Union Géographique Internationale in Paris, Mitglied und Leiter des Arbeitskreises Geschichte der Forschungsreisen der Alexander-von-Humboldt-Gesellschaft, Ehrenmitglied und Obmann der Österreichischen Gesellschaft für Geschichte der Naturwissenschaften in Wien, korresp. Mitglied des Naturhistorischen Museums in Wien und der Deutschen Gesellschaft für Geschichte der Medizin, Naturwissenschaften und Technik in Berlin, Ehrenbürger der Johannes Regiomontanus-Geburtsstadt Königsberg in Franken, geb. 12. X. 1924 in Wien, 1190 Wien, Tallesbrunngasse 8, Tel. 322116 und 3246725 (8. VI. 1979).

Heimpel, Hermann, Dr. phil., Dr. jur. h. c. (Freiburg i. Br.), em. o. Professor für mittelalterliche und neuere Geschichte an der Georg-August-Universität Göttingen, ehemals Direktor des Max-Planck-Instituts für Geschichte in Göttingen, Träger des großen Verdienstkreuzes des Verdienstordens der Bundesrepublik Deutschland und des Bayerischen Maximilians-Ordens für Wissenschaft und Kunst, Inhaber des Kulturpreises der Stadt Goslar, der Ehrenmedaille der Stadt Göttingen, der Silbermedaille „München leuchtet" und des Sigmund-Freud-Preises für Wissenschaftliche Prosa der Deutschen Akademie für Sprache und Dichtung in Darmstadt, o. Mitglied der Akademie der Wissenschaften in Göttingen, Mitglied der Deutschen Akademie für Sprache und Dichtung in Darmstadt, der Bayerischen Akademie der Wissenschaften in München, der Heidelberger Akademie der Wissenschaften, der Akademie der Wissenschaften und der Literatur in Mainz, der Österreichischen Akademie der Wissenschaften in Wien, der Royal Historical Society in London und der British Academy, o. Mitglied der Zentraldirektion der Monumenta Germaniae Historica in München und der Historischen Kommission bei der Bayerischen Akademie der Wissenschaften in München, Ehrenmitglied des Instituts für Österreichische Geschichtsforschung in Wien und des Germanischen Nationalmuseums in Nürnberg, geb. 19. IX. 1901 in München, 3400 Göttingen, Dahlmannstraße 14, Tel. 59382 (5. VI. 1935).

Hensel, Witold, Dr. phil., Dr. h. c., o. Professor für Ur- und Frühgeschichte an der Universität Warschau, o. Mitglied und Präsidiumsmitglied der Polnischen Akademie der Wissenschaften in Warschau, Sekretär der gesellschaftswissenschaftlichen Klasse dieser Akademie, Direktor des Instituts für Geschichte der Materiellen Kultur und Präsident des Slawischen Komitees der Polnischen Akademie der Wissenschaften, auswärt. Mitglied der Makedonischen Akademie der Wissenschaften in Skopje und der Akademie der Wissenschaften der DDR in Berlin, o. Mitglied des Deutschen Archäologischen Instituts und des Istituto Italiane di Pre- e Protostoria (Firenze), Mitglied der Conseil Permanent des Sciences Pré- et Protohistoriques, Vizepräsident des Internationalen Slawistenkomitees und der Union Internationale d'Archéologie Slave, geb. 29. III. 1917 in Posen, 00656 Warszawa, ul. Marszałkowska 84/92 m 109 (8. II. 1985).

Hermand, Jost, Dr. phil., o. Professor für Deutsche Sprache und Literatur am Department of German der University of Wisconsin (Madison), geb. 11. IV. 1930 in Kassel, Department of German, University of Wisconsin, Madison, Wisconsin USA 53706 (22. III. 1985).

Hunger, Herbert, Dr. phil., Dr. phil. h. c. (Chicago, Thessaloniki, Helsinki), em. o. Professor für Byzantinistik an der Universität Wien, Inhaber des Wilhelm-Hartel-Preises der Österreichischen Akademie der Wissenschaften, des Theodor-Innitzer-Preises des Kardinal-Innitzer-Studienfonds, des Preises der Stadt Wien für Geisteswissenschaften 1979, des Österreichischen Ehrenzeichens für Wissenschaft und Kunst, des Großen goldenen Ehrenzeichens für Verdienste um die Republik Österreich, des Großen Goldenen Ehrenzeichens der Stadt Wien, des Großen Verdienstkreuzes mit Stern der Bundesrepublik Deutschland und Großkommandeur des Griechischen Phönixordens, wirkliches Mitglied und Altpräsident der Österreichischen Akademie der Wissenschaften in Wien, auswärt. Mitglied der Akademie der Wissenschaften in Athen, der Bulgarischen Akademie der Wissenschaften in Sofia, der Societas Scientiarum Fennica in Helsinki, der Königlich Dänischen Akademie der Wissenschaften in Kopenhagen, der Serbischen Akademie der Wissenschaften und Künste in Belgrad, der Tschechoslowakischen Akademie der Wissenschaften in Prag, der Akademie der Wissenschaften und der Literatur in Mainz und der Holländischen Gesellschaft der Wissenschaften in Haarlem, Associé der Academie Royale de Belgique in Brüssel, korresp. Mitglied der Bayerischen Akademie der Wissenschaften in München und der Heidelberger Akademie der Wissenschaften, Socio straniero Accademia di Scienze in Palermo, Socio ordinario non resistente Accademia Pontaniana in Neapel, Mitglied der American Philosophical Society in Philadelphia, Ehrenmitglied der Ungarischen Akademie der Wissenschaften in Budapest und der Royal Irish Academy in Dublin, o. Mitglied des Deutschen Archäologischen Instituts in Berlin-Dahlem, geb. 9. XII. 1914 in Wien, A-1030 Wien, Weißgerberlände 40/23, Tel. 7340382 (10. X. 1980).

Ivić, Milka, Dr. phil., em. o. Professor für Slawistik, Serbokroatik und allgemeine Sprachwissenschaft an der Universität Novi Sad, o. Mitglied der Serbischen Akademie der Wissenschaften und Künste in Beograd, korresp. Mitglied der Königlich Norwegischen Akademie der Wissenschaften in Oslo und der Slowenischen Akademie der Wissenschaften und Künste in Ljubljana, geb. 11. XII. 1923 in Beograd, SFR Jugoslawien, 11000 Beograd, Ohridska 7, Tel. 4-38-619 (8. VI. 1979).

Jarceva, Viktorija Nikolaevna, Dr. phil., Professor, korresp. Mitglied der Akademie der Wissenschaften der UdSSR und Leiter der Sektion für germanische Sprachen des Instituts für Sprachwissenschaft der Akademie der Wissenschaften der UdSSR, geb. 3. XI. 1906 in St. Petersburg, Moskva, ul. Marksa i Engelsa 1/14 (15. X. 1976).

Jedlička, Alois, Dr. phil., em. o. Professor für Tschechische Sprache an der Karls-Universität Prag, Inhaber der goldenen Josef-Dobrovský-Medaille für Verdienste um die Gesellschaftswissenschaften, des Klement-Gottwald-Staatspreises (1958) und des Preises der Tschechoslowakischen Akademie der Wissenschaften (1972), Mitglied der Societas linguistica europae und der International Association of Applied Linguistics (AILA), Vorsitzender der Internationalen Kommission für slawische Schriftsprachen beim Internationalen Slawistenkomitee, geb. 20. VI. 1912 in Brno, 10000 Praha 10, Kišiněvská 16, Tel. 743962 (10. X. 1980).

Ladendorf, Heinz, Dr. phil., em. o. Professor für Kunstgeschichte an der Universität Köln, Träger des Ordens Officier des Palmes Académiques, Commendatore dell'Ordine al Merito, o. Mitglied des Deutschen Archäologischen Instituts in Berlin-Dahlem, geb. 29. VI. 1909 in Leipzig, 5000 Köln 41, Kunsthistorisches Institut, Albert-Magnus-Platz, Tel. 4704476 und 5000 Köln 41, Kerpener Straße 4, Tel. 0221/449658 (4. III. 1955).

Ligeti, Lajos, Dr. phil., Dr. litt., em. Professor mit Lehrstuhl für innerasiatische Studien an der Eötvös-Loránd-Universität Budapest, Träger des Arbeitsordens, Inhaber des Kossuth-Preises, des Fahnenordens I. und II. Klasse der Ungarischen Volksrepublik, des mongolischen Nairamdalordens, der Goldmedaille der Ungarischen Akademie der Wissenschaften in Budapest, der Goldmedaille der Permanent International Altaistic Conference und des Ehrendiploms der Türkischen Republik, o. Mitglied der Ungarischen Akademie der Wissenschaften in Budapest, Präsident des Bibliotheksausschusses und des Ausschusses für Orientalistik dieser Akademie, auswärt. Mitglied der Akademie der Wissenschaften der Mongolischen Volksrepublik in Ulan-Bator, korresp. Mitglied des Institut de France/Académie des Inscriptions et Belles-Lettres in Paris und der Soumalais-Ugrilainen Seura [Finnisch-Ugrische Gesellschaft] in Helsinki, Ehrenmitglied des Société Asiatique in Paris, der Royal Asiatic Society in London und der Türk Dil Kurumu in Ankara, Vizepräsident des Permanent Committee of the International Congress of Mongolists, geb. 25. X. 1902 in Balassagyarmat, Budapest V., Belgrád rkp. 25, Tel. 187-529 (18. I. 1965), † 24. V. 1987 in Budapest.

Lomov, Boris F., Dr. phil., Professor für Psychologie des Instituts für Psychologie bei der Akademie der Wissenschaften der UdSSR in Moskau, Vizepräsident des Exekutivkomitees der International Union of Psychological Sciences, korresp. Mitglied der Akademie der Wissenschaften der UdSSR und der Akademie der Pädagogischen Wissenschaften der UdSSR, geb. 28. I. 1927 in Gorkij, Institut für Psychologie der Akademie der Wissenschaften der UdSSR, 129336 Moskva, ul. Jaroslavskaja 13 (14. IV. 1978).

Mayrhofer, Manfred, Dr. phil., Dr. of Letters h. c. (University of Illinois, Urbana), o. Professor für Allgemeine und Indogermanische Sprachwissenschaft an der Universität Wien, Kommandeur des kaiserlich-iranischen Humāyūn-Ordens, Träger des Österreichischen Ehrenzeichens für Wissenschaft und Kunst sowie des Ritterkreuzes I. Klasse des finnländischen Ordens der Weißen Rose, wirkliches Mitglied der Österreichischen Akademie der Wissenschaften in Wien, auswärt. Mitglied der Accademia di Scienze e Lettere in Mailand, der Königlich Schwedischen Akademie für Literatur, Geschichte und Altertümer in Stockholm und der Soumalais-Ugrilainen Seura [Finnisch-Ugrische Gesellschaft] in Helsinki, korresp. Mitglied des Institut de France/Académie des Inscriptions et Belles-Lettres in Paris, der Heidelberger Akademie der Wissenschaften, der Bayerischen Akademie der Wissenschaften in München, der Königlich Dänischen Akademie der Wissenschaften in Kopenhagen, der Akademie der Wissenschaften in

Göttingen und der Polnischen Akademie der Wissenschaften in Warschau, Corresponding Member of the Staff of the School of Oriental and African Studies, Universität London, Ehrenmitglied der Ungarischen Akademie der Wissenschaften in Budapest, der American Oriental Society (New Haven, Conn.) und der Linguistic Society of India in Calcutta, gewähltes Mitglied des „Cercle Ferdinand de Saussure" in Genf, geb. 26. IX. 1926 in Linz a. d. Donau (Österreich), A-1190 Wien, Bauernfeldgasse 90/II/6, Tel. 362500, Post: Institut für Allgemeine und Indogermanische Sprachwissenschaft der Universität Wien, A-1010 Wien, Dr.-Karl-Lueger-Ring 1, Tel. 4300/2440 (12. XI. 1971).

Mitchell, Terence Frederick, Bachelor of Arts, em. Professor für Linguistik an der Universität Leeds, früher Direktor des Department of Linguistics & Phonetics dieser Universität, Mitglied der Philological Society, Linguistics Association of Great Britain in London, seit 1977 Vorstandsmitglied dieser Gesellschaft, früher Mitglied der Linguistic Society of America, geb. 3. V. 1919 in Torquay (England), 8, Kingston Park, Lymington, Hampshire SO 41 8 ES, England, Tel. Lymington (0590) 77243 (8. VI. 1979).

Ogris, Werner, Dr. jur., Universitätsprofessor für Deutsches Recht und Österreichische Verfassungs- und Verwaltungsgeschichte an der Universität Wien, Preisträger des Theodor-Körner-Stiftungsfonds zur Förderung von Wissenschaft und Kunst, wirkliches Mitglied der Österreichischen Akademie der Wissenschaften in Wien, geb. 9. VII. 1935 in Wien, A-1060 Wien, Mariahilfer Straße 71/III/21, Tel. 564157; dienstlich: A-1010 Wien, Juridicum, Schottenbastei 10—16, Tel. 4300/3269 (22. III. 1985).

Peek, Werner, Dr. phil., em. o. Professor für klassische Philologie an der Martin-Luther-Universität Halle—Wittenberg, Honorar-Professor an der Universität Bielefeld, Nationalpreisträger, Inhaber der Verdienstmedaille der Martin-Luther-Universität, auswärt. Mitglied der Akademie der Wissenschaften der DDR, korresp. Mitglied der Heidelberger Akademie der Wissenschaften, o. Mitglied des Deutschen Archäologischen Instituts in Berlin-Dahlem, auswärt. Mitglied der Akademie der Wissenschaften in Athen und der Kommission für die archäologische Erforschung Kleinasiens bei der Österreichischen Akademie der Wissenschaften in Wien, Ehrensenator der Griechischen Archäologischen Gesellschaft, Ehrenpräsident der Deutsch-Griechischen Gesellschaft in Bielefeld, geb. 6. VI. 1904 in Bielefeld, 4800 Bielefeld 1, Dornberger Straße 86a (7. XII. 1959).

Petschow, Herbert, Dr. phil. et jur., em. o. Professor für antike Rechtsgeschichte an der Ludwig-Maximilians-Universität in München, ehem. Gastprofessor für altorientalische Rechtsgeschichte an der Karl-Marx-Universität Leipzig, o. Mitglied der Bayerischen Akademie der Wissenschaften in München, Mitglied der Deutschen Morgenländischen Gesellschaft in Mainz, der Deutschen Orient-Gesellschaft in Berlin und der Société Jean Bodin pour l'Histoire comparative des Institutions in Brüssel, geb. 26. XII. 1909 in Dresden, 8730 Bad Kissingen, Heinrich-von-Kleist-Straße 2—4, Parkwohnstift, Tel. 0971/8032657 (10. XII. 1962).

Peukert, Herbert, Dr. phil., em. o. Professor für slawische Sprachen an der Friedrich-Schiller-Universität Jena, Inhaber der Johann-Heinrich-Pestalozzi-Medaille in Bronze und Silber und der Johann-Gottfried-Herder-Medaille in Gold, ausländ. Mitglied der Makedonischen Akademie der Wissenschaften und Künste zu Skopje, geb. 29. IV. 1907 in Reichenau, 8950 Kaufbeuren-Neugablonz, Antoniwalder Weg 20, Tel. 08341/65728 (24. V. 1965). † 24. XI. 1987 in Kaufbeuren.

Poulík, Josef, Dr. phil., o. Professor an der Universität J. E. Purkyně Brno, Direktor des Archäologischen Instituts der Tschechoslowakischen Akademie der Wissenschaften in Brno, Staatspreisträger, Ehrenbürger von Mikulčice, o. Mitglied der Tschechoslowakischen Akademie der Wissenschaften in Prag, auswärt. Mitglied der Akademie der Wissenschaften der DDR und der Bulgarischen Akademie der Wissenschaften in Sofia, Vizepräsident der Union Internationale d'Archéologie Slave, Mitglied des Conseil Permanent des Sciences Pré- et Protohistoriques, geb. 6. VIII. 1910 in Jiříkovice bei Brno, 60200 Brno, Mášova 10, ČSSR; Institutsanschrift: 66203 Brno, sady Osvobození 19, ČSSR (9. XI. 1974).

Tackenberg, Kurt, Dr. phil., em. o. Professor für Vor- und Frühgeschichte an der Westfälischen Wilhelms-Universität Münster, Träger des großen Verdienstkreuzes des Niedersächsischen Verdienstordens 1974, Mitglied der Historischen Kommission für Niedersachsen und des Deutschen Archäologischen Instituts in Berlin-Dahlem, Ehrenmitglied des Niedersächsischen Landesvereins für Urgeschichte in Hannover und der Archäologischen Kommission für Westfalen, geb. 30. VI. 1899 in Tschammendorf (Schlesien), 4400 Münster (Westf.), St. Mauritz, Parkallee 2, Tel. Münster 315158 (19. X. 1959).

Telegdi, Zsigmond, Dr. phil., em. o. Professor für allgemeine Sprachwissenschaften an der Eötvös-Loránd-Universität Budapest, Träger des Verdienstordens der Arbeit der VR Ungarn und Inhaber der Erinnerungsmedaille zum Jubiläum der Befreiung der VR Ungarn, Mitglied der Ungarischen Gesellschaft für Sprachwissenschaft und der Kőrösi-Csoma-Gesellschaft in Budapest, geb. 29. XII. 1909 in Enying (Ungarn), 1025 Budapest, Pusztaszeri út. 49/I, em. 6 (15. X. 1976).

Thieme, Paul, Dr. phil., em. Professor für Indologie und vergleichende Sprachwissenschaft an der Eberhard-Karls-Universität Tübingen, korresp. Mitglied der Bayerischen Akademie der Wissenschaften in München, geb. 18. III. 1905 in Berlin, 7400 Tübingen, Spemannstraße 14, Tel. 07071/64144 (12. XI. 1949).

Udal'cova, Zinaida Vladimirovna, Dr. hist., Professor für byzantinische und mittelalterliche Geschichte an der Akademie der Wissenschaften der UdSSR in Moskau, Inhaberin des Ordens des Roten Arbeitsbanners, des Ehrenzeichens, der Medaille „800 Jahre Moskau" und der Medaille zu Ehren des 100. Geburtstages von W. I. Lenin, korresp. Mitglied der Akademie der Wissenschaften der UdSSR, Mitglied und Vizepräsidentin der Internationalen Assoziation für Byzantinistik und auswärtiges Mitglied des wissenschaftlichen Komitees des Internationalen Zentrums für byzantinische Geschichte und Kultur Süditaliens in Bari, geb. 5. III. 1918 in Kislovodsk, Dienstanschrift: Institut für Allgemeine Geschichte der Akademie der Wissenschaften der UdSSR, 117036 Moskau, B-36, ul. Uljanova 19, Tel. 1269432 und 1239015; privat: 117296 Moskau, B-296, Leninskij Prospekt 69, Gebäude 3/380, Tel. 1341406 (8. X. 1982). † 29. IX. 1987 am Kaspischen Meer.

Vossler, Otto, Dr. phil., em. o. Professor für mittlere und neuere Geschichte an der Johann-Wolfgang-Goethe-Universität Frankfurt am Main, Inhaber der Jusserand Medal der American Historical Association in Washington und der Wilhelm-Leuschner-Medaille, geb. 14. II. 1902 in Heidelberg, 6000 Frankfurt (Main), Grüneburgweg 143, Tel. 726269 (20. VI. 1942). †26. XII. 1988 Frankfurt/M.

von Weizsäcker, Carl Friedrich Freiherr, Dr. phil., Dr. jur. h. c. (Freie Universität Amsterdam), Dr. theol. h. c. (Tübingen), Dr. rer. nat. h. c. (Leipzig), Dr. phil. h. c. (TH Berlin-Charlottenburg, TH Aachen), Wissenschaftliches Mitglied (em.) des Max-Planck-Instituts für Sozialwissenschaften in Starnberg (Obb.), Mitglied des Ordens Pour le mérite für Verdienste um die Wissenschaft und um die Künste, Träger des Großen Verdienstkreuzes mit Stern der Bundesrepublik Deutschland und des Österreichischen Ehrenzeichens für Wissenschaft und Kunst, Inhaber der Goldenen Wilhelm-Bölsche-Medaille der Kosmos-Gesellschaft der Naturfreunde in Stuttgart, der Max-Planck-Medaille des Verbandes Deutscher Physikalischer Gesellschaften in Braunschweig, der Hans-Thoma-Medaille der Hans-Thoma-Gesellschaft in Reutlingen, des Heinrich-Heine-Preises der Stadt Düsseldorf 1983, des Goethe-Preises der Stadt Frankfurt (Main), des Prix Arnold Reymond der Universität Lausanne, des Friedenspreises des Deutschen Buchhandels, des Erasmus-Preises der Stiftung „Prämium Erasmianum“ der Niederlande, des Ernst-Hellmut-Vits-Preises der Gesellschaft zur Förderung der Universität Münster und der Verdienstmedaille der Deutschen Akademie der Naturforscher Leopoldina in Halle, o. Mitglied der Akademie der Wissenschaften in Göttingen, Mitglied der Deutschen Akademie der Naturforscher Leopoldina in Halle, der Deutschen Akademie für Sprache und Dichtung in Darmstadt und der Joachim-Jungius-Gesellschaft der Wissenschaften in Hamburg, korresp. Mitglied der Bayerischen Akademie der Wissenschaften in München und der Österreichischen Akademie der Wissenschaften in Wien, Associé Etranger der Académie des Sciences Morales et Politiques in Paris, geb. 28. VI. 1912 in Kiel, 8135 Söcking, Alpenstraße 15, Dienstadresse: 8130 Starnberg, Bahnhofplatz 4, Arbeitsgruppe Afheldt (13. VI. 1966).

Wieacker, Franz, Dr. jur., Dr. phil. h. c. (Freiburg i. Br.), Dr. jur. h. c. (Uppsala, Florenz), Ll. D. h. c. (Glasgow), em. o. Professor für römisches und bürgerliches Recht an der Georg-August-Universität Göttingen, Mitglied des Ordens Pour le mérite für Verdienste um die Wissenschaft und um die Künste, o. Mitglied der Akademie der Wissenschaften in Göttingen, korresp. Mitglied der Bayerischen Akademie der Wissenschaften in München, der Heidelberger Akademie der Wissenschaften, der Accademia Nazionale dei Lincei in Rom, der Königlichen Gesellschaft der Wissenschaften in Uppsala und des Istituto Lombardo in Mailand, geb. 5. VIII. 1908 in Stargard (Pommern), 3400 Göttingen, Prinzenstraße 21 (14. VI. 1941).

Žmegač, Viktor, Dr. phil., o. Professor für Deutsche Literaturgeschichte an der Universität Zagreb, Direktor des Instituts für Literaturwissenschaft an der Universität Zagreb, Inhaber der Goethe-Medaille in Gold des Goethe-Instituts in München, des Kulturpreises der Stadt Zagreb 1977 und des Wissenschaftspreises der Teilrepublik Kroatien „Božidar Adžijä“ 1980, geb. 21. III. 1929 in Podravska Slatina, Yu-41001 Zagreb, Rapska 37 A., Tel. 513017, dienstlich: Odsjek za germanistiku, Filozofski fakultet, Yu-41000 Zagreb, Đure Salaja 3, Tel. 513155 (22. III. 1985).

TODESFÄLLE

Ordentliche Mitglieder
der mathematisch-naturwissenschaftlichen Klasse

Wolf, Friedrich, Dr. rer. nat., Dr. rer. nat. h. c., o. Professor für Technische Chemie an der Martin-Luther-Universität Halle—Wittenberg, geb. 9. II. 1920 in Leipzig, gest. 20. I. 1986 in Leipzig.

Görlich, Paul, Dr.-Ing., Dr. rer. nat. h. c., Dr.-Ing. E. h., Professor, geb. 7. X. 1905, gest. 14. III. 1986 in Jena.

Rammler, Erich, Dr.-Ing., Dr.-Eng. E. h., em. Professor mit Lehrstuhl für Brennstofftechnik, Wärmewirtschaft und Brikettierung an der Bergakademie Freiberg, geb. 9. VII. 1901 in Tirpersdorf (Vogtland), gest. 6. XI. 1986 in Freiberg.

Matzen, Peter Friedrich, Dr. med., em. o. Professor für Orthopädie an der Karl-Marx-Universität Leipzig, geb. 11. X. 1909 in München, gest. 28. XI. 1986 in Leipzig.

Auswärtige Mitglieder
der mathematisch-naturwissenschaftlichen Klasse

Radulet, B. Remus, Dr. phil., em. Professor für Grundlagen der Elektrotechnik an der Technischen Hochschule „Gh. Gheorgiu-Dej" in Bukarest, geb. 3. V. 1904 in Hendorf-Bradeni, gest. 6. II. 1984 in Bukarest.

Karšulin, Miroslav, Dr. techn., em. o. Professor für physikalische Chemie an der Universität Zagreb, geb. 4. IV. 1904 in Przemyśl (Polen), gest. 12. II. 1984 in Zagreb.

Kramer, Kurt, Dr. med., em. o. Professor für Physiologie an der Ludwig-Maximilians-Universität München, geb. 16. VI. 1906 in Münster, gest. 23. III. 1985 in München.

Gerasimov, Innokentij Petrovič, Dr. der geographischen Wissenschaften, em. Professor für Geographie an der Lomonossov-Universität in Moskau, geb. 9. XII. 1905 in St. Kostroma, gest. 30. III. 1985 in Moskau.

Țițeica, G. Șerban, Dr. phil., em. Professor für Physik an der Universität Bukarest, geb. 27. III. 1908 in Bukarest, gest. 28. V. 1985 in Bukarest.

Kvasil, Bohumil, Dr. techn., Dr. rer. nat. h. c., o. Professor für Radioelektronik, physikalische Elektronik und Vakuumtechnik an der Technischen Hochschule in Prag, geb. 14. II. 1920 in Plaňany, gest. 30. X. 1985 in Prag.

Umezawa, Hamao, Ph. D., Dr. med., Dr. med. h. c., o. Prof. für Molekularbiologie und Biochemie, geb. 1. X. 1914 in Tokyo, gest. 25. XII. 1986 in Tokyo.

Ordentliche Mitglieder
der philologisch-historischen Klasse

Müller, Joachim, Dr. phil., em. o. Professor für Deutsche Literatur an der Friedrich-Schiller-Universität Jena, geb. 12. VII. 1906 in Oberwiesenthal (Sachsen), gest. 7. III. 1986 in Jena.

Schubart-Fikentscher, Gertrud, Dr. jur., em. Professor mit Lehrstuhl für Rechtsgeschichte und Zivilrecht an der Martin-Luther-Universität Halle—Wittenberg, geb. 23. XII. 1896 in Zwickau (Sachsen), gest. 24. III. 1985 in Halle (Saale).

Auswärtige Mitglieder der philologisch-historischen Klasse

Pée, Willem, Dr. phil., em. Professor für Niederländische Linguistik, Dialektologie und experimentelle Phonetik an der Universität Gent (Belgien), geb. 9. VI. 1903 in Brügge (West-Flandern), gest. 20. V. 1986 in Brüssel.

Georgiev, Vladimir I., Dr. phil., Dr. phil. h. c., em. o. Professor für allgemeine und indoeuropäische Sprachwissenschaft, Slawistik und Balkanistik an der Universität Sofia, geb. 3. II. 1908 in Gabare (Bulgarien), gest. 14. VII. 1986 in Sofia.

Iordan, Iorgu, Dr. phil., Dr. phil. h. c., em. o. Professor für romanische Philologie an der Universität Bukarest, geb. 29. IX. 1888 (11. X. 1888) in Tecuči (Rumänien), gest. 28. IX. 1986 in Bukarest.

Stepanov, Georgij Vladimirovič, Dr. phil., Professor für romanische Philologie und allgemeine Sprachwissenschaft, geb. 9. IV. 1919 in Bijsk (Altaigebiet), gest. 28. X. 1986 in Moskau.

Ligeti, Lajos, Dr. phil., Dr. litt., em. Professor mit Lehrstuhl für innerasiatische Studien an der Eötvös-Loránd-Universität Budapest, geb. 25. X. 1902 in Balassagyarmat, gest. 24. V. 1987 in Budapest.

ZUWAHLEN 1986

Am 10. X. 1986 wurden gewählt

in die mathematisch-naturwissenschaftliche Klasse

Hülsenberg, Dagmar, Dr. rer. oec., Dr.-Ing., o. Professor für Glas- und Keramikwerkstoffe/Glas- und Keramiktechnologie an der Technischen Hochschule Ilmenau

in die philologisch-historische Klasse

Mylius, Klaus, Dr. phil., Dr. rer. nat., ao. Professor für Sanskritistik und Indische Altertumskunde an der Karl-Marx-Universität Leipzig

AKADEMIE-EHRUNGEN

Moritz-Wilhelm-Drobisch-Medaille

Berndt, Georg, Dr. phil., Dr.-Ing. e. h., o. Prof. für Meßtechnik an der TU Dresden	1971
Jahn, Johannes, Dr. phil., Dr. phil. h. c., o. Mitglied, o. Professor für Kunstgeschichte an der KMU Leipzig	1971
Mayer, Georg, Dr. rer. pol., Dr. mult. h. c., Altrektor der KMU Leipzig	1971
Michałowski, Kazimierz, Dr. phil., Dr. phil. h. c., ausw. Mitglied, o. Professor für Mittelmeer-Archäologie an der Universität Warschau	1971
Schmid, Erich, Dr. phil., Dr. mult. h. c., ausw. Mitglied, o. Professor für Physik an der Universität Wien	1971
Spitcyn, Viktor Ivanovič, Dr. chem., Dr. h. c., ausw. Mitglied, o. Professor für anorganische Chemie an der Lomonossov-Universität Moskau	1971
Winkler, Gerhard, Dr. agr., Dr. h. c., o. Professor für Agrarökonomik an der KMU Leipzig, Rektor dieser Universiät	1971
Seydewitz, Max, Generaldirektor der Staatlichen Kunstsammlung in Dresden, ehemals Ministerpräsident des Landes Sachsen	1972
Liebscher, Fritz, Dr. h. c., o. Professor für Ökonomie, Rektor der TU Dresden	1978
Schumann, Horst, 1. Sekretär der Bezirksleitung der SED	1978
Weiz, Herbert, Dr. rer. oec., stellvertr. Ministerpräsident und Minister für Wissenschaft und Technik	1979
Lehmann, Edgar, Dr. phil., Dr.-Ing. e. h., o. Mitglied und Vizepräsident, Professor, em. Direktor des Instituts für Geographie und Geoökologie der Akademie der Wissenschaften der DDR	1985
Rathmann, Lothar, Dr. phil., Dr. h. c., o. Mitglied, o. Professor für Geschichte der Arabischen Länder an der KMU Leipzig, Rektor dieser Universität	1987

Wilhelm-Ostwald-Medaille

Geiseler, Gerhard, Dr. rer. nat., o. Professor für physikalische Chemie an der KMU Leipzig	1979
von Ardenne, Manfred, Dr. h. c. mult., Professor, Direktor des Forschungsinstituts Manfred von Ardenne	1985

EHRUNGEN

Träger des Karl-Marx-Ordens

Poppe, Eberhard

Nationalpreisträger der DDR für Wissenschaft und Technik

Ordentliche Mitglieder

Bahner, Werner	1987	Lösche, Artur	1958
Beckert, Herbert	1965	Markov, Walter	1961
Bethge, Heinz	1967	Neumann, Werner	1973
Dietze, Walter †	1973	Rammler, Erich †	1951
Emons, Hans-Heinz	1970, 1982	Rathmann, Lothar	1972, 1983
Fanghänel, Egon	1983	Strack, Erich	1960
Görlich, Paul †	1954	Stubbe, Hans	1949, 1960
Hiebsch, Hans	1982	Träger, Claus	1984
Keller, Ott-Heinrich	1966	Uhlmann, Armin	1973
Krug, Herbert	1982	Werner, Ernst	1966
Lehmann, Edgar	1983	Wittich, Dieter	1981
Lehmann, Nikolaus Joachim	1964	Wolf, Friedrich †	1958, 1966

Auswärtige Mitglieder

Bredt, Heinrich	1954	Hund, Friedrich	1949
Erben, Johannes	1961	Peek, Werner	1961

Träger des Vaterländischen Verdienstordens

Ordentliche Mitglieder

Bahner, Werner
Bethge, Heinz
Busch, Karl-Franz
Coblenz, Werner
Dietze, Walter †
Emons, Hans-Heinz
Eßbach, Hasso
Fanghänel, Egon

Felix, Werner
Görlich, Paul †
Jordan, Herbert
Lehmann, Edgar
Lehmann, Nikolaus Joachim
Lieberwirth, Rolf
Lösche, Artur
Markov, Walter
Möbius, Friedrich
Müller, Fritz
Neumann, Werner
Oelßner, Wilhelm
Poppe, Eberhard
Rammler, Erich †
Rathmann, Lothar
Schubart-Fikentscher, Gertrud †
Schubert, Manfred †
Strack, Erich
Stubbe, Hans
Uhlmann, Armin
Ullmann, Ernst
Werner, Ernst
Werner, Hans-Georg
Woschni, Eugen-Georg

Träger des Ordens „Banner der Arbeit"

Ordentliche Mitglieder

Czok, Karl
Fanghänel, Egon
Fröhlich, Klaus
Günther, Rigobert
Lehmann, Nikolaus Joachim
Neubert, Albrecht
Müller, Fritz
Rathmann, Lothar
Schubert, Manfred †
Stubbe, Hans
Wolf, Friedrich †

Hervorragender Wissenschaftler des Volkes

Ordentliche Mitglieder

Bethge, Heinz
Lehmann, Nikolaus Joachim
Markov, Walter
Rammler, Erich †
Stubbe, Hans
Watznauer, Adolf

Verdienter Hochschullehrer der DDR

Ordentliche Mitglieder

Beckert, Herbert
Busch, Karl-Franz
Lösche, Artur
Markov, Walter
Rösler, Hans Jürgen
Träger, Claus
Werner, Ernst
Woschni, Eugen-Georg

Verdienter Bergmann des Volkes

Das ordentliche Mitglied

Rammler, Erich †

Verdienter Arzt des Volkes

Ordentliche Mitglieder

Dürwald, Wolfgang
Jordan, Herbert
Matzen, Peter Friedrich †
Oelßner, Wilhelm
Sachsenweger, Rudolf

Verdienter Techniker des Volkes

Ordentliche Mitglieder

Busch, Karl-Franz
Görlich, Paul †
Hülsenberg, Dagmar
Woschni, Eugen-Georg
Schubert, Manfred †

Held der Arbeit

Ordentliche Mitglieder

Busch, Karl-Franz
Dürwald, Wolfgang
Emons, Hans-Heinz

Medaille für Kämpfer gegen den Faschismus 1933—1945

Das ordentliche Mitglied

Markov, Walter

Verdienstmedaille der DDR

Ordentliche Mitglieder

Bethge, Heinz
Brüning, Eberhard
Coblenz, Werner
Diesner, Hans-Joachim
Dörter, Klaus
Emons, Hans-Heinz
Felix, Werner
Freimuth, Ulrich
Haase, Günter
Hennig, Horst
Hiebsch, Hans
Hülsenberg, Dagmar

Krug, Herbert
Lieberwirth, Rolf
Müller, Fritz
Neumann, Werner
Parthier, Benno
Poppe, Eberhard
Rathmann, Lothar
Ricken, Ulrich
Rösler, Hans Jürgen
Růžička, Rudolf
Träger, Claus
Werner, Ernst
Werner, Hans-Georg
Wittich, Dieter
Woschni, Eugen-Georg

Friedensmedaille des Friedensrates der DDR

Das ordentliche Mitglied

Diesner, Hans-Joachim

Das auswärtige Mitglied

Pée, Willem †

Johann-Heinrich-Pestalozzi-Medaille

Ordentliche Mitglieder

Brüning, Eberhard
Czok, Karl
Diesner, Hans-Joachim
Dietze, Walter †
Dudek, Gerhard
Eichler, Ernst
Felix, Werner
Große, Rudolf
Günther, Rigobert
Möbius, Friedrich
Müller, Joachim †
Neubert, Albrecht
Rathmann, Lothar
Ricken, Ulrich
Růžička, Rudolf
Träger, Claus
Werner, Jürgen
Wittich, Dieter

Das auswärtige Mitglied

Peukert, Herbert †

KOMMISSIONEN

Mathematisch-naturwissenschaftliche Klasse

Kommission für spezielle Umweltprobleme

7010 Leipzig, Goethestr. 3—5, Tel. 292886

Leiter: Dörter
Mitglieder: Beckert, Buchheim, Busch, Dörter, Freimuth, Görlich †, Hiebsch, Jordan, E. Lehmann, Lieberwirth, Penzlin, Poppe, Ries, Strack, D. Uhlmann, Watznauer, Wolf †
Wiss. Sekretär: Dr. Gerald Wiemers, Dr. Lutz Zerling (ab 1. 5. 1988)

Strukturprobleme und Umweltaspekte des Wassers insbesondere der therapeutisch nutzbaren Wässer im Süden der DDR

Leiter: Watznauer, Fröhlich, Jordan
Wiss. Mitarbeiter: Dr. Ulrich Koch, Dr. Stephan Groß (bis 1. VI. 1986), Dipl.-Phys. Thomas Franke (bis 1. II. 1987)

In den Jahren 1984/85 war der Schwerpunkt der Forschungsgruppe die Klärung der regionalen geologischen und hydrologischen Verhältnisse des weiteren Quellbezirkes von Bad Brambach. Die Ergebnisse dieser Arbeiten wurden in einem Vortrage im Rahmen der 75-Jahrfeier des Heilbades zusammengefaßt. Die Veröffentlichung erscheint voraussichtlich 1988 im Rahmen der Schriftenreihen der SAW.

Der Schwerpunkt der Arbeiten lag 1986, nach der ausgereiften Erkenntnis der allgemeinen Situation, auf der speziellen Analyse des unmittelbaren Quellregimes. 1986 gelang es, da früher vorgenommene Tastversuche einen signifikanten Zusammenhang zwischen quelltechnisch wichtigen Daten erkennen ließen, die Grundparameter Quellschüttung, Aktivität und atmosphärische Verhältnisse präzis und qualitativ zu erfassen. Es wurden neue Meßstellen eingerichtet, bei denen eine kontinuierliche Datenerfassung angestrebt wurde, frühere Meßergebnisse und solche aus der Untersuchung von Jahresringen alter Bäume ausgewertet und das Bohrnetz zur Lokalisierung eines Konzentrators erheblich erweitert. Es steht zu hoffen, daß die eingeleiteten Maßnahmen erhebliche Verbesserungen unserer Kenntnisse über die therapeutischen Möglichkeiten von Bad Brambach erbringen werden. Eine von Herrn Dr. *Koch* (SAW) und Herrn Dipl.-Chemiker *Tauchert* (Staatsbäder) durchgeführte Studie (die Arbeit ist erschienen in der Zeitschrift Physiother. Jg. 38 (1986) S. 387—396) erbrachte wertvolle Einblicke in die Verweilzeiten des Radons und damit in die Beziehungen des aktiven Wassers zum allgemeinen Grundwasser-Körper des

Brambacher Raumes. Es erwies sich dabei als notwendig, in den kommenden Jahren die geochemischen Verhältnisse der Vor- und Folgeprodukte des Radons in die Arbeiten einzubeziehen.

Adolf Watznauer

Im Berichtszeitraum wurde aus Anlaß der 75. Wiederkehr der Gründung von Bad Brambach im Mai 1987 ein wissenschaftliches Symposium vorbereitet zu Problemen der Radontherapie in den Staatsbädern Bad Brambach—Bad Elster. Themenbereiche waren u. a. „75 Jahre Radontherapie in Bad Brambach" — Geowissenschaftliche Voraussetzungen — Medizinische Ergebnisse und Probleme. Diese Veranstaltung auf internationaler Ebene wird im Auftrag der Gesellschaft für Physiotherapie der DDR, Sektion Balneobioklimatologie von den beiden Staatsbädern gemeinsam mit der Kommission für spezielle Umweltprobleme der SAW und der Bergakademie Freiberg durchgeführt (Wissenschaftliche Leitung: OM H. Jordan, Organisatorische Leitung: OMR Dr. *Kaiser*, Bad Elster).

Herbert Jordan

Untersuchungen über die Wirkungsmechanismen von Neurohormonen

6900 Jena, Erbertstraße 1, 27122

Leiter: Penzlin

Wiss. Mitarbeiter: Dr. sc. nat. Klaus Richter, Dr. Eckehard Baumann, Dr. Gustav-Adolf Böhm, Dr. Heiner Birkenbeil, Dipl.-Chem. Lothar Sobek

WTA: Rita Leser, Rosemarie Meißner, Gisela Radtke

Sekretärin (halbtags): Inge-Dorothea d'Ambly

Entsprechend der langfristig festgelegten Forschungskonzeption erstreckten sich die Arbeiten im Zeitraum 1985/86 auf gezielte Grundlagenforschung über hormonale, neurohormonale und nervale Steuermechanismen bei Insekten. Dabei lag das Schwergewicht auf der funktionellen Koordination dieser Mechanismen bei der Insektenentwicklung. Auf der Grundlage der bisher erzielten Ergebnisse und unter neuer forschungsstrategischer Orientierung konzentrierten sich die Arbeiten auf zwei Problemkreise: Die Steuerung der Insektenhäutung und insektizide Wirkungsprinzipien.

1. Die Steuerung der Insektenhäutung

1.1. Neurohormonale Steuerung der Häutung

Das übergeordnete glandotrope Neurohormon PTTH (prothorakotropes Hormon), das Synthese und Abgabe des Häutungshormons Ecdyson aus der Häutungsdrüse (Prothorakaldrüse) steuert, ist nach bisherigen Erfahrungen gattungs-spezifisch. Deshalb wurden die Arbeiten zur physiologischen Erfassung und Charakterisierung des PTTH an der Wachsmotte *Galleria mellonella* weitergeführt. Herausragend unter den neuen Ergebnissen ist die Feststellung, daß *in vitro*-Inkubationen der Häutungsdrüsen mit Gehirnhomogenaten signifikante Stimulierungen der Ecdyson-Produktion in den Drüsen ergeben. Diese Wirkung ist spezifisch, da andere Gewebe (Fettkörper, Muskulatur) keine aktivierende Wirkung auslösen. Die Aktivierung der reaktionsbereiten Häutungsdrüse mit Gehirnhomogenat ist zeitlich eng begrenzt und *in vitro* nur unmittelbar (bis 30 min) nach Präparation der Drüsen zu erzielen. Außerdem ist die Wirkung dosisabhängig von der Konzentration des Gehirn-Faktors. Damit sind wichtige Voraussetzungen für eine effektive Extraktion und Anreicherung des PTTH bei *Galleria* gegeben.

1.2. Nervale Steuerung der Insektenhäutung

An der Steuerung der Häutungsdrüse von Schaben ist außer dem Neurohormon PTTH (prothorakotropes Hormon) auch das Nervensystem beteiligt. Bei der weiteren Präzisierung der Beteiligung des Nervensystems konnten in der Gruppe neue Erkenntnisse darüber erzielt werden, inwieweit die glandotrope Nervenaktivität des Prothorakalganglions über den Prothorakaldrüsennerven mit einem außerdem noch wirksamen humoralen Gehirnfaktor korreliert ist. In früheren Potentialableitungen wurde gefunden (s. Jahrbuch der SAW 1983/84, S. 64), daß der erste Anstieg der Ecdysteroidproduktion (Vorgipfel) in der Häutungsdrüse etwa am 22. Tag nach der letzten Häutung vom Anstieg der Nervenaktivität im Prothorakaldrüsennerven begleitet ist, der zweite aber nicht. Dazu zeigte sich jetzt, daß in Drüsen bei *in-vitro*-Kultur dieser Vorgipfel der Hormonproduktion auch dann ausbleibt, wenn die Drüsen dabei mit dem Thorakalganglion in Nervenverbindung standen. Das Ganglion hemmt also die Aktivität der Drüse zunächst in dieser Phase. An dieser Hemmung ist auch das Unterschlundganglion beteiligt. Als Transmitter scheint Dopamin in diese Hemmung einbezogen zu sein. Funktionell bedarf es also bei der Stimulierung der Häutungsdrüse zur Ecdysonproduktion einer Induktion der Nervenaktivität (Ausschalten der Hemmung) vom Prothorakalganglion zur Häutungsdrüse, für die der humorale Gehirnfaktor verantwortlich ist. Nervenphysiologisch bezieht sich diese Aktivierung nur auf einen bestimmten Typ von Aktionspotentialen im Prothorakaldrüsennerven.

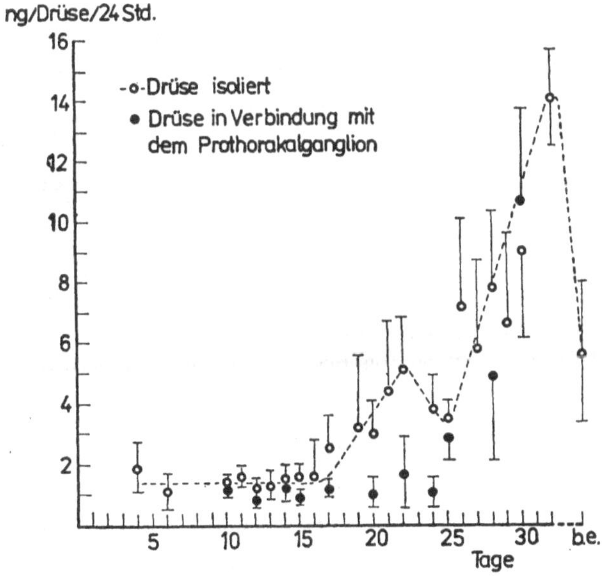

Abb. 1. Verlauf der Produktion von Häutungshormon (Ecdyson) in der Häutungsdrüse der Schabe *Periplaneta americana* während des letzten Larvenstadiums (Tage). Ergebnisse aus radioimmunologischen Bestimmungen der Ecdysteroide (als Ecdyson-Äquivalente) aus Einzelkulturen von Drüsen

1.3. Wirkung des Insektizids Dimilin auf die Häutung

Mit Untersuchungen zur Wirkung von Dimilin (Diflubenzuron) wurde ein Beitrag zur noch immer ungeklärten Frage nach dem Wirkungsmechanismus dieses häufig verwendeten Insektizids bei der Häutungshemmung geleistet. Dabei ergaben sich deutliche gruppenspezifische Unterschiede zwischen Schmetterlingen (Lepidopteren) und Schaben (Blattodea). Während bei *Galleria* (Lepidoptera) kein Einfluß auf die Häutungsdrüse festzustellen war, zeigte sich bei *Periplaneta* (Blattodea) eine deutlich störende Wirkung auf die Drüse. Bei *Galleria* ergab sich dagegen eine Beeinflussung des Ecdysteroid-Metabolismus. Die Ergebnisse bestätigen die grundsätzliche Bedeutung der Spezies-Spezifität bei der Entwicklung und Anwendung neuer Insektizide.

2. Neurohormon D-Abbau und Insektizidwirkung

Aus früheren Untersuchungen unserer Gruppe ist bekannt, daß bei der von konventionellen Insektiziden ausgelösten Stress-Situation Neurohormone integriert sind. So wurde bei Schaben nachgewiesen, daß nach Bewegungstreß Neurohormon D in die Hämolymphe ausgeschüttet wird. Als Arbeitshypothese wurde davon ausgegangen, durch Hemmung des Abbaues von Neurohormon D eine Verstärkung der Stress-Belastung zu erreichen, die eine irreversible Schädigung der Tiere zur Folge haben könnte.

Enzymatische Abbauversuche mit Neurohormon D zeigten, daß nur die Malpighischen Gefäße, die Exkretionsorgane der Insekten, in der Lage sind, das Neurohormon nach aktiver Aufnahme in die Zellen durch eine Protease zu inaktivieren. Analog zum Abbau von Neuropeptiden bei Vertebraten konnte erstmals für Evertebraten nachgewiesen werden, daß eine Metalloendoprotease vorliegt. Dieses Enzym kann durch Protease-Inhibitoren blockiert werden. Interessanterweise üben auch eine Reihe konventioneller Insektizide eine hemmende Wirkung auf die Protease aus. Die Wirkung der topikal applizierten Insektizide ist deshalb mit der Hemmung des Neurohormon-D-Abbaues korreliert. Aus diesen Ergebnissen ergeben sich neue Vorstellungen zur Wirkungsweise einiger Insektizide wie auch mögliche Ansätze für die Entwicklung neuer Insektizide.

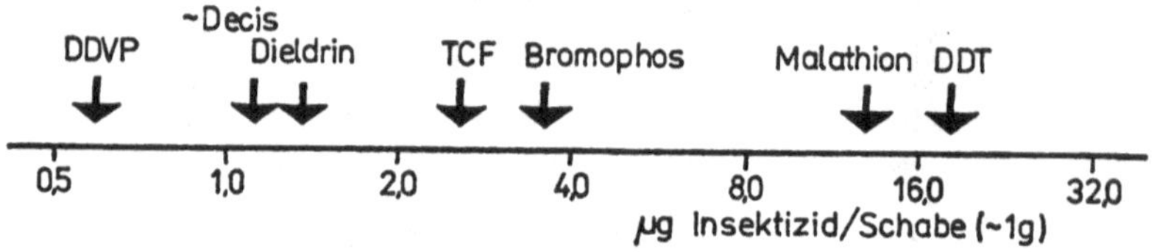

Abb. 2. Wirksamkeit verschiedener Insektizide (µg/Schabe) bei der Hemmung der enzymatischen Inaktivierung von Neurohormon D durch Malpighische Gefäße

3. Insektizide Wirkung von Pflanzenextraktstoffen

Im Rahmen einer orientierenden Erkundungsforschung wurden in einem vorläufigen Screening-Testprogramm über insektizide Pflanzeninhaltsstoffe mit häutungshemmender Wirkung 15 Arten einheimischer Blütenpflanzen geprüft. Als Testsystem dienten Larven der Schabe *Periplaneta americana*. Nach oraler Verabreichung der entsprechenden Pflanzenextrakte ließ sich die Wirkung an der Veränderung des Häutungsintervalls beurteilen. Drei dieser Pflanzenarten erwiesen sich in diesem Zusammenhang als besonders wirksam. Bei ihnen wurde das Häutungsintervall bis zu 100% verlängert. Für die Wirkung eines dieser

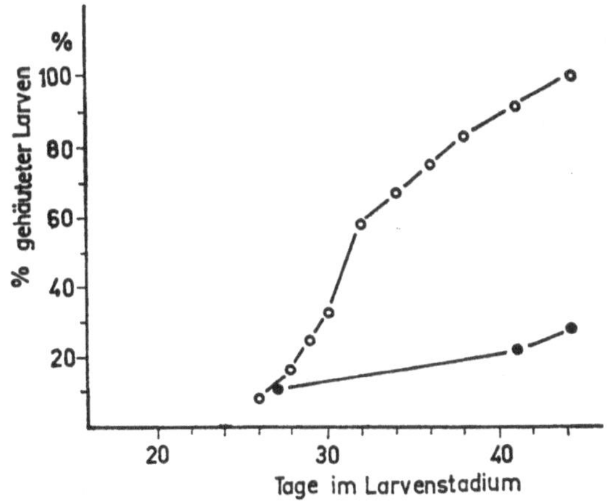

Abb. 3. Häutungsverzögerung im letzten Larvenstadium der Schabe *Periplaneta americana* durch orale Aufnahme eines Extrakts von *Ajuga reptans*

Pflanzenextrakte aus dem Kriechenden Günsel *Ajuga reptans* ergaben elektronenmikroskopische Untersuchungen eine starke Störung der Struktur der Häutungsdrüse, was im Radioimmunassay mit dem Erlöschen der Syntheseleistung der Drüse für Ecdyson bestätigt wurde. Außerdem ergaben sich erste Hinweise auf Angriffsorte dieses Extrakts auch im neurosekretorischen System der Schaben. Zur chemischen Auftrennung dieses Pflanzenextrakts sind größere Mengen des Ausgangsmaterials in ersten Trennschritten aufgearbeitet worden.

In Zusammenarbeit mit der Forschungsgruppe Prof. Adam am Institut für Biochemie der Pflanzen der AdW der DDR in Halle konnte mit dem gleichen Testsystem der Nachweis einer häutungshemmenden Wirkung von bestimmten Brassinosteroiden bei Schaben erbracht werden. Nachdem Extrakte aus Rapsblüten zunächst entsprechende Wirkungen gezeigt hatten, wurden die aus Rapspollen bekannten Brassinosteroide sowie synthetische Analoga in die Tests einbezogen. Damit ist für diese Phytosteroide, die als hocheffektive Wachstumsfaktoren bei Pflanzen außerordentlich bedeutungsvoll sind, erstmalig auch der Nachweis einer Wirkung bei Insekten gelungen.

Literatur

Agricola, H., Eckert, M., Ude, J., Birkenbeil, H., Penzlin, H.: The neuropeptide proctolin — its distribution in the 6th abdominal ganglion and in the visceral musculature of *Periplaneta americana*. Beiträge zur Wirkstoff-Forschung *24* (1985) 264—276

Berg, H. u. K. Richter; J. W. Ritter: Entdeckungen zur Elektrochemie, Bioelektrochemie und Photochemie. Ostwalds Klassiker der exakten Wissenschaften. Bd 271, 135 S.

Böhm, G.-A.: Aktuelle Befunde der Insekten-Endokrinologie und ihre potentielle Bedeutung für die Entwicklung von neuartigen Insektiziden. Zool. Jb. Physiol. *90* (1986) 169—192

Gersch, M. u. P. Karlson (Hrsg.): The Evolution of Hormonal Systems. Leopoldina-Symposium 1981. Nova Acta Leopoldina NF *56*, Nr. 255 (1984) 477 S.

Gersch, M.: Evolutionary aspects of neurosecretion in invertebrates. Nova Acta Leopoldina NF *56*, Nr. 255 (1984) 51—64

Penzlin, H. (Hrsg.): Leben und Evolution. Wissenschaftliche Vortragstagung am 25. und 26. Mai 1984 anläßlich des 150. Geburtstages von Ernst Haeckel und der 100. Wiederkehr der feierlichen Übergabe des Zoologischen Institutsgebäudes in Jena. Friedrich-Schiller-Universität Jena 1985, 160 Seiten.

Penzlin, H.: 100 Jahre „Zoologische Jahrbücher". Zool. Jb. Physiol. *90* (1986) 1—12

Penzlin, H.: Das Teleologie-Problem in der Biologie. Biol. Rdsch. *25* (1986) 7—26

Penzlin, H.: Die Erscheinung des Lebendigen in unserer Welt. Sitzungsberichte der SAW, Bd 119 (2), 1986, 91 Seiten

Penzlin, H.: Xanthopsin — ein neues Sehpigment bei Insekten. Biol. Rdsch. *24* (1986) 212—213

Penzlin, H.: Das Teleologie-Problem in der Biologie. Wiss. Ztschr. Humboldt-Univ. Berlin, Math.-Nat. R. *35* (1986) 225—232

Richter, K.: Comparison of principles in various kinds of intercellular information transfer. Nova Acta Leopoldina NF *56*, Nr. 255 (1984) 453—466

Richter, K.: Physiological investigation on the role of the innervation in the regulation of the prothoracic gland in *Periplaneta americana*. Arch. Insect Biochem. Physiol. *2* (1985) 319—330

Richter, K.: Zur Frage der Innervierung der Häutungsdrüsen bei Arthropoden. Zool. Jb. Physiol. *90* (1986) 43—63

Scheffel, H., Küchenmeister, J., Kriewald, K., Baier, U.: Die Wirkung von Dimilin auf Häutungsprozesse bei Larven des Chilopoden *Lithobius forficatus* (L.). RGW-Koordinierungstagung KOZ, Poznań, Balaton Almádi, Ungarn 1984

Sobek, L., Eckert, M., Penzlin, H., Reißmann, S.: Evidence for proctolinergic innervation of the cockroach oviduct. Zool. Jb. Physiol. *90* (1986) 461—466

Weiß, A., Penzlin, H. u. Baumann, E.: Der Einfluß von Peptidfaktoren aus dem Nervensystem der Schabe *Periplaneta americana* (L.) auf das Schockmeideverhalten dekapitierter Tiere. Zool. Jb. Physiol. *90* (1986) 231—248

Heinz Penzlin

Untersuchungen zu methodologischen Fragen der Psychologie

6900 Jena, Universitätshochhaus Schillerstraße, 19. OG, Tel.: 8224219:
Leiter: Hiebsch
Wiss. Mitarbeiter: Dr. sc. phil. Dipl.-Psych. Wolfgang Frindte (bis 31. 7. 86), Dipl.-Psych. Ute Schumann (bis 31. 5. 86), Dr. phil. Matthias Leiße (ab. 1. 8. 1986), Dr. phil. Rolf Jeschonnek (ab 1. 12. 86)

In den Jahren 1985/86 wurden weitere Einzeluntersuchungen zum methodologischen Thema des „Experiments in der Sozialpsychologie" durchgeführt, vor allem zum Problem der sog. Versuchspersonentäuschung im Experiment, die in den an der Arbeitsstelle vorliegenden Abschlußbericht eingegangen sind. Vergleiche zwischen identisch angelegten Experimenten mit und ohne Täuschung bzw. ohne und mit vollständiger Information der Vpn ergaben, daß sich bei als sehr bedeutsam erlebten experimentellen Aufgaben größere Differenzen, bei wenig bedeutsamen Aufgaben dagegen nur sehr geringe Differenzen in den Versuchsausgängen ergaben. Das Verhältnis des Versuchsleiters zur Versuchsperson spielt hier eine wesentliche Rolle; seine Gestaltung im Sinne eines „sozialen Kontrakts" zum Zwecke des wissenschaftlichen Erkenntnisgewinns wird nach unseren Befunden als Voraussetzung für Ergebnisse mit externer Validität angesehen. Im Jahre 1986 wurde der Abschlußbericht zum Thema („Experiment in der Sozialpsychologie") erarbeitet. Ein Teil davon liegt als Dissertation für die Promotion B von Dr. *Frindte* vor. In ihm werden zwei grundlegende Fragen beantwortet: (a) Das Verhältnis von Theorie und Experiment in der Psychologie, (b) das Verhältnis von Experiment und Forschungsgegenstand in der Sozialpsychologie. Das Hauptergebnis zu (a) ist, daß Experimente nicht nur als Induktionsbasis für die Bildung von Theorien gelten können (wie bisher zumeist angenommen), sondern daß sie in erster Linie der Spezifikation allgemeinerer Theorien auf Klassen realer Interaktionssituationen eingesetzt werden sollten, wobei die Spezifikationsregeln genau angegeben werden. Damit wird es möglich, auch die Relevanz von Theorien für die Praxis streng zu prüfen.

Das wesentliche Ergebnis zu (b) ist, daß ein sozialpsychologisches Experiment wenigstens tendenziell als „Entwicklungsexperiment" angelegt werden soll, d. h. als eine methodische Prozedur, in der die für interaktives Verhalten von Menschen bei der Lösung von gegenständlichen und sozialen Aufgaben erforderlichen Leistungsvoraussetzungen angeeignet werden können. Die ethischen Implikationen dafür werden diskutiert. — Im Jahre 1986 begannen wir mit den Vorarbeiten für ein neues methodologisches Thema, das die Funktion der Sprache für die Regulation von Interaktionsprozessen zum Gegenstand haben und die in den letzten Jahren gewonnenen Erkenntnisse an noch offenen Punkten weiterführen soll.

Hans Hiebsch

Untersuchungen über Naturhaushalt und Gebietscharakter

8027 Dresden, Zellescher Weg 19, Tel. 4633275, und
8010 Dresden, Augustusstraße 2, Tel. 4955031

Kommissarischer Leiter: D. Uhlmann (bis Januar 1986)
Leiter: Haase (ab Februar 1986)
Abteilungsleiter: Dr. rer. nat. Arnd Bernhardt
Wiss. Mitarbeiter: Dr. rer. nat. Olaf Bastian, Dipl.-Geogr. Kart.-Ing. Joachim Bieler, Dr. rer. nat. Inge Hartsch (bis Juni 1985), Dr. sc. nat. Karl Mannsfeld, Dr. rer. nat. Eberhard Sandner (ab September 1985)
Wiss.-techn. Assistentin: Karin Kießling
Mitarbeiterin: Kart.-Ing. Evelin Schiller

Im Berichtszeitraum wurde die mehrjährige Mitwirkung im Forschungsverband „Naturraumtypen-Karte der DDR im mittleren Maßstab", an dem neben dem Institut für Geographie und Geoökologie der AdW der DDR als verantwortlicher Einrichtung nahezu alle Hochschulsektionen der Geographie, Einrichtungen der Akademie der Landwirtschaftswissenschaften der DDR und wissenschaftlich-technische Zentren der Forstwirtschaft und der Geologie beteiligt waren, mit einem umfangreichen Forschungsbericht abgeschlossen. Bereits Ende 1984 hatte die Arbeitsgruppe ihre Beiträge zu den methodischen Grundlagen und dem Kartierungsverfahren für eine Naturraumtypen-Karte in den Maßstäben 1:50000 und 1:200000 mit Erfolg verteidigt. Im Abschlußbericht des Gesamtprojektes konnten von der Arbeitsgruppe sowohl ein Kartierungsbeispiel mit Katalog der Kartierungseinheiten (Mikrogeochoren) für den Raum Dresden als auch zahlreiche Interpretationsbeispiele für die Anwendung der *Naturraumtypenkartierung* in verschiedenen landnutzenden Wirtschaftszweigen und der Territorialplanung Aufnahme finden.

Die langjährigen Arbeiten zur Naturraumerkundung und -kartierung in der geochorologischen Dimension konnten damit methodisch und verfahrensmäßig zu einem vorläufigen Abschluß gebracht werden. Im Berichtszeitraum sind vor allem die Beiträge zu einer „Richtlinie für die Erfassung und Kennzeichnung der Kartierungseinheiten einer mittelmaßstäbigen Naturraumtypen-Karte" (Merkmalstabellen Hydrotop-Kombinationen, Mesorelief-Typen, Mesoklima-Eigenschaften) hervorzuheben. Die Anordnungstypen für mikrochorische Naturräume wurden neu gefaßt und erweitert. Schließlich konnten umfangreiche Beiträge für einen DDR-weiten Rahmenkatalog von Mikrogeochoren-Typen geleistet werden, der erstmalig für ein Territorium von der Größe der DDR einen systematisch und regional geordneten Überblick über die Naturraumtypen in dieser geochorologischen Ordnungsstufe ermöglicht.

Die für den Bezirk Dresden im Rahmen der Naturraumkartierung erkundete, kartierte und dokumentierte Fläche bedeckt etwa 70% des Gesamtgebietes, nachdem weitere 8 Blätter der topographischen Karte 1:25000 (Ausgabe vor 1945) bearbeitet werden konnten. Als weitere Schritte müssen sich — neben der kontinuierlichen Fortsetzung der Erkundungsarbeiten im Bezirk — Verfahren einer EDV-gerechten Datenspeicherung anschließen, um in naher Zukunft die Datenbearbeitung und die Datenausgabe mit EDVA und Kartierautomaten vornehmen zu können. Dazu ist eine Mitnutzung der modernen Bild- und Datenverarbeitungsanlage der Technischen Universität Dresden vorgesehen, wofür die Einarbeitung im Berichtszeitraum begonnen wurde.

Die in den zurückliegenden Jahren zunächst über einzelne Fallstudien und verstärkt mittels der Interpretations- und Anwendungsbeispiele zur Naturraumtypen-Karte aufgenommene Landschaftsforschung erweitert die betont physisch-geographische und geoökologische Ausrichtung der Arbeiten der Gruppe auf Untersuchungen, bei denen der Stoffwechsel Gesellschaft—Natur in stärkerem Maße im Mittelpunkt steht. Mit diesen Arbeiten wird das Ziel verfolgt, generelle Prinziplösungen für die stärkere Einbindung naturwissenschaftlicher (geo- und bioökologischer) Gesichtspunkte in die Landschaftsplanung und die Landschaftsgestaltung zu entwickeln. Nur über die Einbeziehung der in den Geo- und Biowissenschaften erkannten Gesetzmäßigkeiten in den Verfahren der Landschaftspflege, Landschaftssteuerung und Landschaftsgestaltung lassen sich bestehende oder künftige Umweltbelastungen präventiv verringern oder gar vermeiden sowie die „Gratisleistungen" der Natur effektiver nutzen. Zur Lösung des bereits von E. *Neef* in den 70er Jahren herausgestellten „Transformationsproblems", nämlich der Verbindung naturwissenschaftlicher Merkmale der Landschaft mit sozio-ökonomisch determinierten Parametern, sind Verfahren der geoökologischen Bewertung von Landnutzungsformen ebenso wie Methoden der ökonomischen und sozialen Bewertung von Naturerscheinungen weiterzuentwickeln. Im Berichtszeitraum konnten erste Ergebnisse der Naturraumerkundung und Naturraumgliederung für Landschaftsschutzgebiete im Bezirk Dresden (Landschaftspflegeplan „Osterzgebirge", Landschaftspflegeplan „Sächsische Schweiz", Landschaftspflegeplan „Lausitzer Bergland") an den Rat des Bezirkes Dresden übergeben werden.

Aus dem Echo, das die Forschungen der Arbeitsgruppe in den letzten Jahren bei verschiedenen landnutzenden Wirtschaftszweigen fanden, ergaben sich Mitwirkungen an der Ausarbeitung von Höchstertragskonzeptionen für LPG und VEG, Einschätzungen der Betriebe nach der Mittelmaßstäbigen landwirtschaftlichen Standortkartierung, Aufklärung geoökologischer Sachverhalte und Bedingungen sowie Problemflächen-Kartierungen. Partner dafür waren sowohl die Fachorgane für Land- und Forstwirtschaft, Naturschutz und Erholungswesen bei Räten des Bezirkes oder von Kreisen als auch einzelne LPG und VEG. Dabei konnte die langjährige Zusammenarbeit mit dem VEG Obstbau Borthen, dem Intensivobstbaugebiet vor den Toren der Stadt Dresden, auf vertraglicher Basis langfristig gefestigt werden. Im Berichtszeitraum konnten die bisher vornehmlich geowissenschaftlichen Problemen der Naturraum- und Landschaftsforschung gewidmeten Arbeiten durch biowissenschaftliche Untersuchungen ergänzt werden. Die der Bioindikation gewidmeten Arbeiten waren zunächst auf vergleichende Pflanzenaufnahmen für Standorte gerichtet, die bereits vor 20 bis 30 Jahren vegetationsökologisch untersucht waren. Die Ergebnisse belegen nicht nur einen beachtlichen Vegetationswandel, sondern ergeben auch Vorstellungen von der naturräumlich stark differenzierten Vernetzung von Biotopen, darunter wertvollen und nicht ersetzbaren Restbiotopen sowie deren Regenerations- und Schutzmöglichkeiten. In den intensiv genutzten Borthener Obstanlagen zeugen kurzfristig variable Wildkrautbestände von einer beachtlichen Labilisierung natürlich-technogener Gleichgewichtszustände, die für die Produktivität der Plantagen Bedeutung erlangen kann. Hier konnten erste Ansätze für Testreihen gewonnen werden, die zur Klärung von Landschaftsveränderungen und deren Beurteilung herangezogen werden können.

Eine weitere Fallstudie widmete sich den anthropogen ausgelösten Veränderungen kleiner Hohlformen des Offenlandes, die in zwei Intensivierungsphasen im 20. Jh. am Erzgebirgsnordrand auftraten. Deren Ziel, eine wesentliche Erhöhung der Bioproduktion zu erreichen, ergab als Nebenwirkung spürbar negative Veränderungen des Wasserhaushalts, der Wasserqualität und der biotischen Mannigfaltigkeit dieser Standorte. Daraus wurden Maßnahmen für eine teilweise Korrektur dieser Veränderungen im Interesse einer polyfunktionalen Nutzung abgeleitet.

Die populärwissenschaftliche Tätigkeit der Arbeitsgruppe konzentrierte sich 1986 auf eine Neubearbeitung der „Naturräume der sächsischen Bezirke", die als Sonderheft der Sächsischen Heimatblätter erschien. Damit konnten die seit 1960, als E. *Neef* die erste Fassung einer solchen Darstellung veröffentlichte, erarbeiteten Vorstellungen zur Naturraumgliederung Sachsens in zusammenfassender Form der Öffentlichkeit zugängig gemacht werden.

Literatur

Bastian, O.: Bioindikation zum Landschaftswandel, ein Beispiel aus dem Moritzburger Kleinkuppengebiet. In: Hercynia NF *23* (Leipzig 1986) H. 1, S. 15–45.

Bernhardt, A.: Landschaftsökologische Forschungen der SAW im Bezirk Dresden — derzeitiger Forschungsstand und Ausblick. In: SAW-Tagungsheft Masserberg/Thür. 10.–12. 9. 85 „Probleme der pedologisch-hydrologischen Regionalforschung und ihre Umsetzung in die Praxis" S. 41–43.

Bernhardt, A. u. Jäger, K.-D.: Zur gesellschaftlichen Einflußnahme auf den Landschaftswandel in Mitteleuropa in Vergangenheit und Gegenwart. In: Beiträge zum Problemkreis des Landschaftswandels. Berlin 1985. S. 5–56. (= Sitzungsber. SAW, math.-nat. Kl. Bd 117, H. 4).

Bernhardt, A. u. a.: Zwischen Wolkenstein, Marienberg und Jöhstadt. Berlin 1985 (= Werte unserer Heimat Bd 41).

Bernhardt, A. u. a.: Um Olbernhau und Seiffen. Berlin 1985 (= Werte unserer Heimat Bd 43).

Bernhardt, A. u. a.: Plauen und das mittlere Vogtland. Berlin 1986 (= Werte unserer Heimat Bd 44).

Bernhardt, A. u. a.: Naturräume der sächsischen Bezirke. In: Sächs. Heimatblätter *32* (1986) H. 4 u. 5 (Beiträge: Erzgebirgsbecken, Dresdener Elbtalweitung, Vogtland, Erzgebirge, West-, Mittel-, Osterzgebirge).

Bernhardt, A.; Mannsfeld, K. u. a.: Rahmenmethodik der geochorologischen Naturraumerkundung (Forschungsbericht). Leipzig 1985. 152 S.

Bieler, J.: Bibliographie *Ernst Neef* sowie Würdigungen und Nachrufe. In: Jahrb. SAW 1983—84. Berlin 1986. S. 225—235.

Bieler, J.: Schriften von *Ernst Neef*. In: Beiträge zum Problemkreis des Landschaftswandels. Berlin 1985. S. 87—101 (= Sitzungsber. SAW, math.-nat. Kl. Bd 117, H. 4).

Haase, G.; Mannsfeld, K.; Schmidt, R.: Typen des Anordnungsmusters zur Kennzeichnung der Arealstruktur von Mikrogeochoren. In: PGM *130* (1986) H. 1, S. 31—39.

Hartsch, I.: Folgeerscheinungen von Intensivviehhaltung im Verhältnis zur Landschaftsstruktur des Umlandes. In: Beiträge zum Problemkreis des Landschaftswandels. Berlin 1985. S. 71—86 (= Sitzungsber. SAW, math.-nat. Kl. Bd 117, H. 4).

Mannsfeld, K.: *Ernst Neef* zum Gedenken. In: Geogr. Ber. *30* (1985) H. 1, S. 74—76.

Mannsfeld, K.: Landschaftsökologische Kartierung und Flächennutzungsanalyse als Grundlage für die Kennzeichnung der landschaftlichen Potentialstruktur. In: SAW-Tagungsheft Masserberg/Thür. 10.—12. 9. 85 „Probleme der pedologisch-hydrologischen Regionalforschung und ihre Umsetzung in die Praxis" S. 52—54.

Mannsfeld, K. u. a.: Lausitzer Bergland um Pulsnitz und Bischofswerda. Berlin 1983. (= Werte unserer Heimat Bd 40).

Mannsfeld, K.: Landschaftsdiagnose als Beitrag zur Charakteristik des Landschaftswandels. In: Beiträge zum Problemkreis des Landschaftswandels. Berlin 1985. S. 57—70 (= Sitzungsber. SAW, math.-nat. Kl. Bd 117, H. 4).

Mannsfeld, K. u. a.: Richtlinie für die Bildung und Kennzeichnung von Kartierungseinheiten der Naturraumtypenkarte der DDR im mittleren Maßstab. In: Wiss. Mitt. IGG AdW. Leipzig 1985. Sonderheft 3. 315 S.

Mannsfeld, K.: Valuation of the natural structure of landscape for planning. In: Landscape synthesis Part I „Geoecological foundations". Wiss. Beitr. Martin-Luther-Universität Halle—Wittenberg 16 (1986) S. 115—122.

Mannsfeld, K. u. a.: Naturräume der sächsischen Bezirke. In: Sächs. Heimatblätter *32* (1986) H. 4 u. 5 (Beiträge: Elsterwerda-Herzberger Elsterniederung, Oberlausitzer Heide- u. Teichgebiet, Westlausitzer Berg- u. Hügelland, Oberlausitzer Gefilde, Bergland der Oberlausitz u. Sächsischen Schweiz, Oberlausitzer Bergland, Sächsische Schweiz, Zittauer Gebirge).

Sandner, E.: Thesen zur Schaffung und Weiterentwicklung landschaftsgeographischer Karten. In: Geogr. Ber. *31* (1986) H. 1, S. 31—35.

Sandner, E.: Einige der ältesten landschaftskundlichen Karten. In: Vermessungstechnik *34* (1986) H. 10, S. 341—344.

Sandner, E.: „Naturraumkarten", „Landschaftskarten" oder „landschaftskundliche Karten"? Zur Diskussion um die treffende Bezeichnung einer Kartenart. Ebda. H. 12, S. 410—412.

Günter Haase

Limnologie von Talsperren

Hydrobiologisches Laboratorium Neunzehnhain (Erzgeb.),
9343 Lengefeld (Erzgeb.), PF 30, Tel. Lengefeld 2281

Leiter: D. Uhlmann
Wiss. Mitarbeiter: Dr. rer. nat. Wolfgang Horn,
Dr. rer. nat. Heidemarie Horn
Mitarbeiterin: Abiturientin Daniela Lösse
(Sept. 1985 bis August 1986)

Die an der Saidenbachtalsperre über nunmehr 12 Jahre durchgeführten Untersuchungen gestatten nicht nur gesicherte Aussagen über die Veränderung der Belastung und die entsprechende Reaktion dieses Ökosystems (s. Abb. 1—4), sondern auch verallgemeinerungsfähige Schlußfolgerungen. Der erreichte Kenntnisstand war Grundlage von Beiträgen auf dem internationalen Kongreß über Belastung und Regenerierung von Standgewässern im April 1985 in Rom und für die Mitarbeit im wissenschaftlichen Rat des „International Centre for Advanced Environmental Studies“, Como, Italien (April 1986). Der Leiter der Arbeitsgruppe war im Auftrag der WHO und des UNDP im Mai 1986 als Experte in Marokko tätig. Gegenstand war die Begutachtung von drei Projekten zur Verbesserung der Beschaffenheit der größten Trinkwassertalsperre des Landes (Bou Regreg Reservoir, 550 Mio m^3 Stauraum, Bereitstellung des Trinkwassers für das Ballungszentrum Casablanca-Rabat mit ca. 4 Mio Einwohnern).

Die Arbeitsgruppe konnte ihre Ergebnisse auf mehreren Vortragsveranstaltungen in der DDR vorstellen und war maßgebend bei der Vorbereitung der 3. Arbeitstagung „Sekundärproduktion“ beteiligt. Es wurden insgesamt drei Berichte vorbereitet, die als Beiträge der DDR zu den Projekten 5 und 10 des UNESCO-Programms „Man and Biosphere“ publiziert werden sollen.

Im Rahmen des neuen Forschungsthemas „Ökologische Regulations-, Stabilisierungs- und Regenerationsmechanismen“ wurde damit begonnen, die für die Mobilisierung und Immobilisierung von Phosphat an der Sediment/Wasser-Kontaktschicht maßgebenden biologischen Prozesse näher zu untersuchen. Im Mittelpunkt standen dabei Laborexperimente mit Sedimenten aus der Saidenbachtalsperre sowie, zum Vergleich, aus dem für die Trinkwassergewinnung vorgesehenen Speicher Radeburg II.

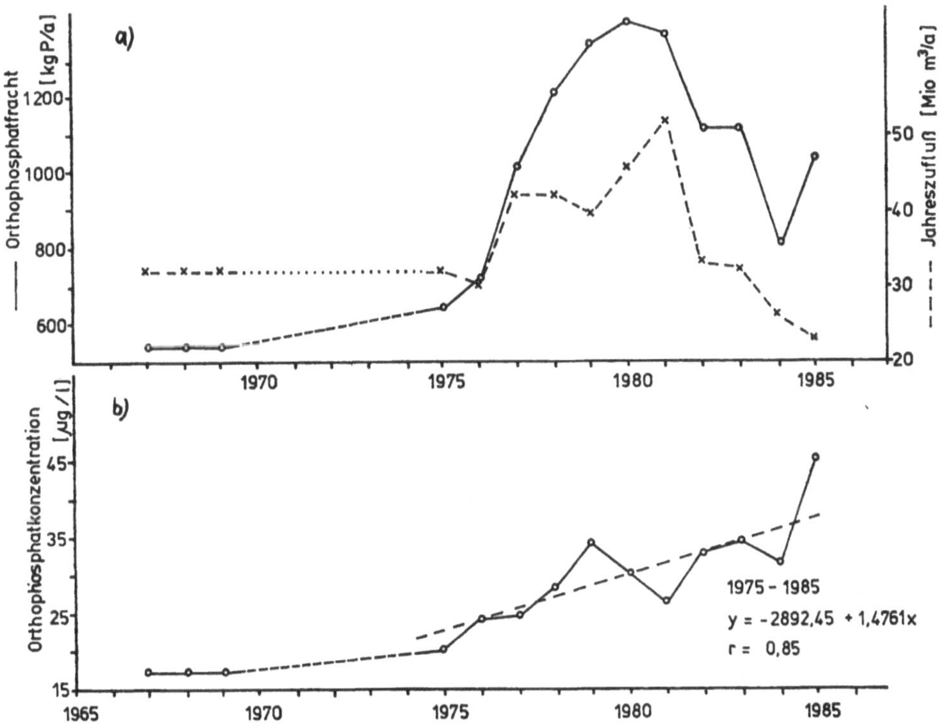

Abb. 1a. Gesamtzufluß und Orthophosphatfracht (Talsperre Saidenbach)
Abb. 1b. Durchschnittliche Orthophosphatkonzentration des Zuflußwassers (Werte für 1967 bis 1969 aus HOFMANN (1972));
1984 mit Berücksichtigung der Eliminationsleistung der neuen Vorsperre Forchheim

Weiterführung der Untersuchungen an der Talsperre Saidenbach
(W. Horn und H. Horn)

Die Zuflußmengen in den letzten 15 Jahren und die Frachten an Orthophosphat, dem in der Regel das Phytoplanktonwachstum limitierenden Nährstoff, sind in Abb. 1 dargestellt. Die von Jahr zu Jahr stark schwankenden Wassermengen resultieren aus dem unterschiedlichen Niederschlagsgeschehen sowie der ebenfalls stark variierenden Wasserüberleitung aus Fremdeinzugsgebieten. Der annähernd gleichsinnige Verlauf von Fracht und Zufluß über die 11 Jahre hinweg deutet die starke Abhängigkeit der Belastung der Talsperre von den meteorologischen Verhältnissen, also dem absoluten Zufluß, an. Die Nährstofffrachten stellen zwar die konkrete Belastung der Talsperre dar, sind aber noch kein Maß der tatsächlichen Lastentwicklung im Einzugsgebiet. Diese wird sichtbar, wenn die durchschnittliche Orthophosphatkonzentration des Zuflußwassers berechnet wird (Abb. 1b). Der seit 1975 deutlich steigende Nährstoffgehalt weist auf eine zunehmende Eutrophierung hin und ist sowohl eine Folge des gestiegenen Lebensstandards (Verbesserung des sanitärtechnischen Ausstattungsgrades, erhöhter Wasser- und Waschmittelverbrauch usw.) als auch der intensiveren Inanspruchnahme des Bodens im Einzugsgebiet für die landwirtschaftliche Produktion und die Verwertung organischer Abfälle.

Für eine ökonomisch vertretbare Wasseraufbereitung und die Einhaltung der Kriterien des Trinkwasserstandards sollte der mesotrophe Zustand der Talsperre erhalten werden. Um dies zu gewährleisten, darf die Orthophosphat-Last einen bestimmten Grenzwert nicht überschreiten (Abb. 2). In den letzten Jahren hat die Phosphatbelastung der Saidenbachtalsperre deutlich zugenommen. In der Talsperre selbst kommt dies allerdings bisher nur in einer steigenden Orthophosphatkonzentration im Winter unter Eis zum Ausdruck Abb. 3a). In dieser Jahreszeit findet wegen des zu geringen Lichtangebotes kein wesent-

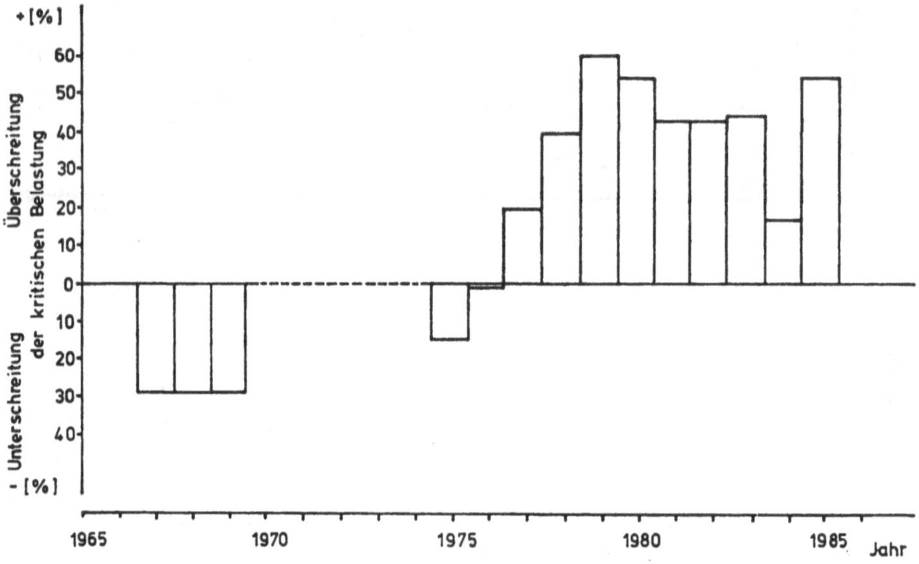

Abb. 2. Prozentuale Über- bzw. Unterschreitung der Grenzbelastung zwischen meso- und eutrophem Zustand durch Orthophosphat in den Jahren 1967 bis 1985. Nach VOLLENWEIDER (1976). (Werte für 1967 bis 1969 aus HOFMANN (1972); 1984 mit Berücksichtigung der Eliminationsleistung der neuen Vorsperre Forchheim)

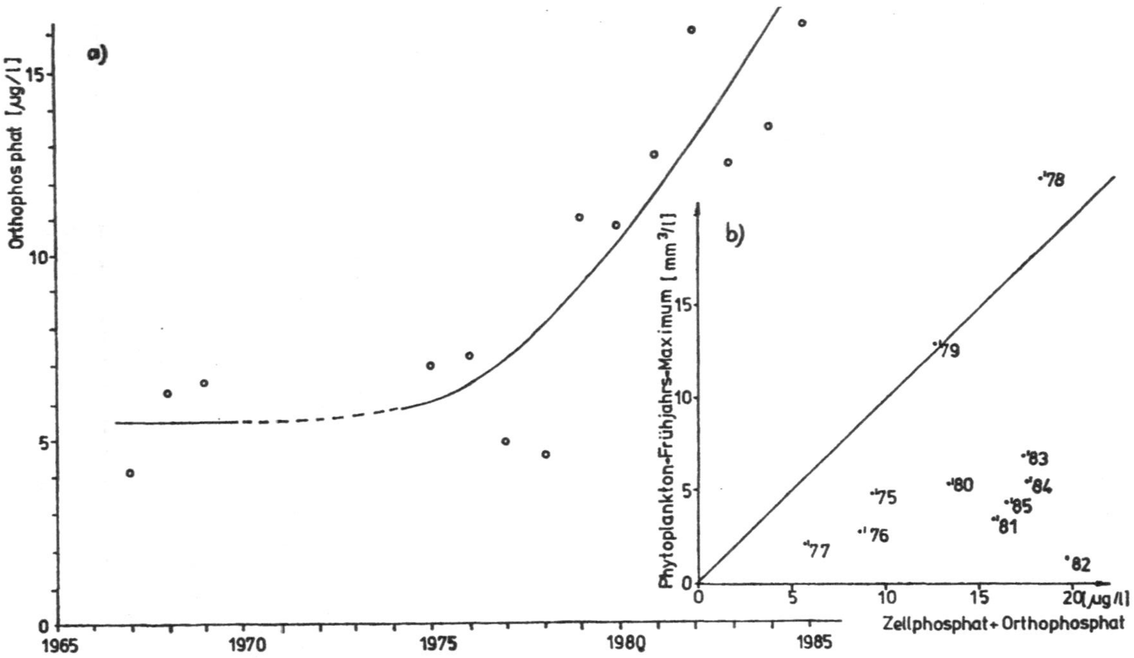

Abb. 3a. Durchschnittliche Orthophosphatkonzentration während der Winterstagnation (Eisbedeckung) in den Jahren 1967 bis 1985.
(Werte für 1967 bis 1969 aus HOFMANN (1972))
Abb. 3b. Beziehung zwischen Phosphorangebot (Orthophosphat im Freiwasser + Zellphosphatgehalt, vor Eisaufbruch) und -Ausnutzung (maximale Phytoplanktonbiomasse im Frühjahr)

licher P-Verbrauch statt. Der exponentielle Anstieg des Phosphatgehaltes im Freiwasser während der Winterstagnation ist jedoch ein deutlicher Hinweis auf die steigende Eutrophierungsgefahr.

Obwohl ein erhöhtes Angebot des wachstumslimitierenden Nährstoffes in der Regel eine Zunahme der Algenbiomasse bedeutet, läßt sich in der Talsperre Saidenbach bis jetzt kaum eine direkte Beziehung zwischen Orthophosphatfracht und Wasserbeschaffenheit (Phytoplanktonkonzentration) erkennen. Dies geht aus der Darstellung der Winterphosphatwerte und der Biomasse im Frühjahr deutlich hervor (Abb. 3b). Das Nährstoffangebot ergibt sich aus dem während der Winterstagnation im Freiwasser akkumulierten Phosphat sowie dem Zellphosphat. Letzteres muß mit berücksichtigt werden, da es sich bei der Frühjahrsmassenentwicklung meist um Diatomeen handelt, die in hohem Maße schon lange vor der exponentiellen Populationsentwicklung Phosphor zu speichern vermögen (siehe Jahresbericht 1975/76). Den entsprechenden Ausnutzungsgrad des Phosphors verdeutlicht die während der Frühjahrsmassenentwicklung maximal erreichte Algenbiomasse. Die in die Abbildung eingezeichnete Gerade stellt die sich bei einer bestimmten P-Konzentration bei vollständiger Umsetzung ergebende Biomasse dar. Es zeigt sich, daß der theoretisch mögliche Ertrag im Gewässer nur selten erreicht wird. Grund dafür sind weitere Faktoren, die entscheidend das Phytoplanktonwachstum beeinflussen können und damit eine vollständige Ausnutzung des Nährstoffpotentials verhindern. Im Frühjahr kommt dabei dem Lichtangebot und den Turbulenzverhältnissen eine ganz wesentliche Bedeutung zu. Ist die Turbulenz während der Frühjahrsvollzirkulation einerseits stark genug, die Phytoplankter ständig in Bewegung zu halten, andererseits nicht zu groß, so daß das Verhältnis von Durchmischungs- zu Durchlichtungstiefe noch ein Wachstum ermöglicht, kann alles verfügbare Orthophosphat umgesetzt werden, wie es in den Jahren 1978 und 1979 der Fall war. Währt die Vollzirkulation dagegen nur kurze Zeit oder wird sie häufig durch Perioden geringer Turbulenz unterbrochen, sinken die relativ großen und schweren Kieselalgen schnell ab. Neben den beträchtlichen Sedimentationsverlusten, die höher als der Zuwachs sein können, ist es vor allem der damit verbundene P-Austrag aus dem Freiwasser in das Sediment, dem eine entscheidende Bedeutung für die Erhaltung des mesotrophen Zustandes der Talsperre zukommt. Die Diatomeen werden deshalb auch als „seeinterne 3. Reinigungsstufe" bezeichnet. So wird in den meisten Jahren der theoretisch mögliche Biomasseertrag im Frühjahr weit unterschritten. Die Eintrittswahrscheinlichkeit extrem starker Algenmassenentwicklungen bei Zusammentreffen günstiger Umweltbedingungen ist infolge des erhöhten Nährstoffangebotes viel höher als in früheren Jahren.

Trotz der genannten Kompensationswirkung ist eine deutliche Reaktion der Talsperre auf die Belastungszunahme in den 80iger Jahren zu erkennen. Diese zeigt sich vor allem in der Veränderung der Artenzusammensetzung. Während früher die Blaualgen praktisch bedeutungslos waren, bestimmen sie seit 1981 zunehmend die sommerliche Phytoplanktonzusammensetzung (Abb. 4). Im Litoral treten immer häufiger dicke Watten von fädigen Grünalgen auf. Der O_2-Gehalt im Epilimnion ist ebenfalls nicht mehr so ausgeglichen wie früher.

Des weiteren wurden die Freilanduntersuchungen zur jahreszeitlichen Dynamik des Phyto- und Zooplanktons kontinuierlich fortgesetzt. Die Arbeiten über die zeitliche und räumliche Ungleichverteilung des Planktons im Hauptbecken der Talsperre konnten abgeschlossen werden. Ähnliche Langzeituntersuchungen, wie sie für die Nährstoffe vorgestellt wurden, beziehen sich auf das Phyto- und Zooplankton, deren inter- und intraspezifischen Beziehungen sowie die Wirkung weiterer wichtiger Einflußgrößen auf das Wachstum von Algen und planktischen Crustaceen. Parallel dazu laufen, allerdings mit

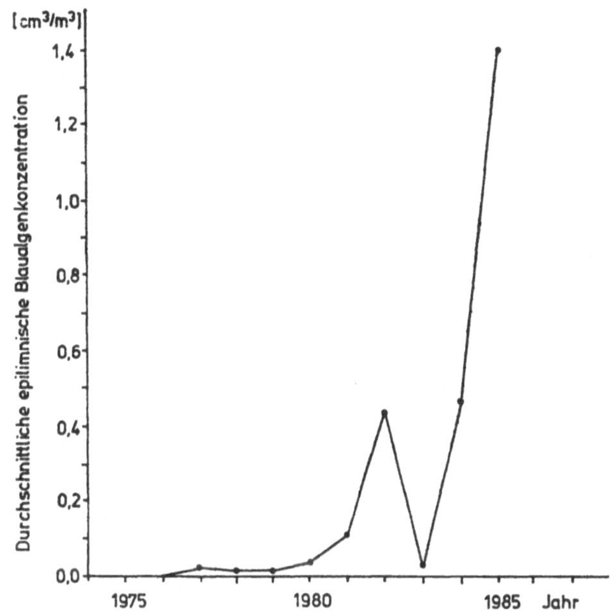

Abb. 4. Durchschnittliche Biomassekonzentration der Blaualgen in der durchmischten Schicht im Sommer

sehr kleiner Kapazität, Untersuchungen über die Auswirkungen der Versauerung auf die Struktur ausgewählter Gewässer des mittleren Erzgebirges. Es handelt sich dabei vor allem um die Zuflüsse der Talsperre Neunzehnhain und die Talsperre selbst.

Mit dem Wechsel des Staatsplanforschungsthemas findet eine Verschiebung der Forschungsschwerpunkte statt, wodurch zunehmend andere Strukturelemente des Gewässers in die intensive Untersuchung einbezogen werden. So wurden bereits 1986 mit ersten Arbeiten zur, vorerst qualitativen Bestandsaufnahme des Mikro- und Makro-Phytobenthos der Talsperre Saidenbach begonnen.

Literatur

Benndorf, J. and Horn, W.: Theoretical considerations on the relative importance of food limitation and predation in structuring zooplankton communities. In: Arch. Hydrobiol. Beih. *21* (1985) S. 383–396.

Brettfeld, R.: Der Einfluß der atmosphärischen Versauerung auf Stand- und Fließgewässer. Literaturbeleg. TU Dresden, Sektion Wasserwesen, Wissenschaftsbereich Hydrobiologie. Dresden 1985. 68 S.

Brettfeld, R.: Einfluß der Versauerung auf die biologische Struktur ausgewählter Gewässer. Diplomarbeit. TU Dresden, Sektion Wasserwesen, Wissenschaftsbereich Hydrobiologie. Dresden 1986. 53 S.

Hofmann, R.: Untersuchungen zum Phosphathaushalt der Talsperre Saidenbach. Diss. A, Fak. f. Bau-, Wasser- und Forstwesen. (1972) 103 S.

Horn, H. and Horn, W.: Determination of phytoplankton losses by comparing net and gross growth. In: Hydrobiologia *140* (1986) S. 37–47.

Jelke, C.: Untersuchungen zum Stoffhaushalt und gegenwärtigen Zustand der Talsperre Neunzehnhain. Diplomarbeit. TU Dresden, Sektion Wasserwesen, Wissenschaftsbereich Hydrobiologie. Dresden 1985. 56 S.

Uhlmann, D.: Scaling of microcosms and the dimensional analysis of lakes. In: Internat. Revue ges. Hydrobiol. *70* (1985) S. 47–62.
Uhlmann, D. u. Horn, W.: Ökosysteme der Binnengewässer. In: Lehrbuch der Ökologie. Hrsg. R. Schubert. 2. Aufl. Jena 1986. S. 338–404.

Dietrich Uhlmann

Biologisches Alter

7010 Leipzig, Johannisallee 32, Tel.: 397558, 397596

Leiter: Ries
MTFA: Erika Schmidt

Die Forschungsvorhaben wurden im Rahmen des Forschungsprojektes „Gerontologie" des Ministeriums für Gesundheitswesen der DDR durchgeführt. Sie standen unter dem Rahmenthema: „Einfluß von Umwelt und Ernährungsmaßnahmen auf das Alter". Beteiligt waren folgende Wissenschaftler der Klinik für Innere Medizin der Karl-Marx-Universität: MR Doz. Dr. sc. med. Ingrid Hunecke, Doz. Dr. sc. med. Wolfgang Reuter, Dr. med. Brigitte Kinner, Dr. rer. nat. Ilse Sauer. Die Untersuchungen wurden im Funktionslabor der Abteilung für Gerontologie vorgenommen. Hauptziel der Studien war die Weiterführung einer Methodik zur Bestimmung des biologischen Alters und ihre Anwendung in der Praxis.

1. Die bereits in früheren Untersuchungen aufgestellte Referenzpopulation für die Bestimmung des biologischen Alters wurde durch Erfassung über 70jähriger Menschen ergänzt. Die neu festgelegte Normalkurve umfaßt 378 Probanden (169 Männer, 209 Frauen) im Alter von 18 bis 80 Jahren.
2. In einer speziellen Studie wurden Patienten mit arteriosklerotischen Durchblutungsstörungen der Beine hinsichtlich ihres biologischen Alters erfaßt. Nach den bisher vorliegenden Ergebnissen ließen sich bis zum 50. Lebensjahr keine Abweichungen erkennen. Dagegen fanden sich im höheren Lebensalter bei den meisten Patienten Zeichen einer deutlichen Voralterung.
3. In weiteren Studien wurde der Einfluß bestimmter Medikamente auf das biologische Alter von Arteriosklerotikern geprüft. Dabei konnte durch die Verabreichung des Präparates Ralofect über einen Zeitraum von 12 Wochen das biologische Alter verbessert werden.
4. Eine im Jahre 1976 gestartete Längsschnittstudie an 95 Probanden wurde systematisch fortgesetzt. Die bisher vorliegenden Ergebnisse bestätigen den negativen Einfluß des Übergewichts auf verschiedene Risikofaktoren des Alters. Bemerkenswerterweise verbesserte sich das biologische Alter bei den betreffenden Personen nach einer Gewichtsreduktion.
5. Die Untersuchungen haben insgesamt die Brauchbarkeit der in früheren Jahren entwickelten Methodik zur Bestimmung des biologischen Alters bewiesen.

Literatur

Ries, W., I. Hunecke u. W. Reuter: Erkrankungen des Fettstoffwechsels im höheren Lebensalter. In: Fortschr. Med. *102* (1984) S. 545–548.
Ries, W.: Besonderheiten bei der Entwicklung eines gesundheitsrelevanten Verhaltens bei älteren Menschen. In: Z. Alternsforsch. *40* (1985) S. 213–215.

Ries, W.: Zum 100. Geburtstag von Max Bürger. In: Z. Alternsforsch. *40* (1985) S. 275–280.
Ries, W.: Zu Fragen der Arbeitsfähigkeit der berufstätigen Altersrentner. In: Z. Klin. Med. *40* (1985) S. 1022–1024.
Ries, W., I. Hunecke, W. Reuter u. I. Sauer: Objectives, organization and results of the Leipzig longitudinal study. In: Age and Ageing *14* (1985) S. 30–36.
Pöthig, D., W. Beier u. W. Ries: Zur Interpretation eines Vitalitätsmodells aus klinisch-experimenteller Sicht. In: Z. Alternsforsch. *40* (1985) S. 15–22.
Pöthig, D., W. Ries, N. Roth, B. Pörgelt, A. Kucher, H. Pankau u. P. Winiecki: Experimentelle Untersuchungen zum psychomotorischen Grundtempo im Alternsgang. In: Med. u. Sport *25* (1985) S. 73–78.
Pöthig, D. u. W. Ries: Geschlechtsunterschiede des biologischen Alters. In: Z. Alternsforsch. *40* (1985) S. 235–244.
Reuter, W., I. Sauer, Ch. Seifart u. W. Ries: 12-Jahresanalyse von Serumfettsäuren. In: Z. Alternsforsch. *40* (1985) S. 165–169.
Ries, W.: Adipositas als Risikofaktor des Alterns. In: B. Schulz u. P. O. Vjasitzki (Hrsg.): Aktuelle Adipositasprobleme. Jena 1986. S. 206–220.
Ries, W.: Untersuchungen über die Anwendung von Rocornal (Trapidil) in der geriatrischen Praxis. In: medicamentum Nr. 76 (1986) S. 5–7.
Ries, W.: Methoden und Erkenntnisse der Alternsforschung. In: Sitzungsberichte der Sächsischen Akademie der Wissenschaften zu Leipzig. Math. nat. Klasse *119* (1986) 30 S.
Ries, W.: Zur Bioergographie Max Bürgers. In: Z. ges. inn. Med. *41* (1986) S. 558–560.
Kinner, B. u. W. Ries: Untersuchungen zum Einfluß von Übergewicht auf Gesundheit und Alter. In: Z. Alternsforsch. *41* (1986) S. 225–232.

Werner Ries

Carnitinesterwirkungen

7010 Leipzig, Liebigstr. 16, Tel. 7164479

Der von Prof. Dr. Strack geleitete Forschungsauftrag „Carnitinesterwirkungen" wurde offiziell Ende 1985 abgeschlossen. Da sich jedoch bereits zu dieser Zeit interessante Möglichkeiten der klinischen Anwendung des Carnitins herauskristallisierten, wurde beschlossen, die Forschungsarbeiten zum Carnitin fortzusetzen und die SAW weiterhin als Träger dieser Forschungsarbeiten zu benennen (aufgrund der großen Aktivitäten und Unterstützung, die die SAW in den vergangenen Jahren diesen Arbeiten zuteil werden ließ), auch wenn dafür jetzt keine personellen Kapazitäten von ihr mehr zur Verfügung gestellt werden können. Mit dem Präsidenten wurde deshalb vereinbart, den Forschungsauftrag unter dem Thema

„Klinische Applikation von Carnitin"

fortzusetzen.

Der nachstehende Arbeitsbericht umfaßt die Jahre 1985/86.

Thema: Klinische Anwendung von Carnitin
Leiter: Müller
Mitarbeiter: Dr. Heinz Löster
Dr. Hermann Seim
Silvia Koch
I. Meltzer

1. Abschluß der klinischen Studie „Anwendung des Carnitins bei chronischen Nierenerkrankungen und Dialysepatienten“

   Es handelt sich dabei um die offizielle klinische Erprobung (auf dem Niveau Stufe II, d. h. Untersuchungen an einer kleinen Anzahl von Patienten). Die Untersuchungen wurden zusammen mit der Medizinischen Klinik der KMU durchgeführt, der Bericht wurde vom Zentralen Gutachterausschuß der DDR bestätigt und die Fortsetzung auf der Ebene „Stufe III“ (größere Anzahl von Patienten, Beobachtungen über einen längeren Zeitraum) empfohlen.

   Die wichtigsten Ergebnisse sind:

   - Bei chronischen Nierenerkrankungen, insbesondere bei Patienten, die der Dialysebehandlung unterliegen, besteht ein Carnitinmangelzustand.
   - Durch orale (besser intravenöse) Applikation von Carnitin ist es möglich, diesen Carnitinmangelzustand zu kompensieren. Dafür wurden exakte Dosierungsrichtlinien erarbeitet.
   - Bei den Patienten wurde eine parzielle Normalisierung des Fettstoffwechsels und eine Steigerung der muskulären Leistungsfähigkeit beobachtet.

2. Weitere Aktivitäten konzentrierten sich auf die Zusammenarbeit mit der Industrie zwecks industrieller Herstellung des Carnitins. Dazu werden seit längerer Zeit mit dem VEB ISIS-Chemie Zwickau, dem Arzneimittelwerk Dresden und dem Institut für Organische Chemie der AdW Vorbereitungen getroffen.
3. Durchführung theoretischer Vorarbeiten zur tierexperimentellen und klinischen Prüfung der antiarrhythmischen und antiischämischen Wirkung des Carnitins.
4. Mehreren Forschungsinstituten und Kliniken der DDR wurden wie in den vergangenen Jahren Carnitin und Carnitinverbindungen für wissenschaftliche Zwecke zur Verfügung gestellt.
5. Publikationstätigkeit
   9 Publikationen 16 Vorträge
   Herausgabe eines Bandes der Wiss. Zschr. der KMU (3/85) „50 Jahre Carnitinforschung an der Leipziger Universität“.
6. Fertigstellung der Dissertation B von H. Seim (Verteidigung April 1987) und H. Löster (Verteidigung Ende 1987).

Fritz Müller

Reinigung von Abwässern mit Hilfe von Adsorbenzien

4020 Halle/Saale, Schloßberg 2, Telefon: 28621

Leiter: Wolf (bis Januar 1986)
Kommissarischer Leiter: Dörter (ab Februar 1986)
Wiss. Mitarbeiter: Dr. Sabine Lindau, Dr. Magdalene Weise,
Dipl.-Chem. Paul Grabner
WTA: Friederike Frahm, Ingeborg Schwab

Die Arbeitsgruppe Halle der SAW zu Leipzig bearbeitete im Berichtszeitraum folgende Schwerpunkte:

1. Adsorption von nichtionischen und Kationtensiden an Rotliegendsandstein
2. Aufbereitung von Kondensaten mittels polymerer Adsorbenzien unter Beachtung einer möglichen Regenerierung
3. Verwendung modifizierter Kieselgele zur Regenerierung von Altölen
4. Adsorptive Reinigung von Abwässern mit hochsilikatischen Adsorbenzien

zu 1.

Die Tensidadsorption an Mineralgrenzflächen wird durch eine Reihe von Faktoren beeinflußt, wobei u. a. die Oberflächenladung des Minerals, der pH-Wert der Tensidlösung und die Molekülstruktur des Tensides hervorzuheben sind. In wäßriger Lösung kann eine hydroxylierte Mineraloberfläche, durch Adsorption bzw. Dissoziation von Protonen als Mosaik positiver, negativer und neutraler Plätze, die zur Wechselwirkung mit Tensiden befähigt sind, betrachtet werden:

$$MOH_{(Oberfl.)} \leftrightharpoons MO^-_{(Oberfl.)} + H_3O^+_{H_2O} \qquad (II)$$

$$H_3O^+_{H_2O} + MOH_{(Oberfl.)} \leftrightharpoons MOH_{2(Oberfl.)} \qquad (II)$$

Die neutralen OH-Gruppen sind in überwiegender Mehrheit auf der Mineraloberfläche vorhanden, und ihre Oberflächendichte ändert sich nicht signifikant, wenn man einen Ton (z. B. Kaolinit) mit SiO_2 vergleicht.

Adsorption nichtionischer Tenside an Rotliegendsandstein aus wäßriger Lösung

Es ist zu erwarten, daß, im Gegensatz zur Adsorption ionischer Tenside, die Adsorption nichtionogener grenzflächenaktiver Verbindungen über einen weiten pH-Bereich unabhängig von der Natur der Mineraloxidoberfläche verläuft.

TROGUS und Mitarb. [1] untersuchten die Adsorption einer Reihe oxäthylierter Nonylphenole auf unterschiedlichen Mineraloberflächen. Sie erhielten charakteristische Adsorptionsisothermen, deren Sättigungswerte für monomolekulare Bedeckung bei einer Gleichgewichtskonzentration, die identisch mit der CMC des entsprechenden Tensides ist, erreicht werden. Die Beladungshöhen, ausgedrückt in Mikromol/m^2, betragen für alle untersuchten Substrate ca. 2. Wurden den nichtionischen Tensidlösungen wasserlösliche polyfunktionelle Amine (z. B. Triäthylentetramin) in geringer Konzentration zugesetzt, erfolgt eine deutliche Abnahme der auf der Mineraloxidoberfläche adsorbierten Tensidmenge.

So wird beispielsweise durch Zusatz von Triäthylentetramin in einer Konzentration von 675 μMol/l die Adsorption eines oxäthylierten Nonylphenols (NP + 9 ÄO) an Kaolinit von ursprünglich 35 μMol/g auf 6 μMol/g herabgesetzt. Das entspricht einer über 80% liegenden Verringerung des Tensidverlustes und besitzt demzufolge große ökonomische Bedeutung für die tertiäre Erdölförderung hinsichtlich der in den Flutmedien einzusetzenden Tensidmenge.

Wir untersuchten die Adsorption nichtionischer Alkylphenylpolyglykoläther an Rotliegendsandstein (Kernlager Bernau) aus wäßriger Lösung in Abhängigkeit eines als Hilfsstoff zugesetzten kationischen Polymerelektrolyten (Poly-dimethyl-diallylammonium chlorid, PDMDAAC).

Als Modellsubstanz für nichtionische Additionsprodukte des Äthylenoxid (ÄO) an Alkylphenole diente Präwocell WON – ein Nonylphenylpolyglykoläther mit 10 Mol ÄO. (Hersteller: VEB Chemische Werke Buna)

Das Modellgestein wurde in einer Kornfraktion von 0,63–1,25 mm für die Adsorptionsuntersuchungen eingesetzt. Die Versuchsbedingungen unter statischen Bedingungen, die zur Ermittlung der Adsorptionsisothermen dienten, waren dabei die folgenden:

100-ml-Proben wäßriger Tensidlösungen der Ausgangskonzentration von 100–800 mg Präwocell WON/l wurden mit jeweils 5 g Modellgestein (0,63–1,25 mm) bei Raumtemperatur (20°C ∓ 2°C) 48 h mit konstanter Geschwindigkeit geschüttelt. Nach Abfiltrieren bzw. Abzentrifugieren vom Adsorbens erfolgte die Bestimmung der Gleichgewichtskonzentration des Tensides im Filtrat spektralphotometrisch bei 275 nm unter Benutzung einer entsprechenden Eichkurve. Die Beladungshöhen, ausgedrückt in mg Tensid/g Gestein, die unter diesen Versuchsbedingungen erhalten wurden, lagen, bei guter Reproduzierbarkeit, bei 1,4. Drückt man die aufgenommene Tensidmenge in $\mu Mol/m^2$ aus, ergibt sich ein Wert von 1,2. Zusätze zweiwertiger Erdalkaliionen (5,5% $CaCl_2$, sowie Säureeinfluß in Form von 5%iger Essig- bzw. Salzsäure als Lösungsmittel erhöhen die adsorbierte Tensidmenge, die bei Sättigung vorliegt.

Tabelle 1: Adsorption von Präwocell WON an Rotliegendsandstein aus wäßriger Lösung und aus Elektrolytlösungen

Adsorbens	Adsorbat	Lösungsmittel	adsorbiertes Tensid (mg/g)	adsorbiertes Tensid $\mu Mol/m^2$
Modellgestein Gommern (Kernlager Bernau)	Präwocell WON	Wasser	1,4	1,2
„	„	5% $CaCl_2$	2,0	1,7
„	„	5% CH_3COOH	1,8	1,5
„	„	5% HCl	2,3	2,0

Die erhaltenen Adsorptionsisothermen weisen, in Analogie zu den Ergebnissen, die TROGUS und Mitarb. [1] erhielten, einen charakteristischen Kurvenverlauf auf. Mit ansteigender Tensidkonzentration erhöht sich zunächst die vom Rotliegendsandstein aufgenommene Präwocell WON Menge, bis bei einer Gleichgewichtskonzentration, die annähernd der CMC des Tensides entspricht, die Sättigungskonzentration erreicht wird. Bei Gleichgewichtskonzentrationen oberhalb der CMC erfolgt im untersuchten Konzentrationsbereich keine weitere Adsorption von Tensid an der Gesteinsoberfläche.

Wird der Sorbatlösung eine konstante Menge PDMDAAC (0,1%) zugesetzt und nach Einstellung des Sorptionsgleichgewichtes die Tensidkonzentration ermittelt, so zeigt sich, daß die adsorbierte Tensidmenge bei den geringen Tensidausgangskonzentrationen abnimmt und bei den höheren Tensidkonzentrationen bei Anwesenheit von PDMDAAC kein Tensid mehr an der Mineraloxidoberfläche angelagert wird.

Untersuchungen zur Adsorption des Polymerelektrolyten PDMDAAC aus wäßriger Lösung an Rotliegendsandstein und Quarzsand ergaben, daß, unabhängig vom Adsorbens, nach Einstellung des Adsorptionsgleichgewichtes (48 h; T = 20°C ± 2°C; Sorbatkonzentration: 50–500 mg/l) ein Sättigungswert für monomolekulare Bedeckung von an-

Tabelle 2: Adsorption von Präwocell WON aus wäßrigen und PE-enthaltenden wäßrigen Lösungen an Rotliegendsandstein

Ausgangskonzentration Präwocell WON (mg/g)		adsorbierte Masse Präwocell WON (mg/g)
100	ohne PE	1,0
	mit 0,1% PDMDAAC	0,6
300	ohne PE	1,3
	mit 0,1% PDMDAAC	0,4
500	ohne PE	1,4
	mit 0,1% PDMDAAC	0,3
700	ohne PE	1,4
	mit 0,1% PDMDAAC	–
800	ohne PE	1,4
	mit 0,1% PDMDAAC	–

nähernd 1 mg PE/g Gestein erreicht wurde. Der Sättigungswert von 1 mg PE/g Gestein erhöht sich auch nicht, wenn die Adsorption aus salzsaurer Lösung erfolgt.

Neben den statischen Adsorptionsuntersuchungen wurden auch orientierende Untersuchungen zur Adsorption des (nichtionischen Tensides) Alkylphenylpolyglykoläthers Präwocell WON an Rotliegendsandstein unter dynamischen Bedingungen vorgenommen.

Jeweils 30 g Rotliegendsandstein, die sich in Säulen von 30 cm Länge und 2 cm innerem Durchmesser befanden, wurden mit wäßrigen Präwocellösungen (Konz. 500 ppm) bzw. Präwocell-WON-Lösungen, die 0,1% Tensid PDMDAAC enthielten, mit konstanter Geschwindigkeit (Durchflußgeschwindigkeit: 50 ml/h) beladen. Im Ergebnis der Untersuchungen zeigte es sich, daß nach Durchsatz von jeweils 600 ml Tensidlösung durch die Säulen in Abwesenheit von PDMDAAC nur eine adsorbierte Menge nichtionisches Tensid von 0,7 mg/g ($0{,}11 \times 10^{-5}$ Mol/g) erhalten wurde.

Diese Ergebnisse bestätigen, in Übereinstimmung mit den Untersuchungen von TROGUS [1], daß auch unter dynamischen Bedingungen der Tensidverlust in der wäßrigen Lösung, der durch Sorption des nichtionischen Tensides an der Mineraloberfläche resultiert, durch Zusatz von Polymerelektrolyten, die infolge ihres kationischen Charakters mit Anionplätzen an der Gesteinsoberfläche bevorzugt wechselwirken, verringert werden kann.

Adsorption von Kationtensiden an Rotliegendsandstein aus wäßrigen Lösungen

Neben nichtionischen Tensiden werden besonders bei der tertiären Erdölförderung den Flutmedien vorzugsweise Aniontenside zugesetzt, wenn das Lagerstättenwasser geringe Salzgehalte aufweist. Bei hochsalinaren Wässern erfolgt eine Ausfällung der Tenside in Form unlöslicher Erdalkalisalze. Da der Mineralisierungsgrad des Lagerstättenwassers im Erdgasförderungsgebiet Gommern sehr hoch ist (350 g Salz/l, davon 175 g NaCl, Rest im wesentlichen $CaCl_2$ und $MgCl_2$), verbietet sich der Einsatz von Aniontensiden. Dahingegen werden Kationtenside durch die hohe Salzlast wenig oder kaum beeinflußt. Aus diesem Grunde wurde eine Reihe von Alkylammoniumpolyglykoläthern hinsichtlich ihres Adsorptionsverhaltens aus wäßriger Lösung an Rotliegendsandstein untersucht.

Folgende Kationtenside kamen dabei zum Einsatz:

Kationtensid-Bezeichnung	chem. Struktur des Tensides
(FCF 350) KT I	$\left[C_{16-18}-\overset{\oplus}{N}(CH_3)(CH_2-CH_2-O)H_x(CH_2-CH_2-O)H_y \right] CH_3SO_4^-$ $x + y = 2-6\ \varnothing\ 3,5$
KT II	Struktur wie KT I Anzahl der Äthylenoxid(ÄO)-Gruppen ⌀ 10
KT III	Struktur wie KT I Anzahl der ÄO-Gruppen 20
KT IV	$\left[C_{16-18}-\overset{\oplus}{N}(H(CH_2-CH_2-O)H_x)(CH_2-CH_2-O)H_y \right]$ HSO_4^- und CH_3COO^- $x + y\ \varnothing\ 3-3,5$

Dabei wurde vorzugsweise das Kationtensid I, ein als Wasseraustragsmittel mit hohem Schaumvermögen, welches bei der Erdgasförderung in stark salzhaltigem Lagerstättenwasser zur Anwendung kommt, auf sein Adsorptionsvermögen an Rotliegendsandstein unter statischen und dynamischen Versuchsbedingungen überprüft.

Die Versuchsbedingungen waren analog denen der Adsorption nichtionischer Tenside an Rotliegendsandstein gewählt:

Proben von jeweils 5 g gemahlenem Rotliegendsandstein (spez. Oberfläche 2 m^2/g — Kernlager Bernau) wurden mit 100 ml wäßrigen Tensidlösungen, die 5—50 mg Tensid enthielten, versetzt und bis zur Gleichgewichtseinstellung (48 h) mit konstanter Geschwindigkeit bei Raumtemperatur (20°C ± 2°C) geschüttelt. Nach Abzentrifugieren vom Adsorbens erfolgte die Ermittlung der Gleichgewichtskonzentration der Filtrate volumetrisch durch 2-Phasentitration nach CARKHUFF [2].

Die auf diese Weise mit guter Reproduzierbarkeit erhaltene Beladungshöhe bei Sättigung betrug 4,3 mg KT I/g Gestein, das entspricht 7,7 µMol/g bzw. 3,8 $\mu Mol/m^2$ (spez. Oberfläche des Rotliegendsandstein $O_s = 2\ m^5/g$).

Setzt man, unter sonst analogen Versuchsbedingungen, den wäßrigen Tensidlösungen eine konstante Menge PDMDAAC (0,1%) zu, sinkt die adsorbierte Menge Kationtensid auf ca. 1/3 der ohne PE-Zusatz aufgenommenen Tensidmenge ab. (Beladungshöhe = $0,25 \times 10^{-5}$ Mol/g) Dieses Ergebnis zeigt, daß, wie bei der Adsorption von Alkylphenylpolyglykoläthern ein Zusatz von PE, die am Gestein adsorbierte Tensidmenge erheblich reduziert. Untersuchungen zur Adsorption des PE PDMDAAC aus wäßrigen und salzsauren Lösungen ohne Anwesenheit von Tensiden an Rotliegendsandstein und Quarzsand ergaben eine sehr geringe Adsorptionskapazität von ca. 1—1,5 mg PE/g Adsorbens, wobei die Wechselwirkung zwischen dem kationischen PE und der Mineraloberfläche vorzugsweise an deren negativen Zentren erfolgen wird.

Werden anstelle des Kationtensides I höher äthoxylierte Analoga dieses Strukturtyps (KT II und KT III) als Tenside zur Sorption eingesetzt, so beobachtet man eine Abnahme der adsorbierten Tensidmenge mit zunehmender Anzahl ÄO-Gruppen:

Tensid	adsorbierte Menge (Mol/g)
KT I	$0{,}77 \cdot 10^{-5}$
KT II	$0{,}40 \cdot 10^{-5}$
KT III	$0{,}16 \cdot 10^{-5}$

Dieses gleiche Ergebnis erhielten TROGUS und Mitarb. [1] bei Adsorptionsuntersuchungen unterschiedlich oxäthylierter Nonylphenole an verschiedenen Mineraloxiden. Die Abnahme der adsorbierten Tensidmenge kann durch eine flache Lagerung der Tensidmoleküle auf der Mineraloxidoberfläche verursacht werden oder auch durch die zunehmende Wasserlöslichkeit infolge der Zunahme der ÄO-Gruppen erklärt werden. Nach Angaben von WEISS [3], der die Adsorption kationischer Tenside an Mineraloberflächen untersuchte, erfolgt die Adsorption dieser Substanzen zum überwiegenden Teil irreversibel infolge einer echten Austauschreaktion, wobei die Tensidkationen der Oberfläche einen ausgeprägt organophilen Charakter verleihen. Darüberhinaus können noch beträchtliche Mengen an Tensidsalz aufgenommen werden, die jedoch mit Wasser wieder desorbiert werden können.

Die Bedeckungsgrade, ausgedrückt in μMol/m² Rotliegendsandstein, die für die eingesetzten Kationtenside im statischen Verfahren aufgefunden wurden, sind nachstehend zusammengefaßt.

Tabelle 3: Adsorption von Kationtensiden an Rotliegendsandstein

Tensid	adsorbiertes Tensid (μMol/g)	(μMol/m²)
KT I	7,7	3,8
KT II	4,0	2,0
KT III	1,6	0,8
KT IV	16,0	8,0

Tabelle 4: Adsorption des Kationtensides KT I* an Rotliegendsandstein aus wäßrigen Lösungen und aus Elektrolytlösungen unter dynamischen Bedingungen**

Adsorbens	Adsorbat	Lösungsmittel	adsorbiertes Tensid (mg/g)
Modellgestein	K I	Wasser	2,75
Gommern	KT I + 0,1%	Wasser	1,5
(Kernlager	PDMDAAC		
Bernau)	KT I	5% NaCl	1,9
	KT I	5% $CaCl_2$	2,1

* Tensidstruktur:

$$C_{15-18}-N-(CH_2-\overset{CH_3}{C_2H}-O)\,H_x \qquad CH_3SO_4^-$$
$$(CH_2-CH_2-O)H_y$$

** Säule: 30 g Gestein
Sorbatlösung: 500 mg Kationtensid/l Lösung Durchflußgeschwindigkeit: 50 ml/h

In Anlehnung an die Versuche zur Adsorption nichtionischer Tenside an Rotliegendsandstein wurden auch bei den Kationtensiden Adsorptionsversuche unter dynamischen Versuchsbedingungen ohne und mit PE-Zusatz durchgeführt.

In Analogie zu dem bei nichtionischen Tensiden beobachteten Effekt, wird auch bei Einsatz von Kationtensiden die adsorbierte Menge Tensid am Gestein bei Zusatz des Coadsorbates PDMDAAC um annähernd die Hälfte des ursprünglichen Wertes verringert. Zusätze von NaCl und $CaCl_2$ erniedrigen hier, entgegen dem bei nichtionischen Tensiden beobachteten Effekt, die Beladungshöhe des Tensides am Gestein.

Literatur

[1] Trogus, F. J., Thach, S., Loug, J. S.: 2. ERDA Enhanced Oil and Gas Recovery Symposium Proc. *1*, 1976, S. B-5/1-B-5/12

[2] Carkhuff, E. D., Boyd, W. M.: J. Amer. Pharm. Ass. *18*, Nr. 4, S. 240–41 (1954)

[3] Weiss, A.: „Die Adsorption Kationischer Tenside an Mineraloberflächen" Tenside Detergents *19*, 157 (1982)

Die Arbeiten zu diesem Thema wurden mit Ende 1986 beendet und die Ergebnisse dem VEB Erdgas und Erdöl Gommern zur Verfügung gestellt.

zu 2.

Kondensate fallen überall dort an, wo man Dampf als Wärmeträger einsetzt. Sie stellen einen wertvollen Ausgangsstoff für die Weiterverwendung dar, da sie in der Regel nur Spuren von Verunreinigungen enthalten. Für einen wirtschaftlichen Betrieb ist es wichtig, die Kondensate zu sammeln und zu reinigen. Dadurch werden Kosten für Frischwasser und dessen Aufbereitung gespart. Im Gegensatz zu den Kraftwerkskondensaten enthalten Betriebskondensate, die bei der Prozeßführung in der chemischen Industrie, in Textil- und Papierfabriken, in Öl- und Zuckerraffinerien anfallen, höhere Konzentrationen an Verunreinigungen. Hierbei handelt es sich vornehmlich um gelöste Wasserinhaltsstoffe, welche aus Leckagen in den Heizelementen stammen oder durch unsauberes Arbeiten eingetragen werden können. In solchen Fällen muß geprüft werden, ob eine Reinigung des Kondensates auf die gewünschte Qualität möglich und wirtschaftlich ist. Entscheidend dabei ist die Beachtung und Einhaltung der geforderten Speisewasserqualität für den jeweiligen Dampferzeuger, um Störungen während des Betriebes und größere Dampferzeugerschäden zu vermeiden.

In Zusammenarbeit mit dem Kunstseidenwerk „Friedrich Rädel" Pirna und Kollegen des Problemlabors Ionenaustauscherharze des CK Bitterfeld wurde untersucht, inwieweit Betriebskondensate dieses Betriebes, die vorzugsweise mit oberflächenaktiven Stoffen, welche bei verschiedenen Produktionsprozessen als Imprägniermittel, Präparationsmittel oder Spinnbadzusätze eingesetzt werden, in das Betriebskondensat gelangen, wirksam entfernt werden können. In der Kesselanlage können diese Stoffe verschiedene Störungen, wie z. B. übermäßige Schaumbildung während des Verdampfungsprozesses oder Korrosion durch entstehende Zersetzungsprodukte bewirken. Bei den im KSW Pirna z. Zt. eingesetzten Tensiden handelt es sich vorzugsweise um anionaktive bzw. nichtionische Produkte in Form von Oxalkylierungsprodukten der Alkylphenole, Fettalkohole, Fettsäuren oder Fettamine bzw. um Alkylsulfonate und Alkylsulfate.

Nach den bisherigen Erfahrungen sind nun spezielle Adsorbenzien in der Lage, Tenside mit sowohl nichtionischem als auch mit ionischem Charakter, aus dem Wasser zu entfernen. Zur Auswahl standen die im CK Bitterfeld seit einiger Zeit im Sortiment befindlichen WOFATIT-Adsorberpolymere EP 60, EP 61, EP 62 und Y 59, die zusammen mit Wofatit CA 20 (nur für nichtionische Tenside) für die Untersuchungen herangezogen wurden.

In der nachfolgenden Tabelle sind die Charakteristika der Polymeradsorber aufgeführt.

Wofatit	EP 60	EP 61	EP 62	Y 59
Oberflächenbeschaffenheit	unpolar		schwach polar	
Gesamtporen-Vol. (cm^3/g)	0,49...0,68	0,22...0,32	0,42...0,61	1,00...1,08
spez. Oberfl. (m^2/g)	250	450	250	375
Wassergehalt (%)	40...50	25...35	40...50	50...60

Wofatit CA 20 ist ein schwachsaurer Kationenaustauscher auf Basis Acrylsäure — DVB, der Carboxylgruppen aufweist und in der H^+-Form mit den Polyglykoläther-Gruppierungen sogenannte Wasserstoffbrücken ausbildet. Aus der Literatur ist bekannt, daß demzufolge er dazu befähigt ist, nichtionische Tenside aus dem Wasser zu entfernen.

In orientierenden Vorversuchen, die den Nachweis einer wirksamen Entfernung von Tensiden an geeigneten Adsorbenzien erbringen sollten, aber noch keinen Nachweis über die Vertretbarkeit aus dem Blickwinkel der Wirtschaftlichkeit zulassen, erwies sich das Adsorberpolymere EP 61 aufgrund seiner hohen spezifischen Oberfläche in allen Fällen als favorisiert. Im Rahmen der weiteren Bearbeitung war es erforderlich, die Versuche unter praxisnäheren Bedingungen durchzuführen und durch Verwendung von Laborsäulen größerer Dimension, Ergebnisse zu erhalten, die eine Übertragung auf technische Größen gestatten.

Für die Adsorption der anionaktiven und nichtionischen Substanzen wurden zwei Versuchsapparaturen aufgebaut und parallel betrieben, die nahezu gleiche Dimensionierung hatten und wie folgt angeordnet waren:

- Behälter (30 l) zur Aufnahme der Modell-Lösungen
- Dosierpumpe (Laborschlauchpumpe Typ DP 2—2 bzw. Unipan 304), mit der bei konstanter, vorher festgelegter Fließgeschwindigkeit die jeweilige Modell-Lösung aus dem Behälter auf die Säule gefördert wurde
- Glassäule mit einem Innendurchmesser von 25 mm und einer Mantelhöhe von 1000 mm, am oberen und unteren Ende mit Schliffverbindungen. Säule mit Glasmantel und damit beheizbar durch Heizflüssigkeit aus Thermostat Typ U 2c, Zulauf der Heizflüssigkeit am unteren Ende, Ablauf oben
- Auffanggefäß (2 l-Meßzylinder) für das aufbereitete (tensidfreie) Wasser
- Die Einzelteile der Apparatur wurden in der genannten Reihenfolge mit PVC-Schläuchen verbunden
- Beim Regenerieren wurden für Methanol und Eluat separate Behälter benutzt

Die Abmessungen der Säulen entsprachen dem Fachbereichsstandard Prüfung von Kunstharz-Ionenaustauschern TGL 22427/Blatt 4 Bestimmung der nutzbaren Volumenkapazität. Die Anordnung der miteinander verbundenen Einzelteile ist ebenso in Anlehnung an die Prüfapparatur zur NVK-Bestimmung vorgenommen worden. Im Gegensatz zur herkömmlichen Bestimmung der nutzbaren Austauschkapazität handelt es sich jedoch hierbei um eine Bestimmung der nutzbaren Adsorptionskapazität (Aufnahmevermögen der Adsorbenzien durch Neutralsorption).

a) Entfernung von Aniontensiden

In den Säulen größerer Dimensionierung wurde der Einfluß verfahrenstechnischer Parameter auf die nutzbare Adsorptionskapazität untersucht.

Aus verschiedenen Publikationen und eigenen Ergebnissen ist bekannt geworden, daß bei polymeren Adsorbenzien aus kinetischen Gründen die lineare Fließgeschwindigkeit während der Beladung niedriger gewählt werden muß als bei Ionenaustauschern. Die üblichen Geschwindigkeiten liegen in der Regel bei etwa 5 m/h. Für die Adsorption von Alkylsulfonat an Wofatit EP 61 wurde der Einfluß der Fließgeschwindigkeit auf die nutzbare Adsorptionskapazität untersucht. Mit Zunahme der Fließgeschwindigkeit erfolgt ein deutlicher Abfall der nutzbaren Kapazität. Aus wirtschaftlichen Gründen wird man hier einen Kompromiß schließen müssen. Da Fließgeschwindigkeiten unter 3 m/h uneffektiv sind (zu geringer Durchsatz pro Zeit), andererseits bei über 5 m/h eine zu geringe NVK (= durchgesetzte Bettvolumina bis zum Abstellwert 1 mg/l) erhält, wird man Werte zwischen 3 und 5 m/h wählen.

Da im praktischen Betrieb die Tensidentfernung aus Heißkondensat (80—90°C) erfolgen muß, wurde der Temperatureinfluß auf die Alkylsulfonat-Adsorption untersucht. Wie bereits erwähnt, wurden die großen Säulen mittels Thermostat auf 80°C aufgeheizt, so daß der Adsorptionsprozeß bei dieser Temperatur (und im Vergleich dazu auch bei Normaltemperatur) beobachtet werden konnte. Die Ergebnisse dieser Untersuchungen sind in nachstehender Tabelle zusammengefaßt:

Versuchsbedingungen

Säulendimension:	25 mm Durchmesser 1000 mm Länge
Füllmenge:	350 ml Wofatit EP 61 (= 1 BV)
lineare Fließgeschw.:	3,4 m/h
Temperatur:	20 und 80 °C
Zulaufkonzentration:	100 mg Alkylsulfonat (Spellin)/l (70 mg Aktivsubstanz)

Ergebnis

Alkylsulfonat	Adsorptionstemperatur (°C)	durchges. BV* (1 mg/l)	NVK** (g/l EP 61)
Spellin	20	105	10,5 (7,35)
	80	105	10,5 (7,35)

* BV — Bettvolumina
** NVK — nutzbare Volumenkapazität

Somit besteht kein Temperatureinfluß im untersuchten Bereich auf die Tensidsorption. Das Ergebnis konnte durch mehrere Versuche bestätigt werden.

b) Entfernung von nichtionischen Tensiden

Für die Untersuchungen wurden wäßrige Lösungen eines Alkylphenylpolyglykoläthers (Rokaphenol) verwendet, die 100 mg Tensid/l enthielten. Die Versuche wurden in gleichdimensionierten Säulen (siehe unter „Entfernung von Aniontensiden") sowohl bei Normaltemperatur als auch bei 80 °C durchgeführt.

Die Ergebnisse sind in nachfolgender Tabelle zusammengefaßt.

Versuchsbedingungen	
Säulendimension:	
Füllmenge:	siehe a)
lineare Fließgeschwindigkeit:	4,9 m/h
Temperatur:	20 und 80 °C
Zulaufkonzentration:	100 mg Rokaphenol/l

Ergebnis

Äthylenoxidaddukt	Adsorptions.-Temp. (°C)	durchges. BV 1 mg/l	NVK (g/l EP 61)
Rokaphenol	20 80	465	45,6

c) Gleichzeitige Entfernung von anionischen und nichtionischen Tensiden

Im praktischen Betrieb ist es möglich, daß Einbrüche von Produktionswassern, die beide Tensidarten enthalten, in das Kondensatnetz eintreten. In diesem Zusammenhang sollte der Frage der gegenseitigen Beeinflussung während des Adsorptionsprozesses geklärt werden. Im speziellen Falle war interessant zu wissen, ob und in welchem Maße die Anwesenheit eines besser adsorbierbaren nichtionischen Tensides einen vorzeitigen Durchbruch des Aniontensides bewirkt.

Im Ergebnis der Untersuchungen konnte gezeigt werden, daß bei Anwesenheit eines nichtionischen Tensides keine negative Beeinträchtigung (vorzeitiger Durchbruch des Aniontensides) besteht.

d) Regenerierung der Adsorbenzien

Zur vollständigen Ablösung der adsorbierten Tenside bei einer Elutionsgeschwindigkeit von 2,5 m/h sind 3 BV Methanol ausreichend. Die destillative Entfernung des Methanols ergab die entsprechende desorbierte Tensidmenge als Rückstand. Damit bot sich die Möglichkeit, das Regeneriermittel zurückzugewinnen und erneut einzusetzen.

Die Ergebnisse der Untersuchungen wurden im KSW Pirna vorgetragen und diskutiert, sowie in Form eines Posters auf der Hauptjahrestagung der Chemischen Gesellschaft der DDR in Halle im Dezember 1986 vorgestellt.

R. Schaaf, S. Lindau (Problemlabor Ionenaustauscher MLU/VEB CKB; SAW zu Leipzig, Arbeitsstelle Halle)
„Zur Entfernung von Tensiden an polymeren Adsorbenzien"

zu 3.

Die Wiederverwendung gebrauchter, verschmutzter Öle ist Ziel zahlreicher Untersuchungen, da die mehrmalige Verwendung dieser hochwertigen Produkte wirtschaftlich, versorgungspolitisch und ökologisch notwendig ist.

Regenerierung von Altölen hat die Entfernung von Alterungsprodukten, wie Oxidationsprodukten, Abbauprodukten von Additives und anderer Verschmutzungen, die die Gebrauchseigenschaften des Schmieröles vermindern, zum Ziel.

Zur adsorptiven Regenerierung gebrauchter Schmieröle wurde die Eignung verschiedener Adsorbenzien geprüft.

Wie gezeigt werden konnte, sind die silikatischen Adsorbenzien Zeolith A und Magadiit nicht zur Regenerierung von Altölen geeignet. Demgegenüber wurde jedoch gefunden, daß modifizierte weitporige Kieselgele sehr gut zur Adsorption von Alterungsprodukten in gebrauchten Schmierölen geeignet sind.

Bei den eingesetzten weitporigen Kieselgelen handelt es sich um Unterkornanteile von synthetischen Kieselgelen, die durch eine nachträgliche Behandlung mit verdünnten Mineralsäuren modifiziert wurden. Die Behandlung der Kieselgele führt zu Veränderungen ihrer Textur, Struktur und oberflächenchemischen Eigenschaften.

Außerdem führt die Modifizierung von Kieselgelen durch Säurebehandlung zu einer weitgehenden Entfernung von Metallionen und zu einer Vergrößerung der Silanolgruppendichte.

Die modifizierten Kieselgele wurden vor ihrem Einsatz durch thermische Behandlung aktiviert. Die Regenerierung des Altöls erfolgte bei 373 K in einem Rührreaktor, wobei ein Feststoff:Öl-Verhältnis von 1:5 bis 1:10 eingehalten wurde. Die Regenerierungszeit betrug zwischen 0,2 und 1 h.

Nach Beendigung der adsorptiven Reinigung wurde das Öl durch Filtration abgetrennt.

Von Vorteil gegenüber bisher bekannten Adsorptionsmitteln, wie Bleicherde oder Fuller's Erde, ist die Möglichkeit der thermischen Regenerierung des Adsorbens, so daß eine Wiederverwendung des Kieselgels möglich ist.

Die Ergebnisse der Untersuchungen wurden in Form eines Patentes eingereicht.

zu 4.

Die adsorptive Reinigung von mit organischen Produkten belasteten Abwässern mit Zeolithen des Typs ZSM-5 wurde im Batch-Verfahren an Modellösungen studiert.

Als Testsubstanzen wurden Oxalsäure, Phenol, Methanol und Glycerin verwendet. Na-ZSM-5 mit einem SiO_2/Al_2O_3-Verhältnis von 16 in Pulverform wurde als Adsorbens benutzt. Die Bestimmungen des chemischen Sauerstoff-Verbrauches (CSV-Wert) diente als Methode zur Konzentrationsbestimmung. Tabelle 1 und Tabelle 2 zeigen die Konzentrationsabhängigkeit des CSV-Wertes für die wäßrigen Lösungen der organischen Produkte.

Tabelle 1

Konzentration der Lösung ($g \cdot l^{-1}$)	SCV-Werte Oxalsäure	($mg\ O_2$/1 l Lösung) Phenol
10 g/l	1291	2651
7,5 „	982	2433
5 „	649	2365
2,5 „	392	2219
1,25 „	256	2188
0,5 „	80	1898

Tabelle 2

Konzentration der Lösung (Vol.-%)	CSV-Werte Methanol	($mg\ O_2$/1 l Lösung) Glycerin
10	1130	2405
7,5	1032	2304
5	1058	2244
2,5	969	2012
1	866	1643

Wie aus den Ergebnissen ersichtlich, ergibt sich zumindest für Konzentrationen größer $1\ g \cdot l^{-1}$ eine nahezu lineare Abhängigkeit des CSV-Wertes von der Konzentration der Lösung. Dieses bestätigt die Eignung der „CSV-Methode" für die Konzentrationsbestimmung einiger wäßriger organischer Lösungen.

Die Ergebnisse der Adsorption im Batch-Verfahren bei 20°C zeigt Tabelle 3.

Tabelle 3: Sorptionsuntersuchung im Batch-Verfahren
Standard-Bedingungen: 0,5 g Na-ZSM-5, 100 ml wäßrige Probenlösung, Sorptionszeit 240 min

wäßrige organische Lösung	Ausgangs-CSV-Wert	CSV-Wert nach Adsorpt.	CSV-Wert Erniedrigung (%)
Oxalsäure $c = 2{,}5\ g \cdot l^{-1}$	392	320	18,4
Phenol $c = 2{,}5\ g \cdot l^{-1}$	2219	1531	31
Methanol 10 Vol.%	1130	1002	11,3
Glycerin 10 Vol.%	2405	2222	8

Daraus ist ersichtlich, daß der Zeolith Na-ZSM-5 nur eine begrenzte Adsorptionsfähigkeit für organische Verbindungen aus Wasser besitzt. Lediglich bei Phenol wird eine etwas größere Adsorption beobachtet, die teilweise auf die Bildung von Natriumphenolat am Zeolith zurückgeführt werden kann. Eine Desorption und eine Regenerierung ist z. B. durch thermische Behandlung in Luft bei 450 °C (2 h) möglich.

Sabine Lindau
Klaus Dörter

Territoriale Umweltprobleme

7010 Leipzig, Talstraße 35, Tel. 7165394, 7165357

Leiter: Hänsel

Wiss. Mitarbeiter: Dipl.-Biol. Thomas Guderitz (bis 15. 10. 1987), Dipl.-Chem. Christiane Hanisch, Dipl.-Geophys. Friedrich Karl Jendryschik, Dipl.-Geol. Ansgar Müller, Dr. rer. nat. Reinhard Richter, Dr. agr. Lutz Zerling

WTA: Romy Lösche

Seit April 1986 besteht eine „Vereinbarung über die Zusammenarbeit zwischen dem Rat des Bezirkes Leipzig, der Sächsischen Akademie der Wissenschaften und der Karl-Marx-Universität Leipzig zur Lösung von Umweltproblemen im Bezirk Leipzig, insbesondere bei der Gestaltung und Rekultivierung der Bergbaufolgelandschaft", die eine eigenständige Arbeitsgruppe der SAW vorsieht. Die Leitung dieses Kollektives wurde dem o. Mitglied Christian *Hänsel* übertragen, der gleichzeitig als verantwortlicher Koordinator für die Gesamtaufgabe seitens beider Auftragnehmer, der Sächsischen Akademie der Wissenschaften und der Karl-Marx-Universität, wirkt.

In Verhandlungen mit dem Auftraggeber ist eine Arbeitskonzeption für den Zeitraum 1987—1990 erarbeitet worden, die als Arbeitsthemen „Limnologische Untersuchungen zur Beurteilung der Nutzungsmöglichkeiten von Bergbau-Restlochseen" und „Methodische und analytische Mitarbeit bei der Überwachung von Verunreinigungen in Luft, Wasser und Boden" festlegt.

Nach dem Charakter der Arbeitsaufgabe setzt sich die Arbeitsgruppe aus Vertretern mehrerer wissenschaftlicher Disziplinen zusammen, aus je einem Fachwissenschaftler der Geologie, der Geophysik, der Hydrobiologie, der Physik, der Chemie und der Landwirtschaftswissenschaft; die Einstellung eines weiteren wissenschaftlich-technischen Mitarbeiters steht noch bevor. Das Arbeitskollektiv nahm im ersten Quartal 1987 schrittweise seine Arbeit auf. Es arbeitet in enger Kooperation mit Fachleuten des Auftraggebers und anderer Institutionen mit ähnlicher Aufgabenstellung zusammen. Jährlich wird es die Arbeitsergebnisse dem Auftraggeber und weiteren am Problem Interessierten zur Diskussion stellen und das Arbeitsprogramm des folgenden Jahres präzisieren.

Christian Hänsel

Kommission für J. C. Poggendorff
Biograpisch-Literarisches Handwörterbuch
der exakten Naturwissenschaften

7010 Leipzig, Goethestr. 3—5, Tel. 281081

Vorsitzender: Wußing
Mitglieder: Beckert, Lösche, Keller, Wollgast, A. Uhlmann, Buchheim, Fanghänel, N. J. Lehmann
Leiter der Abteilung wissenschaftshistorische Forschungsstelle:
Dr. Karl-Heinz Schlote (seit 15. 12. 1986)
7010 Leipzig, Beethovenstr. 6, Tel. 3913310, App. 84, 88, 89
Leiter der Redaktion von Band VIIb: Dipl.-Chem. Margot Köstler
für die Schlußredaktion verantwortlich: Dr. Lebrecht Weichsel
Leiter der Redaktion „Mathematik": Dipl.-Math. Heidi Kühn (bis 31. 5. 86)
7010 Leipzig, Goethestr. 3—5, Tel. 7197324
Wiss. Mitarbeiterinnen: Dipl.-Germ. Marta Fischerová, Dipl.-Phil. Winnifred Schenk, Dipl.-Math. Heidi Kühn (seit 1. 6. 1986)
Bibliothekarin: Gudrun Scheibe
WTA: Lona Meischner, Christine Marschallek
Forschungsfacharbeiterinnen: Gertraude Großkopf, Johanna Henschel
Mitarbeiterin im Honorarvertrag: Dipl.-Chem. Ursel Gerhardt

Leistungen

In den Jahren 1985 und 1986 sind die Lieferungen 1 und 2 des 8. Teilbandes von VIIb erschienen, die Lieferung 3 befindet sich in der Druckerei zum Umbruch, und das Manuskript der Lieferung 4 wurde dem Verlag als druckfertig übergeben. Das Manuskript zur 5. Lieferung ist abgeschlossen und befindet sich in der Phase der Begutachtung. Gegenwärtig werden die Biobibliographien für den 9. Teilband (Gelehrte mit den Anfangsbuchstaben „Vr" und folgende) erarbeitet.

Die Auskunftstätigkeit der Redaktion (vgl. Jahrbuch 1981/82) wurde rege in Anspruch genommen und exakt ausgeführt.

Hans Wußing

Historische Kommission

7010 Leipzig, Goethestr. 3—5, Tel. 7197329

I. Personalstand

Leiter: Coblenz
Stellvertretender Leiter: Czok
Beisitzer: Dr. phil. Hans Eberhardt
Mitglieder: die ordentlichen Mitglieder der Philologisch-historischen Klasse: Coblenz, Czok, Diesner, Eichler, Forberger, Große, Lehmann, Lieberwirth, Markov, Schubart-Fikentscher († 24. 03. 1985), Ullmann (seit 07. 03. 1986), Werner, Wollgast; weitere Fachgelehrte (§ 3 der Arbeitsordnung vom 22. 01. 1973): Prof. Dr. Friedrich Beck, Dozent Dr. phil. habil. Karlheinz Blaschke, Dr. sc. Helmut Bräuer (seit 12. 12. 1986), Dr. phil. Dietmar Debes, Dr. phil. Hans Eberhardt, Dr. Lieselott Enders (seit 06. 06. 1986), Dr. phil. Reiner Groß, Prof. Dr. phil. habil. Gerhard Heitz, Prof. Dr. phil. habil. Siegfried Hoyer, Prof. Dr. sc. theol. Dr. phil. h. c. Helmar Junghans, Prof. Dr. phil. Martin Kasper, Dipl.-Hist. Manfred Kobuch, Prof. Dr. phil. habil. Ernst-Heinz Lemper, Prof. Dr. phil. habil. Dr. Ing. Hans-Joachim Mrusek, Prof. Dr. phil. habil. Günter Mühlpfordt (seit 12. 12. 1986), Prof. Dr. phil. Paul Nowotny, Dr. sc. Gert Richter, Dr. sc. Klaus Schillinger (seit 12. 12. 1986), Dr. phil. Horst Schlechte († 18. 09. 1986), Prof. em. Dr. phil. habil. Max Steinmetz, Prof. Dr. phil. Manfred Unger, Prof. Dr. sc. phil. Hans Walther, Prof. Dr. sc. phil. Hartmut Zwahr.
Wiss. Sekretärin: Dr. phil. Elisabeth Lea
Wiss. Mitarbeiterin: Dipl.-Germ. Angelika Monden
Wiss. Mitarbeiterin: Dipl.-Hist. Iris Pohlenz (bis 31. 08. 1986)
Wiss. Mitarbeiter: Dipl.-Hist. Hans-Joachim Kessler (seit 01. 11. 1986)
Wiss.-technische Mitarbeiterin: Renate Pohlers
Mitarbeiterin im Honorarvertrag: Irmintrud Kölling

II. Unternehmungen

1. Politische Korrespondenz des Herzogs und Kurfürsten Moritz von Sachsen

Leiter: Prof. Dr. sc. theol., Dr. phil. h. c. Helmar Junghans
Bearbeiter: Dr. theol. Johannes Herrmann, Dr. sc. phil. Günther Wartenberg, Ingeborg Herrmann, Dipl.-Theol. Dorothea Kriewald.
Band 4 (Mai 1548—Jan. 1551 wurde abgeschlossen, desgleichen die historische Einleitung abgefaßt, nachdem letzte Feinkorrekturen des Regestteils erfolgt waren. Das der Akademie übergebene Manuskript wurde an den Verlag weitergeleitet. Zusätzliches Material aus den Archiven Dresden, Merseburg, Weimar, Frankfurt/M., Marburg, Stuttgart, Coburg, Bamberg, Würzburg und Kopenhagen konnte aufgenommen werden. Konsultationen mit der Melanchthon-Forschungsstelle Heidelberg, dem Forschungsprojekt „Politische Korrespondenz Karls V." in Konstanz und dem Projekt „Karl V. und die nordwestdeutsch-niederdeutschen Städte im Ringen um die poli-

tische und religiöse Neuordnung vom Schmalkaldischen Krieg bis zum Passauer Vertrag 1546—1552" brachten eine wesentliche Erweiterung und Vertiefung des Moritzbildes wie auch für das Personen- und Ortsregister. Manuskriptabschluß für das Register ist 1987 vorgesehen.

Daneben lief die Bearbeitung der vorliegenden Regesten für Band 5 (vom Jan. 1551—April 1552) und die gleichzeitige Erarbeitung des zugehörigen Registers.

2. *Historischer Atlas von Sachsen*

Leiter: Lehmann
Bearbeiter: Dozent Dr. phil. habil. Karlheinz Blaschke

Es wurden drei weitere Karten vorgelegt (1985). 1986 ergaben sich keine Möglichkeiten zur Herstellung weiterer Entwürfe.

3. *Quellen und Forschungen zur Sächsischen Geschichte*

Dozent Dr. phil. Karlheinz Blaschke und Prof. Dr. sc. phil. Hans Walther

Als Band 10 wird die Abhandlung von Dr. Volkmar Weiß und Karl Butter, Rekonstruktion eines großen Bauerndorfes ohne Kirchenbücher — Zschocken, Kreis Zwickau, 1540—1720, in Druck gegeben.

4. *Jahrbuch für Regionalgeschichte*

Leitung und Redaktion: Czok
Im Berichtszeitraum erschienen Band 11 (1985), Band 12 (1986) und Band 13 (ebenfalls 1986).
Band 14 (Festschrift für Karl Czok; Hrsg. Coblenz, Dr. Groß und Prof. Dr. Unger) wurde nach Kürzung von 1800 auf 1100 Manuskriptseiten im Frühjahr 1986 dem Verlag übergeben. Ab Band 15 wird das Jahrbuch jeweils in zwei Teilbänden herauskommen und bei wesentlich erweitertem Umfang für Rezensionen und Annotationen größeren Raum erhalten. Band 15/I wurde 1986 dem Verlag übergeben. Für den Rezensionsteil konnte Frau Dr. Enders gewonnen werden.

5. *Codex Diplomaticus Saxoniae Regiae*

Hauptteil I, Bd. 3: Urkunden des Markgrafen von Meißen und Landgrafen von Thüringen
Leiter: Dipl.-Hist. Manfred Kobuch
Bearbeiter: Dr. phil. Elisabeth Boer
Glossar- und Registerband sind abgeschlossen. Das Register ist ein beispielhaftes Hilfsmittel mittelalterlicher Urkundenerschließung. Die Bearbeiterin, Frau Dr. Boer, wurde aus Anlaß ihres 90. Geburtstages für ihre vorbildlichen Leistungen mit der Leibniz-Medaille der Akademie der Wissenschaften der DDR ausgezeichnet (1986).

6. *Erschließung der Handschriftenbestände im Archiv der Franckeschen Stiftung in Halle*

Leiter: Lieberwirth
Bearbeiter: Renate Rochler (ab 01. 10. 1985)

Für das Endmanuskript sind die Buchstaben A sowie S—Z abgeschlossen; Arbeiten am Ortsregister, kompliziert durch die polnischen und russischen Ortsnamen, geht voran. Das gesamte druckfertige Manuskript wird Ende 1988 erwartet.

7. Akten und Briefe zur Kirchenpolitik des Herzogs Georg von Sachsen

Das fertig vorliegende Manuskript der verstorbenen Bearbeiterin Dr. phil. Elisabeth Werl († 28. 6. 1983) wird in der kommenden Berichtsperiode in Reinschrift übertragen und druckfertig gemacht. Es enthält Dokumente für die Zeit vom 3. Januar 1528 bis 25. April 1539 und das Testament Herzog Georgs. Dafür sind die Bände 3 und 4 der Gesamtpublikation vorgesehen.

8. Sächsische Geschichte

Manuskript- einschließlich Bild- und Kartenteil sind dem Böhlau-Verlag übergeben. Der Band soll 1988 erscheinen. Die Hinweise in den ausführlichen Gutachten von Herrn Dr. Bräuer, Karl-Marx-Universität Leipzig, und Herrn Prof. Dr. Beck, Staatsarchiv Potsdam, wurden zur Verbesserung des Manuskripts genutzt, Herr Dr. Groß vom Staatsarchiv Dresden bearbeitete den Bildteil, für den die Deutsche Fotothek Dresden zum Teil unveröffentlichtes Material beigesteuert hatte, während die fachgerechte Bearbeitung und Anfertigung von 20 Karten in den Händen der Sektion Kartographie und Geodäsie der Technischen Universität Dresden lag nach Vorlagen der wissenschaftlichen Bearbeiter der einzelnen Zeitabschnitte. Redaktionsleitung hatte Herr Czok mit den Herren Dr. Groß und Prof. Dr. Unger. Verfasser der einzelnen Zeitabschnitte waren die Herren Coblenz, Prof. Dr. Walther, Dipl. Hist. Kobuch, Prof. Dr. Hoyer, Czok, Dr. Groß, Prof. Dr. Zeise, Prof. Dr. Rüdiger, Prof. Dr. Bramke und Prof. Dr. Unger, der auch den Ausblick für die Zeiten nach der Auflösung des Landes Sachsen verfaßte, wie Herr Czok die Einleitung schrieb. Wertvolle Hilfe leisteten die Mitarbeiterinnen der Historischen Kommission Frau Kölling, Frau Monden (Register) und Frau Pohlers, die die Arbeiten neben ihrer redaktionellen Tätigkeit für das Jahrbuch für Regionalgeschichte erbrachte.

9. Thomas-Müntzer-Unternehmen

Bearbeiter: Dr. S. Bräuer und Dipl.-Hist. M. Kobuch für die Briefe; für den Dokumententeil Prof. Dr. S. Hoyer und Dr. W. Held.

Die Neuausgabe umfaßt über 100 Briefe Müntzers, d. h. 10 mehr als in den bisherigen Ausgaben. Dazu kommen weitere 10, die inhaltlich eng zum gleichen Komplex gehören und von anderen Absendern stammen, deshalb jetzt im Anmerkungsapparat mit berücksichtigt werden müssen. Festgestellt wurden ca. 30 ausgewiesene, doch nicht erhaltene Briefe Müntzers, die in Regestenform erscheinen. Herr Dipl.-Hist. Kobuch übernahm die kritische Textrevision, den weiteren textkritischen Apparat, die Beschreibung der Quellen sowie die Überlieferungsgeschichte, während Herr Dr. Bräuer den Sachkommentar ausarbeitet. Im letzten Jahresdrittel 1986 wurden 70 Briefe neu bearbeitet und 20 inhaltlich kommentiert. Die gewonnenen Ergebnisse weichen von den bisher vorliegenden Bearbeitungen gravierend ab und stellen die Müntzerforschung auf eine neue Grundlage. Das Manuskript des Briefwechsels soll im Sommer 1987 druckreif vorliegen, nachdem das gesamte Unternehmen in den Zentralen Forschungsplan der marxistisch-leninistischen Gesellschaftswissenschaften der DDR 1986—1990 aufgenommen worden ist.

Von den Quellen zum Leben Thomas Müntzers ist bisher etwa ein Viertel der vorgesehenen Dokumente bearbeitet worden. Durch neue Archivfunde hat sich der Dokumententeil in jüngster Zeit wesentlich erweitert, so daß mit der Abgabe des Manuskriptes erst 1988 gerechnet werden kann.

10. Tschirnhaus-Ausgabe

An diesem Unternehmen, an dem neben der Akademie der Wissenschaften der DDR, der Poggendorff-Kommission unserer Akademie für die naturwissenschaftlichen Bereiche auch die Historische Kommission mit den Mitgliedern Wollgast, Prof. Dr. Hoyer und Dr. Groß beteiligt ist, wurden von letzterer Kommission durch Herrn Dr. Leukert im Staatsarchiv Dresden amtliche Schriften bearbeitet, dabei 272 Akteneinheiten gesichtet, von 67 Akten ausführliche Inhaltsangaben erstellt, 10 für die Edition vorbereitet und einige paläographisch abgeschrieben.

III. Sitzungen und andere wissenschaftliche Veranstaltungen

Die Sitzungen der Historischen Kommission dienten der Berichterstattung über die laufenden Arbeiten und der Vorbereitung neuer Themen. Sie wurden durch wissenschaftliche Vorträge bereichert.

a) Sitzung am 11. 1. 1985 mit einem Vortrag von Herrn Dipl. Hist. M. Kobuch: Stadtentstehung im Spannungsfeld zwischen Reichsgewalt und Territorialmacht. Das pleißnische Beispiel.
b) Sitzung am 15. 11. 1985 mit einem Vortrag von Herrn E. Ullmann: Konzeptionelle Überlegungen zu einer Geschichte der Kunst in Sachsen.
Weiterhin erfolgte eine Würdigung der ehemaligen Leiterin der Historischen Kommission, Frau Prof. Schubart-Fikentscher (R. Lieberwirth).
c) Sitzung am 6. 6. 1986 mit einem Vortrag von Herrn W. Coblenz: Die Beziehungen von Burg und Stadt im Mittelalter Sachsens aus archäologischer Sicht.
d) Sitzung am 12. 12. 1986. Der Vortrag von Herrn S. Wollgast mußte krankheitshalber entfallen und wird später nachgeholt (Kulturgeschichte Dresdens). Dem Andenken des verstorbenen em. Direktors am Staatsarchiv Dresden, Herrn Dr. Schlechte, galt eine Würdigung seines Amtsnachfolgers (Dr. R. Groß).

Die Historische Kommission führte gemeinsam mit der Forschungsgruppe Regionalgeschichte der Karl-Marx-Universität Leipzig unter Leitung von Herrn Czok folgende Kolloquien durch:

a) 15. 2. 1985 Herr Prof. Dr. Peter Blickle, Universität Bern: Politische Kultur und Frühe Reformation in Oberdeutschland.
b) 27. 6. 1985 Frau Prof. Dr. Edith Ennen, Bonn: Stadtrechtsorte und Freiheiten im mittelalterlichen Europa.
c) 28. 6. 1985 Frau Prof. Dr. Edith Ennen, Bonn: Frauen im Mittelalter.
d) 28. 11. 1985 Herr Dr. Hartmut Harnisch, Zentralinstitut für Geschichte der Akademie der Wissenschaften der DDR: Landgemeinde und Absolutismus.
e) 13. 3. 1986 Ehrenkolloquium zum 60. Geburtstag von Karl Czok (Referenten: Herr Prof. Coblenz, Herr Prof. Hoyer, Herr Kobuch, Herr Dr. Blaschke, Frau Prof. Engel, Herr Prof. Straube, Herr Dr. Wartenberg, Herr Dr. Held, Herr Dr. Fläschendräger, Herr Dr. Bräuer, Frau Dr. Schultz, Herr Prof. Walther, Frl. Taube, Frau Dr. Kobuch). Leitung: Herr Coblenz

f) 29. 4. 1986 Herr Dr. Jacek Staszewski, Universität Torun: Der unterbrochene Weg zum Absolutismus in Kursachsen (1726—1756).
g) 22. 5. 1986 Herr Prof. Dr. Volker Preß, Universität Tübingen: Kursachsen im System des Heiligen Römischen Reiches (1550—1806).

Auf gleicher Basis wurden zwei weitere Tagungen zur sächsischen Handwerksgeschichte durchgeführt:

2. Tagung zur sächsischen Handwerksgeschichte am 15. Oktober 1985 „Handwerksgesellen in Sachsen zwischen dem 16. und 19. Jahrhundert“ mit folgenden Beiträgen:

1. Gesellenstreiks in Sachsen im Zeitalter der frühbürgerlichen Revolution (Dr. H. Bräuer, KMU Leipzig)
2. Ungarische Handwerksgesellen in Sachsen und ihre Erfahrungen vor der industriellen Revolution (Dr. O. Domonkos, Sopron)
3. Kommunikation im Handwerk. Das Beispiel der Verbindungen zwischen Franken und Sachsen (Dr. R. S. Elkar, Universität Siegen)
4. Karl Friedrich Weiß: Geselle-Meister-Fabrikarbeiter. Zur sozialen und politischen Biographie eines sächsischen Führungsmitgliedes im ADAV (Dr. E. Hofmann, Stadtarchiv Karl-Marx-Stadt)
5. Schlußbemerkungen (Czok)

3. Tagung zur sächsischen Handwerksgeschichte am 26. November 1986 „Sächsisches Handwerk im Zeitalter von Manufaktur und Fabrik“ mit folgenden Beiträgen:

1. Sozialökonomische Entwicklungsprobleme des sächsischen Zunfthandwerks zwischen 1648 und 1830 (Dr. Bräuer, KMU Leipzig)
2. Die Entwicklung der historischen Forschung über das mittelalterliche Handwerk in Böhmen (1945 bis zur Gegenwart) (Dr. phil. Jančárek, C. Sc., Museum Teplice)
3. Ergebnisse bei der Erforschung von Arbeits- und Lebensbedingungen Dresdener Handwerksgesellen (1763—1830) (Dr. H. Wozel, AdW d. DDR, WB Kulturgeschichte/Volkskunde Dresden)
4. Das Handwerk in Glauchau während des 17./18. Jh. — seine Entwicklung unter den Bedingungen der Schönburgischen Landesherrschaft (Dipl. ethn. S. Winkler, Schloßmuseum Glauchau)
5. Schlußbemerkungen (Czok)

Durch Vorträge, Gutachten und wissenschaftliche Artikel förderten viele Kommissionsmitglieder die Arbeiten anderer Fachinstitute der DDR und des befreundeten Auslandes, wissenschaftlicher Gesellschaften und populärwissenschaftlicher Organisationen.

Werner Coblenz

Sprachwissenschaftliche Kommission

7010 Leipzig, Goethestr. 3—5, Tel. 281081

Leiter: Große
Stellv. Leiter: Neubert
Beisitzer: Prof. Dr. Heinz Mettke

Mitglieder: Bahner, Eichler, Hiebsch, Lerchner, Neubert, Růžička, Werner, Prof. Dr. phil. Wolfgang Fleischer, Prof. Dr. phil. Heinz Mettke, Prof. Dr. phil. Heinz Schuster-Šewc, Prof. Dr. phil. Hans Walther
Wiss. Sekretär: Dr. Gunter Bergmann

Althochdeutsches Wörterbuch

7010 Leipzig, Goethestr. 3—5, Tel. 7197, App. 326

Leiter: Große
Leiter der Arbeitsstelle: Dr. Heinrich Götz
Wiss. Mitarbeiter: Dr. Juliane Brandsch (ab 1. 9. 1985), Dr. Siegfried Blum, Dr. Sybille Blum, Dr. Rolf Heller, Dr. Ingeborg Köppe, Dipl.-phil. Bernhard Langer, Dr. Ernst Otto (bis 30. 9. 1986).

Brandenburg-Berlinisches Wörterbuch

1086 Berlin, Leipziger Str. 3—4, Tel. 2236396, 2236391

Leiter der Arbeitsstelle: Dr. Joachim Wiese
Wiss. Mitarbeiter: Dipl.-phil. Annemarie Wiese, Dr. sc. Teodolius Witkowski
Wiss.-techn. Assistentin: Ingelore Weise

Mecklenburgisches Wörterbuch

2530 Rostock-Warnemünde, Seestr. 15, Tel. Rostock 58344 bis 58347

Leiter der Arbeitsstelle: Dr. Jürgen Gundlach
Wiss. Mitarbeiter: Dr. Christian Rothe, Dr. Eva-Sophie Dahl
Wiss.-techn. Assistentin: Liesel Eschenburg
Angestellte: Gertrud Fröhlich (bis 31. 7. 1986)
Mitarbeiter im Honorarvertrag: Dipl.-phil. Erika Krackow

Pommersches Wörterbucharchiv

2200 Greifswald, R.-Petershagen-Allee 1, Tel. 2103

Verwaltung des Archivs: Dr. Renate Herrmann-Winter

Thüringisches Wörterbuch

6900 Jena, Universitätshochhaus, 8. Etage, Tel. 822138, 8224852

Leiter der Arbeitsstelle: Dr. Karl Spangenberg
Wiss. Mitarbeiter: Dr. Rainer Petzold, Dr. Heinz Rosenkranz (Mitarbeiter im Honorarvertrag)

Wörterbuch der obersächsischen Mundarten

7010 Leipzig, Goethestr. 3—5, Tel. 7197338, 7197325

Leiter der Arbeitsstelle: Dr. Gunter Bergmann
Wiss. Mitarbeiter: Dipl.-phil. Ingrid Eichler, Dr. Dagmar Helm, Dipl.-phil. Lothar Wezel, Dipl.-phil. Hartmut Wittkowski, Dipl.-phil. Ingrid Wittkowski
Mitarbeiterin im Honorarvertrag: Dr. Isolde Neumann

Wiss. Mitarbeiter am Siebenbürgisch-Sächsischen Wörterbuch: Dr. Helmut Protze

Forschungen zum gesellschaftspolitischen Wortschatz

7010 Leipzig, Goethestr. 3—5, Tel. 7197340

Leiter: Bahner, Neubert
Leiter der Arbeitsstelle: Dr. Christina Schäffner
Wissenschaftl. Mitarbeiter: Dr. Eberhard Fischer, Dipl.-Sprachm. Beate Herting, Dipl.-Germ. Knuth Noke, Dipl.-Sprachm. Uwe Wiesemann
Wiss.-techn. Mitarbeiterin: Evelyn Österreich

Sitzungen und andere wissenschaftliche Veranstaltungen

Die Sprachwissenschaftliche Kommission trat regelmäßig im Frühjahr zu Beratungen zusammen. Die Arbeitspläne aller ihr zugehörenden wissenschaftlichen Institutionen lagen ihr zur Begutachtung und Genehmigung vor. Die Kontrolle ihrer Einhaltung erfolgte jeweils am Jahresende.

Die Arbeitspläne bis 1990 wurden vom Präsidium der SAW bestätigt.

In ihrer Sitzung am 19. 4. 85 nahm die Kommission einen Forschungsbericht von Dr. K. Spangenberg über „Allgemeine Probleme der Lexikographie in ihrer Bedeutung für Mundartwörterbücher“ entgegen, der vor allem zum Ziel hatte, eine Konferenz aller Dialektlexikographen der DDR vorzubereiten, die im Juni 1987 anläßlich des 80jährigen Bestehens des „Thüringischen Wörterbuchs“ in Jena stattfinden soll. Es wurde ein Rahmenplan für die dort zu erörternden Themen festgelegt.

Anläßlich des 100. Geburtstages von Theodor *Frings* wurde vom 22. bis 24. Juli 1986 von der Sächsischen Akademie der Wissenschaften zu Leipzig und von der Karl-Marx-Universität ein internationales Kolloquium „Sprache in der sozialen und kulturellen Entwicklung“ veranstaltet, an dem mehr als 200 Sprachhistoriker und Dialektologen, Germanisten, Romanisten und Slawisten, Literatur- und Kulturhistoriker, unter ihnen 47 aus dem Ausland, teilnahmen. An der Vorbereitung und inhaltlichen Gestaltung waren Mitglieder der Sprachwissenschaftlichen Kommission und Mitarbeiter ihrer Arbeitsstellen aktiv beteiligt; drei der Hauptreferate und mehrere Sektionsreferate wurden von ihnen gehalten.

In ihren Ansprachen zur Eröffnung des Kolloquiums würdigten der Präsident der Sächsischen Akademie der Wissenschaften, Prof. Dr. W. Bahner, und der Rektor der Karl-Marx-Universität, Prof. Dr. L. Rathmann, die Leistungen von Theodor Frings in Forschung und Lehre, Wissenschaftsorganisation und Nachwuchsförderung, verdeutlichten seine Stellung in der Wissenschaftsgeschichte und hoben sein Wirken bei der antifaschistisch-demokratischen Erneuerung der Universität nach dem Kriege und bei der Entwicklung der Sächsischen Akademie der Wissenschaften hervor, als deren Präsident er seit der Wiedereröffnung 1948 bis 1965 tätig war.

Die vier Hauptreferate des Kolloquiums, die weiteren 14 Plenarvorträge und die 47 Sektionsreferate waren den vier Themenkreisen zugeordnet, in denen die Arbeiten von Theodor *Frings* wesentliche Erkenntnisse erbracht und nachhaltige Anregungen vermittelt hatten:

1. Dialektgeographie und Soziolinguistik
2. Geschichte der deutschen Sprache in der gesellschaftlichen Entwicklung
3. Sprachliche Interferenzen in der älteren Sprachgeschichte und deren historische Grundlagen
4. Sprach- und sachbetonte Literaturgeschichtsforschung.

Die Mehrzahl der auf dem Kolloquium dargebotenen Beiträge wird in einem Band der „Abhandlungen der Sächsischen Akademie der Wissenschaften" publiziert.

Die Kommission konnte unter der Leitung ihres Vorsitzenden, Herrn Große, internationale Gäste von hohem wissenschaftlichen Rang begrüßen. Am 12. 11. 85 sprach Herr Prof. Dr. O. N. Trubačev über die „Etymologie der slawischen Metallbezeichnungen für ‚Erz, Eisen'", am 11. 4. 86 hielt Herr Prof. Dr. I. Reiffenstein aus Salzburg einen Vortrag zum Thema „Stammesbildung und Sprachgeschichte, dargestellt am Beispiel der bairischen Ethnogenese", und am 30. 5. 86 hatte Herr Prof. Dr. P. Wiesinger die „Neuhochdeutsche Diphthongierung aus dialektaler Sicht" zum Thema.

Althochdeutsches Wörterbuch

Im Berichtszeitraum wurde mit den Lieferungen 16—18 der Druck von Band III mit den Buchstaben E und F abgeschlossen. Er enthält 2900 Artikel. Davon entfallen ca. 900 auf den Buchstaben E, ca. 2000 auf den Buchstaben F. Zugleich wurde der Druck des Bandes IV, der die Buchstaben G—J umfassen soll, eingeleitet. Erschienen ist die Doppellieferung IV, 1/2. Nach einem Vorwort und umfangreichen Ergänzungen zu den Verzeichnissen der althochdeutschen wie der lateinischen Quellen und zur zitierten Literatur enthält diese Doppellieferung mehr als 200 Artikel (*gâba* — *garo* adj.). Im Druck befindet sich die Doppellieferung IV, 3/4 (*garo* adv. — *giozan*); das Manuskript für die Lieferung IV, 5 ist an die Druckerei gegeben. Die Ausarbeitung betraf fast ausschließlich den Buchstaben H in den Buchstabenfolgen Ha- und He-. Dabei konnte der umfangreiche Bedeutungsteil des Artikels *habên* fertiggestellt und der Artikelvorlauf im H auf 445 Artikel erhöht werden.

Brandenburg-Berlinisches Wörterbuch

Im Berichtszeitraum wurden die Lieferungen III/1 und III/2 bearbeitet, die den Alphabetabschnitt *L-Mezije* enthalten. Publiziert wurden die Lieferungen II/10 (*Krähenauge* bis *Küzkalb*) und III/1 (*L* — *locken*) mit einem Gesamtumfang von 260 Druckspalten, in denen auch 11 Sprachkarten enthalten sind. Mit der Lieferung II/10 wurde der 2. Band und damit die Hälfte des Brandenburg-Berlinischen Wörterbuchs abgeschlossen. Außerdem veröffentlichte Joachim Wiese im Zusammenhang mit der 750-Jahr-Feier Berlins ein „Kleines Berliner Wörterverzeichnis" in dem am Zentralinstitut für Sprachwissenschaft der AdW der DDR bearbeiteten Buch „Berlinisch. Geschichtliche Einführung in die Sprache einer Stadt", hrsg. von Joachim Schildt und Hartmut Schmidt, Berlin 1986, S. 340—434. Im Berichtszeitraum erschienenes Quellenmaterial wurde für das BBW-Archiv ausgewertet.

Mecklenburgisches Wörterbuch

1985 erschienen die 64. Lieferung als siebente, 1986 die 65. Lieferung als achte des VII. Bandes, womit das Alphabet nunmehr bis zum Stichwort *Vörstäker* ‚Achsnagel am Wagen' bewältigt ist.

Das Manuskript der 66. Lieferung wurde fertiggestellt. Das vorhandene Belegmaterial wurde kontinuierlich durch die Übernahme weiteren Wortgutes aus dem sprachlichen Nachlaß Richard Wossidlos und durch Exzerpte aus neu publizierter Mundartliteratur und volkskundlichem Schrifttum ergänzt.

Pommersches Wörterbucharchiv

In das Pommersche Wörterbucharchiv wurde neues Wortgut (Lexik der Gegenwart aus verschriftlichten Tonbandtexten und Literatur) eingearbeitet.

Das auf der Grundlage des Pommerschen Wörterbucharchivs erarbeitete „Kleine plattdeutsche Wörterbuch für den mecklenburgisch-vorpommerschen Sprachraum" (400 S.) von Renate Herrmann-Winter erschien 1985 im Hinstorff-Verlag Rostock.

Thüringisches Wörterbuch

Das in Kooperation mit der Sektion Sprachwissenschaft der Friedrich-Schiller-Universität Jena zu erarbeitende Thüringische Wörterbuch wurde im Berichtszeitraum mit den Lieferungen 4—6 (*Umschlagetuch — Wasen*) des VI. Bandes fortgesetzt.

Eingereicht zur Publikation für 1987 ist die Lieferung 7, in Arbeit befinden sich die Lieferungen 8 und 9. Insbesondere zum Fachwortschatz spezifisch thüringischer Gewerbe ist dem Wörterbucharchiv neues Belegmaterial zugeführt worden, u. a. Wortgut zur Winzersprache von Unstrut und Saale durch mehrere Exkursionen. Fortgesetzt wurde das Zeichnen von Sprachkarten für eine einführende Übersicht, die dem Thüringischen Wörterbuch vorangestellt werden soll.

Wörterbuch der obersächsischen Mundarten

Die Arbeiten am Wörterbuchmanuskript wurden auf der Grundlage des langfristigen Planes weitergeführt, der den Abschluß des Gesamtwerkes in zwei Bänden vorsieht. Im Berichtszeitraum wurde der Abschnitt „*rubbelig — Seihtuch*" ausgearbeitet. Er umfaßt etwa 350 Druckspalten.

Im Herbst 1986 erschien beim Bibliographischen Institut Leipzig das „Kleine sächsische Wörterbuch" von G. Bergmann. Für 1987 ist eine 2. Auflage geplant.

Wortatlas der städtischen Umgangssprache

Die soziolinguistische Kommentierung der Karten wurde planmäßig fortgesetzt und die Exzerption von Literatur abgeschlossen. Der Vergleich zu früheren Kartenwerken und Monographien ermöglicht exakte Aussagen über Veränderungen im Wortschatz während der letzten Jahrzehnte.

Die wissenschaftliche Revision des Buchstabens M (Band VI, 2) des Siebenbürgisch-Sächsischen Wörterbuchs wurde abgeschlossen.

Forschungen zum gesellschaftspolitischen Wortschatz

Im Berichtszeitraum wurde die in der Arbeitsgruppe entwickelte Methode der textbezogenen Wortschatzuntersuchungen mit empirischen Analysen weiter erprobt und vervollkommnet. Die auf der einheitlichen methodologischen Grundlage gewonnenen Ergebnisse zur Ermittlung und Beschreibung der typischen Makropropositionen und daraus abgeleiteter Schlüsselwörter zur Berichterstattung zum „NATO-Doppelbeschluß" und seinen Folgen in Leitartikeln bürgerlicher Presseorgane (BRD, Großbritannien, Frankreich) erschienen als gemeinsame Publikation (Hrsg. von C. Schäffner u. A. Neubert: Politischer Wortschatz in textueller Sicht. Linguistische Studien A/ZISW, 146/1986). Des weiteren wurden damit im Zusammenhang stehende theoretische Fragen der Erfassung und Bedeutungsbeschreibung des politischen Wortschatzes sowie der Textsortenspezifik des Leitartikels abgeleitet und in Publikationen und Konferenzbeiträgen diskutiert. Zur Fundierung des textuellen Ansatzes dienten auch interdisziplinäre Beratungen mit Psychologen, Philosophen und Journalisten.

Rudolf Große

SITZUNGEN 1985 UND 1986

Mathematisch-naturwissenschaftliche Klasse

11. Januar 1985

Vortrag von Herrn Emons: „Vergangenheit und Zukunft der Siedesalzgewinnung", erschienen in den Sitzungsberichten der math.-nat. Klasse, Band 119 (1986) H. 3.

Vorgelegt werden Schriften von Klaus Dörter, Hans-Heinz Emons, Egon Fanghänel, Werner Heisenberg, Herbert Jordan, Werner Ries.

8. Februar 1985

Vortrag von Herrn Dörter: „Betrachtungen zur Bewässerung aus ökologischer Sicht im Rückblick auf den XII. Kongreß (1984) der ICID", erscheint in den Sitzungsberichten der math.-nat. Klasse.

Vorgelegt werden Schriften von Heinz Bethge, Hans-Heinz Emons, Artur Lösche, Benno Parthier, Hans Jürgen Rösler, Dietrich Uhlmann.

22. März 1985

Vortrag von Herrn Müller: „Die Zöliakie — eine besondere Form der Eiweißunverträglichkeit", erscheint in erweiterter Form mit Werner Mühle in den Sitzungsberichten der math.-nat. Klasse, Band 120 (1988) H. 4.

Vorgelegt werden Schriften von László Fejes Tóth, Herbert Jordan, Martin Kersten, Nikolaus Joachim Lehmann, Wilhelm Maier, Hans Stubbe, Armin Uhlmann, Friedrich Wolf.

10. Mai 1985

Vortrag von Herrn Lösche: „Der Kernspinn: Von der Hypothese zum modernen Analysenwerkzeug", erschienen in den Sitzungsberichten der math.-nat. Klasse, Band 120 (1987) H. 2.

Vorgelegt werden Schriften von Ján Benetin, Hans-Heinz Emons, Ott-Heinrich Keller, Herbert Krug, Artur Lösche, Wilhelm Oelßner, Erich Strack.

14. Juni 1985

Vortrag von Herrn Jordan: „‚Basimetry': Ansätze einer chronotherapeutischen Urteilsbildung", erschienen in den Sitzungsberichten der math.-nat. Klasse, Band 119 (1987) H. 4.

Vorgelegt werden Schriften von Egon Fanghänel, Herbert Jordan, Wilhelm Oelßner Werner Ries.

11. Oktober 1985

Vortrag von Herrn Busch: „Abwasserbodenbehandlung — ein Beitrag zum Umweltschutz".

Vorgelegt werden Schriften von Herbert Jordan, Fritz Müller, Heinz Penzlin, Rudolf Sachsenweger, Joachim-Hermann Scharf, Erich Strack, Dietrich Uhlmann, Bartel L. van der Waerden.

13. Dezember 1985

Vortrag von Herrn Gläser: „Grundlagen der operativen Behandlung bösartiger Geschwulste", erscheint in den Sitzungsberichten der math.-nat. Klasse.

Vorgelegt werden Schriften von Karl-Franz Busch, Ulrich Freimuth, Günter Haase, Herbert Jordan, Herbert Krug, Nikolaus Joachim Lehmann, Benno Parthier, Werner Ries, Hans Jürgen Rösler, Joachim-Hermann Scharf, Armin Uhlmann, Dietrich Uhlmann.

10. Januar 1986

Vortrag von Herrn Rösler: „Was sagt ein Mineral über seine Geschichte aus — Gedanken zur genetischen Mineralogie", erschienen in den Sitzungsberichten der math.-nat. Klasse, Band 120 (1988) H. 5.

Vorgelegt werden Schriften von Klaus Dörter, Manfred Gersch, Günter Haase, Christian Hänsel, Horst Hennig, Ernst Neef, Adolf Watznauer, Eugen-Georg Woschni, Hans Wußing.

14. Februar 1986

Vortrag von Herrn Scharf: „Anfänge der systematischen Anatomie und Teratologie im alten Babylon", erscheint in den Sitzungsberichten der math.-nat. Klasse, Band 120 (1987) H. 3.

Vorgelegt werden Schriften von Wolfgang Dürwald, Hans-Heinz Emons, Egon Fanghänel, Klaus Fröhlich, Armin Uhlmann, Dmitrij Vasiljevič Shirkov, Erich Strack, Adolf Watznauer, Eugen-Georg Woschni.

7. März 1986

Vortrag von Herrn Buchheim: „Goethes Farbenauffassung im Lichte heutiger Physik", erscheint in den Sitzungsberichten der math.-nat. Klasse.

Vorgelegt werden Schriften von Egon Fanghänel, Gustav Herglotz, Joachim-Hermann Scharf, Dietrich Uhlmann.

9. Mai 1986

Vortrag von Herrn Wußing: „Die naturwissenschaftliche Revolution des 17. Jahrhunderts. Tatsachen, Probleme, Meinungen".

Vorgelegt werden Schriften von Egon Fanghänel, Innokentij Petrovič Gerasimov, Herbert Jordan, Heinz Penzlin, Manfred Schubert, Kurt Schwabe, Hans Stubbe, Adolf Watznauer.

6. Juni 1986

Vortrag von Herrn Fanghänel: „Grenzen und Möglichkeiten der Diazotypie", erscheint in den Sitzungsberichten der math.-nat. Klasse.
Vorgelegt werden Schriften von Herbert Jordan.

10. Oktober 1986

Vortrag von Herrn Haase: „Das geoökologische Konzept in der Landschaftsforschung", erscheint in den Sitzungsberichten der math.-nat. Klasse.
Vorgelegt werden Schriften von Egon Fanghänel, Ulrich Freimuth, Klaus Fröhlich, Herbert Jordan, Friedrich Hund, Martin Kersten, Joachim-Hermann Scharf, Nikon Danilovič Tomaschov, Dietrich Uhlmann, Eugen-Georg Woschni.

12. Dezember 1986

Vortrag von Herrn Watznauer: „Gedanken zur Frühzeit der Erde", erscheint in den Sitzungsberichten der math.-nat. Klasse.
Vorgelegt werden Schriften von Herbert Beckert, Dagmar Hülsenberg, Benno Parthier, Werner Ries, Hans Jürgen Rösler, Manfred Schubert, Dietrich Uhlmann.

Philologisch-historische Klasse

11. Januar 1985

Vortrag von Herrn Hiebsch: „Probleme der ‚Sozialen Kognition'", erschienen in den Sitzungsberichten der phil.-hist. Klasse, Band 126 (1986) H. 5.
Vorgelegt werden Schriften von Jes Peter Asmussen, Rudolf Große, Gotthard Lerchner.

8. Februar 1985

Vortrag von Herrn Lieberwirth: „Das sächsisch-magdeburgische Recht als Quelle osteuropäischer Rechtsordnungen", erschienen in den Sitzungsberichten der phil.-hist. Klasse, Band 127 (1986) H. 1.
Vorgelegt werden Schriften von Eberhard Brüning, Karl Czok, Rigobert Günther, Albrecht Neubert, Eberhard Poppe, Claus Träger.

22. März 1985

Vortrag von Herrn Růžička: „Sprache zwischen Gemeinplatz und Kreation".
Vorgelegt werden Schriften von Eberhard Brüning, Johannes Erben, Rigobert Günther,

Herbert Hunger, Edgar Lehmann, Rolf Lieberwirth, Ulrich Ricken, Zsigmond Telegdi, Ernst Ullmann, Siegfried Wollgast.

10. Mai 1985

Vortrag von Herrn Neubert: „Dichtung und Wahrheit des zweisprachigen Wörterbuches“, erschienen in den Sitzungsberichten der phil.-hist. Klasse, Band 126 (1986) H. 4.

Vorgelegt werden Schriften von Karl Czok, Rudolf Große, Hermann Heimpel, Herbert Hunger, Walter Markov, Terence Frederick Mitchell, Eberhard Poppe, Zinaida Vladimirovna Udal'cova, Franz Wieacker.

14. Juni 1985

Vortrag von Herrn Große: „Interlinguale Dialektgeographie — Möglichkeiten und Probleme“.

Vorgelegt werden Schriften von Eberhard Brüning, Gerhard Dudek, Johannes Erben, Ernst Eichler, Friedrich Möbius, Georgij Vladimirovič Stepanov, Siegfried Wollgast.

11. Oktober 1985

Vortrag von Herrn Forberger: „Die Widerspiegelung der Industriellen Revolution in Sachsen in der zeitgenössischen bürgerlichen Belletristik“, erschienen in den Sitzungsberichten der phil.-hist. Klasse, Band 127 (1987) H. 3.

Vorgelegt werden Schriften von Karl Bischoff, Eberhard Brüning, Hans-Joachim Diesner, Johannes Erben, Rudolf Große, Rigobert Günther, Gotthard Lerchner, Walter Markov, Terence Frederick Mitchell, Georgij Vladimirovič Stepanov, Claus Träger, Siegfried Wollgast.

13. Dezember 1985

Vortrag von Herrn Ullmann: „Geschichte der Kunst in Sachsen — ein Überblick“.

Vorgelegt werden Schriften von Werner Bahner, Hans-Joachim Diesner, Gerhard Dudek, Ernst Eichler, Rigobert Günther, Gotthard Lerchner, Rolf Lieberwirth, Albrecht Neubert, Claus Träger, Ernst Ullmann, Ernst Werner, Jürgen Werner, Hans-Georg Werner, Siegfried Wollgast.

10. Januar 1986

Vortrag von Herrn Lerchner: „Literarischer Text und kommunikatives Handeln“, erschienen in den Sitzungsberichten der phil.-hist. Klasse, Band 127 (1987) H. 6.

Vorgelegt werden Schriften von Werner Coblenz, Karl Czok, Hans Hiebsch, Albrecht Neubert, Werner Ogris, Claus Träger, Ernst Ullmann, Jürgen Werner.

14. Februar 1986

Vortrag von Herrn Günther: „Die sozialutopische Komponente im Urchristentum“, erschienen in den Sitzungsberichten der phil.-hist. Klasse, Band 127 (1987) H. 7.

Vorgelegt werden Schriften von Werner Bahner, Eberhard Brüning, Werner Coblenz, Walter Dietze, Ernst Eichler, Werner Felix, Rolf Lieberwirth, Joachim Müller, Albrecht Neubert, Werner Ogris, Eberhard Poppe, Rudolf Růžička, Jürgen Werner, Siegfried Wollgast.

7. März 1986

Vortrag von Herrn Hans-Georg Werner: „Die Paradoxie der Vernunft. Lessing's ‚Ernst und Falk' als geistiger Höhe- und Endpunkt der literarischen Aufklärung in Deutschland".

Vorgelegt werden Schriften von Werner Bahner, Hans-Joachim Diesner, Hans-Georg Gadamer, Rudolf Große, Walter Markov, Werner Ogris, Kurt Tackenberg, Claus Träger, Ernst Ullmann, Jürgen Werner.

9. Mai 1986

Vortrag von Herrn Eichler: „Der Beitrag der Sprachwissenschaft zur slawischen, Altertumskunde" erschienen, vermehrt durch einen Beitrag von Gerald Wiemers, unter dem Titel „Zwei Studien zur Geschichte der Slawistik" in den Sitzungsberichten der phil.-hist. Klasse, Band 128 (1988) H. 3.

Vorgelegt werden Schriften von Ernst Eichler, Albrecht Neubert, Ernst Ullmann, Jürgen Werner, Siegfried Wollgast, Viktor Žmegač.

6. Juni 1986

Vortrag von Herrn Dudek: „I. S. Turgenjews ‚Rudin' — individuelle Romanform und Romantypus", erschienen in den Sitzungsberichten der phil.-hist. Klasse, Band 127 (1987) H. 5.

Vorgelegt werden Schriften von Gerhard Dudek, Gotthard Lerchner, Eberhard Poppe, Jürgen Werner.

10. Oktober 1986

Vortrag von Herrn Ricken: „Leibniz und die Entwicklung der Problematik Sprache—Erkenntnis in der deutschen Aufklärung".

Vorgelegt werden Schriften von Jes Peter Asmussen, Eberhard Brüning, Hans-Joachim Diesner, Gerhard Dudek, Werner Felix, Rudolf Große, Rigobert Günther, Heinz Ladendorf, Gotthard Lerchner, Walter Markov, Claus Träger, Carl Friedrich von Weizsäcker, Jürgen Werner, Hans-Georg Werner, Siegfried Wollgast.

12. Dezember 1986

Vortrag von Herrn Coblenz: „Karl Preusker (1786—1871), der Begründer der sächsischen Volksbibliotheken und Gewerbeschulen, als Pionier der Urgeschichtsforschung in Sachsen".

Vorgelegt werden Schriften von Werner Bahner, Werner Coblenz, Ernst Eichler, Gerhard Dudek, Hans-Georg Gadamer, Rudolf Große, Gotthard Lerchner, Rolf Lieberwirth, Albrecht Neubert, Eberhard Poppe, Lothar Rathmann, Rudolf Růžička, Ernst Ullmann, Carl Friedrich von Weizsäcker, Jürgen Werner.

Öffentliche Gesamtsitzungen

19. April 1985

Ansprache des Präsidenten, Herrn Bahner, Bericht des Vizepräsidenten, Herrn Lösche, über die Arbeiten beider Klassen, — Vortrag des Herrn Ries: „Methoden und Erkenntnisse der Alternsforschung“, erschienen in den Sitzungsberichten der math.-nat. Klasse, Band 119 (1986) H. 1.

15. November 1985

Ansprache des Präsidenten, Herrn Bahner, Verleihung der Wilhelm-Ostwald-Medaille an Herrn von Ardenne und des Friedrich-Weller-Preises an Herrn Mylius, — Vortrag des Herrn Wollgast: „Ehrenfried Walther von Tschirnhaus und die Frühaufklärung.“ erschienen in den Sitzungsberichten der phil.-hist. Klasse, Band 128 (1988) H. 1.

11. April 1986

Ansprache des Präsidenten, Herrn Bahner, Bericht des Vizepräsidenten, Herrn Lösche, über die Arbeiten beider Klassen, — Vortrag des Herrn Czok: „Kurfürst August von Sachsen (1526—1586) — Landesherr und frühkapitalistischer Unternehmer.“

14. November 1986

Ansprache des Präsidenten, Herrn Bahner, — Vortrag des Herrn Lehmann: „Glashütte 1878, Beginn der deutschen Rechenmaschinenfertigung.“, erschienen in den Sitzungsberichten der math.-nat. Klasse, Band 121 (1988) H. 1.

ANSPRACHE DES PRÄSIDENTEN, HERRN BAHNER

bei der öffentlichen Gesamtsitzung am 19. April 1985

Sehr geehrte Damen und Herren!

Zur Öffentlichen Frühjahrssitzung der Sächsischen Akademie der Wissenschaften heiße ich Sie alle sehr herzlich willkommen. Es ist mir eine große Ehre und Freude, als unsere Gäste begrüßen zu können den Leiter der Abteilung Hoch- und Fachschulen der Bezirksleitung der SED Leipzig, Gen. Dr. *Meyer*, und den Stellvertreter des Vorsitzenden des Rates des Bezirkes Leipzig und Vorsitzenden der Bezirksplankommission, Gen. Dr. *Poppe*. Unser besonderer Willkommensgruß gilt den Repräsentanten der Akademien, Universitäten und Hochschulen unseres Landes, mit denen wir auf vielfältige Weise bei der Bewältigung unserer wissenschaftlichen und bildungspolitischen Aufgaben freundschaftlich verbunden sind. Sehr herzlich begrüßen wir den Präsidenten der Akademie der Wissenschaften der DDR, Gen. Professor Dr. Werner *Scheler*, den Director Ephemeridum der Deutschen Akademie der Naturforscher Leopoldina, unser Mitglied Herrn *Scharf*, den Rektor der Karl-Marx-Universität Leipzig, unser Mitglied Magnifizenz *Rathmann*, den Rektor der Martin-Luther-Universität Halle—Wittenberg, Magnifizenz Professor Dr. *Isbaner*, den Rektor der Medizinischen Akademie Erfurt, Magnifizenz Professor Dr. *Usbeck* und den Generaldirektor der Nationalen Forschungs- und Gedenkstätten der klassischen deutschen Literatur in Weimar, Gen. Professor Dr. Werner *Schubert*. Ebenso herzlich begrüße ich Herrn Professor Dr. *Geiseler*, den Träger der Wilhelm-Ostwald-Medaille, der höchsten naturwissenschaftlichen Auszeichnung unserer Akademie, und den Direktor des Akademie-Verlages, Gen. Professor Dr. *Berthold*. Seit über dreißig Jahren besteht mit diesem die Publikationen unserer Akademie betreuenden Verlag eine fruchtbare Zusammenarbeit.

Ganz besonders erfreut sind wir darüber, daß ausländische Gelehrte als Repräsentanten namhafter Akademien unter uns weilen. Sehr herzlich willkommen heiße ich den Vertreter des Präsidenten der Österreichischen Akademie der Wissenschaften, Herrn *Hamann*, Wirkliches Mitglied dieser Akademie und Auswärtiges Mitglied unserer Akademie, und den Vorsitzenden der gesellschaftswissenschaftlichen Klasse der Polnischen Akademie der Wissenschaften, Herrn *Hensel*, den unsere Akademie in der Februarsitzung dieses Jahres zu ihrem Auswärtigen Mitglied gewählt hat.

Herzlich willkommen heiße ich ebenfalls unsere Mitglieder und ihre Ehefrauen, die Witwen unserer verstorbenen Mitglieder sowie die Mitarbeiter der Sächsischen Akademie der Wissenschaften. Mein Gruß und Dank gilt ferner jenen Damen und Herren, die durch den Besuch unserer Öffentlichen Sitzung ihr Interesse am wissenschaftlichen Leben unserer Akademie bekunden.

Auch diesmal obliegt uns die traurige Pflicht, unserer seit der letzten Öffentlichen Frühjahrssitzung verstorbenen Mitglieder zu gedenken:

Am 7. Juli 1984 verstarb im Alter von 76 Jahren in Dresden unser Ordentliches Mitglied Ernst *Neef*, em. ordentlicher Professor für Geographie an der TU Dresden.

Im Alter von 85 Jahren verschied am 27. Juli des vergangenen Jahres unser Auswärtiges Mitglied Adolf *Dabelow*, em. ordentlicher Professor für Anatomie an der Johann-Gutenberg-Universität Mainz.

Am 24. März dieses Jahres verstarb im 89. Lebensjahr unser Ordentliches Mitglied Frau Gertrud *Schubart-Fikentscher*, em. ordentlicher Professor für Rechtsgeschichte und Zivilrecht an der Martin-Luther-Universität Halle—Wittenberg.

Am 30. März 1985 verschied im Alter von 80 Jahren unser Auswärtiges Mitglied Innokentij Petrovič Gerasimov, em. Professor für Geographie an der Lomonossov-Universität in Moskau und Ordentliches Mitglied der Akademie der Wissenschaften der UdSSR.

Sie haben sich zum ehrenden Gedenken unserer verstorbenen Mitglieder von den Plätzen erhoben. Dafür danke ich Ihnen.

In diesen Wochen begehen wir auch in der Deutschen Demokratischen Republik mit wachem Bewußtsein den 40. Jahrestag des Sieges der Sowjetunion und der anderen Staaten der Antihitlerkoalition über den deutschen Faschismus. Das Datum des 8. Mai 1945 bildet in der Tat eine markante Zäsur in den Annalen der Menschheitsgeschichte. Es bekundet eine welthistorische Tat, deren ganze Tragweite in den letzten Jahrzehnten immer deutlicher hervorgetreten ist: Mit der Zerschlagung des Faschismus ergaben sich grundlegende und weitreichende Veränderungen im internationalen Kräfteverhältnis, die in den folgenden Jahrzehnten in wachsendem Maße scharfe Konturen erhielten.

In jenen Maitagen des Jahres 1945 war ein barbarisches, menschenverachtendes Regime, das durch seine verbrecherische Politik den deutschen Namen in der ganzen Welt mit Schande, Schmutz und Blut befleckt hatte, endgültig zusammengebrochen. Der vom Hitlerfaschismus angezettelte Zweite Weltkrieg hatte 50 Millionen Menschen das Leben gekostet und war der grausamste und opferreichste aller Kriege. Am meisten davon betroffen war die Sowjetunion, die am 22. Juni 1941 heimtückisch von Nazi-Deutschland überfallen worden war. Sie verlor 20 Millionen ihrer Bürger. Ins Unermeßliche gingen in diesem Krieg auch die materiellen und kulturellen Werte, die durch Kriegseinwirkung zerstört wurden.

Diese 50 Millionen Toten des Zweiten Weltkrieges stellen eine permanente Mahnung an die Lebenden dar, alles zu tun, um einen neuen Krieg zu unterbinden. Sie erlegen uns die Verpflichtung auf, mit allen Mitteln ein atomares Inferno zu verhindern. Die mörderische Kraft der modernen Waffen ist seit dem Ende des Zweiten Weltkrieges derart potenziert gestiegen, daß nunmehr die reale Gefahr einer Selbstvernichtung der Menschheit besteht. Alle Experten stimmen darin überein, daß das inzwischen vorhandene Kernwaffenarsenal für eine vielfache Vernichtung alles Lebenden auf der Erde ausreicht. Die friedliebenden Kräfte in der ganzen Welt schauen in den nächsten Monaten voller Erwartung nach Genf, wo die Regierungen der Sowjetunion und der USA Verhandlungen führen über die Verhinderung des Wettrüstens im Weltraum und über die Begrenzung und Reduzierung der Kernwaffen auf der Erde. Die Sowjetunion hat nachdrücklich ihren Willen bekundet, unter allen Umständen, auf der Basis eines militärstrategischen Gleichgewichts, eine Übereinkunft zu erreichen, welche die Gefahr einer die ganze Menschheit bedrohenden atomaren Auseinandersetzung bannt. Mit ihrem Beschluß, bis November dieses Jahres, solange diese Verhandlungen laufen, keine weiteren Mittelstreckenraketen zu stationieren, hat die Sowjetunion als erste der beiden verhandelnden Mächte ein verheißungsvolles Zeichen gesetzt.

Die geschichtlichen Erfahrungen der letzten fünfzig Jahre lehren sehr eindeutig, daß gegen den Krieg gekämpft werden muß, bevor er begonnen hat. Rechtzeitig und gemeinsam müssen alle friedliebenden Kräfte handeln, gleich welcher Gesellschaftsordnung, Weltanschauung und Religion, wenn aggressiven, Krieg einkalkulierenden Mächten Einhalt geboten werden soll.

Geschichtliche Erfahrungen sollten nicht leichtfertig zur Seite geschoben, in Frage gestellt oder gar geleugnet werden. Die Polemik spätbürgerlicher Skeptiker gegen den Lehrwert der Geschichte verfehlt grundsätzlich ihr Ziel, so wenn beispielsweise Historiker dieser Richtung abfällig äußern, daß derjenige, der sage „Die Geschichte lehrt", die Historie benutze wie ein Betrunkener den Laternenpfahl, nämlich als Stütze, nicht zur Erhellung. Gewiß ist bei historischen Analogien Vorsicht geboten. Ebenso lassen sich historische Entwicklungslinien nur unter Beachtung der in der geschichtlichen Entwicklung sich manifestierenden Gesetzmäßigkeiten ziehen. Doch schlechthin in Abrede zu stellen, daß sich Lehren aus der Geschichte ziehen lassen, heißt die Geschichte als blindes Fatum zu betrachten, ihr Sinnlosigkeit zu unterstellen und einen chaotischen Charakter zu verleihen. Schon die Denker der Aufklärungsbewegung wußten, daß die Wurzeln der bestehenden Verhältnisse in der Vergangenheit liegen und die Gegenwart, wie *Leibniz* es formulierte, stets mit der Zukunft schwanger geht. In der Geschichte existieren allgemeine, wesentliche und notwendige Zusammenhänge, die in ihrer Komplexität von den hierfür zuständigen Disziplinen aufzuhellen sind. Außerdem erweist sich das am realen Geschichtsprozeß orientierte Geschichtsbewußtsein breitester Schichten als ein wichtiger Faktor für das gesellschaftliche Selbstverständnis.

Am 8. Mai 1945 erfolgte nicht nur die bedingungslose Kapitulation der Naziwehrmacht, vielmehr war durch den Sieg der Antihitlerkoalition auch unser Volk vom Nazijoch befreit worden. Ihm bot sich nun die Chance eines wahrhaften Neubeginns, die allerdings nur genutzt werden konnte, wenn mit allen Nachwirkungen nazistischer Ideologie konsequent abgerechnet und allen unheilvollen Kräften deutscher Vergangenheit eine radikale Absage erteilt wurde.

Mit Stolz und Befriedigung können wir heute feststellen, daß diese Chance in unserem Land, in dem damals unter sowjetischer Militäradministration stehenden Teil Deutschlands, voll wahrgenommen wurde. Die Einheit der Arbeiterklasse und das Bündnis aller antifaschistisch-demokratischen Kräfte bildeten die entscheidende Grundlage für die in allen Bereichen des gesellschaftlichen Lebens erreichten Umwälzungen, die dem gesellschaftlichen Fortschritt dienten und vom Geist des Humanismus, des Friedens und der Völkerverständigung getragen waren. Die Entwicklung des wissenschaftlichen Lebens war davon maßgeblich bestimmt. Und die mit Unterstützung der sowjetischen Militäradministration 1946 und 1948 wiedereröffneten beiden Akademien der Wissenschaften wirkten bei der im geistig-wissenschaftlichen Leben erforderlichen Neuorientierung mit. Hervorragenden Anteil daran hatten vor allem jene Akademiemitglieder, die getreu ihrer humanistischen Gesinnung dem nazistischen Gewaltregime getrotzt hatten und Repressalien ausgesetzt waren. Wir sind uns bewußt, daß damals wesentliche Grundlagen auch für unsere Akademie gelegt worden sind, auf denen sich unsere Arbeit heute entfalten kann. Der vom damaligen Präsidenten Theodor *Frings* bei der am 8. Dezember 1948 erfolgten Wiedereröffnung der Sächsischen Akademie als einzig sinnvoll angedeutete Weg, daß sich „Geist und Leben in neuen gesellschaftlichen Ordnungen zusammenfinden", ist in über drei Jahrzehnten erfolgreich beschritten worden.

Meine sehr geehrten Damen und Herren!

Vor wenigen Wochen hat unsere Akademie eine hohe Auszeichnung vorgenommen und 9 Auswärtige Mitglieder zugewählt. Die Moritz-Wilhelm-Drobisch-Medaille, die wegen besonderer Verdienste um die Entwicklung unserer Akademie verliehen wird, erhielt unser Ordentliches Mitglied, Herr Edgar *Lehmann*, anläßlich seines 80. Geburtstages für seine langjährige erfolgreiche Tätigkeit als Vizepräsident unserer Akademie. In diesem Amt hat er in sehr befruchtender Weise maßgeblich Einfluß auf die Aktivitäten unserer Akademie genommen.

Bestrebt, den wissenschaftlichen Dialog über die Landesgrenzen hinweg zur Beförderung des Erkenntnisfortschritts im Sinne der Völkerfreundschaft und Völkerverständigung zu führen, wählte die Sächsische Akademie in ihren im Februar und März dieses Jahres durchgeführten Sitzungen folgende namhafte Gelehrte als Auswärtige Mitglieder zu: In die mathematisch-naturwissenschaftliche Klasse die Herren

Robert *Finn*, Professor für Mathematik an der Standford University, wegen seiner grundlegenden Arbeiten auf dem Gebiet der Analysis

Bohumil *Kvasil*, ordentlicher Professor für Radioelektronik und physikalische Elektronik an der Technischen Hochschule Prag, Präsident der Tschechoslowakischen Akademie der Wissenschaften, neben anderen auch auswärtiges Mitglied der Akademie der Wissenschaften der DDR, wegen seiner hohen Verdienste im Bereich der Radartechnik und der Quantenelektronik

Dimitrij Vasilejevič *Shirkov*, ordentlicher Professor für theoretische Physik an der Lomonossov-Universität Moskau und Abteilungsleiter am Kernforschungsinstitut in Dubna, wegen seiner hervorragenden Arbeiten zur Theorie der Quarzfelder

Hamao *Umezawa*, ordentlicher Professor für Molekularbiologie und Biochemie am Institut für Mikrobiologische Chemie in Tokyo, wegen seiner bahnbrechenden mikrobiologischen und biochemischen Untersuchungen und

Vasilii Sergejevič *Vladimirov*, ordentlicher Professor für Mathematik am Steklov-Institut der Akademie der Wissenschaften der UdSSR, wegen seiner bedeutenden Arbeiten auf dem Gebiet der theoretischen und angewandten Mathematik,

in die philologisch-historische Klasse die Herren

Witold *Hensel*, ordentlicher Professor für Ur- und Frühgeschichte an der Universität Warschau, wegen seiner ausgezeichneten Tätigkeit vor allem im Bereich der Slawischen Archäologie

Jost *Hermand*, ordentlicher Professor für Deutsche Sprache und Literatur an der Universität Wisconsin, für seine wichtigen Forschungen zur Geschichte der neueren deutschen Literatur und zu den Beziehungen zwischen Kunst und Literatur

Werner *Ogris*, Universitätsprofessor für Deutsches Recht und Österreichische Verfassungs- und Verwaltungsgeschichte an der Universität Wien, wegen seiner grundlegenden rechtshistorischen Studien

Viktor *Žmegač*, ordentlicher Professor für Deutsche Literaturgeschichte an der Universität Zagreb, wegen seiner ausgezeichneten Untersuchungen zur deutschen Literaturgeschichte und zur Literaturtheorie.

Es ist mir eine besondere Freude und Ehre, heute bereits Herrn *Hensel* sein Diplom als Auswärtiges Mitglied unserer Akademie mit dem Wunsch nach fruchtbarer kollegialer Zusammenarbeit überreichen zu können.

ANSPRACHE DES PRÄSIDENTEN, HERRN BAHNER

bei der öffentlichen Gesamtsitzung am 15. November 1985

Sehr geehrte Damen und Herren!

Nach altem Brauch gedenkt die Sächsische Akademie der Wissenschaften in ihrer öffentlichen Novembersitzung des Todestages ihres Patrons, Gottfried Wilhelm *Leibniz*, der hervorragende deutsche Philosoph und Gelehrte, der weltberühmte Sohn dieser Stadt, der durch eine außergewöhnliche Frühreife sich auszeichnende geniale Schüler der Leipziger Universität, starb vor 269 Jahren, am 14. November 1716 in Hannover. Er gab dem Akademiegedanken nicht nur ein modernes Gepräge, sondern verband damit auch eine zutiefst humanistische Gesinnung: Wissenschaft soll im Dienste des menschlichen Fortschritts und der Völkerverständigung wirken. Den wissenschaftlichen akademischen Stätten, für deren Gründung er sich in verschiedenen Ländern unablässig und zielstrebig einsetzte, kam nach seinen Vorstellungen die Aufgabe zu, zur Erkenntnis der Welt im fruchtbaren Zusammenwirken beizutragen und die gewonnenen Ergebnisse für das Gemeinwohl zu nutzen. Sein Leitgedanke war, der reinen Erkenntnis wie dem Leben des Volkes in gleichem Maße zu dienen. Den Praxisbezug des Wissens, besonders auf naturwissenschaftlichem und technologischem Gebiet, erachtete er als unabdingbar. Ebenso erblickte er im wissenschaftlichen Gedankenaustausch, der besonders innerhalb einer Akademie und zwischen den Akademien über Ländergrenzen hinweg gepflegt werden sollte, eine wesentliche Voraussetzung für die Förderung und Beschleunigung der Wissenschaftsentwicklung.

Diese von Leibniz für die Wissenschaft im allgemeinen und für die Akademien im besonderen umrissenen Aufgaben besitzen bei allem Zeitbedingten weiterhin Gültigkeit. Sie gilt es im Hinblick auf die heutigen Grundfragen der Menschheitsentwicklung neu zu durchdenken. Überall in der Welt haben sich heute die Wissenschaftler mehr denn je Rechenschaft zu geben über ihre gesellschaftliche Verantwortung, den Charakter ihrer Zielstellungen und die möglichen Konsequenzen ihrer forscherischen Ergebnisse. Die einst von *Leibniz* herausgestellte humane Grundfunktion der Wissenschaft ist allseitig durchzusetzen und zu sichern. Das Aufdecken gesetzmäßiger Zusammenhänge in Natur und Gesellschaft hat in zunehmendem Maße dazu zu führen, das materielle und geistige Wohl der Menschen zu fördern und weiter anzuheben. Jeder antihumane Mißbrauch wissenschaftlicher Erkenntnisse muß energisch verhindert werden. In dieser Hinsicht bildet die Abwendung einer nuklearen Katastrophe zweifellos das brisanteste Problem unserer Gegenwart.

Auf ihrer jüngsten Tagung in Sofia haben die Teilnehmerstaaten des Warschauer Vertrages in eindringlicher Weise darauf hingewiesen, daß das Wettrüsten auf der Erde gestoppt und seine Ausdehnung auf den Weltraum verhindert werden muß. Erneut unterbreiteten sie konkrete Schritte zur Abrüstung und entwickelten sie Initiativen zur Bannung der Gefahr eines Nuklearkrieges. Mit vollem Recht wurde betont: Mehr denn je ist gegenwärtig eine Wende zum Besseren in Europa und in der Welt erforderlich. Die auf Hochrüstung basierende Politik der Stärke und Konfrontation führt in den Abgrund, mündet in eine Katastrophe des Schreckens, des atomaren Infernos. Allein die Politik der friedlichen Koexistenz bietet einen Ausweg aus dieser sehr angespannten internationalen Lage. Auch die internationale wissenschaftliche Zusammenarbeit kann erst unter den Bedingungen einer Politik der friedlichen Koexistenz voll zur Entfaltung gelangen. Durch ihre Ergebnisse und Formen vermag sie dann kontinuierlich und wirksam zur Stärkung des Vertrauens zwischen den Staaten gleicher wie unterschiedlicher Gesellschaftsordnung beizutragen und damit ebenfalls einen positiven Einfluß auf die internationale Atmosphäre auszuüben.

In dem friedlichen Wettbewerb zwischen Staaten unterschiedlicher Gesellschaftsordnung nimmt die moderne Wissenschaft eine herausragende Stelle ein. Wissenschaft und Technik sind in der DDR in eine bedeutsame Rolle und Verantwortung hineingewachsen. Ihre Einbeziehung in den gesellschaftlichen Reproduktionsprozeß hat neue Dimensionen erlangt. In den Beschlüssen der 10. Tagung des ZK der SED kommt dies deutlich zum Ausdruck. Es wird eine neue Qualität in der Verflechtung von Wissenschaft und Produktion gefordert und eine gezielte Grundlagenforschung auf zukunftsträchtigen Gebieten eingeleitet, deren Ergebnisse sich für die Volkswirtschaft von grundlegender Bedeutung erweisen sollen. Durch Wissenschaft und Technik gilt es, in entscheidendem Maße das ökonomische Wachstum unseres Landes weiter zu erhöhen. Zwischen Ökonomie und Politik bestehen dabei offensichtlich sehr enge Zusammenhänge, die wiederum jene zwischen Sozialismus und Frieden stützen und untermauern helfen.

In Vorbereitung des XI. Parteitages der SED werden gegenwärtig in allen gesellschaftlichen Bereichen unserer Republik bemerkenswerte Anstrengungen unternommen, um hohe Leistungen zu vollbringen und neue anspruchsvolle Ziele zu stellen. Zugleich wird erörtert, wie ein sinnvolles Leben zu gestalten ist, das dem Wesen des Sozialismus entspricht und durch eine optimistische gesellschaftliche Perspektive bestimmt wird.

Die Sächsische Akademie der Wissenschaften reiht sich in diese Bemühungen ein. Zwar ist sie als Gelehrtengesellschaft kaum unmittelbar an der in den zentralen Forschungsprogrammen geplanten langfristigen Grundlagenforschung beteiligt, doch mit ihrem Bestreben, der Integration der Wissenschaft zu dienen und den interdisziplinären Ideen- und Erfahrungsaustausch durch gegenseitige Informationen und den Dialog zwischen den Disziplinen zu entwickeln, fördert sie die wissenschaftlichen Voraussetzungen hierfür. Immerhin sind die Mitglieder der Sächsischen Akademie an den Universitäten und Hochschulen, in Forschungsinstituten der Akademie der Wissenschaften der DDR und in anderen wissenschaftlichen Einrichtungen zum Teil führend an der Realisierung dieser Forschungsprogramme beteiligt. Und schließlich können in den interdisziplinären Dialogen die reichen Erfahrungen und umfassenden Kenntnisse jener Mitglieder eingebracht werden, die bereits emeritiert sind. Auch die wenigen kleineren Forschungsgruppen unserer Akademie sind in die zentralen Forschungsprogramme eingebunden und kooperieren mit anderen Einrichtungen; auch sie lassen sich von *Leibniz'* Grundsatz leiten, daß es Theorie und Praxis zu verbinden gilt und dies auf noch effektivere Weise zu geschehen hat.

Ebenso ist es das Bestreben der Sächsischen Akademie, noch umfassender und gezielter zum geistig-kulturellen Leben in unserem Land beizutragen, das kulturelle Erbe für die Aufgaben der Gegenwart zu erschließen, die wissenschaftliche Diskussion durch anspruchsvolle Tagungen und Kolloquien nationalen wie internationalen Charakters fruchtbar zu beleben und einzelne Disziplinen in ihrem Erkenntnisstreben und ihrer Ausstrahlung auf Nachbargebiete und eine breitere Öffentlichkeit zu fördern und zu stimulieren.

Bei den meisten Akademien ist es seit ihrem Bestehen Brauch, die Wissenschaft in ihren einzelnen Fächern durch die Vergabe von Preisen zu fördern. In der Regel ging dem die

Ausschreibung von Preisfragen voraus. Im 18. Jahrhundert zum Beispiel wurde auf diese Weise das wissenschaftliche Potential der gebildeten Allgemeinheit zu relevanten Themen jener Zeit mobilisiert und in die gesellschaftliche Bewegung der Aufklärung integriert. In neuerer Zeit hingegen bezieht man sich stärker auf einzelne Persönlichkeiten und würdigt ihre Verdienste um die Entwicklung einer Disziplin oder ganzer Forschungseinrichtungen durch die Verleihung von Preisen. Sie tragen zumeist den Namen eines vormals berühmten Forschers; zugleich sind sie ein Akt der Erbepflege und des Traditionsbewußtseins, ein Bekenntnis zu den wissenschaftlichen Leistungen der Vergangenheit als einer notwendigen Voraussetzung für die in der Gegenwart unternommenen erfolgreichen Vorstöße in wissenschaftliches Neuland. Eine solche Preisverleihung erfolgt zum einen, um das wissenschaftliche Vermächtnis einer Persönlichkeit wachzuhalten, die die fachliche Entwicklung entscheidend geprägt hat, und andererseits, um denjenigen Wissenschaftler auszuzeichnen, der in unserer Gegenwart durch seine Arbeiten in diesem Sinne wirkt, d. h. im Anschluß an fortschrittliche Traditionen und Leistungen seiner Vorgänger die Forschungen in seiner Disziplin weiter erfolgreich voranbringt.

Der Preis, den unsere Akademie gemeinsam mit der Karl-Marx-Universität in diesem Jahr erstmals für besondere Verdienste „auf dem Gebiet von Geschichte, Sprache, Literatur und Kunst der asiatischen Völker, unter besonderer Berücksichtigung Indiens und des Fernen Ostens“ verleiht, trägt den verpflichtenden Namen Friedrich *Weller*. Dieser international hoch angesehene Gelehrte, der am 19. November 1980 im Alter von 91 Jahren in Leipzig verstarb, hat die orientalistische Tradition der Sächsischen Akademie der Wissenschaften auf hervorragende Weise repräsentiert und die Indologie an der Leipziger Universität in Lehre und Forschung entscheidend bestimmt und gefördert. Bereits nach seinem Studium der Indologie von 1909 bis 1914 an der Leipziger Universität, das er erfolgreich mit der Promotion abschloß, trat er mit stofflich weit ausgreifenden wissenschaftlichen Aufsätzen hervor. Mit großer Akribie wertete er chinesische Quellen aus, die zur Erhellung der indischen Geschichte, insbesondere des Buddhismus beitrugen. Seine Habilitationsschrift aus dem Jahre 1922, in der er die sanskritische Vorlage eines buddhistischen Textes in chinesischer Sprache nachwies, zeigte, daß er sich auf sinologischem Gebiet ebenso glänzend auskannte wie in der Indologie. Später trieb er mit gleicher Intensität auch tibetologische und mongologische Studien, um die von Indien ausgehende Verbreitung des Buddhismus über zahlreiche Länder Asiens genauer verfolgen zu können. In fundierten Abhandlungen stellte er die bis dahin als verbindlich geltende Grundlage des Buddhismus, den Pāli-Kanon, völlig in Frage und entwickelte aufgrund der sogenannten „nördlichen Überlieferung“, d. h. der chinesischen, tibetischen und mongolischen Übersetzung des Kanons, gültigere Anschauungen. Friedrich *Weller* führte den Nachweis, daß sich der ceylonesische Pāli-Kanon in seinem hauptsächlichen Bestand keineswegs aus der Zeit um Buddhas Todesjahr herleitet, vielmehr eine jahrhundertelange Entwicklung hinter sich hat. Zur Erhärtung seiner These analysierte er immer wieder neue Texte der buddhistischen Literatur. Diese eingehenden Analysen zeichnen sich durch philologische Strenge, umfassende sachliche Kenntnisse und scharfe Logik aus und sind von der internationalen Fachkritik als mustergültig erachtet worden. Viele dieser Studien erschienen in der Schriftenreihe unserer Akademie.

Friedrich *Weller* konzentrierte sich zwar auf buddhologische Studien, doch widmete er sich in Forschung und Lehre auch anderen Bereichen der Indologie, so der Vedistik. Von 1924 an gab er die internationale Zeitschrift für das Gesamtgebiet des Orients „Asia Major“ mit heraus, die für die weitere Entwicklung der Orientalistik von beträchtlichem Gewicht war. Friedrich *Weller* galt bereits in den zwanziger Jahren, wie es der Leipziger Ordinarius für Indologie Johannes *Hertel* damals formulierte, „als einer der besten Kenner des Buddhismus und insbesondere als der beste Kenner des buddhistischen Chinesisch".

Im Jahre 1928 erhielt Friedrich *Weller* an der hiesigen Universität eine außerordentliche Professur für Indologie und ostasiatische Religionsgeschichte. Von 1930 bis 1933 arbeitete er am Sino-Indian-Institute der Harvard University in Peking. Bald nach seiner Rückkehr in die Heimat hatte er Zusammenstöße mit Vertretern nazistischer Behörden. Seine Neigung zu den philanthropischen Zielen der Freimaurer waren übel vermerkt worden; auch warf man ihm vor, die Zusammenarbeit mit jüdischen Kollegen nicht abgebrochen zu haben. Die deutsche Orientalistik im Ausland auf Kongressen zu vertreten, wurde ihm von offizieller Seite verwehrt. Wegen seines hohen internationalen Ansehens wagte es die nazistische Landesregierung allerdings nicht, *Wellers* 1938 erfolgte Berufung auf den Lehrstuhl für Indiologie an der Leipziger Universität abzulehnen. Aber die Angriffe gingen weiter Nachdem er am 9. Juni 1943 vom Plenum der Sächsischen Akademie der Wissenschaften zum Ordentlichen Mitglied gewählt worden war, verweigerte das sächsische Volksbildungsministerium aufgrund eines persönlichen Einspruchs des nazistischen Gauleiters die Bestätigung dieser Wahl. Die offizielle Aufnahme Friedrich *Wellers* in die Reihen unserer Akademie konnte so erst am 21. Juni 1945, in der ersten Gesamtsitzung nach dem Zusammenbruch des Faschismus, erfolgen. Doch in unseren Matrikeln führen wir ihn unter dem Zuwahldatum 1943.

Nach der Befreiung vom Hitlerfaschismus stellte Friedrich *Weller* seine Kraft dem Neuaufbau der Leipziger Universität voll zur Verfügung. Er unterstützte sowohl vor als auch nach seiner 1958 erfolgten Emeritierung die Entwicklung der Asien- und Afrikawissenschaften, war er sich doch bewußt, daß die eigene Disziplin und die benachbarten orientalistischen Fächer sich ebenso der modernen Zeit wie dem Altertum in Forschung und Lehre widmen mußten. Die Regierung unseres Staates würdigte die bedeutenden wissenschaftlichen Leistungen Friedrich *Wellers* 1955 durch die Verleihung des Nationalpreises II. Klasse und 1964 durch den Titel „Verdienter Wissenschaftler des Volkes". Friedrich *Weller* setzte die Sächsische Akademie der Wissenschaften testamentarisch als Erben seines Nachlasses ein. Dieses Erbe im Sinne seines Vermächtnisses für die Förderung der orientalistischen Studien in der DDR zu nutzen, erachtet unsere Akademie als verpflichtende Aufgabe.

Unsere Akademie verleiht in diesem Jahr gemeinsam mit der Karl-Marx-Universität zum ersten Mal den Friedrich-Weller-Preis, Preisträger ist Herr Professor Klaus *Mylius* von der Karl-Marx-Universität, der mit hervorragenden, im Reclam-Verlag erschienenen Publikationen wie der Ausgabe der ältesten indischen Dichtung und Prosa, der Edition der Bhagavadgītū, der Veröffentlichung von Texten des ursprünglichen Buddhismus unter dem Titel „Die vier edlen Wahrheiten" sowie mit einer Geschichte der Literatur im alten Indien hervorgetreten ist. Diese Publikationen haben ebenso wie das Wörterbuch Sanskrit—Deutsch und die Chrestomathie der Sanskritliteratur, die beide im Verlag Enzyklopädie herauskamen, auch international eine breite Resonanz gefunden und knüpfen an die von Friedrich *Weller* begründete Forschungstradition an. Ich habe die Ehre und Freude, Herrn Professor *Mylius* die Urkunde und die damit verbundene Prämie zu überreichen.

Meine Damen und Herren!

Für unsere Akademie bildet der Dialog zwischen den Disziplinen als unerläßlicher Beitrag zur Integration der Wissenschaft eine wesentliche Aufgabe. Eine grundlegende Voraussetzung für dessen produktive Gestaltung ist zweifellos, daß die hauptsächlichen Fachgebiete innerhalb unserer beiden Klassen, der mathematisch-naturwissenschaftlichen und der philologisch-historischen, durch Wissenschaftler repräsentiert werden, die mit bemerkenswerten, international beachteten Forschungsergebnissen hervorgetreten sind und im Sinne von Leibniz Theorie und Praxis zum Wohle unserer sozialistischen Gesellschaftsordnung zu verbinden verstehen. Die Zuwahl neuer Ordentlicher Mitglieder stellt deshalb für unsere Akademie einen mit großer Verantwortung durchzuführenden Akt dar. Ob eine Gelehrtengesellschaft unter voller Nutzung ihrer Möglichkeiten erfolgreich die weitere Entwicklung der Wissenschaft tatsächlich fördert, hängt entscheidend mit davon ab, was ihre Mitglieder zu leisten imstande sind, inwieweit sie auf ihrem Gebiet den Erkenntnisgewinn voranbringen und in welchem Maße sie im Gedanken- und Erfahrungsaustausch mit Vertretern anderer Fächer das mit anpacken und aufhellen helfen, was nur durch interdisziplinäres Vorgehen Aussicht hat, gelöst zu werden. Unter diesen Gesichtspunkten hat das Plenum am 11. Oktober dieses Jahres folgende Herren zu Ordentlichen Mitgliedern unserer Akademie gewählt:

in die mathematisch-naturwissenschaftliche Klasse

Klaus *Fröhlich*, o. Professor für Angewandte Physik an der Bergakademie Freiberg

Günter *Haase*, Professor für Geographie an der Akademie der Wissenschaften der DDR

Christian *Hänsel*, o. Professor für Allgemeine und Umweltgeophysik an der Karl-Marx-Universität Leipzig

Horst *Hennig*, o. Professor für Anorganische Chemie an der Karl-Marx-Universität Leipzig

Eugen-Georg *Woschni*, o. Professor für Schwachstromtechnik, Elektronik und Meßtechnik an der Technischen Hochschule Karl-Marx-Stadt;

in die philologisch-historische Klasse

Werner *Felix*, o. Professor für Musikgeschichte an der Hochschule für Musik „Felix-Mendelssohn-Bartholdy" in Leipzig, Generaldirektor der Nationalen Forschungs- und Gedenkstätten „Johann-Sebastian-Bach" der DDR

Jürgen *Werner*, o. Professor für Klassische Philologie und Neugräzistik an der Karl-Marx-Universität Leipzig.

ANSPRACHE DES PRÄSIDENTEN, HERRN BAHNER

bei der öffentlichen Gesamtsitzung am 11. April 1986

Sehr verehrtes Auditorium!

Zur diesjährigen Öffentlichen Frühjahrssitzung der Sächsischen Akademie der Wissenschaften heiße ich Sie alle sehr herzlich willkommen. Es ist mir eine große Ehre und Freude, als unsere Gäste den Sekretär der Bezirksleitung der SED Leipzig, Gen. Dr. *Wötzel*, und den Stellvertreter des Vorsitzenden des Rates des Bezirkes Leipzig und Vorsitzenden der Bezirksplankommission, Gen. Dr. *Poppe*, begrüßen zu können. Unser besonderer Gruß gilt den Vertretern unserer sozialistischen Bruderländer, dem Generalkonsul der UdSSR in Leipzig, Herrn *Schischow*, und dem Vertreter des Generalkonsuls der VR Polen, Herrn Konsul *Marek*.

Einen herzlichen Willkommensgruß entbieten wir den Repräsentanten der Akademien, Universitäten und Hochschulen unseres Landes, mit denen wir auf vielfältige Weise bei der Bewältigung unserer wissenschaftlichen und bildungspolitischen Aufgaben freundschaftlich verbunden sind. Wir begrüßen den Präsidenten der Deutschen Akademie der Naturforscher Leopoldina, unser Mitglied Herrn *Bethge*, den Präsidenten der Kammer der Technik, unser Mitglied Gen. *Schubert*, den Rektor der Karl-Marx-Universität, unser Mitglied Magnifizenz *Rathmann*, den Rektor der Bergakademie Freiberg, unser Mitglied Magnifizenz *Emons*, den Rektor der Friedrich-Schiller-Universität Jena, Magnifizenz Prof. Dr. *Wilhelmi*, den Rektor der Technischen Hochschule Leipzig, Magnifizenz Professor Dr. *Altner*, den Rektor der Technischen Hochschule Ilmenau, Magnifizenz Professor Dr. *Kemnitz*, und den Rektor der Pädagogischen Hochschule Leipzig, Magnifizenz Professor Dr. *Müller*. Ebenso herzlich begrüße ich den Generaldirektor der Nationalen Forschungs- und Gedenkstätten Johann Sebastian Bach, unser Mitglied Gen. *Felix*, und Herrn Professor Manfred *von Ardenne*, dem unsere Akademie ihre höchste wissenschaftliche Auszeichnung auf naturwissenschaftlichem Gebiet, die Wilhelm-Ostwald-Medaille, verliehen hat, und die Inhaber der Drobisch-Medaille der Sächsischen Akademie, unser Mitglied Herrn Edgar *Lehmann* und Gen. Prof. Dr. *Winkler*.

Ganz besonders erfreut sind wir darüber, daß ausländische Gelehrte als Vertreter international hochangesehener Akademien unter uns weilen. Sehr herzlich willkommen heiße ich den Vizepräsidenten der Akademie der Wissenschaften der ČSSR, Herrn Professor Dr. *Pokorny*, und als Vertreter des Präsidenten der Österreichischen Akademie der Wissenschaften Herrn Professor *Reiffenstein*, sowie unsere Auswärtigen Mitglieder aus der UdSSR, die Herren *Vladimirov* und *Shirkov*, beide Mitglieder der Akademie der Wissenschaften der UdSSR, und unsere Auswärtigen Mitglieder aus Wien, die Herren *Schmetterer* und *Ogris*, beide Wirkliche Mitglieder der Österreichischen Akademie der Wissenschaften.

Einen herzlichen Willkommensgruß entbiete ich gleichfalls unseren Mitgliedern und ihren Ehefrauen sowie den Mitarbeitern der Sächsischen Akademie der Wissenschaften. Mein Gruß und Dank gilt ferner jenen Damen und Herren, die durch den Besuch unserer Öffentlichen Sitzung ihr Interesse am wissenschaftlichen Leben unserer Akademie bekunden.

Auch diesmal obliegt uns die traurige Pflicht, unserer seit der letzten Öffentlichen Frühjahrssitzung verstorbenen Mitglieder zu gedenken.

Am 23. März 1985 verstarb im 79. Lebensjahr das Auswärtige Mitglied Kurt *Kramer*, em. ordentlicher Professor für Physiologie an der Ludwig-Maximilians-Universität München.

Im Alter von 65 Jahren verstarb am 30. Oktober 1985 das Auswärtige Mitglied Bohumil *Kvasil*, Präsident der Akademie der Wissenschaften der ČSSR und ordentlicher Professor für Radioelektronik, physikalische Elektronik und Vakuumtechnik an der Technischen Hochschule Prag.

Am 20. Januar 1986 verschied kurz vor Vollendung seines 66. Lebensjahres unser Ordentliches Mitglied Friedrich *Wolf*, ordentlicher Professor für technische Chemie an der Martin-Luther-Universität Halle.

Im 80. Lebensjahr verstarb am 7. März 1986 unser Ordentliches Mitglied Joachim *Müller*, em. ordentlicher Professor für neuere deutsche Literaturgeschichte an der Friedrich-Schiller-Universität Jena.

Am 14. März 1986 verschied im 81. Lebensjahr unser Ordentliches Mitglied Paul *Görlich*, em. Professor für Festkörperphysik an der Friedrich-Schiller-Universität Jena und ehemaliger Direktor für Forschung und Entwicklung des VEB Carl Zeiss Jena.

Sie haben sich zum ehrenden Gedenken unserer verstorbenen Mitglieder von den Plätzen erhoben. Dafür danke ich Ihnen. Die Sächsische Akademie der Wissenschaften wird diese bedeutenden wissenschaftlichen Persönlichkeiten mit Dankbarkeit und Verehrung in steter Erinnerung behalten.

Verehrtes Auditorium!

In der kommenden Woche beginnt in der Hauptstadt unseres Landes der XI. Parteitag der Sozialistischen Einheitspartei Deutschlands, dessen vorwärtsweisende Orientierungen und Beschlüsse für die weitere Entwicklung der Deutschen Demokratischen Republik von grundlegender Bedeutung sind. Die unbedingte Sicherung des Friedens und die weitere Erhöhung des materiellen und geistigen Lebensniveaus unseres Volkes werden dabei zweifellos im Mittelpunkt stehen. Angesichts der heutigen Weltsituation kann wohl nicht genug wiederholt und mit allem Nachdruck unterstrichen werden, daß die Verhinderung einer nuklearen Auseinandersetzung das gegenwärtig brisanteste Anliegen der Menschheit ist. Der Gedanke, daß mit den vorhandenen Massenvernichtungsmitteln, insbesondere dem bestehenden Potential an Kernwaffen, die gesamte Menschheit ausgelöscht zu werden vermag, löst in der Tat tiefe Besorgnis aus.

In den zurückliegenden Wochen ist von Michail Gorbatschow, dem Generalsekretär der KPdSU, mehrfach in eindringlicher Weise darauf hingewiesen worden, welch außerordentlich große Gefahren von der Militarisierung des Weltraumes und dem damit verknüpften Anheizen des Wettrüstens ausgehen und weshalb ein Kernwaffenkrieg, bei dem es keine Sieger geben wird, zur Selbstvernichtung der Menschheit führt. Die Sowjetunion hat konstruktive Vorschläge unterbreitet, wie bis zum Jahre 2000 schrittweise eine vollständige Beseitigung der Kernwaffen in der ganzen Welt zu erreichen wäre. Auch das von der Sowjetunion anläßlich des 40. Jahrestages der Tragödie von Hiroshima und Nagasaki einseitig verkündete Moratorium für Kernexplosionen zeugt von tiefer Friedensliebe und dem festen Willen, eine nukleare Katastrophe abzuwenden.

Das sind hoffnungsvolle, ermutigende Zeichen einer auf breite Zustimmung stoßenden

Friedenspolitik, die unsere volle Unterstützung findet. Demgegenüber müssen Nukleartests anderer Weltmächte provokativ beunruhigend wirken, denn damit wird das nukleare Wettrüsten nur weiter vorangetrieben, nicht aber die durch das sowjetische Angebot und Verhalten vorhandene Chance zum Abbau der atomaren Gefahr genutzt.

Eine reale Sicht der Lage macht deutlich, daß auf die Dauer noch so positive einseitige Schritte keine Lösung bringen werden. Nur ein von höchstem Verantwortungsbewußtsein getragenes gemeinsames Handeln der Weltmächte kann hier die Abkehr von einem verhängnisvollen Weg einleiten. Alle friedliebenden Kräfte in der Welt, gleich welcher sozialen Herkunft, politischen Anschauung oder religiösen Konfession, müssen deshalb ihre Anstrengungen weiter erhöhen und sich zu einer überwältigenden Kraft zusammentun, um gleichsam als Weltgewissen das gemeinsame Handeln zur Lösung dieser für die Menschheit schicksalhaften Frage zu erzwingen.

Unsere Akademie unterstützt uneingeschränkt eine solche Friedenspolitik und ist wie andere wissenschaftliche Institutionen unseres Landes bemüht, unter voller Nutzung ihrer Möglichkeiten tatkräftig zur Entwicklung unserer sozialistischen Gesellschaft beizutragen. Als Gelehrtengesellschaft ist sie vor allem bestrebt, die Integration der Wissenschaft durch interdisziplinären Ideen- und Erfahrungsaustausch zu fördern. Die in unserem Land in den letzten Monaten unternommenen Bemühungen, eine höhere Qualität in der Verflechtung von Wissenschaft und Produktion zu erreichen, finden dabei gebührende Berücksichtigung.

Das hat uns veranlaßt, den Praxisbezug verschiedener Forschungsgruppen unserer Akademie neu zu durchdenken und durch konkrete Maßnahmen zu fördern. So ist jüngst zwischen der Sächsischen Akademie der Wissenschaften, der Karl-Marx-Universität und dem Rat des Bezirkes Leipzig eine Vereinbarung zur Lösung von Umweltproblemen im Leipziger Bezirk, insbesondere bei der Gestaltung und Rekultivierung der Bergbaufolgelandschaft, abgeschlossen worden. In langjähriger Forschung gewonnene Erkenntnisse werden sich bei dieser Aufgabe als sehr nützlich erweisen, und aus der praktischen Umsetzung wiederum dürften sich fruchtbare Einblicke und neue Problemstellungen ergeben.

Bei den Forschungsaufgaben auf philologisch-historischem Gebiet erscheint es bei aller erforderlichen Kontinuität in den langfristigen Projekten ebenfalls geboten, die Frage nach der Effektivität nachdrücklicher zu stellen. Auch in diesem Fall kann es sich natürlich nicht um eine vordergründig pragmatische Zielstellung handeln. Die Effektivität ergibt sich vielmehr aus einer Vielschichtigkeit von Aufgaben, die auf echten Erkenntnisgewinn abzielen, eine beträchtliche Lücke im Forschungsstand schließen helfen und geeignet sein sollten, zum geistig-kulturellen Leben, zum wechselseitigen Zusammenhang von Wissenschaft und Bildung beizutragen.

Unter diesen Gesichtspunkten erfolgt beispielsweise in unserer Akademie die Erarbeitung der großlandschaftlichen Mundartwörterbücher der DDR, des Mecklenburgischen, des Brandenburg-Berlinischen, des Thüringischen und des Obersächsischen. Diese Dialektwörterbücher erfassen einen mundartlichen und landschaftsgebundenen umgangssprachlichen Wortschatz, durch den wesentliche Einblicke in die Sprachgeschichte des jeweiligen Territoriums und darüber hinaus in die unseres Volkes gewonnen werden. Für die Geschichtswissenschaft und für die Volkskunde ergeben sich aus den aufbereiteten Dialektmaterialien wichtige Aufschlüsse über die materielle Sachkultur, vor allem im Agrarbereich, und über Brauchtum, Denk- und Verhaltensweisen der ländlichen Bevölkerung in früherer Zeit.

Doch nicht nur für historische Fragestellungen bieten diese Dialektwörterbücher wertvolle Hinweise. Auch für die Gegenwart, für die Erkenntnis unserer heutigen Sprachrealität, erweisen sie sich als unentbehrlich. Wie wir selbst immer wieder feststellen können, wird in den verschiedenen Gegenden der DDR im Alltag häufig eine landschaftsgebundene Umgangssprache auf mundartlicher Grundlage in der mündlichen Kommunikation gebraucht. Damit wiederum sind Fragen des Sprachverhaltens und der bis in die Volksbildung hineinreichenden Sprachkultur verknüpft, deren aktuelle Relevanz wohl keiner besonderen Hervorhebung bedarf. Das öffentliche Interesse für diese sprachlichen Phänomene drückt sich u. a. in zahlreichen Anfragen aus, die sich auf die Erklärung alter Mundartwörter und auf die Beschreibung der situativen Verwendungsweise und geographischen Verbreitung von dialektalen und umgangssprachlichen Wörtern erstrecken. In populärwissenschaftlichen Publikationen und Vorträgen berichten Mitarbeiter dieser dialektologischen Unternehmen seit vielen Jahren über solche Fragen. Ein kleines Wörterbuch des Obersächsischen erscheint noch in diesem Jahr, und ein Taschenwörterbuch des Brandenburg-Berlinischen wird im nächsten Jahr zur 750-Jahrfeier unserer Hauptstadt veröffentlicht werden. Hier zeigt sich, wie in langfristig angelegten Projekten erfaßtes und wissenschaftlich aufbereitetes Material auch gezielt für kulturpolitische Aufgaben der Gegenwart genutzt werden kann.

Ein besonderer Stellenwert kommt in diesem Zusammenhang auch den regionalgeschichtlichen Forschungen zu. Heute kann ich mitteilen, daß das von der Historischen Kommission unserer Akademie getragene und von der Karl-Marx-Universität unterstützte Projekt „Sächsische Geschichte" abgeschlossen und dem Hermann Böhlau-Verlag Weimar zur Veröffentlichung übergeben worden ist. Damit ist ein für breite Leserkreise bestimmtes Projekt erfolgreich zu Ende geführt worden, das die Stellung des sächsischen Territoriums in den Wechselwirkungen von regionaler, nationaler und internationaler Entwicklung in der deutschen Geschichte darstellt. Diese Sächsische Geschichte reicht von den siedlungsgeschichtlichen Anfängen über die verschiedenen territorialen Gebilde feudaler und kapitalistischer Gesellschaftsordnung — Landesherrschaft, Territorialstaat, Königreich, Freistaat und Land — bis zur Auflösung der Länder und der Gründung der Bezirke beim Übergang zum Aufbau der Grundlagen des Sozialismus in der DDR im Jahre 1952. Sie wird ohne Zweifel vielen, am historischen Erbe ihrer engeren Heimat interessierten Bürgern die Möglichkeit geben, einen tieferen Einblick in die Beziehungen zwischen Vergangenheit und Gegenwart zu gewinnen und so sozialistisches Geschichtsbewußtsein herausbilden und fördern helfen.

Meine Damen und Herren!

Nunmehr habe ich die angenehme Aufgabe, die Wilhelm-Ostwald-Medaille, die höchste naturwissenschaftliche Auszeichnung unserer Akademie, Herrn Professor Dr. h. c. mult. Manfred *von Ardenne* zu überreichen, die ihm im November des vergangenen Jahres zuerkannt worden ist. Sie wird ihm verliehen in Anerkennung seiner großen Verdienste bei der Umsetzung neuer physikalischer Erkenntnisse in praktisch nutzbare Verfahren und Geräte von hohem Gebrauchswert.

Solide Kenntnisse wissenschaftlicher Grundlagen und deren Entwicklungstendenzen sowie ein sicheres Gefühl für technische Realisierungsmöglichkeiten haben Herrn Professor *von Ardenne* zu bahnbrechenden Entwicklungen geführt. Er zählt seit mehr als 50 Jahren zu den Pionieren der modernen Technik. Aus der Vielzahl seiner Arbeiten seien nur die Beiträge zur Entwicklung von Breitbandverstärkern, zur Elektronenmikroskopie bis hin zum Rasterelektronenmikroskop, zur technischen Anwendung der Braunschen Röhre als Elektronenstrahloszillograph bis zur Fernsehbildröhre genannt. Grundlegende

Arbeiten über Plasmaphysik haben einerseits den Bau neuer Ionenquellen und die Konstruktion von Hochleistungsmassenspektrographen ermöglicht, andererseits aber auch zu Plasmaionenquellen hoher Stromstärke geführt, die für Massentrenner geeignet sind. Elektronenstrahlschmelzöfen ermöglichen die Entwicklung von Speziallegierungen mit besonderen Eigenschaften. Von ihm herausgegebene Tabellenwerke enthalten umfangreiches Material, das vor allem der Weiterentwicklung technologischer Prozesse dient.

Das von ihm 1955 aufgebaute Dresdener Institut, das seinen Namen trägt, wurde die Stätte, in der seine Vorstellungen und Ideen mit großer Effektivität umgesetzt werden.

Die ständige Verbindung von Theorie und Praxis, von Grundlagenforschung und Geräteentwicklung entspringt denselben Grundsätzen, die auch Wilhelm *Ostwalds* Maxime waren.

Weiterhin ist es mir eine besondere Freude, das Diplom an drei Wissenschaftler auszuhändigen, deren Zuwahl als Auswärtiges Mitglied unserer Akademie im letzten Jahr erfolgte. Es sind dies aus der UdSSR Herr Dimitrij Vasiljevič *Shirkov*, der mit bemerkenswerten Ergebnissen auf dem Gebiet der Quantenfeldtheorie hervorgetreten ist, und Herr Vassili Sergejevič *Vladimirov*, der wesentliche Beiträge zur Mathematik erbracht hat. Aus Österreich wurde Herr Werner *Ogris* zugewählt, der auf dem Gebiet der Rechtsgeschichte grundlegende Arbeiten verfaßte. Sie alle heiße ich in unserem Kreis herzlich willkommen und verbinde dies mit dem ausdrücklichen Wunsch nach fruchtbarer kollegialer Zusammenarbeit.

ANSPRACHE DES PRÄSIDENTEN, HERRN BAHNER

bei der öffentlichen Gesamtsitzung am 14. November 1986

Meine sehr geehrten Damen und Herren!

Zur Öffentlichen Herbstsitzung der Sächsischen Akademie der Wissenschaften heiße ich Sie alle herzlich willkommen.

Am 23. Juli dieses Jahres gedachte unsere Akademie gemeinsam mit der Karl-Marx-Universität in würdiger Form einer hervorragenden wissenschaftlichen Persönlichkeit. Es handelte sich um Theodor *Frings*, dessen Geburtstag sich an jenem Tag zum einhundertsten Male jährte. Aus diesem Anlaß führten die Sächsische Akademie und die Karl-Marx-Universität vom 22.—24. Juli eine Konferenz über die Thematik „Sprache in der sozialen und kulturellen Entwicklung“ unter beachtlicher internationaler Beteiligung durch. Im Anschluß an die von Theodor *Frings* gewonnenen Erkenntnisse oder aufgestellten Hypothesen wurden dabei in fortführender, modifizierender oder korrigierender Weise neue Forschungsergebnisse auf den Gebieten der deutschen Sprachgeschichte und der mittelalterlichen Literatur vorgestellt, erfolgten Diskussionen über methodologische Probleme der Sprach- und Literaturwissenschaft und ergaben sich wertvolle Einsichten und Denkanstöße zur Vertiefung interdisziplinärer Zusammenarbeit.

Theodor *Frings* hat nicht nur in vielfältiger, anregender und tiefdringender Weise die germanistische Forschung bereichert, sondern er hat auch weit über sein Fach hinaus die Wissenschaftsentwicklung gefördert und in fruchtbare Bahnen der Wahrheits- und Wertfindung zu lenken gesucht. In seinem bemerkenswerten wissenschaftlichen Schaffen, für das Ausstrahlung, Dialog und Kooperation besonders charakteristisch waren, bildete Leipzig die wohl wichtigste Wirkungsstätte. Über vierzig Jahre lebte er in dieser Stadt, lehrte er an der Universität, forschte er an Universität und Akademie, beide Institutionen für langfristige Projekte zielstrebig verbindend. Die Sächsische Akademie der Wissenschaften, die ihm nach seiner Zuwahl bald zum Forum der wissenschaftlichen Begegnung mit anderen Fachkollegen, des geistigen Austausches, der Erörterung gewonnener Erkenntnisse oder pointiert formulierter Thesen geworden war, erneuerte unter seiner zwanzigjährigen Präsidentschaft in den Jahren des demokratischen Neuaufbaus merklich ihr Profil.

Theodor *Frings* hatte großen Anteil daran, daß die Sächsische Akademie der Wissenschaften am 8. Dezember 1948 wiedereröffnet werden konnte. Als integere, nicht faschistisch belastete Persönlichkeit und international angesehener Gelehrter fand er hierfür das Verständnis und die Unterstützung der Sowjetischen Militäradministration. Zutiefst war er sich bewußt, daß es nach den materiellen und geistigen Verheerungen, die das nazistische Gewaltregime hinterlassen hatte, eines gründlichen Neuanfangs bedurfte. Theodor *Frings* wußte um die Schwierigkeiten dieses Neuanfangs, verzagte nicht vor kritischen Situationen und fühlte sich bei aller fortbestehenden Liebe zu seiner rheinischen Heimat mit seiner sächsischen Wirkungsstätte aus tiefem wissenschaftlichen „Pflichtgefühl“ verbunden. Weder ein an ihn 1945 und nochmals 1947 ergangener Ruf auf den germanistischen Lehrstuhl der Universität München noch der 1946 ausgesprochene Ruf an die Universität Göttingen oder die Universität Bonn, wo er schon einmal von 1917 bis 1927 als Extraordinarius bzw. bald als Ordinarius erfolgreich gewirkt hatte, konnten ihn dazu bewegen, Leipzig den Rücken zu kehren. Nachdem er den Ruf nach Bonn abgelehnt hatte, schrieb er am 7. Mai 1947 an den Rektor der Leipziger Universität: „Wesentliche Stücke meiner Forschung sind den alten Kulturlanden am Rhein gewidmet. Bei meinem Weggang nach dem Osten habe ich in gleichem Maße den großen wissenschaftlichen Fragen meiner neuen Heimat gedient ... Euer Magnifizenz wissen, wie sehr mein Streben zugleich verbunden ist mit dem Schicksal der Sächsischen Akademie der Wissenschaften."

In der Tat setzte sich Theodor *Frings* zwanzig Jahre hindurch immer wieder mit dem ganzen Gewicht seiner wissenschaftlichen Persönlichkeit ein, wenn es darum ging, die Interessen der Sächsischen Akademie wahrzunehmen. Den offenkundigen, mit beträchtlichen finanziellen Aufwendungen verknüpften Anstrengungen der noch sehr jungen Deutschen Demokratischen Republik um die Entwicklung und Förderung der Wissenschaft bezeugte er Respekt und Dankbarkeit. Sowohl an der Sächsischen Akademie als auch an der damaligen Deutschen Akademie der Wissenschaften zu Berlin, die ihn bereits im Herbst 1946 als Ordentliches Mitglied zugewählt hatte, eröffneten sich ihm für die Fortführung bzw. Neuaufnahme umfangreicher forscherischer Unternehmungen Möglichkeiten, wie sie bis dahin für ihn noch nicht bestanden hatten. Auf der Öffentlichen Herbstsitzung unserer Akademie am 11. November 1950 äußerte er sich zuversichtlich über den eingeschlagenen Weg. Seine Worte lauteten: „In der neuen Gestalt der Akademie reichen sich Geist und Leben, das Mühen um die Bildung und das Wohlergehen des Volkes, gerade auch in seinen täglichen Nöten, die Hand. Wir schauen hoffnungsvoll in die Zukunft."

Es galt jene Traditionen der Akademie mit neuem Leben zu erfüllen, die sich bewährt hatten. Die wissenschaftliche Gemeinschaftsarbeit an akademischen Unternehmungen, das erkannte er weitsichtig, erhielt einen neuen Stellenwert. Sie sollte sich als zukunftsträchtig erweisen und in zunehmendem Maße die notwendige Form wissenschaftlicher Arbeit werden. Als erfahrener Universitätslehrer hatte Theodor *Frings* zugleich die bildenderzieherische Funktion dieser Gemeinschaftsarbeit im Blick und damit die Sicherung der Kontinuität forscherischen Bemühens. Bereits anläßlich der Wiedereröffnung unserer Akademie sagte er über diese Akademieprojekte: „Sie umfassen einen Stab von meist jüngeren Mitarbeitern, die hier in wertvoller und bewährter, strenger und ständig geprüfter Arbeit eine hohe Schule erleben und, wenn sie zu selbständigen Forschern und Lehrern erwachsen, höchste Eignung mitbringen zur wissenschaftlichen Führung heranwachsender Geschlechter. In dieser weiten Spannung über Alt und Jung sind die Akademien allen Anregungen offen, beraten und unterstützen junges Streben und nehmen reife Leistung auch von Nichtmitgliedern gern in ihre Schriften auf."

Hier war programmatisch zusammengefaßt, was er in den folgenden Jahren immer wieder in die Tat umzusetzen suchte, als er die germanistischen Arbeitsstellen an der Sächsischen Akademie aufbaute und das 1952 gegründete Institut für deutsche Sprache und Literatur der Berliner Akademie leitete. Unter seiner direkten wissenschaftlichen Obhut konnte im Jahre 1961 das von den Brüdern Grimm begonnene monumentale „Deutsche Wörterbuch" nach über einhundert Jahren in 32 stattlichen Bänden erfolgreich abgeschlossen werden. An jenem Institut ebnete er außerdem den Weg dafür, daß die Arbeiten zu dem von Wolfgang *Steinitz* und Ruth *Klappenbach* herausgegebenen sechsbändigen „Wörterbuch der deutschen Gegenwartssprache" zügig aufgenommen werden konnten und daß gemeinsam mit der Heidelberger und Göttinger Akademie der Wissenschaften das Goethe-Wörterbuch begonnen wurde.

An der Sächsischen Akademie der Wissenschaften ging er mit besonderem Eifer daran, die Arbeiten am Althochdeutschen Wörterbuch wieder aufzunehmen. Seit seiner Leipziger Amtstätigkeit sah er sich mit dieser Aufgabe konfrontiert, standen doch hier Elias *Steinmeyers* Sammlungen aus den Glossenhandschriften zur Verfügung. Mit sicherem Blick hatte er schon damals erkannt, wie sehr eine auf Erschließung der Sprachräume gerichtete Sprachgeschichtsforschung von einer genauen, durchgreifenden Sichtung und Erfassung des althochdeutschen Wortschatzes profitieren konnte. Im Jahre 1952 brachte Theodor *Frings* gemeinsam mit Elisabeth *Karg-Gasterstädt* sowie mehreren jüngeren Fachleuten die ersten Lieferungen des Althochdeutschen Wörterbuches heraus. Und es sollte ihm noch vergönnt sein, den Abschluß des ersten Bandes mit den Anfangsbuchstaben *A* und *B* zu erleben. Ein anderes lexikographisches Unternehmen, das ebenfalls schon in den dreißiger Jahren von ihm in Leipzig initiiert und erfolgreich vorangebracht worden war, mußte infolge der kriegerischen Zerstörungen völlig neu begonnen werden: das Obersächsische Wörterbuch. Ein in der Nacht vom 3. zum 4. Dezember 1943 erfolgter Bombenangriff auf Leipzig hatte das in langjähriger Arbeit gesammelte und angefertigte Material, über eine Million Zettel, 137 Karten und Artikelentwürfe für die Wörter mit dem Anfangsbuchstaben *A* vernichtet. 1955 wurde mit neuen Aufnahmen für das Obersächsische Wörterbuch begonnen. Und auf dem dabei in langjährigen Enqueten zusammengetragenen Material basierend, sind seit mehreren Jahren die Mitarbeiter dieser Forschungsstelle unserer Akademie mit der Abfassung der Artikel dieses Wörterbuches beschäftigt. Ende der neunziger Jahre soll es in zwei umfangreichen Bänden vorliegen.

Wesentliche Impulse gab Theodor *Frings* in den Jahren seiner Präsidentschaft den „Deutsch-Slawischen Forschungen zur Namenkunde und Siedlungsgeschichte", bei denen er eng mit unserem Mitglied Rudolf *Fischer*, Ordinarius für Slawistik an der Karl-Marx-Universität, zusammenarbeitete und in enger Kooperation von Sächsischer Akademie und Leipziger Universität wichtige Forschungen initiierte oder förderte. Hier trafen sich seine eigenen Forschungsaspirationen und seine Bemühungen um Zusammenwirken der Nachbardisziplinen bei der Bewältigung weitreichender Forschungsaufgaben mit einer neuen, durch die antifaschistisch-demokratische Umgestaltung ermöglichten Denkhaltung zu den slawischen Völkern. Seine erstmals mit Bezug auf seine rheinische Heimat unternommenen Versuche, die Sprache in Beziehung zu sehen mit Landschaft, kultureller Entwicklung und Geschichte, die dann auch bei allen Modifizierungen auf die Erforschung des mitteldeutschen Sprachraums ausgedehnt wurden, und sein durch die „Germania Romana" geschärfter Blick für die Bedeutung und Dimension der Sprachkontakte mußten nun mehr denn je sein Interesse für die germanisch-slawischen Beziehungen wecken, zumal ihm bereits durch Maximilian *Braun* und unser Mitglied Reinhold *Trautmann* die epische Dichtung der Slawen nahegebracht worden war. Er erkannte, wie sehr durch das Studium der deutsch-slawischen Berührungen auch bestimmte Phasen in der Geschichte der deutschen Sprache eine weitere Aufhellung erfahren. Und erneut fand er bestätigt, wie dabei die Namenforschung in Verbindung mit der Siedlungsgeschichte wertvolle Aufschlüsse zu geben vermochte.

In den fünfziger Jahren knüpfte *Frings* auch engere Kontakte zur sowjetischen Germanistik, insbesondere über unser ehemaliges auswärtiges Mitglied Viktor Maximowitsch *Schirmunski* in Leningrad, dessen Publikationen über deutsche Dialekte er sehr schätzte und dessen Arbeit über die vergleichende Epenforschung ihn geradezu faszinierte. Stark beeindruckt von der sowjetischen Wissenschaft, von ihren Institutionen, Arbeitsweisen und Ergebnissen war er von einer Studienreise aus der UdSSR zurückgekommen, die er als Mitglied einer Delegation der Berliner Akademie vom 22. September bis 11. Oktober 1953 unternommen hatte. Theodor *Frings* genoß in der sowjetischen Sprachwissenschaft wegen der kultur- und sozialgeschichtlichen Ausrichtung seiner Forschung hohes Ansehen. 1955 erschien in Moskau ein Band seiner sprachwissenschaftlichen Aufsätze in russischer Übersetzung.

Es war bezeichnend für Theodor *Frings*, daß er, vor allem in den öffentlichen Ansprachen seiner Präsidentschaft, immer wieder auf Vorstellungen von *Leibniz* und von Jacob *Grimm* zurückkam und deren Relevanz mit Blick auf die neuen Aufgaben und herangereiften Probleme unterstrich. Vieles von dem, was Jacob *Grimm* in seinem bedeutsamen Vortrag vom 8. November 1849 über „Schule Universität Akademie" vorgebracht hatte, erachtete er insbesondere für die Akademie weiterhin als gültig, so den forscherischen Durchbruch zu wirklich neuen Erkenntnissen und die fachübergreifenden methodologischen Aspekte. Dies wollte er ergänzt wissen durch den Gedanken der interdisziplinären Arbeit, durch echte wissenschaftliche Gemeinschaftsarbeit an komplexen Aufgaben. Schon in seinem 1933 gehaltenen Vortrag über Eduard *Sievers* machte er darauf aufmerksam, wie sehr große kulturgeographische Unternehmungen und Wörterbücher einen anderen Arbeitsstil erfordern, wie hier der einzelne Forscher auf die Hilfe und Mitarbeit anderer oder gar auf Einordnung in ein Kollektiv angewiesen ist.

Theodor *Frings* legte nach der Wiedereröffnung der Sächsischen Akademie besonderes Gewicht darauf, innerhalb unserer Gelehrtengesellschaft die Verbindungen zwischen den einzelnen Disziplinen und ebenso die Kontakte zwischen den Vertretern entfernt liegender Fächer zu fördern. Er trug Sorge dafür, daß der geistige Austausch zwischen der mathematisch-naturwissenschaftlichen und der philologisch-historischen Klasse feste Konturen erhielt. Auf ihn als Präsident geht zurück, daß die Klassenvorträge und Fachdiskussionen an der Sächsischen Akademie der Wissenschaften seit 1948 im Rahmen von Plenarsitzungen stattfinden.

Theodor *Frings* setzte sich in jenen Nachkriegsjahren hartnäckig dafür ein, daß die Sächsische Akademie den Charakter einer Gelehrtengesellschaft und ihre autonome Stellung behielt. Zugleich war ihm bewußt, daß die Akademie der gesellschaftlichen und wissenschaftlichen Entwicklung Rechnung zu tragen hatte und es neue Disziplinen zu berücksichtigen galt. Die einst innerhalb unserer Akademie betonte Beschränkung auf die theoretischen Fächer ließ sich nicht beibehalten. Nunmehr wurden auch Wissenschaftler aus den Bereichen der Technik, Medizin und Landwirtschaft zugewählt. Der geographische Einzugsbereich der Sächsischen Akademie war ebenfalls erweitert worden. Zu den alten wettinischen Gebieten Sachsen und Thüringen trat Sachsen-Anhalt mit Halle als Mittelpunkt. Zur Wiedereröffnung unserer Akademie erklärte Theodor *Frings*: „Der neue Bereich um die geistigen Mittelpunkte Dresden, Halle, Jena, Leipzig mag das zusammenführen, was an Kräften lebt, und nicht nur, um im alten Sinn allein zu fragen nach der Geschichte des Menschen und den Geheimnissen der Welt, sondern gerade auch nach dem, was dem Menschen nützt. ... Öffnen wir uns also aufs neue *Leibniz*ens Idee des Nutzens, so steht doch gerade unsere Akademie auch zu einer seiner großen geistigen Forderungen: der Erforschung der deutschen Sprache." Als Präsident und als Mitglied war Theodor *Frings* zielbewußt darauf bedacht, der germanistischen sprachwissenschaftlichen Forschung in unserer Akademie einen gebührenden Platz zu verschaffen und ihr die nötigen fachübergreifenden Kontakte zu sichern. Am 1. Juli 1930 war er als Ordentliches Mitglied neben dem Kulturhistoriker Walter *Goetz*, dem klassischen Archäologen Herbert *Koch*, dem Romanisten Walter *von Wartburg* und dem theoretischen Physiker Werner *Heisenberg* zugewählt worden. Bereits kurze Zeit später, am 10. Dezember 1932, erfolgte seine Wahl zum Sekretär der philologisch-historischen Klasse. Dieses Amt legte er im Juli 1937 nieder, da er nicht bereit war, Forderungen nazistischer Kräfte und Behörden nachzugeben.

Seit den dreißiger Jahren zählte Theodor *Frings* national wie international zu den führenden Germanisten auf sprachwissenschaftlichem Gebiet. Er, der als Sohn eines Buchbindermeisters in der dicht an der holländischen Grenze gelegenen rheinischen Kleinstadt Dülken am 23. Juli 1886 geboren worden war, verstand es meisterhaft, die Eigenheiten von Dialekten nicht nur zu erfassen, sondern auch aus der geographischen Lagerung dieser Erscheinungen wichtige Schlüsse für übergreifende sprachgeschichtliche Prozesse zu ziehen. Von Anfang an nahm die Dialektgeographie in seiner wissenschaftlichen Entwicklung eine zentrale Stelle ein. Typisch hierfür war bereits, daß er sein Studium der germanischen und romanischen Philologie von 1906 bis 1911 vorwiegend an der Universität Marburg absolvierte, wo sein akademischer Lehrer Ferdinand *Wrede* auf der Basis eines reichen Materials den Deutschen Sprachatlas vorbereitete und das Germanische Seminar das Zentrum zur Erforschung deutscher Dialekte bildete. Seine 1913 veröffentlichte Dissertation „Studien zur Dialektgeographie des Niederrheins zwischen Düsseldorf und Aachen" und seine Habilitationsschrift über „Die rheinische Accentuierung" vom Jahre 1916 deuteten bereits an, wie er bestrebt war, aus der Fülle der verschiedenen dialektalen Besonderheiten auf die historischen Wurzeln ihrer Sprachträger zu kommen.

Deutlichere Konturen erhielt diese Richtung dann, als er während seiner Tätigkeit an der Universität Bonn in interdisziplinärer Zusammenarbeit mit dem Historiker Hermann *Aubin* und dem Volkskundler Josef *Müller* das 1926 publizierte Werk „Kulturströmungen und Kulturprovinzen in den Rheinlanden" verfaßte. Es war der Versuch, „Landschaft, Geschichte, kulturelle Entwicklung, Sprache in ursächlicher Bindung zu sehen", der wissenschaftsgeschichtlich ein wichtiges Ereignis markierte: die Begründung der kulturmorphologischen Richtung.

An der Universität Leipzig, wohin er 1927 berufen worden war, setzte er diese Richtung fort. Nun wandte er ihre Methoden auf die Erforschung des östlichen mitteldeutschen Sprachraums an, indem er von der erfaßten räumlichen sprachlichen Gliederung ebenfalls in die historische Tiefe vorstieß, die einzelnen Schichten hierbei freilegte und zugleich die Verbindung zur Siedlungsgeschichte und Kulturgeschichte knüpfte. Seine Leipziger Antrittsvorlesung vom 27. November 1927 drückte diese Orientierung deutlich aus. Im Sprachraum meinte er eine Dynamik sozialer Gebilde zu erfassen, und unter diesem Blickpunkt war ihm die Sprache, wie er formulierte, „ein geschichtsgeographisch bedingtes soziales Gebilde, keine organische Bildung". In Gemeinschaftsarbeit mit dem Leipziger Regional- und Siedlungshistoriker Rudolf *Kötzschke* brachte er 1936 das Werk „Kulturräume und Kulturströmungen im mitteldeutschen Osten" heraus. Die Aufhellung der Siedlerströme rückte darin gegenüber seinen früheren Arbeiten über die Rheinlande in den Vordergrund und damit auch das Problem des sprachlichen Ausgleichs auf einem Terrain der Neubesiedelung. Daran anschließend entwickelte *Frings* dann in mehreren Veröffentlichungen, so auch in seiner „Grundlegung einer Geschichte der deutschen Sprache", die fruchtbare These, daß der sprachliche Boden, auf dem Martin *Luther* mit seiner deutschen Bibelübersetzung aufbaute, durch die sprachlichen Mischungs- und Ausgleichsprozesse im historischen Rahmen des sächsischen Kurfürstentums vorbereitet gewesen sei. Damit war die bis dahin gängige von Konrad *Burdach* vorgebrachte Ansicht, daß die Wiege der neuhochdeutschen Schriftsprache in der kaiserlichen Kanzlei von Prag zu suchen sei, entschieden in Frage gestellt.

Theodor *Frings* behandelte nicht nur immer wieder, im Anschluß an neue Ergebnisse und in Auseinandersetzungen mit gegensätzlichen Positionen, die Frage nach der Entstehung der neuhochdeutschen Schriftsprache, sondern trug auch in grundlegenden Abhandlungen dazu bei, neues Licht auf die Problematik der Ausgliederung des Germanischen zu werfen und die Sprachbeziehungen des Germanischen zum Lateinischen bzw. Romanischen mit Blick auf Antike und Christentum im Detail aufzudecken und in übergreifende Bezüge einzuordnen. 1943 betonte er in seinem öffentlichen Akademievortrag über „Die Stellung der Niederlande im Aufbau des Germanischen" die Eigenständigkeit dieser Sprache, was zur verbrecherischen nazistischen Annektionspolitik im völligen Widerspruch stand. Er wies darauf hin, welche zentrale Stellung das Niederländische zwischen dem insularen Englisch und dem festländischen Deutsch einnimmt und wie sich seine Wirkung über das Niederfränkische nach Süden bis in den mittelfränkischen Raum erstreckt.

Wie nur wenige Sprachforscher verstand es Theodor *Frings* souverän, das weite Feld der vielfältig gearteten lexikalischen Entlehnungen zur Aufdeckung kulturhistorischer Bezüge zu nutzen, unter besonderer Beachtung der in den Räumen sich abzeichnenden Dynamik. Die Geschichte der jeweiligen Wörter erscheint mit den einzelnen Lebensbereichen der jeweiligen Sprachträger verknüpft. Sein erstmals 1932 erschienenes Werk „Germania Romana" erweist sich in dieser Hinsicht bei allen Korrekturen und Ergänzungen im einzelnen weiterhin als grundlegend.

Theodor *Frings* verfaßte auch tiefdringende Studien über die mittelalterliche Literatur, vor allem über die Heldenepik und Minnelyrik. Wie nur wenige Gelehrte verstand er es, von der gediegenen philologischen Aufhellung einzelner Phänomene ausgehend, auf übergreifende kulturhistorische Aspekte hinzulenken, sprachliche und literarische Phänomene in die Germanistik weit überschreitende Zusammenhänge einzuordnen und durch Verweis auf ähnliche Gegebenheiten in der geistig-literarischen Welt der romanischen und slawischen Völker europäische Bezüge zu verdeutlichen. Seine Darlegungen über die Arbeitsweise und Rolle der Spielleute in den dichterischen Kommunikationsprozessen des Mittelalters zum Beispiel haben sich bis heute in der Forschung nicht nur als wertvolle Anstöße erwiesen, sondern sie zeigen auch, wie er den Bogen vom rheinischen Spielmann zum serbischen Sänger oder russischen Skomoroch, vom Wikingerlied zum mittelhochdeutschen Epos, zur altfranzösischen chanson des geste oder zur russischen Byline in fundierter Weise zu schlagen verstand.

Seine Forschungen zur mittelalterlichen Lyrik eröffneten ebenfalls neue Wege, so seine vielbeachtete Abhandlung „Minnesinger und Troubadours", die erstmals 1949 in der „Vorträge und Schriften" betitelten Reihe der Berliner Akademie erschien. In diesen Studien machte sich ebenfalls der Sprachgeograph bemerkbar, dem es unter Beachtung der räumlichen Verbreitung um die Ermittlung der einzelnen historischen Schichten zu tun war. Zu diesem Zweck ging er Leitwörtern, Formeln, Motiven, einfachen Formen und sinnfälligen Ausgangssituationen in zahlreichen Sprachen und ihren mittelalterlichen oder volkstümlichen Literaturen nach, arbeitete diese heraus, verglich sie und zog daraus Schlüsse für die historische Schichtung in Verbindung mit den jeweils relevanten kulturhistorischen Strömungen. Theodor *Frings* beleuchtete hierbei die Minnelyrik, wie sie in den galizisch-altportugiesischen „Cantigas d'amor", in der provenzalischen Trobadordichtung, in der mittelhochdeutschen Literatur oder in der Poesie der nordfranzösischen Trouvères zu finden war, ohne dabei die über Spanien erfolgte Wirkung arabischer Dichtung, die noch lebendige Tradition klassischer Dichter wie Ovid oder die mittellateinischen Verse der Geistlichkeit und der fahrenden Schüler, vornehmlich die carmina burana, außerhalb des Blickfeldes zu lassen. Hierbei bemühte er sich insbesondere auch, zu einer ursprünglichen gemeinmenschlichen elementaren Schicht vorzustoßen und deren Spuren vorrangig in der älteren deutschen und romanischen Lyrik aufzudecken. Daß er sich hierbei erneut auf

Herders „Stimmen der Völker in Liedern" zurückverwiesen meinte, war wohl ebensowenig zufällig wie zuweilen sein Rückgriff auf Jacob *Grimm.*

Theodor *Frings* war zweifellos einer der bedeutendsten Exponenten jener methodologischen Bemühungen in der deutschen Philologie, ja in der Neuphilologie schlechthin, die auf eine durchgreifende Überwindung positivistischer Positionen ausgerichtet waren. Es dürfte allerdings charakteristisch für ihn gewesen sein, daß er sich hierbei nicht jener weit in die zwanziger Jahre hinein wirksamen neoidealistischen Richtung anschloß, deren Prinzipien Karl *Vossler* 1904 in seiner polemischen Schrift „Positivismus und Idealismus in der Sprachwissenschaft" mehr geistvoll angedeutet denn breit entwickelt hatte. Auf germanistischem Gebiet verfolgte Konrad *Burdach* in seinen weitausgreifenden Studien ähnliche Tendenzen, wenn er Sprachgeschichte vornehmlich als Bildungsgeschichte verstanden wissen wollte. Und Hans *Naumann* mit seiner fragwürdigen Theorie vom „gesunkenen Kulturgut" plädierte gar dafür, auch auf die deutsche Sprachgeschichte die elitäre Konzeption von den herrschenden Schichten als den allein kulturtragenden anzuwenden und so den romantischen Nimbus vom Volk, d. h. den breiten Volksmassen als entscheidenden Träger sprachlicher Entwicklung zu zerstören. Theodor *Frings*, der von einer geschichtlich untermauerten Dialektgeographie her die positivistischen Positionen ebenfalls zu überwinden suchte, wandte sich gegen solche elitäre Konzeptionen. Er forderte eine Sprachgeschichte von unten, d. h. eine, deren Ausgangsposition allein die Sprache der werktätigen Massen bilden konnte. Die anderen Sprachschichten vermochten erst dann auf dieser Basis zur Geltung zu kommen. 1956 formulierte er in dem Aufsatz „Einiges Grundsätzliche über den Weg zur deutschen Schriftsprache": „Wir haben nicht zu tun mit Schriftsprache und Humanismus, sondern Schriftsprache und Mundart. Der Weg geht nicht von oben nach unten, sondern von unten nach oben."

Auch auf dem Gebiet der mittelalterlichen Literatur war er bemüht, in der Forschung zunehmend an Einfluß gewinnende elitäre Konzeptionen zu entkräften. Sprachlich-dichterische Kollektivphänomene versuchte er unter Beachtung der in den Volksmassen wirksamen schöpferischen Kräfte zu erfassen. Darin bekundete sich die Tendenz, an einem wesentlichen Anliegen des romantischen Zeitalters festzuhalten, ohne in eine nationale Wesensschau zurückzufallen und eine geheimnisvolle Gemeinschaftsseele zum eigentlichen Akteur dichterischen Schaffens zu erklären. Es ging ihm vielmehr darum, die konkrete Geschichtlichkeit, die bei der Entstehung, Vermittlung und Veränderung dieser Dichtung wirksam gewesen war, forscherisch aufzuhellen. Die hierbei erzielten Ergebnisse brachten zweifellos einen Durchbruch, dessen Bedeutung dadurch nicht geschmälert wird, daß sich nach heutigem Forschungsstand diese Phänomene vielfach wesentlich komplexer als ursprünglich angenommen erweisen und daß ihre sozialgeschichtlichen Voraussetzungen differenzierter zu betrachten sind.

Theodor *Frings*, der am 6. Juni 1968 im Alter von 82 Jahren in Leipzig verstarb, hat durch seine Forschungen und seine wissenschaftsleitende Tätigkeit wesentlich dazu beigetragen, daß neue Wege der Erkenntnisgewinnung beschritten werden konnten. Daran kritisch anzuknüpfen in Kenntnis des aktuellen internationalen Forschungsstandes und im Hinblick auf die Erfordernisse unserer gesellschaftlichen Entwicklung, bedeutet wohl die angemessenste und beste Würdigung seines fruchtbaren Wirkens. Unsere Akademie wird seiner wissenschaftlichen Persönlichkeit stets mit großer Dankbarkeit gedenken.

Meine Damen und Herren!

Eine Gelehrtengesellschaft wie die Sächsische Akademie der Wissenschaften wird in ganz entscheidendem Maße von der Arbeit ihrer Ordentlichen Mitglieder getragen.

Unsere Akademie vermag in dem Maße zum Erkenntnisfortschritt und zum gesellschaftlichen Nutzen beizutragen, wie es ihren Mitgliedern und den ihnen teilweise zugeordneten kleineren Forschungsgruppen gelingt, mit fundierten wissenschaftlichen Ergebnissen aufzuwarten, den interdisziplinären Dialog in gegenseitig befruchtender Weise zu führen und neue disziplinübergreifende Denkanstöße zu vermitteln. Unter diesem Blickpunkt erfolgt auch die Zuwahl neuer Mitglieder.

Am 10. Oktober dieses Jahres wählte unsere Akademie zum Ordentlichen Mitglied der mathematisch-naturwissenschaftlichen Klasse

> Frau Dagmar *Hülsenberg*, ordentlicher Professor für Glas- und Keramiktechnologie an der Technischen Hochschule Ilmenau,

und zum Ordentlichen Mitglied der philologisch-historischen Klasse

> Herrn Klaus *Mylius*, Professor für Sanskritistik und Indische Altertumskunde an der Karl-Marx-Universität Leipzig.

Beide Kollegen heiße ich in unseren Reihen sehr herzlich willkommen. Ich verbinde dies mit dem Wunsche nach guter Zusammenarbeit und habe nun die Ehre und Freude, den neu zugewählten Mitgliedern das Diplom ihrer Akademiezugehörigkeit zu überreichen.

BERICHT DES VIZEPRÄSIDENTEN, HERRN LÖSCHE, ÜBER DEN STAND DER ARBEITEN DER AKADEMIE

erstattet in der öffentlichen Sitzung am 19. April 1985

Traditionsgemäß berichtet der Vizepräsident auf der öffentlichen Frühjahrssitzung über die Arbeiten der Sächsischen Akademie der Wissenschaften zu Leipzig im vergangenen Kalenderjahr. Das ist Pflicht und Verpflichtung gegenüber der Gesellschaft zugleich.

Unsere Akademie ist in erster Linie eine Gemeinschaft von Gelehrten, die an Universitäten, Hochschulen, Instituten der Akademie der Wissenschaften der DDR und an anderen wissenschaftlichen Einrichtungen tätig sind; sie hat keine eigenen Institute, und man fragt sich, wie und wo denn diese Arbeiten der Akademie vollbracht werden, heute, in einer Zeit, in der der materielle Aufwand für wissenschaftliche Tätigkeit einen so großen Umfang angenommen hat, der noch ständig wächst, so daß dieser Aufwand von einem einzelnen kaum noch bestritten werden kann.

Die Sächsische Akademie unterstützt gezielt Anliegen ihrer Mitglieder im Rahmen ihres normalen Aufgabenbereiches, ermöglicht und erweitert Untersuchungen mit vergleichsweise geringem Aufwand und erhöht damit das wissenschaftliche Potential. Die Wirksamkeit dieser Mittel wird wesentlich verbessert durch die Möglichkeiten interdisziplinärer Zusammenarbeit, angeregt durch den ständigen Erfahrungsaustausch der Mitglieder im Plenum, in den Klassen und in problembezogenen Kommissionen. Hierauf beruht die Stärke, die Effektivität der Sächsischen Akademie.

Bei der Auswahl der zu fördernden Themen ist sich die Akademie ihrer Verpflichtungen gegenüber der Gesellschaft und ihres Standortes im sächsisch-thüringischen Raum bewußt. Damit ist gemeint, daß wir uns auch territorialen Problemen zuwenden, deren Lösung aber immer im gesamtgesellschaftlichen Rahmen geschieht. Wir verschließen uns nicht den Forderungen des Tages, denn das sind schließlich die Aufgaben, die Vergangenheit und Zukunft miteinander verbinden. Diese Formulierung ist gleichzeitig Programm unserer Forschungsstrategie.

Darüber hinaus betreibt die Sächsische Akademie der Wissenschaften noch eigene Unternehmungen, insbesondere die Herausgabe von Wörterbüchern, die wissenschaftsmethodisch und -historisch in vieler Hinsicht Lücken ausfüllen; sie werden von Mitgliedern unserer Akademie verantwortlich betreut.

Dem Charakter der Akademie entsprechend gehören zu den wesentlichen Aktivitäten die monatlichen Sitzungen des Plenums mit den beiden Klassen, der mathematisch-naturwissenschaftlichen unter Leitung von Herrn *Beckert* und der philologisch-historischen Klasse, geleitet von Herrn *Brüning*. Die gemeinsame Diskussion aller wissenschaftlichen Probleme trägt echt interdisziplinären Charakter, sie ist für die Arbeit der Mitglieder von großem Nutzen, wenn dieser auch nicht momentan gemessen werden kann. Das unterstreicht auch die Breite der Themen: Axiomatik, Mathematik und Erfahrung — Machiavelli — Kohleveredlung — Entwicklung der Verfahrenstechnik — Ausbruch des 1. Weltkrieges — Eutrophierung der Gewässer — Philosophische Ideen Ernst Machs — Umweltbedingte Strahlenbelastung, seien nur als willkürliche Auswahl aus den insgesamt 16 gehaltenen Vorträgen des vergangenen Jahres genannt. Auf diese Weise legt jedes aktive

Mitglied etwa aller 3 Jahre einmal vor dem Präsidenten, vor dem Plenum Rechenschaft über die eigenen Arbeiten ab.

Ich sagte, daß die Sächsische Akademie territoriale Fragen aufgreift. Infolgedessen hat die Kommission für spezielle Umweltprobleme große Bedeutung bei der Anregung und Koordinierung der Arbeiten im weitesten Sinne. Sie wird seit Herbst 1980 von Herrn *Dörter* geleitet und von der mathematisch-naturwissenschaftlichen Klasse getragen. Die relativ große Zahl von Arbeitsgruppen, von denen nachfolgend die Rede sein wird, sorgt bei den regelmäßigen Beratungen für reichhaltigen Diskussionsstoff. Im Berichtsjahr haben u. a. die Vorbereitungen einer im Herbst d. J. in Masserberg stattfindenden wissenschaftlichen Tagung „Probleme der pedologisch-hydrologischen Regionalforschung und ihre Umsetzung in die Praxis" begonnen.

Die von unserem verstorbenen Mitglied, Herrn *Gersch* in Jena gegründete Arbeitsgruppe „Untersuchungen über die Wirkungsmechanismen von Neurohormonen" wird seit rund 3 Jahren von Herrn *Penzlin* geführt. Die 9 Mitarbeiter haben ihre Aktivitäten im vergangenen Jahr auf 2 Schwerpunkte konzentriert.

1. 1957 hatte Hans *Unger*, ein Schüler *Gerschs*, das Neurohormon D, ein herz-aktives Insekten-Neuropeptid, entdeckt. Es gelang, die Struktur dieser Substanz aufzuklären, obwohl dieses Hormon nur in sehr geringen Mengen vorliegt. Durch Einführung von neuen Mikromethoden konnte die Sequenz der 8 beteiligten Aminosäuren bestimmt werden (pCl—Val—Asn—Phe—Ser—Pro—As—Trp—OH). Mit diesem hervorragenden Ergebnis wurden die Grundlagen zur chemischen Synthese gelegt, die von Biochemikern inzwischen begonnen wurde. Wenn diese gelingt, stehen größere Mengen des Hormons zu vertiefter und gezielter Erforschung des Wirkungsmechanismus und möglicher Anwendungen zur Verfügung.

2. Bei der Analyse der Stimulierung der Steroïd-Produktion von Häutungsdrüsen bei Insekten durch einen übergeordneten neurohormonalen Faktor und dessen physiologische Erfassung und Charakterisierung, die mit erheblichen Schwierigkeiten verbunden ist, konnten wesentliche Fortschritte erzielt werden. Auf Grund möglicher Anwendungen kommt diesen Ergebnissen besondere Bedeutung zu. Hierbei bewährte sich die Anlage von in-vitro-Kulturen einzelner Prothorkaldrüsen der Wachsmotte Galleria mellonella. Von den paarigen Drüsen diente jeweils eine dem Versuch, die andere der Kontrolle, so daß die Aussagefähigkeit dieser Arbeiten jeweils nachprüfbar war. Die Versuche zeigten, daß auch nervale Aktivitäten bei der Steuerung der Häutungsdrüse eine Rolle spielen, was eine prinzipielle Erweiterung des klassischen Konzepts der Häutungsregulation darstellt. Die umfangreichen Ergebnisse dieser Arbeiten sind in 20 Veröffentlichungen enthalten, die in der Zeit 1983 bis Anfang 1985 erschienen.

Wir haben uns daran gewöhnt, daß ein Netz von Talsperren in Verbindung mit Tiefbrunnen die Versorgung der Bevölkerung mit Trink- und Brauchwasser absichert. Doch Talsperren stellen einen tiefen Eingriff in den Naturhaushalt dar, nicht zuletzt auch deshalb, weil aus dem fließenden Bach oder Fluß ein stehendes Gewässer geworden ist. Der Analyse der sich dadurch ergebenden Veränderungen und der Ausarbeitung von Vorschlägen zur Abwendung möglicher Schäden widmet sich unser Mitglied, Herr Dietrich *Uhlmann*, Dresden. In der von ihm betreuten Arbeitsgruppe „Limnologie von Trinkwassertalsperren", der 1984 4 Mitarbeiter angehörten, wurden Methoden zur Wassergütebestimmung in Standgewässern, jahreszeitliche Änderungen der Masse des Phytoplanktons und Wechselbeziehungen zwischen abiotischen und biotischen Komponenten in Gewässerökosystemen untersucht. Eine enge Zusammenarbeit mit der TU Dresden und der TH

Karl-Marx-Stadt, aber auch mit dem Hydrobiologischen Laboratorium Neunzehnhain trägt stark interdisziplinäre Züge. So konnte automatische Bilderfassung und -auswertung und dynamische Kostenoptimierung mit modernen Rechenmethoden eingeführt werden. Eutrophierungsmodelle dienen der schnellen Entscheidungsfindung. Auch Wechselbeziehungen zwischen Landnutzung und Wasserqualität sind von Bedeutung. Um die gewonnenen Erkenntnisse schneller praxiswirksam werden zu lassen, wurden sie in zahlreichen Weiterbildungsseminaren und Vorlesungen auch für Ingenieure der Gewässeraufsicht propagiert.

Ein ebenso bedeutungsvolles Problem wie die Bereitstellung einwandfreien Trink- und Brauchwassers stellt die Abwasserreinigung dar, sowohl in qualitativer, als auch in quantitativer Hinsicht. In den letzten Jahrzehnten haben sich in immer stärkerem Maße Ionenaustauscher, hochdisperse Stoffe mit extrem großen Oberflächen oder sog. Molsiebe, das sind kristalline Gebilde mit Poren bestimmter Größe, bewährt. Durch Adsorption, die z. T. selektiv sein kann, durch geeignete Bemessung der Siebgröße, kann man unerwünschte Stoffe abtrennen. Bei dem heute leider immer größer werdenden Angebot an Verunreinigungen sind ständig Forschungsarbeiten zur Verbesserung der Reinigungskraft notwendig. Herr *Wolf*, unser Mitglied, hat mit jahrzehntelangen Erfahrungen auf diesem Gebiet in Halle mit einer Arbeitsgruppe aus 4 Mitarbeitern auch im Berichtsjahr wichtige Beiträge zur Lösung dieser Problematik geliefert. Dabei ging es einmal um die Synthese bipolarer organisch-anorganischer Ionenaustauscher und um die Prüfung ihrer thermischen Regenerierbarkeit, zum anderen um Adsorptionsuntersuchungen aliphatischer n-Alkohole und kationischer Farbstoffe an bestimmten Schichtsilikaten, von nichtionischen Tensiden an Rotliegend-Sandsein und um kationische Polymerelektrolyte. Röntgenstrukturanalysen, fluoreszenz-spektroskopische Messungen, gravimetrische Fällungsversuche u. a. Methoden lieferten wichtige Hinweise auf verbesserte Parameter.

Wasser selbst ist uns heute ein Stoff des täglichen Umgangs, so daß wir oft vergessen, daß z. B. die Gestalt unseres Lebensraumes sehr entscheidend von der sog. Anomalie des Wassers abhängt. Dies führt auf Strukturfragen, die noch nicht vollständig übersehen werden. Geringe Beimengungen ermöglichen Heilwirkungen, die nicht immer erklärbar sind. Diesem Problemkreis, d. h. den Strukturproblemen und Umweltaspekten des Wassers, insbesondere der therapeutisch nutzbaren Wässer im Süden der DDR, widmete sich 1984 die sog. Freiberger Arbeitsgruppe unter Leitung unserer Mitglieder, der Herren *Buchheim*, *Jordan* und *Watznauer*, in der 4 wissenschaftliche Mitarbeiter tätig waren. In enger Zusammenarbeit mit den Sektionen Chemie und Physik der Bergakademie Freiberg wurden raman-spektroskopische Untersuchungen an wäßrigen Lösungen von $AlCl_3$, von verschiedenen Amiden, z. T. mit einer neu entwickelten temperierbaren Meßzelle auch an Alkoholen durchgeführt und mit einem eigens dazu aufgestellten Computer-Programm ausgewertet. Elektronen- und Röntgenbeugungsuntersuchungen und vor allem Neutronenstreuexperimente am Impulsreaktor IBR 30 in Dubna führten zu wesentlichen neuen Informationen, die u. a. in einer bereits international beachteten Monographie von M. *Klose* und Yu. I. *Naberukhin* „Wasser — Struktur und Dynamik" zusammenfassend dargestellt wurden. Insgesamt 4 Veröffentlichungen im Berichtsjahr runden die seit 1961 laufenden Arbeiten zu dieser Problematik ab.

Einen zweiten Schwerpunkt dieser Arbeitsgruppe bilden die geologisch-hydrologischen Untersuchungen im Gebiet Bad Brambach. Es geht hier einmal um die Uran-Verteilung in den Quell-Sintern der Radon-Quelle, wobei u. a. die Blei-210-Polonium-210-Verteilung und die Wismut-214-Konzentration untersucht wurden. Dabei sei die gute Unterstützung durch die Arbeitsgruppe „Natürliche Radionuklide" der Sektion Physik der Bergakademie

Freiberg hervorgehoben. Als Vorarbeiten für künftige Wasserhaushaltberechnungen wurden Wasserstands-Durchfluß-Relationen am Rothenbach untersucht.

Die zuletzt erwähnten Arbeiten beschäftigten sich mit einzelnen Komponenten unserer Umwelt, hauptsächlich mit dem Wasser. Der Geographie bleibt es vorbehalten, größere Landschaftsgebiete komplex zu betrachten und aus dieser Gesamtschau allgemein anwendbare Methoden zu entwickeln, Anregungen und Ratschläge für die verschiedensten Zweige der Volkswirtschaft zu geben. Dieser Thematik widmete sich seit Jahren erfolgreich die von Herrn *Neef* begründete Arbeitsgruppe „Naturhaushalt und Gebietscharakter", die einerseits von der TU Dresden unterstützt wird, deren Forschungsprogramm aber fast vollständig in die Thematik ‚Physische Geographie der DDR' eingebunden ist, und damit in Kooperation mit dem Institut für Geographie und Geoökologie der AdW der DDR bearbeitet wird. Der unerwartete Tod von Herrn *Neef* Anfang Juli 1984 hat die Arbeitsfähigkeit der 6 Mitarbeiter schwer getroffen. Trotzdem gelang es, unter Leitung von Herrn Dr. *Bernhardt*, betreut von unserem Mitglied Dietrich *Uhlmann*, alle Forschungsvorhaben mit sehr gutem Erfolg abzuschließen. Es handelt sich einmal um den Abschluß der Naturraumtypenkarte ‚Musterblatt Dresden', die eine wichtige Grundlage für Entscheidungen zur Landschaftsgliederung und -gestaltung ist. Ein weiterer Schwerpunkt war die Erstellung von Interpretations- und Ergänzungsmaterialien, wie unwettergefährdete Gebiete, Rekreations-Potentiale, obstbauliche Nutzungsformen und Mehrfachnutzung, in denen sich die Dynamik der Landschaft widerspiegelt. Diese spielt z. B. bei der Entwicklung landwirtschaftlicher Großbetriebe eine Rolle. 5 Veröffentlichungen, 3 weitere Manuskriptabschlüsse geben neben den eigentlichen Forschungsberichten Aufschluß über die Aktivitäten im Berichtszeitraum.

Unser Mitglied Herr *Hiebsch* hat eine Arbeitsgruppe mit 2 Mitarbeitern, die es ihm ermöglichen, an der Sektion Psychologie der Friedrich-Schiller-Universität Jena methodologische Fragen der Sozialpsychologie unter besonderer Berücksichtigung der Überführung in die Psychologie der Leitung von Kollektiven zu untersuchen. Simulation realer Verhandlungssituationen mit Hilfe der mathematischen Spieltheorie, das Verhältnis Versuchsleiter-Versuchsperson und Probleme der Versuchspersonentäuschung waren im Berichtszeitraum Gegenstände von Forschungen. Die umfangreichen Erhebungen und Tests wurden mit Hilfe von Studenten der dortigen Sektion durchgeführt. Diese wechselseitige Unterstützung von Akademie und lokaler Hochschule, auf die ich bereits hinwies, ist typisch für unsere Forschungsgruppen.

Die Arbeiten unseres Mitgliedes, Herrn *Strack*, über die Synthese und Wirkung von Carnitinen wurden auch 1984 von einer Arbeitsgruppe aus 2 Mitarbeitern am Bereich Medizin der KMU fortgesetzt. Mit Hilfe radioaktiv markierter Verbindungen wurde z. B. Synthese und Abbau des Carnitins im Tierkörper verfolgt. Auch der Carnitin-Stoffwechsel in Mikroorganismen, der Einfluß auf die Oxidation von Fettsäuren waren Gegenstand von Untersuchungen, die das Anlaufen der klinischen Testung unterstützen. 8 Veröffentlichungen und 1 Patent enthalten die Ergebnisse von 1984.

Es wäre noch über die Arbeitsgruppe „Biologisches Alter" zu berichten. Doch darauf wird deren Leiter, Herr *Ries*, in seinem heutigen Vortrag eingehen.

Die von der philologisch-historischen Klasse getragene Historische Kommission steht unter Leitung unseres Mitgliedes, Herrn *Coblenz*. Ihr gehören neben 12 weiteren Mitgliedern 19 Fachgelehrte aus dem sächsisch-thüringischen Raum und 5 wissenschaftliche Mitarbeiter an. Dadurch reichen die Wurzeln dieses wissenschaftlichen Gremiums in zahlreiche Institute und Sektionen der hier ansässigen Universitäten und Hochschulen; nur so sind die bedeutungsvollen Arbeitsergebnisse erklärbar.

Geschichte ist ja nicht einfach das Vergangene, es ist vielmehr der Ursprung der Gegenwart und damit der Sockel, auf dem die Zukunft ruht. Geschichte treiben heißt also nicht nur das Vergangene bewahren, es muß aufbereitet, verständlich gemacht werden. Der Naturwissenschaftler kann Experimente durchführen, sie bei veränderten Anfangsbedingungen wiederholen, und aus dem Verlauf Schlüsse ziehen, extrapolieren. Vergleichbare Experimente sind im Leben der Völker unmöglich; sie müssen durch ein detailliertes Studium der Vergangenheit ersetzt werden. Daher kommt den Unternehmungen der Historischen Kommission, und mögen sie noch so kleine Details betreffen, so große Bedeutung zu.

Herr Dr. *Debes* konnte im Berichtszeitraum den abschließenden 5. Band der „Bibliographie zur Geschichte der Stadt Dresden" vorlegen. Das Manuskript der „Akten und Briefe zur Kirchenpolitik des Herzogs Georg von Sachsen" wurde von Frau Dr. *Werl* abgeschlossen; ihr Tod verhinderte leider die letzten redaktionellen Arbeiten. Eine Arbeitsgruppe unter Leitung von Herrn Professor *Junghans* hat den 4. Band der „Politischen Korrespondenz des Herzogs und Kurfürsten Moritz von Sachsen" überarbeitet und den 5. Band vorbereitet.

Unter Leitung von Herrn *Lehmann* sind wesentliche Fortschritte beim Historischen Atlas von Sachsen zu verzeichnen: Karten zur Bevölkerungsentwicklung 1834—46, der Grundherrschaften um 1750 und der Verwaltungsgliederung 1856—1952 unterstreichen die Bedeutung historischer Forschung für die Gegenwart. Vom „Jahrbuch für Regionalgeschichte", herausgegeben von Herrn *Czok*, wurden 1984 der 11. Band druckfertig bearbeitet und Band 12 zum Druck gegeben. Das Manuskript des „Codex Diplomaticus Saxoniae Regiae", Hauptteil I, Band 3, wurde unter Leitung von Herrn Dipl.-Hist. *Kobuch* fertiggestellt. Die Arbeiten zur Sächsischen Geschichte, beginnend mit den Siedlungsanfängen um 600, wurden weitgehend abgeschlossen und sollen 1985 in einer letzten Redaktionssitzung endgültig abgestimmt werden. Für die Zeit nach Auflösung des Landes Sachsen im Jahre 1952 bis zur Gegenwart wurde ein Ausblick angefügt. Im Anschluß daran wird zur Zeit in Zusammenarbeit mit der AdW der DDR die Herausgabe der Werke von Ehrenfried Walther von *Tschirnhaus* vorbereitet. Hinweise auf regelmäßige Kolloquien zur sächsischen Regionalgeschichte sowie eine Tagung zur sächsischen Handwerksgeschichte mögen das Bild über die Aktivitäten der Historischen Kommission abrunden.

Es kann nicht Aufgabe dieses Berichtes sein, über die Bedeutung der Sprache für die menschliche Kultur zu referieren. Trotzdem seien einige Bemerkungen über die Arbeiten der unter Leitung von Herrn *Große* stehenden Sprachwissenschaftlichen Kommission gestattet, die sich vorwiegend der Herausgabe von Mundartwörterbüchern widmet. Mundarten sind ja nicht bloße Spielarten der Linguistik, sondern gewissermaßen Leitfossilien der Sprach- und Kulturgeschichte, zeitlich und räumlich gesehen. Die neuzeitlichen Verkehrsmittel, durch Kriege dieses Jahrhunderts ausgelöste Völkerwanderungen verwischen die Grenzen zwischen den einzelnen Sprachzonen immer mehr. Es ist daher ein dringendes Gebot, auch Mundarten wissenschaftlich zu erforschen und zu konservieren, damit sie späteren Generationen als Marksteine kultureller Entwicklungen zur Verfügung stehen.

Vom Althochdeutschen Wörterbuch konnte der 3. Band im wesentlichen abgeschlossen und der 4. Band (*G, H*) begonnen werden. Wie umfangreich, aber auch wie sorgfältig diese Arbeit von einem kleinen Kollektiv von rund 7 Mitarbeitern unter Leitung von Dr. *Götz* durchgeführt wird, mag durch den Hinweis demonstriert werden, daß allein für das Wort ‚*haben*' mehr als 3000 Belege verglichen wurden.

Vom Brandenburg-Berlinischen Wörterbuch, an dem 3 Mitarbeiter unter Leitung von Dr. *Wiese* arbeiten, konnte der 2. Band (*F—K*) abgeschlossen und der 3. Band (*L—Sch*) vorbereitet werden. Die starke Nachfrage machte eine Erhöhung der Auflage um 10% notwendig.

1984 erschien die 63. Lieferung des Mecklenburgischen Wörterbuches, die 64. ist im Druck, und das Manuskript der 65. Lieferung (bis *voßwild*) wurde fertiggestellt.

Das Pommersche Wörterbucharchiv, verwaltet von Frau Dr. *Herrmann*, hat 1984 das Manuskript des „Kleinen plattdeutschen Wörterbuches für den mecklenburg-vorpommerschen Sprachraum" dem Verlag übergeben und die Materialgrundlage für „Plattdeutsch von A—Z" abgeschlossen.

Die Arbeitsgruppe Thüringisches Wörterbuch hat unter der Leitung von Herrn Dr. *Spangenberg* die Arbeiten am 6. Band planmäßig fortgesetzt, aus regionalhistorischer Sicht 20 Sprachkarten gezeichnet und am Internationalen Namenkongreß aktiv teilgenommen.

Die Arbeitsgruppe „Wörterbuch der obersächsischen Mundarten" konnte trotz starker Behinderung durch Krankheit und Baumaßnahmen den Abschnitt *pier—roz* zu 94% bearbeiten (51000 Zettel). Darüber hinaus haben die 6 Mitarbeiter unter Leitung von Herrn Dr. *Bergmann* 3 Manuskripte, darunter das „Kleine sächsische Wörterbuch" fertiggestellt.

Die Arbeitsgruppe „Siebenbürgisch-Sächsisches Wörterbuch", Dr. *Protze*, ist in Zusammenarbeit mit der Arbeitsstelle Sibiu bei der Bearbeitung der Buchstaben *M* und *N*.

Der 1982 neu gegründeten Arbeitsgruppe „Gesellschaftspolitischer Wortschatz", die unter der Leitung des Präsidenten und unseres Mitgliedes, Herrn *Neubert*, steht, kommt besondere Bedeutung zu. Die Erforschung des gesellschaftspolitischen Wortschatzes der deutschen, englischen und französischen Sprache, die Bestimmung des ideologierelevanten Wortschatzes bilden einen bedeutenden Beitrag zur allgemeinen Sprachtheorie sowie zum Übersetzungsprozeß. Als komplexes Beispiel wurde die Widerspiegelung des NATO-Doppelbeschlusses in der bürgerlichen Presse Großbritanniens, der USA, Frankreichs und der BRD gewählt. Die Ergebnisse wurden auch auf Konferenzen und in Publikationen vorgestellt.

Seit Jahrzehnten gibt die mathematisch-naturwissenschaftliche Klasse das „Biographisch-Literarische Handwörterbuch der exakten Naturwissenschaften", begründet von J. J. Poggendorff, heraus. Die Kommission wurde von Herrn *Neef* geleitet, dessen Tod auch hier eine große Lücke hinterließ. Die schnell wachsende Zahl der Naturwissenschaftler stellt die Redaktion vor zunehmende, kaum zu bewältigende Schwierigkeiten. Es wird angestrebt, zunächst den Band VIIb fertigzustellen. Im Berichtszeitraum erschienen die letzten Lieferungen des 7. Teilbandes; 2 Lieferungen des 8. Teilbandes (Anfangsbuchstabe *T*) sind manuskriptseitig abgeschlossen; die Leitung dieser Arbeiten lag in den Händen von Herrn Dr. *Weichsel*. Nach Abschluß dieses Bandes wird eine Weiterführung dieses Unternehmens im bisherigen Umfang kaum möglich sein. Es ist vorgesehen, sich dann zunächst auf Mathematiker zu beschränken. Frau Dipl.-Math. H. *Kühn* hat die Vorarbeiten hierzu bereits weit vorangetrieben.

Diese Aufzählung von Aktivitäten kann keineswegs vollzählig sein: Weder alle Namen noch alle Arbeiten können in der vorgegebenen Zeit — auch wenn sie noch mehr überzogen würde — genannt werden. Fast alle Arbeitsgruppen leisten darüber hinaus einen beträchtlichen Anteil Öffentlichkeitsarbeit, sind in Lehraufgaben der jeweiligen Sektionen eingebunden oder wirken noch in anderen Einrichtungen mit. Aber bereits diese kurze Darstellung läßt das Engagement der Akademie, ihre Beteiligung an Aufgaben von bleibendem Wert für die DDR erkennen.

BERICHT DES VIZEPRÄSIDENTEN, HERRN LÖSCHE, ÜBER DEN STAND DER ARBEITEN DER AKADEMIE

erstattet in der öffentlichen Sitzung am 11. April 1986

Um die Ergebnisse der Arbeiten unserer Akademie einschätzen zu können, muß man die Aufgaben kennen. Diese ergeben sich einmal aus der Geschichte der gelehrten Gesellschaft, aus Traditionen und Erfahrungen der vergangenen 140 Jahre, sie folgen aber auch aus den Forderungen der Gegenwart, aus den Erwartungen unserer Republik, die an Wissenschaft und Wissenschaftler gestellt werden; diese werden gerade in jetziger Zeit, wenige Tage vor Beginn des 11. Parteitages der SED, klar und deutlich formuliert.

Grundlagen für eine Einschätzung sind aber nicht nur die Aufgaben, die man sich stellt, die gestellt werden, sondern auch die Möglichkeiten ihrer Bewältigung. Der Sächsischen Akademie der Wissenschaften stehen hierfür in erster Linie die monatlichen Sitzungen des Plenums und der beiden Klassen zur Verfügung, die der Kommunikation von Disziplin zu Disziplin dienen und damit einen Beitrag zum Zusammenhalt der Wissenschaft überhaupt liefern. Weiterhin unterstützt die Akademie die Arbeiten einzelner Mitglieder durch Aufbau kleiner Arbeitsgruppen, in denen ergänzende Untersuchungen durchgeführt werden, sie verstärkt gewissermaßen die Fronten dort, wo sie mit ihren bescheidenen Mitteln wirksam sein kann. Außerdem betreut die Sächsische Akademie eine Reihe von Wörterbuch-Unternehmungen, die weit über das eigene Sprachgebiet hinaus gehen. Damit ist das mögliche Arbeitsfeld wesentlich eingeschränkt; trotzdem ist es noch so groß, daß hier nicht erschöpfend darüber gesprochen werden kann. Doch auf einige Gedanken möchte ich kurz eingehen:

In der Wissenschaft gibt es keine unwichtigen Gebiete. Es gibt Forschungsrichtungen, die momentan sehr aktuell sind, weil gerade bedeutende Fortschritte erzielt werden, oder weil sie große praktische Bedeutung haben. Diese Aktualität ist aber meistens nur möglich, weil jahrzehntelang vorher im Stillen auf Teilgebieten Voraussetzungen für die jetzigen Arbeiten geschaffen wurden. Ich könnte das aus dem Bereich der Naturwissenschaften, die mir etwas näher liegen, mit vielen Beispielen belegen. Doch ich nehme an, jeder weiß, wie lange man z. B. Kernphysik betrieb, ehe sich die Möglichkeit eines Kernkraftwerkes ergab. Jahrzehntelange Untersuchungen an Gasentladungen — Goldstein, Lenard, Plücker, um nur einige Namen zu nennen — waren notwendig, ehe Röntgen die durchdringende Wirkung der X-Strahlen fand. Im gesellschaftswissenschaftlichen Bereich ist es ähnlich.

Diese Feststellung schließt ein, daß die geistige, historische und die theoretische Bildung dasselbe Gewicht haben wie der technische Fortschritt. Es gibt z. B. viele technische Neuerungen, die erst dann ihren Sinn erhalten, wenn sie mit kulturellen Werten ausgefüllt werden. Ich denke hierbei an die Produkte moderner Unterhaltungselektronik, einer hoch entwickelten Technologie, die aber allein genommen, ohne kulturellen Inhalt, völlig wertlos sind.

Hieraus erwächst der Akademie gerade im Hinblick auf die in ihren Mitgliedern gesammelte Lebenserfahrung die Verpflichtung, die Traditionen geistiger Kulturen zu bewahren, zu pflegen, um im Spiegel ihrer Geschichte die Gegenwart betrachten zu können. In gleichem Maße muß eine Akademie aber auch zur Entwicklung der Gegenwart beitragen, die Wege aufzeigen, die aus der Vergangenheit in die Zukunft führen; sie darf bei der Gegenwart nicht stehen bleiben. Auch das ist eine Aufgabe aller Disziplinen, aller Klassen.

Die Beispiele haben gezeigt, daß den heute aktuellen Forschungs- und Entwicklungsvorhaben bescheidene akademische Untersuchungen voraus gingen, denen man die spätere Bedeutung keineswegs ansah. Das heißt aber nicht, daß jedes Forschungsthema später einmal von hohem erkenntnistheoretischen oder praktischen Wert sein wird. Das macht die Themenwahl so schwer.

Man sollte hierbei davon ausgehen, daß insgesamt, auf lange Sicht, der Nutzen für die Gesellschaft und nicht das Prestige des einzelnen Wissenschaftlers im Vordergrund steht; es ist schön, wenn beides vereint werden kann.

Zwischen den Schwerpunkten der Gegenwart muß noch soviel Boden frei sein, damit man dort Themen, die vielleicht in 20 oder 30 Jahren aktuell sein werden, bearbeiten kann. Wir müssen auch kleine Pflanzen pflegen, von denen wir vielleicht noch gar nicht wissen, was einmal daraus wird, wenn wir später Bäume haben wollen, die prächtige Früchte tragen. Große Bäume kann man schwer umpflanzen. Dafür sorgen, daß die Wissenschaft auch in Zukunft noch reiche Ernte bringt, ist — so meine ich — eine der wesentlichen Aufgaben der Akademien.

Im Berichtsjahr fanden wiederum sieben geschlossene Sitzungen des Plenums und der Klassen sowie zwei öffentliche Sitzungen statt. Die Breite der wissenschaftlichen Einzugsgebiete unserer Akademie zeigt sich wiederum an den behandelten Themen, auch wenn in den insgesamt neun Sitzungen nicht alle vertretenen Fachgebiete zu Wort kommen konnten.

Von der mathematisch-naturwissenschaftlichen Klasse wurden folgende Vorträge gehalten: Vergangenheit und Zukunft der Siedesalzgewinnung; Betrachtungen zur Bewässerung aus ökologischer Sicht; Zöliakie — eine besondere Form der Eiweißunverträglichkeit; Kernspin — Von der Hypothese zum modernen Analysenwerkzeug; Basimetry — Ansätze einer chronotherapeutischen Urteilsbildung; Abwasserbodenbehandlung, ein Beitrag zum Umweltschutz; Grundlagen der operativen Behandlung bösartiger Geschwülste. Den öffentlichen April-Vortrag hielt Herr *Ries* über Methoden und Erkenntnisse der Alternsforschung.

Die philologisch-historische Klasse trug mit folgenden Themen zur allgemeinen Diskussion bei: Probleme der sozialen Kognition; das Sächsisch-Magdeburger Recht als Quelle osteuropäischer Rechtsordnung; Sprache zwischen Gemeinplatz und Kreation; Dichtung und Wahrheit des zweisprachigen Wörterbuches; Interlinguale Dialektgeographie — Möglichkeiten und Probleme; Widerspiegelung der industriellen Revolution in Sachsen in der zeitgenössischen bürgerlichen Belletristik und Kunst in Sachsen. In der öffentlichen November-Sitzung sprach Herr *Wollgast* über Ehrenfried Walther von Tschirnhaus und die Frühaufklärung.

Hinzu kommen Beratungen der Kommissionen, in denen auch andere Fachwissenschaftler zu Wort kommen. So wurde die Arbeit der Sprachwissenschaftlichen Kommission, die unter Leitung von Herrn *Große* steht, durch Vorträge von Prof. *Goossens*, Leuven, über dialektologische Fragen und von Prof. *Trubačev*, Moskau, über Probleme der Etymologie und des russischen etymologischen Wörterbuches bereichert.

Vom Althochdeutschen Wörterbuch erschien 1985 der 3. Band, der mehr als 2900 Artikel zu den Anfangsbuchstaben *E* und *F* enthält. Die sieben Mitarbeiter dieses unter Leitung von Dr. *Götz* stehenden Kollektivs haben den 4. Band vorbereitet.

Das nur aus vier Mitgliedern unter Leitung von Herrn Dr. *Wiese* stehende Kollektiv des

Brandenburg-Berlinischen Wörterbuches konnte die Bearbeitung des 2. Bandes abschließen, womit die Hälfte dieses Werkes geschafft ist; damit wurden die zu Beginn vor rund 17 Jahren aufgestellten Pläne eingehalten, was beim Umfang und bei der Beschwerlichkeit dieser Arbeit besonders hervorgehoben werden muß.

Auch die Arbeit an den anderen Wörterbuch-Unternehmungen schritt planmäßig voran. Auf die Bedeutung dieser sprachwissenschaftlichen Arbeiten, der Aufarbeitung unseres Wortschatzes nach bestimmten Gesichtspunkten, hat der Herr Präsident in der Begrüßungsansprache hingewiesen, so daß ich hier nicht auf weitere Einzelheiten eingehen muß.

Einen beachtlichen Teil der Arbeitskraft der Sprachwissenschaftlichen Kommission — und auch des Sekretariats der SAW — nahm die Vorbereitung eines internationalen Kolloquiums „Sprache in der sozialen und kulturellen Entwicklung" in Anspruch, das im Juli dieses Jahres anläßlich des 100. Geburtstages von Theodor *Frings*, dem langjährigen Präsidenten unserer Akademie, stattfinden wird.

Andersartig ist die Arbeitsweise der unter Leitung von Herrn *Coblenz* stehenden Historischen Kommission; sie hat einen festen Kreis von nur fünf Mitarbeitern; die Arbeiten werden aber von zehn weiteren Mitgliedern der SAW und 15 Wissenschaftlern anderer Institutionen getragen.

1985 konnte der 4. Band der politischen Korrespondenz des Herzogs und Kurfürsten Moritz von Sachsen abgeschlossen und der 5. Band in Angriff genommen werden.

Von dem von Herrn *Czok* herausgegebenen „Jahrbuch für Regionalgeschichte" erschien 1985 der 12. Band, zwei weitere sind im Druck, und am 15. Band wird gearbeitet.

Die Arbeiten zur Sächsischen Geschichte, Leitung Herr *Czok*, und am „Historischen Atlas von Sachsen", von Herrn *Lehmann* bearbeitet, und die Herausgabe der Briefe, Akten und Urkunden Thomas *Müntzers* wurden ebenfalls fortgesetzt. Die Erschließung der Handschriftenbestände im Archiv der Franckeschen Stiftung in Halle, Leitung Herr *Lieberwirth*, und des Codex Diplomaticus Saxoniae stehen kurz vor dem Abschluß.

Auf die Problematik der Weiterführung des Biographisch-Literarischen Handwörterbuches der exakten Naturwissenschaften, das vor über 100 Jahren von Poggendorff gegründet wurde, hatte ich vor Jahresfrist bereits hingewiesen: sie entstand durch das ungeheure Anwachsen des zu erfassenden Personenkreises, das eine Fortführung des Werkes nach den vom Begründer aufgestellten Prinzipien mit den zur Verfügung stehenden Mitteln unmöglich macht. Die unter Leitung von Frau *Köstler* stehende Gruppe wird mit allen Kräften die Fertigstellung des Bandes VIIb betreiben; Frl. *Kühn* hat bedeutende Vorarbeiten zur Erfassung der Mathematiker geleistet. Herr *Wußing*, der gegen Ende des Berichtszeitraumes die Leitung der Poggendorff-Kommission übernommen hat, wird sich der Frage über die Fortführung dieses Werkes unter den heutigen Bedingungen bei Wahrung der guten Traditionen zuwenden.

Die Arbeitsweise unserer Forschungsgruppen zeigt sich auch im medizinisch-naturwissenschaftlichen Bereich. Integriert in ein größeres Kollektiv werden weitgehend selbständig Teilfragen bearbeitet, die oft von großer Tragweite sind. Seit 50 Jahren wird an der Leipziger Universität Carnitin-Forschung betrieben. Die von Herrn *Strack* gegründete, jetzt von Herrn *Müller* geführte Arbeitsgruppe „Carnitinesterwirkungen" hat sich neben der Synthese vor allem auch der klinischen Erprobung zugewandt. Das führte einerseits zur Kleinproduktion von Carnitinen zur Unterstützung der Arbeiten anderer Institute und Kliniken bis zur Lizenzvergabe eines nunmehr als Europa-Patent angemeldeten Wirtschaftspatentes. Andererseits wurde die klinische Erprobung fortgesetzt, wobei nun eine wissenschaftliche Dokumentation über die klinische Applikation vorliegt, die Grundlage für weitere Untersuchungen ist.

Herr *Ries* als Leiter der Arbeitsgruppe „Biologisches Alter" konnte am Jahresende den Abschlußbericht über „Klinische, biochemische und antropometrische Untersuchungen sowie Ermittlung des biologischen Alters in Abhängigkeit vom Körpergewicht in einer Längsschnittstudie" vorlegen. Hierbei konnten wesentliche Parameter der Risikofaktoren erfaßt werden, die uns letztlich alle angehen.

Die an der Friedrich-Schiller-Universität tätige Arbeitsgruppe Psychologie unter Leitung von Herrn *Hiebsch* hat im vergangenen Jahr ein Teilthema: „Verhältnis von Theorie und Experiment in der Sozialpsychologie" erfolgreich abgeschlossen. Hierbei standen die Funktion des Experimentes in diesem Gebiet und das Verhältnis von Experiment zum Untersuchungsgegenstand im Mittelpunkt.

Ebenfalls in Jena arbeitet unter Leitung von Herrn *Penzlin* die Arbeitsgruppe „Neurohormone". Die im Vorjahr aufgeklärte Aminosäuresequenz des Neurohormons D ermöglichte Untersuchungen zur Erklärung des Abbaues des Peptids in vivo und vitro. Die Steuerungsmechanismen von Häutungshormonen und die Wirkungsweise bestimmter Insektizide wurden ebenfalls weiter verfolgt.

Einleitend hatte ich als ein Auswahlprinzip für zu bearbeitende Forschungsthemen den Nutzen für die Gesellschaft genannt. Für welches Gebiet trifft das mehr zu als für die Umwelt, in der wir leben, der wir nicht entrinnen können? Die Kommission für spezielle Umweltprobleme unter Leitung von Herrn *Dörter* hat im September vergangenen Jahres in Masserberg die vor Jahresfrist angekündigte Tagung „Probleme der pedologisch-hydrologischen Regionalforschung und ihre Umsetzung in die Praxis" durchgeführt. Drei Themenkomplexe: 1. Die effektive Wassernutzung in Regionalmaßstäben sowie Schutz der Gewässer, 2. Effektive Bodennutzung unter Berücksichtigung pedologisch-hydrologischer Zusammenhänge, 3. Landschaftsökologische Erforschung von regionalen Einheiten, wurden in 29 Vorträgen von Mitgliedern unserer Akademie und Spezialisten der DDR behandelt und diskutiert.

In Auswertung dieser Tagung sind elf Empfehlungen formuliert worden, die den zuständigen Stellen der DDR übergeben wurden mit Hinweisen zur weiteren Verfolgung bzw. Lösung der Probleme. Auf diese Weise wird ein großer Kreis angesprochen, Vertreter verschiedenster Disziplinen an einen Tisch gebracht und konkrete Lösungen vorgeschlagen. Es wird angestrebt, derartige Veranstaltungen in kürzeren Abständen, eventuell auch als eintägige Kolloquien, durchzuführen. Die SAW hat hierzu nicht nur durch ihre Mitglieder, sondern auch durch mehrere Arbeitsstellen, gute Voraussetzungen.

Die Arbeitsgruppe „Naturhaushalt und Gebietscharakter", die aus sieben Mitarbeitern unter Leitung von Herrn Dr. *Bernhard* besteht, hat wesentlichen Anteil an der erfolgreichen Abschlußverteidigung eines mehrjährigen Forschungsvorhabens „Methodische Grundlagen und Kartierungsverfahren für eine Naturraumtypenkarte der DDR im mittleren Maßstab (1:50000 bis 1:200000)", an dem insgesamt sieben Einrichtungen unter Federführung des Instituts für Geographie und Geoökologie der AdW der DDR beteiligt waren. Die Mitarbeit unserer Arbeitsgruppe erstreckte sich nicht nur auf die Beteiligung an der Konzeption des Gesamtprojektes und deren notwendige Straffung, sondern betraf auch die Erarbeitung von Interpretationskarten zur Kennzeichnung von Naturraumpotentialen, von Richtlinien zur Bildung und Kennzeichnung der Kartierungseinheiten, kartographische Lösungsansätze usw. Eine umfangreiche Überführungskonzeption in die Praxis wurde festgelegt.

Als direktes Anwendungsbeispiel dieses Projektes konnten die unwettergefährdeten Gebiete des Bezirkes Dresden ausgewiesen werden. Die Bedeutung dieser und weiterer Arbeiten, auf die hier nicht eingegangen werden kann, geht aus dem zunehmenden Interesse von Staatsorganen und landnutzenden Wirtschaftsorganen an den Arbeiten der Arbeitsgruppe hervor, wobei es u. a. auch um die Entwicklung und Abgrenzung von Landschaftsschutzgebieten geht.

Die Arbeitsgruppe „Limnologie von Trinkwassertalsperren" ist voll in den unter Leitung unseres Mitgliedes Dietrich *Uhlmann* stehenden Wissenschaftsbereich Hydrobiologie der TU Dresden integriert. Dieses Kollektiv hat im Berichtsjahr vorfristig eine größere Arbeit zum Staatsplanthema „Wechselbeziehungen zwischen abiotischen und biotischen Komponenten im Gewässerökosystem" abgeschlossen. Es geht hier nicht nur darum, Wassergütebestimmungen durchzuführen und zu registrieren, sondern auch Methoden zur Bekämpfung von Havariesituationen, z. B. bei Algenbefall, zu entwickeln. Die zahlreichen Talsperren, die zum Schutz vor Hochwasser und als Wasserreservoire angelegt wurden, liefern umfangreiches Studienmaterial, sind aber auch oft Stätten der Praxisanwendung.

Die ehemalige Freiberger Arbeitsgruppe wurde sehr reduziert; mehrere ehemalige Mitarbeiter übernahmen andere Aufgaben. Sie konzentriert sich jetzt unter Leitung von Herrn *Watznauer* und unterstützt durch Herrn *Fröhlich* und seine Arbeitsgruppe an der Bergakademie Freiberg auf die Untersuchungen des geochemischen Verhaltens von Gliedern der Uran-Reihe unter speziellen geologisch-hydrologischen Verhältnissen im Raum Bad Brambach. Die Ergebnisse sollen einmal die medizinische Wirksamkeit der bekannten Radonquelle verbessern, andererseits aber auch der geologisch-geophysikalischen Erkundung dienen.

Die lange Krankheit und der Tod unseres Mitgliedes Friedrich *Wolf* haben die Arbeitsgruppe „Reinigung von Abwässern mit Hilfe von Adsorbentien" stark betroffen. Mit hohem Arbeitseinsatz wurden die Arbeiten weitergeführt, die zwar sämtlich auf der Oberflächenwirkung hochdisperser Systeme beruhen, deren Ergebnisse aber weit über die ursprüngliche Zielstellung hinausgehen. So wurde ein neues Verfahren entwickelt, das die Wiederverwendung verschmutzter Öle ermöglicht; es wurde als Patent eingereicht. Zusätze von Tensiden vergrößern die Durchlässigkeit des Lagerstättengesteins in Erdgaslagern. Umfangreiche Untersuchungen dienten der Optimierung dieses Verfahrens besonders am Rotliegendsandstein. Die Prüfung von Zeolithen als Mittel zur Reinigung von Abwässern wurde fortgesetzt.

Es ist nicht möglich — das ist auch nicht der Sinn dieses Berichtes — alles zu erwähnen, was die SAW in einem Jahr getan hat. Mir kam es darauf an, zu zeigen, daß die Akademie mehr als die Summe ihrer Mitglieder ist. Sie ist eine Vereinigung, in der Verbindungen zwischen den verschiedensten Disziplinen, aber auch mit unterschiedlichen Institutionen geknüpft werden. Das ist ein ständiger Prozeß. Dazu gehört auch der in der Ansprache des Präsidenten erwähnte Vertrag zwischen dem Rat des Bezirkes Leipzig, der Karl-Marx-Universität und der Sächsischen Akademie der Wissenschaften. Wir wollen durch diese Zusammenarbeit Unterlagen schaffen, nach denen die weitere Umgebung Leipzigs nach der Auskohlung gestaltet werden soll. Das ist eine sehr komplexe Aufgabe. Es werden sogenannte Restlöcher bleiben, in denen sich Wasser ansammeln wird, und es geht u. a. auch darum, von vornherein möglichst Wasser hoher Güte zu speichern. Wegen des geringen Wasseraustausches solcher stehender Gewässer müssen die notwendigen Maßnahmen bereits in der Zeit des Abbaues getroffen werden. Hier werden die Erfahrungen der Dresdner Gruppe um Herrn *Uhlmann* nützlich sein, aber auch Geophysiker, Geologen, Meteorologen, Chemiker u. a. sind gefordert. Die Vorbereitung und Auslösung dieser Arbeiten liegt in den Händen von Herrn *Hänsel*, der sich hierbei auf ein breites Hinterland von Fachwissenschaftlern der Karl-Marx-Universität und der Sächsischen Akademie stützen kann.

So verschwinden bei vielen Aufgaben die Grenzen zwischen einzelnen Fachgebieten. Das ist die Frucht der gemeinsamen Arbeit im Plenum und in den beiden Klassen. Aber auch die zeitlichen Maßstäbe verändern sich. Wir stellen uns den Tagesaufgaben, sehen aber — das zeigt gerade das neue Forschungsvorhaben zu Ökologie des Raumes Leipzig — in der Gegenwart in erster Linie den Übergang von der Vergangenheit in die Zukunft und leiten daraus unsere Verantwortung ab.

VERÖFFENTLICHUNGEN DER AKADEMIE IN DEN BERICHTSJAHREN

Jahrbuch 1983—1984. Berlin 1986. 308 S., 6 Tafeln und 4 Abbildungen im Text

Mathematisch-naturwissenschaftliche Klasse

Sitzungsberichte

Band 117

Heft 4: Arnd Bernhardt, Klaus-Dieter Jäger, Karl Mannsfeld, Inge Hartsch: Beiträge zum Problemkreis des Landschaftswandels. 1985. 101 S., 3 Abb., 5 Tabellen, 2 Übersichten.

Band 118

Heft 1: Hans Jürgen Rösler: Geowissenschaften und Geochemie. 1985. 24 S., 11 Abb.

Heft 2: Herbert Beckert: Axiomatik — Mathematik und Erfahrung. 1985. 20 S.

Heft 3: Hermann Berg: Zellfusion, Transformation und Pharmakainkorporation durch Elektrostimulation. 1985. 27 S., 15 Abb.

Heft 4: N. Joachim Lehmann: Die analytische Maschine, Grundlagen einer Computer-Analytik. 1984. 64 S., 5 Abb.

Heft 5: Dietrich Uhlmann: Die anthropogene Eutrophierung der Gewässer — Ein umkehrbarer Prozeß? 1985. 32 S., 16 Abb.

Heft 6: Friedrich Wolf, Magdalena Weise: Der Sirotherm-Prozeß — Ein Verfahren zur rationellen Wasserentsalzung. 1986. 31 S., 12 Abb., 7 Tab.

Heft 7: Ruth Zwicker, Herbert Pührer, Gerhard Plötner, Herbert Jordan, Wolfgang Buchheim: Modellversuche zum Fervoreffekt nach V. Vouk unter biophysikalischen Gesichtspunkten. 1986. 52 S., 14 Abb., 10 Tab.

Band 119

Heft 1: Werner Ries: Methoden und Erkenntnisse der Alternsforschung. 1986. 31 S., 20 Abb.

Heft 2: Heinz Penzlin: Die Erscheinung des Lebendigen in unserer Welt. 1986. 91 S., 10 Abb., 3 Tab.

Heft 3: Hans-Heinz Emons, Hans-Henning Walter: Historische Entwicklung und zukünftige Tendenzen der Siedesalz-Produktion unter besonderer Berücksichtigung der ehemaligen Salinen im sächsisch-thüringischen Raum. 1986. 42 S., 19 Abb., 4 Tab.

Abhandlungen

Band 56

Heft 2: Wolfgang Horlbeck, Hans-Heinz Emons: Spektroskopische Methoden zur Charakterisierung geschmolzener Salze. 1985. 66 S., 26 Abb., 24 Tab.

Heft 3: Kirsten Pollmer, Hans-Heinz Emons: Ein Beitrag zur Koordinationschemie konzentrierter Elektrolytlösungen. 1986. 107 S., 28 Abb., 28 Tab.

Sitzungsberichte

Band 125

Heft 3: Eberhard Poppe: Universalität der Menschenrechte — Idee und Realität. 1985. 20 S.

Heft 4: Rudolf Forberger: Vom künstlerisch gestalteten Hartporzellan Böttgers zum technischen Porzellan im 19. Jahrhundert. 1985. 30 S., 4 Taf.

Heft 5: Gerhard Dudek: „Die Brüder Karamasow" — Zur Struktur der Romane F. M. Dostojewskis. 1985. 45 S.

Heft 6: Ulrich Ricken: Probleme des Zeichens und der Kommunikation in der Wissenschafts- und Ideologiegeschichte der Aufklärung. 1985. 63 S.

Band 126

Heft 1: Eberhard Brüning: Ernest Hemingway — Humanist und Antifaschist. 1985. 36 S.

Heft 2: Ernst Ullmann: Von der Macht der Bilder — Kunst und Reformation. 1985. 25 S., 16 Taf.

Heft 3: Erich Donnert: Neue Wege im russischen Geschichtsdenken des 18. Jahrhunderts. 1985. 73 S.

Heft 4: Albrecht Neubert: Dichtung und Wahrheit des zweisprachigen Wörterbuchs. 1986. 23 S.

Heft 5: Hans Hiebsch: Probleme der „sozialen Kognition". 1986. 29 S.

Heft 6: Detlef Döring: Die Beziehungen zwischen Johannes Kepler und dem Leipziger Mathematikprofessor Philipp Müller. Eine Darstellung auf der Grundlage neuentdeckter Quellen und unter besonderer Berücksichtigung der Astronomie an der Universität Leipzig. 1985. 54 S., 1 Farbtafel.

Heft 7: Sybille Blum: Wortschatz und Übersetzungsleistung in den althochdeutschen Canonesglossen. Untersuchungen zur Handschrift Frankfurt am Main Ms. Barth. 64. 1986. 93 S.

Band 127

Heft 1: Rolf Lieberwirth: Das sächsisch-magdeburgische Recht als Quelle osteuropäischer Rechtsordnungen. 1986. 34 S.

Abhandlungen

Band 71

Heft 1: Friedrich Möbius: Buticum in Centula. Mit einer Einführung in die Bedeutung der mittelalterlichen Architektur. 1985. 71 S., 35 Abb.

Heft 2: Ernst Eichler, Hans Walther (Hrsg.); Johannes Schultheis (Redakt.): Onomastica Slavogermanica XV. 208 S., 3 Karten.

Heft 3: Karl Czok (Hrsg.): Wissenschafts- und Universitätsgeschichte in Sachsen im 18. und 19. Jahrhundert. Nationale und internationale Wechselwirkung und Ausstrahlung. Beiträge des internationalen Kolloquiums zum 575. Jahr der Universitätsgründung am 26. und 27. Nov. 1984 in Leipzig. 1986. 243 S., 7 Abb.

VERÖFFENTLICHUNGEN VON AKADEMIEMITGLIEDERN IN DEN JAHREN 1985 UND 1986

Mathematisch-naturwissenschaftliche Klasse

Beckert, Herbert: Über einen numerischen Zugang zur Lösungs- und Eigenwerttheorie von elliptischen Systemen partieller Differentialgleichungen. In: ZAMM *65* (1985) 11, S. 569–575.
– The Bending of Plates and Their Stability Region. In: ZAMM *66* (1986) 9, S. 413–419
– Axiomatik – Mathematik und Erfahrung. Berlin 1985. 20 S., 3 Abb. (= Sitzungsber. SAW, math.-nat. Kl. Bd 118, Heft 2).
– Nachruf auf Eberhard Hopf. In: Jahrbuch der SAW *1983–1984* (Berlin 1986) S. 238–241.
– [Hrsg. u. Red. d. Übers.] Visik, Fursikov: Mathematische Probleme der statistischen Hydrodynamik. Mathematik und ihre Anwendungen in Physik und Technik. Leipzig 1986. 428 S.

Benetin, Ján u. V. Novák, A. Šoltész: Intercepcia a jej vplyv na vodnú bilanciu vegetačnej pokrývky (Rain Interception and its Influence on Water Balance of the Vegetation Cover) In: Vodohosp. Čas. *34* (1986) č. 1, S. 3–24.
– u. A. Šoltész, V. Štekauerová: Bilančný matematický model na podrobnú analýzu časovej variability zložiek vodného režimu pôd (Balance Mathematical Model for Detail Analyzis of the Time Variability of the Soil Water Regime Components). Ebda *33* (1985) č. 6, S. 585–609.
– Výsledky československej hydrológie v oblasti výskumu a trendy jej dalšieho vývoja (Results of the Czechoslovak Hydrology in the Research Field and Trends on its Development in the Years a head). Ebda *33* (1985) č. 4, S. 354–364.
– u. A. Šoltész, J. Antal: Výskyt a množstvo priesaku zrážkovej vody do podzemnej vody (Occurence and Amount of Precipitation Seepage into Groundwater). Ebda *34* (1986) č. 4, S. 399–414.
– u. A. Šoltész: Analyzis and Prognosis of the Soil Water Regime with the Application of the Mathematical Balance Model. Inter. Conf. on Hydrological Processes in Catchment, Cracow 1986.
– Development Trends of Exploitation and Integrated Land Use in Rural Areas. X-Congres of the International Association of Hydrogeologist. Karlovy Vary, ČSSR, 1986.
– u. V. Novák: Regulácia vodného režimu Východoslovenskej nížiny (Regulierung des Wasserregimes des Bodens auf der Ostslowakischen Ebene). Rep. Konf. „Die Erfolge der landwirtschaftlichen Forschung und ihre Realisierung auf der Ostslowakischen Ebene". Michalovce 1985.

Berg, Hermann: Zellfusion, Transformation und Pharmainkorporation durch Elektrostimulation. Berlin 1985. 27 S., 15 Abb. (= Sitzungsber. der SAW, math.-nat. Kl., Bd 118, H. 3).
– Electromagnetic field effects on cell membranes and cell metabolism. Proc. of the UNESCO Forum on „Electrochemistry in Research and Development". Eds.: R. Kalvoda, R. Parsons. June 3–6, 1984 in Paris, France. In: Plenum Press. New York 1985. S. 227–241.
– Comprehensive treatise on electrochemistry. Eds.: S. Srinivasan, Yu. Chizmadzhev, J. Bockris, B. Conway, E. Yeager. Vol. 10, Bioelectrochemistry, Chapter 3: „Electrochemistry of biopolymers." In: Plenum Press. New York and London (1985) S. 189–229.
– u. E. Bauer, F. A. Gollmick, W. Diezel, F. Böhm, H. Meffert, N. Sönnichsen: Photodynamic hematoporphyrin therapy of psoriasis. In: „Photodynamic Therapy of Tumors and other Diseases." Eds.: Giulio Jori, Carlo Perria, Padua (Italien) 1985. Editioni Libreria Progetto. S. 338–343.

— u. H.-E. Jacob, E. Bauer: Effects of electric and electromagnetically induced fields on membranes and metabolism. In: studia biophysica *110* (1985) Nr. 1—3, S. 143—148.
— u. U. Fiedler, J. Flemming, G. Horn: Corresponding electrode processes of nucleic acids, proteins and nucleoproteins. In: Bioelectrochemistry and Bioenergetics *14* (1985) S. 417—423.
— A. Walter, U. Katenkamp, F. A. Gollmick, E. Stutter, W. Ihn, U. Fiedler, V. Sedova, W. Förster, H. Berg: Anthracycline antibiotics — nucleosome interactions. In: studia biophysica *104* (1984) Nr. 1—3, S. 79—90.
— Electroreduction of antitumor anthracyclines — a model for their metabolic degradation. In: Abstract volume of the Intern. Symposium on New Trends in Polarography and related Techniques. Fermo, Italy 1986. S. 68—69.
— Electrofusion and electrotransformation of cells and electrostimulation of microbiological metabolism. In: Abstract volume of the XIth Jena Symposium on Biophysical Chemistry: Bioelectrochemistry in Biotechnology (1986).
— Photopolarography — principles and development. In: Abstract volume of the Intern. Symposium on New Trends in Polarography and Related Techniques. Fermo, Italy 1986. S. 16—18.
— Electrofusion of microorganisms and electrostimulation of their metabolism. In: Abstract volume of the first Intern. School Electromagnetic Fields and Biomembranes. Pleven 1986. S. 45—47.
— Polarographic modelling of metabolic processes of cancerostatic anthracyclines. In: Review of Polarography *32* (1986) S. 4—5.
— Resultate und Trends des XI. Jena Symposiums (22.—27. 10. 1986) „Bioelektrochemie in der Biotechnologie". In: Informationsblatt der Ges. f. phys. und math. Biologie *4* (1986) S. 8—12.
— u. H.-E. Jacob, E. Bauer: Stimulation of yeast metabolism by pulsatile electromagnetically induced currents (PEMIC). In: Transaction of the 6th Annual Meeting of the Bioelectrical Repair and Growth Soc. *6* (1986) S. 19.
— u. G. Horn, H.-E. Jacob, U. Fiedler, U. Luthardt, D. Tresselt: Polarographic modelling of metabolic processes of cancerostatic anthracyclines. In: Bioelectrochem. and Bioenergetics *16* (1986) S. 135—148.
— E. Bauer, H.-H. Große, H. Berg, H.-E. Jacob: Fermentationsverfahren. In: WP A 6 1 B/ 263 8133 (1986).
— K. Richter, H. Berg: Ritters Leben und Werk. J. W. Ritter — Entdeckungen zur Elektrochemie, Bioelektrochemie und Photochemie. Leipzig 1986. 40 S. (= Ostwalds Klassiker der exakten Wissenschaften, Bd. 271).
— A. Kurischko, H. Berg: Electrofusion of rat and mouse blastomeres. In: Bioelectrochem. and Bioenergetics *15* (1986) S. 513—519.
— H.-H. Emons, H. Berg: Nachruf, Kurt Schwabe. In: Jahrbuch der SAW *1983—1984* (Berlin 1986) S. 193—218.

Blinc, Robert and D. C. Ailion, J. Dolinšek, S. Žumer: Commensurability and Defect-Induced Phason Gaps in Incommensurate Systems. In: Phys. Rev. Letters *54* (1985) S. 79—81.
— Incommensurate Ferroelectrics. In: Proceedings of the International Conference on „Charge Density Waves in Solids", Budapest 1984. In: Lecture Notes in Physics, Ed. Gy. Hutiray and J. Solyom, 1985, p. 461—467.
— u. B. Marin, J. Pirš, J. W. Doane: Time Resolved NMR Study of Self-Diffusion in the Cholesteric Phase. In: Phys. Rev. Letters *54* (1985) S. 438—440.
— u. P. Cevc, N. I. Silkin: EPR Study of the Pseudo-one-Dimensional Ferroelectric Phase Transition in Tl^{2+} Doped CsH_2PO_4. In: Phys. Stat. Sol (b) *127* (1985) Kl 47—Kl 49.
— E. Hadjoudis, I. Moustakali-Mavridis, F. Milia, J. Seliger, R. Blinc and V. Žagar: Nuclear Quadrupole Resonance Studies of Schiff Bases. In: Bull. Magn. Reson. *6* (1985) S. 116—122.
— A. Levstik, C. Filipič, P. Prelovšek, R. Blinc and L. A. Shuvalov: Existence of a Lifshitz Point in Incommensurate $RbH_3(SeO_3)_2$. In: Phys. Rev. Letters *54* (1985) S. 1567—1569.
— u. J. Seliger, S. Žumer: NMR in Incommensurate Systems: Non-Local Effects. In: J. Phys. C.: Solid State Phys. *18* (1985) S. 2313—2330.

— u. S. Žumer, D. C. Ailion, J. Nicponski: NMR Spectra and Relaxation in Incommensurate Systems in the Presence of a Devil's Staircase. In: J. Physique *46* (1985) S. 1205—1209.
— R. Pirc, B. Tadić and R. Blinc: Tunnelling Model of Proton Glasses. In: Z. für Physik B — Condensed Matter *61* (1985) S. 69—74.
— and J. Seliger: Soliton Density and Intensity of Commensurate Magnetic Resonance Lines in Incommensurate Systems. In: Solid State Commun. *56* (1985) S. 295—298.
— M. Pham-Thi, Ph. Colomban, A. Novak and R. Blinc: Phase Transitions in Superionic Protonic Conductors $CsHSO_4$ and $CsHSeO_4$. In: Solid State Commun. *55* (1985) S. 265—270.
— and P. Cevc, J. Seliger, M. Koren, N. Silkin: EPR of Tl^{2+} Doped Incommensurate K_2SeO_4. In: Phys. Stat. Sol. (b) *131* (1985) K 167—K 172.
— The Observation of Phase Solitons in Incommensurate Insulators. In: Proceedings of the 3rd International School on Condences Matter Physics „Non-Linear Phenomena in Solid State Physics", Varna, Bolgaria, Sept. 1984, Ed. M. Borissov, World Sci. Publ. Co. Singapore 1985, p. 131—158.
— Phasons in Incommensurate Phases. In: Proceedings of the RAMIS-85 Conference „Radio an Microwave Spectroscopy", Poznań 1985, Ed. N. Pislewski, University A. Mickiewicz, Poznań, Poland, Seria Fizyka nr 54, p. 9—16.
— u. V. Rutar, B. Topič, F. Milia, Th. Rasing: Soliton Density in Rb_2ZnBr_4. In: Phys. Rev. B *33* (1986) S. 1721—1726.
— u. V. Rutar, J. Dolinšek, B. Topič, F. Milia, S. Žumer: NMR Observation of Phasons and Amplitudons in Incommensurate Phases. In: Ferroelectrics *66* (1986) S. 57—71.
— ^{17}O NQR and the Mechanism of the Phase Transition in KH_2PO_4 Type H-bonded Systems. In: Z. Naturforsch. *41* a (1986) S. 249—255 (= Proc. of the VIII Int. Symposium of NQR, Darmstadt 1985).
— u. B. Žekš, P. Prelovšek, A. Levstik, C. Filipič, T. Carlsson, I. Muševič: Incommensurate-Commensurate Transitions in Solid and Liquid Crystalline Ferroelectrics in External Fields. In: Jap. Journal of Applied Physics *24*, Suppl. 24—25 (1985) S. 65—69. (= Proc. of the Sixth Int. Meeting on Ferroelectricity IMF-6, Kobe, Japan 1985).
— u. J. Dolinšek, P. Prelovšek, K. Hamano: Phason Gap in Substitutionally Disordered Incommensurate Systems. In: Phys. Rev. Letters *56* (1986) S. 2387—2390.
— u. V. Rutar, B. Topič, S. Žumer, J. Seliger, I. P. Aleksandrova, F. Milia: NMR Determination of the Soliton Density in Incommensurate Systems. In: J. Phys. C: Solid State Phys. *19* (1986) S. 3421—3432.
— Magnetic Resonance in Systems with Fractal Geometry. In: Proceedings of the 7th Specialized Colloque AMPERE „New Developments in Nuclear Magnetic Resonance and Magnetic Resonance and Quantum Electronics", Bucharest 1985, Ed. I. Ursu and K. H. Hausser, CIP Press Romania 1986, p. 93—107.
— u. J. Slak, B. Ložar, S. Žumer: Cluster Distribution in Paraelectric KH_2AsO_4. I. Dispersion of Proton Spin-Lattice Relaxation Time. In: Phys. Rev. B *34* (1986) S. 3108—3111.
— u. M. Koren, J. Slak, V. Rutar, S. Žumer, J. L. Bjorkstam: Cluster Distribution in Paraelectric KH_2AsO_4. II. ^{75}As Spin-Spin and Spin-Lattice Relaxation. Ebda S. 3112—3119.
— u. D. C. Ailion, B. Günther, S. Žumer: Nuclear Magnetic Resonance in Random Fields: Cluster Formation and Local Dynamics of a Deuteron Glass. In: Phys. Rev. Letters *57* (1986) S. 2826—2829.
— u. P. Prelovšek, V. Rutar, J. Seliger, S. Žumer: Experimental Observations of Incommensurate Phases, published as a chapter in the book Incommensurate Phases in Dielectrics. Editors R. Blinc and A. P. Levanyuk. 1. Fundamentals, North-Holland, Amsterdam 1986, pp. 143—276.

Busch, Karl-Franz: Beitrag 15: Wasserwirtschaft. In: Bautechnische Berechnungstafeln für Ingenieure. Hrsg. von H. Pörschmann. Leipzig 1986. 21. Aufl. S. 15. 1.—15. 33.

Dörter, Klaus: Aspekte der Bewässerung aus der Sicht der Landeskultur. In: Tag.-Ber., Akad. Landwirtsch.-Wiss. DDR (1985) 231, S. 147—158.

– Hinweise zum Erosionsschutz durch biologische Böschungsstabilisierung bei der Tagebaurestlochgestaltung im Geiseltal bei Halle a. d. Saale. In: Hercynia NF *22* (1985) 4, S. 401–411.
– Probleme der Landwirtschaft in Kur- und Erholungsgebieten. In: Nutzung des landschaftlichen Erholungspotentials in Kur- und Erholungsgebieten. Hrsg. vom Forschungsinstitut für Balneologie und Kurortwissenschaft. Bad Elster 1985. S. 24–27.
– Landeskulturelle Aspekte landwirtschaftlicher Meliorationen. In: Hercynia NF *23* (1986) 4, S. 434–438.
– u. Mitautoren: Landwirtschaftliche Meliorationen. Pflanzenproduktion. 1. Aufl. Berlin 1986. 316 S., 128 Abb. (= Hochschullehrbuch).

Dürwald, Wolfgang: L. C. J. Mende: Ausführliches Handbuch der gerichtlichen Medizin. Leipzig 1819. Reprint der Originalausgabe. Mit e. Nachw. v. W. Dürwald. Leipzig 1984. 569 S.
– Gerichtliche Medizin. 2. überarb. Aufl. Leipzig 1986. 324 S., 136 Abb. u. 21 Tab.
– [Hrsg.] E. Stelzer, O. Prokop u. W. Dürwald: Kriminalistik und forensische Wissenschaften H. 57/58 (Berlin 1985) 190 S.; H. 59/60 (Berlin 1985) 183 S.; H. 61/62 (Berlin 1986) 232 S.; H. 63/64 (Berlin 1986) 245 S. (= Schriftenreihe für Theorie und Praxis der sozialistischen Kriminalistik und der forensischen Wissenschaften, zugleich Organ der Gesellschaft für gerichtliche Medizin der DDR).
– Internationale Zusammenarbeit bei Katastrophen. In: Rechtsmedizin und Grenzgebiete – Festschrift zum 60. Geburtstag von Prof. Dr. Werner Janssen. Bremen 1985. S. 83–85.
– Probleme der Abgrenzung der Verantwortlichkeit bei der Konsiliartätigkeit. In: Medico-Juridica *VI* (Olomouc 1986) S. 143–145.
– G. Petraneck, W. Dürwald u. R.-D. Schmidt: Die Bedeutung der Geruchsspur für die Identifizierung bei Massenunfällen. In: Kriminalistik und forensische Wissenschaften 1986, H. 61/62, S. 139–140.
– B. Weigel, J. Ziegen, H. Hunger u. W. Dürwald: Beziehungen zwischen maligner Hyperthermie und „human stress syndrome". Ebda H. 63/64, S. 19–24.
– R. K. Müller, H.-J. Wehran, F.-W. Grasemann, R. Herzschuh u. W. Dürwald: Zum massenspektrometrischen Nachweis von Herzglykosiden (Cardenoliden). Ebda S. 152–155.
– A. Du Chesne, A. Naumann, J. Gedschold, W. Göhler u. W. Dürwald: Untersuchungen zur Kopplung von Blutgruppen und Cystischer Fibrose an informativen Familien. Ebda S. 88–93.
– Rechtliche und ethische Fragen der Organtransplantation. In: Heilberufe *38* (1986) H. 7, S. 263 bis 265.

Emons, Hans-Heinz: Wolfgang Horlbeck und Hans-Heinz Emons: Spektroskopische Methoden zur Charakterisierung geschmolzener Salze. Berlin 1985. 66 S., 26 Abb., 24 Tab. (= Abh. der Sächsischen Akademie der Wissenschaften, math.-nat. Kl. Bd 56, H. 2).
– Aufgaben und Verantwortung des Hochschullehrers bei der Entwicklung besonders begabter und leistungsfähiger Studenten. In: Das Hochschulwesen *33* (1985) 1, S. 11–13.
– Salzhydrat-Schmelzen, Struktur-Eigenschaften-Anwendung. In: WZ TH Leuna-Merseburg *27* (1985) 6, S. 664–677.
– u. S. Groß: Zum Einfluß gelöster Salze auf die Sauerstoff-Isotopenverteilung bei Eindunstungsprozessen. In: Z. phys. Chem. *266* (1985) 2, S. 405–414.
– u. K. Pollmer: Studies on Systems on Salts and Mixed Solvents. XXXI. On the Solubility and Solvation Behaviour of Magnesium Chloride in Mixed Aqueous Organic Solvents. In: Z. anorg. allg. Chem. *521* (1985) S. 224–230.
– u. H.-H. Walter: Zur historischen Entwicklung der Technologie der Siedesalzerzeugung seit dem 16. Jahrhundert. In: Chem. Techn. *37* (1985) 8, S. 319–322.
– u. W. Horlbeck, D. Kießling: Elektrische Leitfähigkeiten geschmolzener Mischungen aus Alkalimetall- und Erdalkalimetallhalogeniden. In: Z. anorg. allg. Chem. 522 (1985) S. 202–206.
– W. Voigt, T. Fanghänel und H.-H. Emons: Zur Bestimmung von Fest-Flüssig-Gleichgewichten in hochkonzentrierten Salz-Wasser-Systemen bei Temperaturen bis 250 °C. In: Z. phys. Chem. *266* (1985) 3, S. 522–528.

– u. G. Wolf, C. Kropp: Spezifische Wärmen, partielle molare und scheinbare partielle molare Wärmekapazitäten im System K^+, $Mg^{2+}[Cl^-]$ / H_2O bei 298,15 K. In: Z. phys. Chem. NF *142* (1984) S. 179–190.
– A. König, Anita König und H.-H. Emons: Bestimmung kinetischer Parameter der Auflösung und der Kristallisation bei quasiisothermer, diskontinuierlicher Versuchsdurchführung mittels Kalorimetrie. In: Chem. Techn. *37* (1985) 7, S. 283–286.
– u. F. Birkeneder, K. Pollmer u. G. Kabisch: Untersuchungen an Systemen aus Salzen und gemischten Lösungsmitteln. XXXII. Zur Solvatation von Kationen (Li^+, Mg^{2+}, Al^{3+}) in N,N'-Dimethylformamid-Wasser-Gemischen (Ramanspektroskopische Untersuchungen an konzentrierten Elektrolytlösungen). In: Z. anorg. allg. Chem. *521* (1985) S. 231–239.
– u. K. Pollmer, G. Kabisch und E. Kalman: The Solvation of Al^{3+} in Methanol-Water-Mixtures. A Raman Spectroscopy Study. In: Z. phys. Chem. *266* (1985) 3, S. 553–560.
– u. T. Pohl, R. Naumann, H. Voigt: Der Zersetzungsdruck der Probe unter den Bedingungen der quasiisothermen und quasiisobaren Thermogravimetrie. In: Wiss. Beiträge Friedrich-Schiller-Universität Jena (1985) 3, S. 65–68.
– u. H.-H. Walter: Mit dem Salz durch die Jahrtausende. 2., durchgesehene Aufl. Leipzig 1986. 226 S., 190 Abb., 3 Tab.
– u. H.-H. Walter: Historische Entwicklung und zukünftige Tendenzen der Siedesalz-Produktion unter Berücksichtigung der ehemaligen Salinen im sächsisch-thüringischen Raum. Berlin 1986. 42 S. (= Sitzungsberichte der Sächs. Akademie der Wissenschaften, math.-nat. Kl. Bd 119, H. 3).
– K. Pollmer und H.-H. Emons: Ein Beitrag zur Koordinationschemie konzentrierter Elektrolytlösungen. Berlin 1986. 107 S., 28 Abb., 28 Tab., 281 Lit. (= Abh. der Sächs. Akademie der Wissenschaften, math.-nat. Kl. Bd 56, H. 3).
– Salzhydratschmelzen – Bindeglied zwischen Elektrolytlösungen und Salzschmelzen. In: Ö. Chem. Z. (1986) 1, S. 3–9.
– u. H.-H. Walter: Die Siedesalzproduktion in Deutschland vom 16. bis zum 19. Jahrhundert – eine Übersicht. In: Der Anschnitt *38* (Bochum 1986) 1, S. 27–44.
– H.-H. Walter und H.-H. Emons: Salinenwesen und chemische Industrie im 19. Jahrhundert. In: Schriftenreihe für Geschichte der Naturwissenschaften, Technik und Medizin *23* (Leipzig 1986) 2, S. 65–73.
– R. Naumann und H.-H. Emons: Salzhydrate als Latentwärmespeichermaterialien. In: Sitzungsberichte AdW der DDR *3N* (1986) S. 31–44.
– u. T. Fanghänel, W. Voigt: Salzhydratschmelzen – ein Bindeglied zwischen Elektrolytlösungen und Salzschmelzen. Ebda S. 5–30.
– u. W. Voigt, F.-W. Wollny: Dampfdruckmessungen am System $MgCl_2$–H_2O. In: Z. phys. Chem. *267* (1986) 1, S. 1–8.
– T. Fanghänel, W. Voigt und H.-H. Emons: Apparatur zur Bestimmung von Fest-Flüssig-Phasengleichgewichten in hochkonzentrierten Salz-Wasser-Systemen. In: FFH, Reihe A, *A 726* (1986) S. 60–61.
– u. G. Wolf, C. Kropp: Enthalpies of Crystallization of halogenides. Part 2: Investigation of binary systems. In: Thermochim. Acta *104* (1986) S. 139–145.
– u. G. Wolf, C. Kropp: Enthalpies of Crystallization of halogenides. Part 3: Investigation of ternary systems. Ebda S. 147–152.
– u. F. Birkeneder, K. Pollmer: Untersuchungen an Systemen aus Salzen und gemischten Lösungsmitteln. XXXIII. On the Solvation of Cations (Li^+, Mg^{2+}, Al^{3+}) in Dimethylsulphoxide-Water-Mixtures (Raman Spectroscopic Investigations into Concentrated Elektrolyte Solutions). In: Z. anorg. allg. Chem. *534* (1986) S. 175–187.
– A. König, H.-H. Emons und V. Nötel: Untersuchungen zur Auflösekinetik von Kaliumchlorid im Vielteilchenprozeß bei höheren Triebkräften. In: FHH, Reihe A, *A 726* (1986) S. 20–28.
– u. R. Naumann, T. Pohl und H. Voigt: Vergleichende Untersuchungen des thermischen Verhaltens von Carnallit und Bischofit. Ebda S. 40–51.

— u. R. Naumann, T. Pohl, H.-J. Flammersheim: Die Anwendung der quantitativen DTA zur Bestimmung von Bischofit bei Anwesenheit von Carnallit. Ebda S. 52—59.

— u. W. Voigt, G. Wolf, D. Grütte: Enthalpy of Mixing of Hydrated Melts. II. Evidence for an Endothermic Step in the Chlorocomplex Formation of Zinc. In: J. Solution Chem. *15* (1986) 9, S. 717—725.

— u. R. Naumann, W. Voigt, W. Stocklöw, W. Ahrens: The Application of Glauber Salt in a New Type of a Latent Heat Storage Unit. In: J. Energy Research *10* (1986) S. 69—74.

— W. Stocklöw, W. Ahrens, H.-H. Emons, R. Naumann und W. Voigt: Dynamischer Latentwärmespeicher GLS 30. In: Heizung, Lüftung, Haustechnik (1986) 5, S. 247—249.

— u. R. Naumann, K. Jahn, H.-J. Flammersheim: Thermal Properties of Acetamide in the Temperature Range from 298 K to 400 K. In: Thermochim. Acta *104* (1986) S. 127—137.

Fanghänel, Egon u. a.: Organikum — Organisch-chemisches Grundpraktikum. 16., bearb. Aufl. Berlin 1986. 751 S., 175 Abb., 210 Tab., 1 Beilage.

— u. a.: Lehrwerk Chemie. Einführung in die Laboratoriumspraxis. AB 0, 4. unveränderte Aufl. Leipzig 1986. 296 S., 159 Abb., 57 Tab.

— u. G. Schukat: Organische Verbindungen mit hoher elektrischer Leitfähigkeit. 51 S., 32 Abb. u. 8 Tab. (= Sitzungsber. AdW der DDR, 6/N, 1985).

— u. R. Radeglia, H. Mohammed, A. M. Richter: Zur Chlorierung von N-Aryl-2,4-dimethyl-buta-1,3-1,4-sultamen. In: J. prakt. Chem. *326* (1984) S. 545—555.

— K. Behrmann, E. Birckner u. E. Fanghänel: Fluoreszenzverhalten von Polymethinfarbstoffen mit verbrückten Ketten. Ebda S. 1034—1036.

— u. J. Kriwanek, W. Ortmann, I. L. Bagal, N. W. Lebedeva, A. V. El'cov: Elektrochemische Reduktion und Azokupplung kernchlorierter p-Dimethylaminobenzendiazoniumsalze — Hammett-Korrelationen. In: J. prakt. Chem. *327* (1985) S. 80—84.

— u. J. Kriwanek, W. Mörke: EPR-Untersuchungen kernchlorierter 4-Dimethylaminophenylkationen. Ebda S. 117—120.

— D. Ströhl, R. Radeglia, J. Brunn, J. Kriwanek u. E. Fanghänel: Zuordnung der ^{13}C-NMR-Spektren von Cl-substituierten 4-Nitro-N,N-dimethylanilinen. Ebda S. 161—164.

— u. M. S. Akhlaq, N. Großmann: Untersuchungen zur Hydrolysestabilität von 4-Arylmethyliden-2-pyrazolin-5-onen. Ebda S. 209—219.

— u. H. Mohammed, A. M. Richter, R. Radeglia: Iodierung von N-Aryl-2,4-dimethyl-buta-1,3-dien-1,4-sultamen. Ebda S. 428—432.

— J. Mistol, N. Großmann, H. Pietsch u. E. Fanghänel: ^{1}H-, ^{13}C- und ^{15}N-NMR-Untersuchungen zur Tautomerie von Bispyrazolonen vom Typ der 4,4'-Methyliden-bis-(3-stearoylamino-1-phenylpyrazolin-5-one). Ebda S. 371—382.

— u. R. Radeglia, K.-H. Bedemann, H. Mohammed, J. Kriwanek u. P. Steinmüller: Zur Reaktion von N-Aryl-2,4-dimethyl-buta-1,3-dien-1,3-sultamen mit Tetracyanethylen; ^{1}H-, ^{13}C- und ^{15}N-spektroskopische Charakterisierung der Tetracyan-ethylierungs- und Tricyan-vinylierungsprodukte. Ebda S. 627—632.

— G. Schukat u. E. Fanghänel: Tetrathiafulvalene. XXII. Redox- und spektroskopische Eigenschaften von Tetrathiafulvalenen (TTF) und Tetraselenafulvalenen (TSF) sowie deren Mono- und Dikationen. Ebda S. 767—774.

— u. Y. Keita, R. Radeglia: Sensibilisierte Fotooxidation und ^{13}C-NMR-spektroskopische Untersuchung von 5,6-Dihydrodicyclopentadien-Derivaten. Ebda S. 837—846.

— W. Ortmann, B. Winnig u. E. Fanghänel: Fotochemische Primärprozesse von Xanthenfarbstoffen. V. Untersuchungen zum Mizelleinfluß auf die fotochemischen Primärprozesse von Erythrosin. J. prakt. Chem. *328* (1986) S. 81—88.

— u. M. S. Akhlaq, N. Großmann, U. Willscher: Zur Umkupplung von 4-Arylazo-2-pyrazolin-5-onen mit p-Chinondiiminkationen. Ebda S. 275—283.

— E. Bauwe, A. M. Richter, G. Rasch, E. Fanghänel u. T. Weller: MO-Berechnungen zu Struktur- und Bindungsverhältnissen von isomeren Tetrakohlenstoff-hexasulfiden C_4S_6. In: Z. Chem. *24* (1984) S. 418—419.

– u. K. Behrmann, E. Bauwe, J. B. Kyziol, W. Waclawek: Bildung von 8,16-Dialkyl-diindolo-[3,2-a,d]phenazinen aus Nitro- bzw. Azocarbazolen. Ebda S. 286–287.
– W. Ortmann u. E. Fanghänel: Fotochemische Primärprozesse von Xanthenfarbstoffen; Zum Mizelleinfluß auf die sensibilisierte Fotolyse von Arendiazoniumsalzen. In: Z. Chem. *25* (1985) S. 109–110.
– J. Fernandez Bertran, M. Hernandez u. E. Fanghänel: Estudio de la Vibración de Valencia Simétrica del Grupo NO_2 en p-NO_2 Anilinas Orto Disustituidas. In: Revistas Ciencias Quimicas *15* (1984) S. 147–154.
– J. Magraner, A. Rosado, H. Velez u. E. Fanghänel: Espectrometria de masa de algunos acetales y cetales ciclicos derivados del cis-Glicol del endo-Dihydrodiciclopentadieno. Ebda S. 31–41.
– u. W. Ortmann: Fotochemische Reaktionen im mizellaren Medium. In: Wiss. Zeitschr. TH Leuna–Merseburg *27* (1985) S. 44–53.
– A. M. Richter u. E. Fanghänel: Organische Elektronenleiter und Vorstufen III. Synthese von 3H,6H-1,2-Dithiolo[4,3-c]1,2-dithiol-3,6-dithion aus Perchlorbutadien. In: Sulfur Letters *3* (1985) S. 25–27.
– u. M. S. Akhlaq, N. Großmann: Kinetics and Mechanism of the Reaction between 4,4'-Arylmethylidene-bis-2-pyrazoline-5-ones and Quinonedimines. In: Photographic Science *34* (1986) S. 15–18.
– Chemie – friedliche Nutzung und Mißbrauch. In: Mitt.-bl. Chem. Ges. DDR *33* (1986) S. 98–100.
– Informationen des DDR-Komitees für wissenschaftliche Fragen der Sicherung des Friedens und der Abrüstung 1 (1986) S. 21–26.
– Neujahrsgruß des Vorsitzenden der Chemischen Gesellschaft der DDR. In: Mitt.-bl. Chem. Ges. DDR *33* (1986) S. 2.

Patentpublikationen

A. Richter, E. Fanghänel, M. Kuprat: Verfahren zur Herstellung von Poly-organylseleno-polyacetylenen. Patentschrift 238 614 vom 27. 8. 86
J. Böckelmann, E. Fanghänel, N. Großmann: Verfahren zur Herstellung von 2,3-Dihydrobenzo-[b]-furanderivaten. Patentschrift 237 164 vom 2. 7. 86
N. Großmann, A. Weise, B. Winnig, E. Fanghänel: Verfahren zur Herstellung substituierter Pyrazolid-3-on-azomethinimine. Patentschrift 236 526 vom 11. 6. 86
E. Fanghänel, A. M. Richter: Verfahren zur Herstellung von 3H,6H-1,2-Dithiolo[4,3-c]1,2-dithiol-3,6-dithion. Patentschrift 236 734 vom 18. 6. 86
E. Fanghänel, A. M. Richter: Verfahren zur Herstellung von iodierten 1,1-Dioxo-1,2-thiazinen. Patentschrift 236 733 vom 18. 6. 86
N. Proske, A. Richter, E. Fanghänel: Verfahren zur Herstellung von 3-Heterocycliden-2,3-diazaprop-1-en-1-yl-arendiazoniumsalzen. Patentschrift 236 309 vom 4. 6. 86
A. M. Richter, E. Fanghänel, N. Beye: Verfahren zur Herstellung von Poly-organylthio-polyacetylenen. Patentschrift 235 654 vom 14. 5. 86
N. Großmann, E. Pasbrig, E. Fanghänel, B. Walczak: Verfahren zur Herstellung von neuen Schwefel-Yliden. Patentschrift 234 670 vom 9. 4. 86
E. Pasbrig, E. Fanghänel, N. Großmann, B. Walczak: Verfahren zur Herstellung von neuen Phosphor-Yliden. Patentschrift 234 680 vom 9. 4. 86
D. Plaschnick, J. Böckelmann, R. Gragert, N. Großmann, E. Fanghänel, M. Schmook: Fotografisches Silberhalogenidmaterial, das Härtungsmittel enthält. Patentschrift 232 564 vom 29. 1. 86
W. Herrmann, E. Fanghänel, A. M. Richter, E.-J. Poppe: Verfahren zur Entwicklung von kontrastreichen fotografischen Halogensilberemulsionen. Patentschrift 139 318 vom 18. 12. 85
E. Fanghänel, A. M. Richter, C. Tschötsch, R. Watzke: Einkomponentendiazotypiematerial. Patentschrift 229 515 vom 6. 11. 85
B. Winnig, N. Großmann, E. Fanghänel, J. Leistner, U. Penzel, R. Petrick, K.-H. Müller, J. Vohr: Verfahren zur Herstellung von reinem 2,4,6-Trichloranilin. Patentschrift 226 878 vom 4. 9. 85

A. Weise, N. Großmann, E. Fanghänel, B. Winnig: Lichtempfindliches farbfotografisches Silberhalogenidmaterial. Patentschrift 224 974 vom 17. 7. 85
N. Großmann, A. Weise, R. Redmann, R. Wieckert, E. Fanghänel, H. Jeschek: Lichtempfindliches farbfotografisches Silberhalogenidmaterial. Patentschrift 224 422 vom 3. 7. 85
E. Fanghänel, J. Kyziol, K. Behrmann: Verfahren zur Herstellung von 8,16-Dialkyl-diindolo-[3,2-a,d]phenazinen. Patentschrift 224 035 vom 26. 6. 85
E. Fanghänel, A. M. Richter, K.-H. Kühnemund, C. Tschötsch: Verfahren zur Herstellung von sauren Hydrazinio-(het)arylheterocycliumsalzen. Patentschrift 217 219 vom 9. 1. 85
G. Hanisch, J. Böckelmann, E. Fanghänel, N. Großmann: Farbenfotografisches Material. Patentschrift 217 049 vom 2. 1. 85

Finn, Robert: Equilibrium Capillary Surfaces. New York 1986. XV + 245 S., 99 Abb. (= Grundlehren der Mathematischen Wissenschaften 284).
— [Hrsg.] P. Concus und R. Finn: Variational Methods for Free Surface Interfaces. Proc. Int. Conf. Vallombrosa, CA, 1985. New York 1986.
— On the pendent liquid drop. In: Z. Anal. Anwendungen *4* (1985) S. 331—339.
— Kapilljarnye powerchnosti bes grawitazii. In: Differenzialnye urawnenija...". Trudy meschd. konf. Nowosibirsk 1983. Otwet. red. S. K. Godunow u. Ju. G. Reschetnjak. Nowosibirsk 1986. S. 210—217.
— u. P. Concus: Continuous and discontinuous disappearance of capillary surfaces. In: Variational Methods for Free Surface Interfaces. New York 1986.
— [Rez.] V. N. Monakhov: Boundary value problems with free boundaries for elliptic systems of equations. Transl. Math. Monogr., Amer. Math. Soc. In: Bull. Amer. Math. Soc. *12* (1985) S. 268—270.

Freimuth, Ulrich: W. Krause u. U. Freimuth: Zur Alkalibehandlung von Proteinen. 7. Mitt.: Racemisierung und enzymatische Hydrolyse. In: Nahrung *29* (1985) S. 957—968.
— [Hrsg.] und K. Rauscher, R. Engst: Untersuchung von Lebensmitteln. 2. Aufl. Leipzig 1986. 939 S., 77 Abb., 75 Tab.; darin Kap. 2: Chemische und verwandte Methoden, S. 75—156.
— Lebensmittelhygiene und Lebensmittelchemie. In: Ges. Allgemeine und Kommunalhygiene der DDR Mitt. 1986, H. 1, S. 2—9. (nach einem am 3. 10. 1985 in Halle/S. gehaltenen Vortrag).

Fröhlich, Klaus u. a.: Kontaminanten im Ostseewasser und Methoden ihrer Bestimmung. Berlin 1985. 110 S. (= Geodätische und Geophysikalische Veröffentlichungen R. IV, H. 40).
— T. Franke, K. Fröhlich, R. Gellermann, D. Hebert: ^{32}Si in precipitation of Freiberg/GDR. In: J. Radioanal. nucl. chem., Letters *103* (1986) H. 1, S. 11—18.
— R. Gellermann, U. Koch, K. Fröhlich u. D. Hebert: Isotopenphysikalische Untersuchungen der Mineralwässer von Bad Elster: Ergebnisse von Tritiummessungen sowie Bestimmungen der Uranium-Isotopenzusammensetzung. In: Z. Physiother. *37* (1985) S. 391—398.
— T. Franke, K. Fröhlich, R. Gellermann, D. Hebert: ^{32}Si im Niederschlag von Freiberg — Beitrag zur Untersuchung der Anwendbarkeit von ^{32}Si für die Grundwasserdatierung. In: Isotopenpraxis *22* (1986) 4, S. 121—123.
— D. Hebert, K. Fröhlich, T. Franke, R. Gellermann, S. Unterricker u. J. H. Kim: Underground Laboratory in Freiberg, GDR. In: Nuclear Instruments and Methods in Physics Research B *17* (Amsterdam 1986) S. 427—430.
— H. Jordan, K. Fröhlich, D. Hebert, R. Gellermann: Grundwasser-Altersbestimmung: Methodik und Anwendung. In: Z. geol. Wiss. *14* (Berlin 1986) 2, S. 205—213, mit 7 Abb. u. 2 Tab.
— A. Schwandt, H.-D. Schmiedl, M. Spilker, D. Hebert, K. Fröhlich, H. Jordan: Neue Aspekte zur Auslaugung in Kali- und Kupferschieferabbaugebieten der DDR. Ebda S. 183—192, mit 6 Abb.
— H. Jordan, K. Fröhlich, D. Hebert u. R. Gellermann: Grundwasserschutz und Isotopenhydrogeologie — methodische Aspekte. In: Isotope und ihre Anwendung in den Geowissenschaften, in der Bergbausicherheit und im Umweltschutz. Teil I: Vorträge des internationalen

Isotopenkolloquiums 1985 in Freiberg. S. 10–17 (= FFH C 417 Geowissenschaften. Freiberg 1986).
– Current aspects in groundwater dating. Ebda S. 18–32.
– K. Nindel, K. Fröhlich and R. Gellermann: A laboratory and field study to the behaviour of uranium isotopes at water-rock-interaction. Ebda S. 93–97.

Gläser, Albrecht: Die chirurgische Behandlung der Schilddrüsenkarzinome unter Berücksichtigung der Morphologie und der Ausdehnung der Operation. In: Hormonabhängigkeit maligner Tumoren. 4. Jenaer Onkologiesymposium. Jena 1985. S. 86–94 (= Wissenschaftliche Beiträge der Friedrich-Schiller-Universität Jena).
– Gutachterlich relevante Probleme bei der Beurteilung von Arbeitsfähigkeit, Arbeitsunfähigkeit und Invalidität bei onkologischen Erkrankungen im Zusammenhang mit vorwiegend chirurgischer Behandlung. In: Zeitschrift Klin. Med. Bd *40* (1985) H. 14, S. 1073–1075.
– Fortschritte in der Tumorchirurgie. In: Zbl. Chir. *111* (1986) H. 18, S. 1081–1090.
– [Hrsg.] u. W. Genschorek: Harald Breyer: Max Pettenkofer. 3. Aufl. Leipzig 1985. 234 S., 65 Abb. (= Humanisten der Tat).
– [Hrsg.] u. W. Genschorek: W. Genschorek: Schwester Florence Nightingale. Leipzig 1986. 215 S., 47 Abb. (= Humanisten der Tat).
– [Hrsg.] u. W. Genschorek: W. Genschorek: Carl Gustav Carus. Leipzig 1986. 4. Aufl. 266 S., 128 Abb. (= Humanisten der Tat).
– [Hrsg.] u. W. Genschorek: Kurt Kühn u. Peter Schreck: Robert Ganse. Leipzig 1986. 61 Abb.

Haase, Günther: Zonale und tellurische Strukturen in der Bodendecke Eurasiens. In: Leopoldina *28* (1982 [Leipzig 1985]) S. 135–150.
– u. H. Neumeister, P. Rytz: Geoecological field Station „B 4“ of the Institute of Geography and Geoecology of the Academy of Sciences of GDR at Bitterfeld. In: Working Group „Landscape Synthesis“; Meeting at Dessau/GDR, Excursions Guide, 6.–11. 5. 1985. Halle 1985.
– u. H. Naumann-Tümpfel, H. Schlüter: Zur ökoklimatischen Kennzeichnung makro- und mesochorischer Naturräume. In: Zeitschrift für Meteorologie *35* (1985) H. 3, S. 128–135.
– Zum Gedenken an Ernst Neef. In: PGM *129* (1985) H. 2, S. 142–144.
– u. R. Schmidt: Konzeption und Inhalt der Karte „Böden“ 1:750000 im „Atlas DDR“. Ebda H. 3, S. 199–204.
– Ansätze und Verfahren der Landschaftsdiagnose als Grundlage von Landschaftsplanung und Landschaftsgestaltung. In: VIIth International Symposium on Problems of Landscape Ecological Research, Panel No. 1, Vol. *1* (Bratislava 1985).
– u. H. Neumeister: Some methodical outlines of landscape ecological research. In: Landscape Synthesis – Foundations, Classification and Management – Part I: Geoecological Foundations. In: Wissenschaftl. Beiträge, Martin-Luther-Universität Halle–Wittenberg. Halle 1986. H. 16, S. 5–22.
– Medium Scale Landscape Classification in G. D. R. Ebda – Part II: Landscape Classification and Management. H. 35, S. 5–25.
– u. R. Diemann, K. Mannsfeld, H. Schlüter: Richtlinie für Bildung und Kennzeichnung der Kartierungseinheiten der „Naturraumtypen-Karte der DDR im mittleren Maßstabsbereich“. In: Wissenschaftliche Mitteilungen des Instituts für Geographie und Geoökologie der AdW der DDR (Leipzig 1985) Sonderheft 3, 315 S.
– Die Naturraumtypenkarte im mittleren Maßstabsbereich. Aufgabe, Inhalte, Kartierungsverfahren. In: Fortschritte in der geographischen Kartographie. Wiss. Abhandl. d. Geographischen Gesellschaft d. DDR, Bd *18* (Gotha 1985) S. 96–104.
– Bildungsbedingungen und Systematik der Böden in der Mongolischen Volksrepublik. In: MVR-Symposium 1983 – Sektion Biowissenschaften d. Martin-Luther-Universität Halle–Wittenberg und Biologische Gesellschaft der DDR (Thesen, Botanische Beiträge). Halle 1985. S. 125–129.

— Razrabotka principov i metodov sozdanijainformacionnoj sistemy landsafta v stranakh SEV' In: Razrabotka principov i metodov sozdanija informacionnoj sistemy landsafta. Institut landsaftnoj Ekologii ČSAN, Terplan Praga. Praga 1984.
— u. K. Mannsfeld, R. Schmidt: Typen des Anordnungsmusters zur Kennzeichnung der Arealstruktur von Mikro-Geochoren. In: PGM *129* (1986) H. 1, S. 31—39.
— u. T. D. Aleksandrova, V. S. Preobrazenskij: K vnedreniju geoekologiceskikh principov v planirovanie, proektirovanie i upravlenie intensivno izpolžuemymi landsaftami (prirodno tekhniceskimigeosistemamy). In: Internationale Einflüsse auf die Territorialstruktur sozialistischer Länder, Teil 2. Wissenschaftl. Beiträge der Martin-Luther-Universität Halle—Wittenberg. Halle 1985. H. 63, S. 134—151.
— u. F. Hönsch, H. Herrmann: Ocenivanie kompleksnykh javlenij v territorialńoj strukture obscestvennogo vosproizvodstva v ramkakh temy SEV I. 3. Ebda S. 152—162.
— u. R. Altmann: Zur Kennzeichnung von Merkmalsvariabilität, Kontrast und Arealheterogenität als Eigenschaften der Landschaftsstruktur. In: Archiv für Naturschutz und Landschaftsforschung *25* (1986) H. 4.
— Landscape Ecology. 1st International Training Course. Institut für Geographie und Geoökologie der AdW der DDR. Leipzig 1986 (mehrere Abschnitte).
— u. H. Richter, K. Mannsfeld, A. Bernhardt, R. Schmidt: Naturräume der Sächsischen Bezirke. In: Sächsische Heimatblätter Jg. *31* (Dresden 1986) H. 4/5, 84 S.

Hänsel, Christian: G. Dietze, Chr. Hänsel, A. Helbig: Anthropogene Eingriffe in die natürlichen physikalischen Zustände und Prozesse der Atmosphäre. In: Abh. Meteor. D. d. DDR Nr. 134, Bd *XVIII* (1985) S. 105—120.
— u. W. v. Hoyningen-Huene, K. Kinkelin: Optische Charakteristika und Partikelgrößenverteilungen atmosphärischer Aerosole verschiedener Luftmassentypen. In: Staub/Reinhaltung d. Luft *46* (1986) Nr. 7/8, S. 323—326.
— Geophysik. Kap. 10. in: Kleine Enzyklopädie Physik. Hrsg. v. P. Rennert, H. Schmiedel, Chr. Weißmantel. Leipzig 1986. S. 603—629.
— [Rez.] V. A. Krasnopolsky: Photochemistry of the Atmospheres of Mars and Venus. Berlin, Heidelberg, New York, Tokyo 1986. 334 S. In: Die Sterne [im Druck].
— [Rez.] J. S. Lewis u. R. G. Prinn: Planets and their Atmospheres. Orlando, San Diego, San Francisco, New York, London 1984. 470 S. (= Internat. Geoph. Series, Vol. 33). In: Die Sterne *62* (1986) 2, S. 118—119.

Hennig, Horst u. M. Weißenfels, H. Franz: Grundlagen der Chemie für Mediziner. 4., überarbeitete und ergänzte Aufl. Leipzig 1985. 344 S., 71 Bilder, 25 Tab., 60 Übersichten.
— u. D. Rehorek, R. D. Archer: Photocatalytic Systems with Light-Sensitive Coordination Compounds — An Overview. In: Coord. Chem. Rev. *61* (1985) S. 1—53.
— W. W. Skopenko, Ju. L. Sub, R. Benedix u. H. Hennig: Izledowanie nitratnich kompleksow lantanoidow s tris(dimetilamino)fosfinoksidom. In: Koord. Chim. *11* (1985) S. 182—189.
— P. Thomas, J. Schreckenbach u. H. Hennig: Photokatalytische Systeme. LXV. Photochemische Synthese verbrückter Molybdänkomplexe des Typs [phen(CO)$_2$Mo$_2$(μ-CO) (μ-B)$_2$]. In: Z. Chem. *25* (1985) S. 30—31.
— J. Tauchnitz, V. Kunze, U. Deike, G. Kiesel, M. Hanrieder u. H. Hennig: Zur Ablagerung der industriellen Abprodukte. XXXIV. Beitrag zur gemischten Schadstoffdeponie von Abprodukten aus der Farbenindustrie. In: Plast und Kautschuk *32* (1985) S. 114—116.
— J. Tauchnitz, W. Pihan, W. Mahrla, G. Wiesner, G. Kiesel, J. Hoffmann u. H. Hennig: Zur Ablagerung der industriellen Abprodukte. XXXV. Die gemischte Schadstoffdeponie und Aspekte des Recycling. In: Z. angew. Geol. *31* (1985) S. 155—158.
— D. Rehorek, M. Wondra, H. Hennig, D. C. Goodall: On the Nature of the Radicals Formed in the Reaction of Metals with Sulphur Dioxide in Dimethylsulphoxide. In: Anorg. Chim. Acta *102* (1985) S. 19—20.
— P. Thomas, J. Beyer, M. Ackermann, H. Hennig, P. Rehak: Photokatalytische Systeme. LXVI.

Synthese von heteronuklearen Zweikernkomplexen des Typs $Na[(CN)_5$-Fe-L-Cu(α-diimin)$_2]$ mit Intervalence-Charge-Transfer-(IT)-Eigenschaften. In: Z. Chem. *25* (1985) S. 380–381.
— J. Tauchnitz, J. Hoffmann, G. Kiesel, W. Mahrla u. H. Hennig: Zur Ablagerung der industriellen Abprodukte. XXXIII. Variation zur schichtweisen Ablagerung von cyanidhaltigem Material in einer als Reaktor formulierten gemischten Schadstoffdeponie. In: Z. angew. Geol. *31* (1985) S. 184–188.
— M. Benedix, R. Benedix u. H. Hennig: Photolytische Darstellung und Charakterisierung von Eisen(II,III)-Mixed-Valence-Verbindungen. In: Z. Chem. *25* (1985) S. 412.
— u. D. Rehorek: Mixed-Valence Compounds as a Possible Route to the Statio Spectral Sensitization of Photocatalytic Systems. In: Lever, A. B. P. (Editor) Excited States and Reactive Intermediates. Washington 1986. ACS Symp. Ser. *307*, S. 104–119.
— T. Berthold, D. Rehorek u. H. Hennig: Über die Photoreduktion von μ-Oxo-bis[tetraphenylporphyrinatoeisen(III)]. In: Z. Chem. *26* (1986) S. 183–184.
— u. R. Billing, R. Benedix: Dreiparameterbeschreibung von Lösungsmitteleinflüssen auf Ionenpaar-Charge-Transfer-Banden. In: Monatsh. Chem. *117* (1986) S. 51–54.
— u. J. Salvetter, D. Rehorek, R. Billing: Photokatalytische Systeme. LXVII. Ungewöhnliche Photoreaktionen von Octacyanomolybdat(IV) in methanolischer Lösung. In: Z. Chem. *26* (1986) S. 303–304.
— u. D. Rehorek, R. Benedix, R. Billing: Static Spectral Sensitization of Photocatalytic Systems by Ion Pairs with Low-Lying IPCT States. In: Chimika Chronika (Athens) *1986*, S. 586.
— P. Engelbrecht, P. Thomas, H. Hennig, J. Sykora: Photooxygenierung von Phenolen in Gegenwart von Chlorocupraten. In: Z. Chem. *26* (1986) S. 137–138.
— H. Knoll, H. Porzig, R. Wagener u. H. Hennig: Blitzlichtphotolyse von Elementorganylchromaten. Ebda S. 410–411.
— H. Knoll, A. Seidel, H. Hennig, I. Sobolowa, H. Zaitzev, H. Kuzmin: Untersuchungen zu den Sondeneigenschaften von 7-Hydroxy-cumarin in mizellarer Cetyltriethylammoniumbromid-Lösung – Hilfsmittel zur Beschreibung von mizellaren Systemen. In: J. prakt. Chem. *328* (1986) S. 558–566.
— u. R. Benedix, R. Billing: Inkrementsystem zur Beschreibung der Lage von Ionenpaar-Charge-Transfer-Banden in Wasser und nichtwäßrigen Lösungsmitteln. Ebda S. 829–840.
— R. Benedix, D. Pitsch, K. Schöne u. H. Hennig: Spektroskopische und theoretische Untersuchungen zum Interligand-Charge-Transfer in Gemischtligandenkomplexen des Nickel(II) mit Dithiolat- und α-Diiminliganden. In: Z. anorg. allg. Chem. *542* (1986) S. 102–116.
— W. W. Skopenko, N. N. Gerasimtschuk, S. A. Bobkowa, R. Benedix u. H. Hennig: Magnetochemische und Mössbauerspektroskopische Untersuchungen an Eisen(II)-Komplexen mit Cyanmethanid- bzw. Cyanoamidliganden. Ebda S. 117–122.

Erteilte Patente

D. Rehorek, T. Berthold, H. Hennig, P. Thomas, J. Marx: Verfahren zur Bildaufzeichnung durch Farbstoffbleichung. WP G 03C/263 541 vom 03. 07. 1985.
D. Rehorek, H. Hennig, J. Marx: Verfahren zur Bildaufzeichnung durch Farbstoffbleichung. WP G 03 C/267 729 vom 09. 04. 1986.
D. Rehorek, T. Berthold, H. Hennig, P. Thomas, J. Marx: Diazotypiematerial. WP G 03 C/269 680 vom 09. 04. 1986.
D. Rehorek, R. Katzbach, T. Berthold, R. Wagener u. H. Hennig: Verfahren zur fotografischen Bildaufzeichnung. WP G 03 C/280 475 vom 12. 11. 1986.

Hölder, Ernst: Feyman-Diagramme als Vektorsysteme invariantentheoretisch behandelt (Compton-Streuung, Elektron-Positron-Vernichtung). In Memoriam P. M. Dirac. In: Math. Meth. in the Appl. Sci. *7* (1985) S. 309–331.

Hülsenberg, Dagmar: [Hrsg. der deutschen Übersetzung] N. M. Pavluškin: Vitrokeramik – Grundlagen der Technologie. Leipzig 1986. 272 S.

— B. Bock u. D. Hülsenberg: Robotereinsatz für die Justierung von Glaspipetten. In: Silikattechnik *36* (1985) H. 3, S. 68—69.
— B. Bock, I. Brückmann u. D. Hülsenberg: Einsatzmöglichkeiten optischer Sensoren auf CCD-Basis in der Glasindustrie. Ebda H. 4, S. 99—102.
— u. J. Brückmann: Anwendung der CCD-Kameras für Meßaufgaben in der Glasindustrie. In: Proceedings der XIV. Siliconf. Band *I* (Budapest 1985) S. 44—48.
— J. Zając u. D. Hülsenberg: Nutzungsmöglichkeiten für Flotationsrückstände der polnischen Kupfererzaufbereitung in der Silikatindustrie. Ebda S. 152—157.
— u. O. Knauf: Electric resistance of materials in the $BaO-Fe_2O_3-B_2O_3$ system. In: Proceedings des XIV. Internationalen Glaskongresses, New Delhi/Indien 1986, S. 295—302.
— B. Bock, W. Gens u. D. Hülsenberg: Automatic further processing of glass with decentralized sensor-based microcomputer controlled electrical drives. Ebda S. 209—216.
— u. J. Lehmann: Influence of alternating electric fields on the crystallization of barium titanate glasses. In: J. of Non-Cryst. Solids *80* (1986) S. 257—261.
— u. O. Knauf: Electrical characteristics of materials in the $BaO-Fe_2O_3-B_2O_3$ system. Ebda S. 474—480.
— J. Brückmann, S. Rauer u. D. Hülsenberg: Qualitätskontrolle an Glasrohren. In: Sonderheft der WZ der TH Ilmenau anläßlich des 31. IWK, 1986, Heft 4, S. 87—91.
— u. W. Gens, B. Halbedel, G. Cialla: Anwendung elektromechanischer Wirkprinzipien für die Zerkleinerung feinkörniger Substanzen. Ebda S. 101—105.
— W. Gernlein, D. Hülsenberg, U. Knye u. H.-G. Krüger: Druck-Elektroosmose-Entwässerung. Ebda S. 119—122.
— H. G. Krüger u. D. Hülsenberg: Keramische Scherbenbildung. In: Sprechsaal *119* (1986) H. 10, S. 917—918.
— [Rez.] A. Blažek: Review of Thermal Conductivity Data in Glass. In: Silikattechnik *36* (1985) H. 1, Umschlagblatt, innen.
— [Rez.] Gas Bubbles in Glass. Bericht des TC 14 der ICG. Ebda H. 12, S. 405.
— Computer testen ständig die Glasqualität. In: Gewerkschaftsleben 1985, 7, S. 35.
— Erfülltes Programm „KDT-Initiative XI. Parteitag der SED". In: „nh" (Ilmenau 1986) 29, 7, S. 7.
— Erfülltes Programm „KDT-Initiative XI. Parteitag der SED". In: Baustoffindustrie *29* (1986) H. 3, S. 68.
— Beiträge für die ökonomische Strategie. In: Technische Gemeinschaft 1986, H. 6, S. 10.

Patentpublikationen

— U. Bornschein u. D. Hülsenberg: Schaltungsanordnung zur adressenabhängigen Speicherung von Informationen. WP G 06 F/273 070 8; Anmeldetag 6. 2. 1985.
— G. Kleemann, J. Brückmann u. D. Hülsenberg: Verfahren und Anordnung zur Parallelitätsbeurteilung und optischen Wanddickenmessung. WP G 01 B/274 787 8; Anmeldetag 3. 4. 1985.
— S. Rauer, U. Völker, D. Hülsenberg, W. Gens u. B. Bock: Schaltungsanordnung zur Simultanbedienung mehrerer Positionierantriebe mit einer Steuereinheit. WP H 02 P/278 499 5; Anmeldetag 11. 7. 1985.
— B. Halbedel, G. Cialla, D. Hülsenberg u. W. Gens: Einrichtung zum Zerkleinern, Mischen und Rühren. WP B 02 C/280 403 5; Anmeldetag 6. 9. 1985.
— U. Knye, D. Hülsenberg, H.-G. Krüger, R. Luthardt, M. Bergmann: Verfahren und Vorrichtung zur elektrophoretischen Herstellung eines keramischen Filterkuchens. WP C 25 D/285 533 4; Anmeldetag 3. 12. 1985.
— U. Knye, D. Hülsenberg, H.-G. Krüger, B. Heublein, M. Bergmann: Verfahren und Vorrichtung zur Sedimentation. WP B 01 D/285 860 1; Anmeldetag 30. 1. 1986.

Hund, Friedrich: Niels Bohr (1885—1962). Korrespondenz und Komplementarität — Bohrs Weg zur Atomdynamik. In: Phys. Bl. *41* (1985) Nr. 9, S. 303—307.
— [Interv.]bild der Wissenschaft (1986) H. 2, S. 63—66.

Jordan, Herbert: Physiotherapie und Kurorttherapie ausgewählter Krankheiten und Syndrome. Hrsg. v. W. Förster, W. Sziegoleit, B. Griegel, D. Arnold. 4. unveränd. Aufl. Leipzig 1986. S. 723–735.
– Zur funktionellen Normalität des Menschen. Berlin 1984. 29 S., 15 Abb., 1 Tab. (= Sitzungsber. SAW, math.-nat. Kl. Bd 117, H. 3).
– R. Zwicker, H. Pührer, G. Plötner, H. Jordan u. W. Buchheim: Modellversuche zum Fervor-effekt nach V. VOUK unter biophysikalischen Gesichtspunkten. Berlin 1986. 52 S., 14 Abb., 11 Tab. (= Sitzungsber. SAW, math.-nat. Kl., Bd 118, H. 7).
– Das Rekreationspotential: medizinische und landschaftsbezogene Gesichtspunkte. In: Z. Physiother. *37* (1985) S. 399–402.
– CO_2-Bädertherapie. Auswertung eines Symposiums mit internationaler Beteiligung. Ebda S. 75–98.
– On the Influence to Circadian Rhythm of the Collective Body Temperature by Course of Meteorological Dynamics. IInd Annual Meeting of the European Society for Chronogiology. Marburg, 23.–25. 05. 1986.
– Die Position der Physiotherapie im therapeutischen System aus komplementaristischer Sicht. In: Z. Physiother. *38* (1986) S. 139–144.
– Zur unblutigen Bestimmung eines Druck-Zeit-Indexes der Relaxationsphase des Herzens. Ebda S. 211–213.
– H. Wagner u. H. Jordan: Verlauf des realen und des relativen Körpergewichtes nach BROCA unter einfacher Kurortdiät und unterschiedlicher Reduktionskost. Ebda S. 237–240.
– Abschlußverteidigung der Kooperationsaufgabe „Differentialtherapeutische Untersuchungen zur Behandlung der Rheumatoid Arthritis mit anorganischen (= Schlamm) und organischen (= Torf) Peloiden im Rahmen der Kurorttherapie über einen Zeitraum von 3–6 Wochen" in Moskau v. 14.–19. Oktober 1985. Ebda S. 278–282.
– XIX. Internationaler Kongreß der Association de Thalassothérapie in Rostock-Warnemünde v. 8.–11. 4. 1985. In: Z. Physiother. *37* (1985) S. 439–440 (Tagungsbericht).
– Torf in der Medizin – Medizin im Torf. Kurswoche des Instituts f. Angewandte Physiologie d. Univ. Freiburg/Br., 1–5. 12. 1986.

Krug, Herbert u. W. Naundorf, D. Trommer: Das Brikettier- und Verkokungsverhalten von Brikettgrus. In: Frbg. Forschungsheft A *714* (1985) S. 4–36.
– u. W. Naundorf, D. Trommer: Laborversuche zum Brikettierverhalten von Trockenbraunkohlenstaub. Ebda S. 37–60.
– u. W. Naundorf, H. Dressler: Beitrag zur Bewertung von Produkten der Altgummipyrolyse. Ebda A *717* (1986) S. 4–24.
– u. H.-H. Emons: Nachruf für Prof. Dr.-Ing. Dr.-Ing. h. c. mult. Erich Rammler. In: Neue Bergbautechnik *16* (1986) 12, S. 476.

Kolotyrkin, Jakov Mikhailovič: Metall i korrozia. Moskva 1985. 88 S., 33 Abb., 3 Tab.
– Na styke fiziki i chimii. In: Znamenosez (1985) Nr. 3, S. 32–33.
– Energija atoma preobrazuet chimiju. In: Nauka v SSSR (1985) Nr. 2, S. 23–29.
– u. V. N. Korschunov: O vzaimosvjazi meždu elektronnym stroeniem metallov i ich snosob-nost'ju rastvorjat'sja po chimičeskomu mech-mu. In: Doklady AN SSSR t. *281* (1985) Nr. 6, S. 1392–1396.
– u. O. V. Kasparova, A. V. Plaskeev, D. S. Kamenetskaya, V. I. Shirayev: Some properties of highpurity iron. In: 6th Internat. Symp. „High-purity materials in science and technology", Dresden, May 6–10, 1985, Poster Obstacts. P II, S. 410–411.
– T. R. Agladze, A. N. Podobaev, Ja. M. Kolotyrkin, L. E. Dshanibachčieva: Adsorbzionno-elektrochimičeskie prozessy na svežeobrazovannoj poverchnosti medi i nikelja. In: Tezisy 7. Vses. Simpoziuma „Dvojnoj sloj i adsorbzija na tvordych elektrodach". Tartu 1985. S. 8–9.
– Ju. V. Alekseev, Ju. A. Popov u. Ja. M. Kolotyrkin: Obobščonnaja model' dvojnowo sloja, učityvajuščaja sostav elektrolita. In: Tezisy dokladov. Ebda S. 12–13.

– O. V. Kasparova u. Ja. M. Kolotyrkin: Vlijanie metallurgičeskich faktorov na korrozionnoe i elektrochimičeskoe povedenie konstukzionnych materialov. In: Zaščita metallov *21* (1985) Nr. 6, S. 851–860.
– O. V. Kasparova, A. V. Plaskeev, Ja. M. Kolotyrkin: Vlijanie primesej i malych legirujuščich dobavok na korrosionnoe i elektrochimičeskoe povedenie Železa. In: Materialy 4. Meždunarodnoj naučno-techničeskoj konferenzii po probleme SEV „Razrabotka mer zaščity metallov ot korrozii". Varna 1985. t. I, S. 93–96.
– O. V. Kasparova, V. M. Mil'man, Ja. M. Kolotyrkin: Vlijanie primesej fosfora na aktivno-passivny perechod austenitnych nershavejuščich stalej. Ebda Doklady S. 218–221.
– O. V. Kasparova, Ja. M. Kolotyrkin, V. M. Mil'man, S. M. Lubnin, D. S. Zachar'in, Ja. B. Schuratnik: O prirode vtoričnoj maksimuma toka na anodnoj poljarizazionnoj krivoj fosforosodershaščej stali XIOHIO. In: Zaščita metallov *21* (1985) Nr. 1, S. 3–8.
– O. V. Kasparova, A. V. Plaskeev, Ja. M. Kolotyrkin, E. F. Koloskova, D. S. Kamenezkaja, Ju. V. Mojsch, I. B. Pilezkaja, V. I. Schirjaev: Vlijanie čistoty železa na ewo korrozionnoe i elektrochimičeskoe povedenie v kislych sredach. Ebda Nr. 3, S. 339–345.
– V. M. Knjaževa, Ja. M. Kolotyrkin, S. G. Babič: Vlijanie izbytočnych faz na korrozionnoe povedenie neržavejuščich stalej. Ebda Nr. 2, S. 163–172.
– I. L. Kuvinova, A. A. Jakovleva, Ja. M. Kolotyrkin: Osobennosti elektrochimičeskowo povedenija i sostojanija poverchnosti splavov Pt-Rh i Pt-Ir s malym soderžaniem vtorowo komponenta v oblasti vysokich anodnych potenzialov. In: Elektrochimija t. *21* (1985) Nr. 5, S. 626–632.
– L. I. Freijman, Ja. M. Kolotyrkin, Ju. P. Konnov, I. I. Reformatskaja, Nguen Tche Dong u. a.: Teorija pittinga primenitel'no k roli vključenij MnS v prozesse ewo rosta i vzaimosvjas' vlijanija MnS i legirujuščich elementov na korrozionno-elektrochimičeskoe povedenie nizkouglerodistych neržavejuščich stalej. In: Materialy 4. Meždunarodnoj naučno-techničeskoj konferenzii po probleme SEV „Razrabotka mer zaščity metallov ot korrozii". Doklady. T. *I* (Varna 1985) S. 196–199.
– A. N. Čemodanov, L. A. Mirkind, Ja. M. Kolotyrkin: Vsaimosvjaz' adsorbzionnych i korrozionnych javlenij na platinovom anode. In: Tezisy dokladov 7. Vsesojuznowo simpoziuma „Dvojnoj sloj i adsorbzija na tvordych metallach". Tartu 1985. S. 368–370.
– I. P. Kuvinova, A. A. Jakovleva, Ja. M. Kolotyrkin, E. A. Naživin: Osobennosti adsorbzii anionov, kationov i kisloroda na platine, rodii, iridii i ich splavach pri vysokich anodnych potenzialach v usloviach okislitel'nowo sinteza. Ebda S. 397–400.
– Problems of metallic materials dissolution and passivation in electrolyte solutions. In: Extend Abs. of 37th Meeting. Vilnius, USSR v. *1* (1986) S. 85–88.
– Relationship between kinetic and corrosion characteristics of anodic materials. In: Indian Journal of Technology, V. *24* (1986) S. 381–387.
– u. G. A. Suščenko, I. Ja. Kolotyrkin, T. A. Vagraian: Issledovanie nekotorych osobennostej sovmestnowo elektroosaždenija zinka i svinza. In: Elektrochimija t. *22* (1986) Nr. 3, S. 405 bis 407.
– u. V. V. Losev, A. N. Čemodanov: Vsaimosvjaz' prozessov korrozii i vydelenija kisloroda na anodach iz blagorodnych metallov i metallooksidnych anodach na ich osnove. In: Itogi nauki i techniki, serija „Korrozija i zaščita ot korrozii" t. *12* (Moskva 1986) S. 3–60.
– u. G. M. Florianovič: Teoretičeskie aspekty i eksperimental'noe obosnovanie metoda kislorodnoi zaščity oborudovanija v energetike. In: Teploenergetika (1986) Nr. 8, S. 2–6.
– A. A. Jakovleva, V. V. Kras'ko, Ja. M. Kolotyrkin: Elektrochimičeskie svojstva provodjaščich polipirrol'nych plonok v vodnych sredach. In: Elektrochimija t. *22* (1986) Nr. 4, S. 3–8.
– I. I. Reformatskaja, L. I. Fejman, Ja. M. Kolotyrkin, S. D. Bogoljubskij, Ju. P. Konnov, D. E. Volkov, E. F. Koloskova, V. N. Jašin: Korrozionno-elektrochimičeskoe povedenie stali 03XI8HII različnoj čistoty po primesjam sery i marganza v kislych sredach. In: Zaščita metallov t. *22* (1986) Nr. 1, S. 3–10.
– L. A. Mirkind, A. N. Čemodanov, I. I. Aščeulova, G. A. Al'bertinskij, Ja. M. Kolotyrkin:

Korrozionnye i adsorbzionnye svojstva platiny pri vysokich anodnych potenzialach. Vodnometanol'nye rastvory chlornoj kisloty. In: Elektrochimija t. *22* (1986) Nr. 7, S. 952–959.
– V. A. Makarov, G. M. Florianovič, Ja. M. Kolotyrkin: Teoretičeskie aspekty elektrochimičeskoj zaščity metallov v agressivnych sredach. In: Fisiko-chimičeskaja mechanika materialov t. *22* (1986) Nr. 6, S. 3–11.
– V. V. Kras'ko, N. V. Kozlova, A. A. Jakovleva, Ja. M. Kolotyrkin: Osobennosti stroenija elektroosaždonnych polipirrol'nych plonok. In: Dolkady AN SSSR t. *287* (1986) Nr. 4, S. 904 bis 907.
– T. R. Agladze, Ja. M. Kolotyrkin, T. G. Malyševa, O. O. Denisova: Passivnost' železa v dimetilsul'foksidnych sredach. In: Zaščita metallov t. *22* (1986) Nr. 4, S. 509–516.
– V. V. Gorodezkij, S. I. Ruzavin, Ja. M. Kolotyrkin: Valentnost' elektrosorbzii ionov ioda na elektroosaždjonnom vismute. In: Elektrochimija t. *22* (1986) Nr. 7, S. 892–897.
– O. V. Kasparova, V. M. Mil'man, Ja. M. Kolotyrkin, N. I. Chochlov, N. A. Pavlenko: Rol' mikrodobavok bora v mežkristalitnoj korrozii stali X20H20 v kislotnych sredach. In: Zaščita metallov t. *22* (1986) Nr. 3, S. 339–347.

Lehmann, Nikolaus Joachim: Rasmyschlenija o buduschtschej rabote KNWWT. KNWWT Bulletenj Nr. 12. Warschawa 1985. S. 17–25.
– INFO 84, Einführung zu „Programmierungssprachen und Compiler". In: Berichte INFO '84, Teil 3, S. 1–2.
– Laudation für A. A. Dorodnizyn. In: WZ TU Dresden *34* (1985) H. 4, S. 1–3.
– Die analytische Maschine, Grundlagen einer Computer Analytik. Berlin 1985. 64 S. (= Sitzungsberichte der Sächs. Akademie der Wissenschaften zu Leipzig, math.-nat. Kl., Bd 118, H. 4).
– Beiträge des WBZ Mathematische Kybernetik und Rechentechnik/Informationsverarbeitung und der Sektion Mathematik zur Weiterbildungskonzeption der TU Dresden. In: Universitätsreden TU Dresden 1985. H. 62, S. 55–58.
– Zur Geschichte der mechanischen Rechentechnik, Rückschau und Projektionen. In: Jahrbuch Überblicke Mathematik *1986* (Mannheim 1986) S. 155–166.
– Computeralgebra and Practical Analysis. In: Lecture Notes in Computer Science 203 Eurocal '85, Proceedings Vol. *1*: Invited Lectures. Berlin, Heidelberg, New York, Tokyo 1985. S. 102 bis 113.
– [Hrsg.] der Hefte Nr. 70 (1984), Nr. 75–78 (1984), Nr. 79–84 (1985), Nr. 86 (1986) der Schriftenreihe des Weiterbildungszentrums Mathematische Kybernetik u. Rechentechnik/Informationsverarbeitung IV der TU Dresden: H. 70 (1984) Software-Technologie. 170 S. – H. 75 (1984) Datentypen und -strukturierung. 111 S. – H. 76 (1984) Rechnergestütztes Konstruieren. 142 S. – H. 77 (1984) Methoden und Algorithmen der digitalen Bildverarbeitung. 140 S. – H. 78 (1985) System-Software für Mikrorechner, 83 S. – H. 79 (1985) I und II Lokale Rechnernetze, 219 S. – H. 80 (1985) Künstliche Intelligenz/Analytische Arbeitstechniken, 90 S. – H. 81 (1985) Leistungsverbesserung von Rechnerinstallationen, 141 S. – H. 82 (1985) Software-Technologie, 116 S. – H. 83 (1985) Programmierung paralleler Prozesse, 128 S. – H. 84 (1985) CAM diskreter Prozesse, 106 S. – H. 86 (1985) 3 D-Modellierung mit GEKO, 81 S.

Lösche, Artur: Physik-Jubiläum in Leipzig. In: Physikalische Blätter *41* (1985) H. 8, S. 294 bis 296.
– u. G. Feller: NMR at low temperatures. In: Proceedings of the Conference Radio and Microwave Spectroscopy (RAMIS 83). Poznań 1985. S. 19–23.
– S. Grande u. A. Lösche, H. Schmiedel: Ordering behaviour of liquid crystals by ^{1}H and ^{13}C NMR 6th Liquid Crystal Conference Halle. In: WB *37*/ (N 14) 1985.
– S. Grande u. A. Lösche: NMR in thermotropic phases. In: Proc. 2. Tagung Moderne Methoden der HF-Spektroskopie Reinhardsbrunn (1985) 1.

Müller, Fritz: D. Luppa and F. Müller: Effect of Diabetes and Adrenocortical State on Intestinal Transport Capacity and ($Na^+ + K^+$)-Activated Adenosine Triphosphatase Activity. In: Diabete & Metabolisme H. 12 (Paris 1986) S. 191–196.

— K. Beyreiß, W. Hoepffner, G. Scheerschmidt and F. Müller: Digestion and Absorption Rates of Lactose, Glucose, Galactose and Fructose in Three Infants with Cogenital Glucose-Galactose Malabsorption. In: Perfusion Studies. Journal of Pediatric Gastroenterology and Nutrition *4* (New York 1985) S. 887–892.

— T. Mothes, W. Mühle, F. Müller, W. T. J. M. Hekkens: Influence of Gliadin on Fetal Chick Intestine in Tissue Culture. In: Biol. Neonate *48* (Basel 1985) S. 59–64.

— W. Mühle u. F. Müller: Immunologische Charakterisierung zöliakieaktiver Prolamine. In: Z. med. Labor.-Diagn. *26* (1985) H. 3.

— W. Mühle u. F. Müller: Atiologie und Pathogenese der Zöliakie. Z. Klin. Med. *40* (1985) H. 19, S. 1413–1419.

— T. Mothes, W. Mühle, F. Müller and W. Schmidt: Chicken fetal intestine in tissue culture. In: Biomed. Biochim. Acta *44* (1985) H. 4, S. 561–571.

Oelßner, Wilhelm: Some premises and regulations for quality assurance in radiation treetment in the German Democratic Republic. In: Quality assurance in Radiation Therapy. Ed. Alfred Bäuml. München 1986. S. 127–129.

— Fritz Gietzelt (1903–1968). In: Namhafte Hochschullehrer der Karl-Marx-Universität Leipzig Bd *8*. Im Auftrag des Rektors der Karl-Marx-Universität hrsg. v. R. Rogos und A. Thom. Leipzig 1986. S. 22–34.

— u. E. Standke, M. L. Kunze: Versuch einer systemischen postoperativen Betrachtung des Mammakarzinoms. In: Strahlentherapie und Onkologie *162* (1986) S. 642–645.

— K. Langrock, J. Pfeiffer, E. Standke, W. Oelßner: Retrospektive Untersuchung zur klinischen Wertigkeit der diagnostischen Laparatomie mit Glenetomie bei M.-Hodgkin-Patienten einer strahlentherapeutischen Einrichtung. In: Radiobiol. Radiother. *27* (1986) S. 511–517.

Parthier, Benno: J. Lehmann, B. Parthier: Ribulose-1, 5-bisphosphat-Carboxylase/Oxygenase — Schlüsselenzym der Kohlenstoffassimilation. In: Biol. Rdsch. *23* (1985) S. 207–224.

— J. Lehmann, B. Parthier: Coaction of benzyladenine and light of different intensities in the plastogenesis of detached cucumber cotyledons. In: Biochem. Physiol. Pflanzen *18* (1985) S. 703–707.

— S. Lerbs, E. Bräutigam, B. Parthier: Polypeptides of DNA-dependent RNA polymerase of spinach chloroplasts: Characterization by antibody-linked polymerase assay and determination of sites of synthesis. In: The EMBO J. *4* (1985) S. 1661–1666.

— S. Lerbs, W. Lerbs, R. Wollgiehn, B. Parthier: Hormone (cytokinin) and light effects in Rubisco gene expression. In: Molecular Form and Function of the Plant Genome. Eds. L. Van Vloten-Doting, G. S. P. Groot, T. C. Hall. New York, London 1985, pp. 267–275.

— S. Lerbs, R. Wollgiehn, W. Lerbs, B. Parthier: Cell-free translation of chloroplast RNAs in the wheat germ system. In: Plant Science *38* (Amsterdam 1985) S. 199–205.

— u. S. Lerbs, J. Lehmann, R. Wollgiehn: Cytokinin-controlled ribulose-1, 5-bisphosphate carboxylase gene expression in pumpkin cotyledons. In: Biol. Plantarum *27* (Prague 1985) S. 131–138.

— Action of plant growth substances in gene expression. In: Selfregulation of Plant Metabolism. Ed. N. Bakardieva. Bulg. Acad. Sciences (Sofia 1986) pp. 63–72.

— Phytohormone and gene expression. In: Plant Growth Substances 1985. Ed. M. Bopp. Berlin, Heidelberg, New York, Tokyo 1986, pp. 169–176.

— Der Wissenschaftler Kurt Mothes. In: Leopoldina *29* (R 3) (1986) S. 100–110.

— [Nachr.] Paula Hertwig, 11. 10. 1889–31. 3. 1983. In: Jahrb. der SAW *1983–1984* (1986) S. 137–138.

– A. Scheer, B. Parthier, R. Krauspe: Protoeolysis in Euglena gracilis. IV. Proteolytic activities during light-induced chloroplast formation in resting cells. In: J. Plant Physiol. *123* (1986) S. 455–466.

Penzlin, Heinz: Die Dialektik von Konkretem und Abstraktem bei der Herausbildung der Biologie als selbständige Wissenschaftsdisziplin. In: Methodologische Konsequenzen Marxschen Denkens. Wiss. Beitr. Friedrich-Schiller-Universität, Jena 1984, S. 120–123.
– W. Hertel, U. Wuttig, R. Reinhard u. H. Penzlin: Wirkungen von phosphoorganischem Insektiziden im Frontalganglion-Test von *Periplaneta americana* (L.) *in vitro*. In: Zool. Jb. Physiol. *89* (1984) S. 257–264.
– Beitrag „9. Stomatogastric Nervous System". In: Comprehensive Insect Physiology, Biochemistry, and Pharmacology (G. A. Kerkut and L. I. Gilbert, eds.). Vol. *5*: Nervous System: Structure and Motor Function. Oxford–New York–Toronto–Sydney–Paris–Frankfurt 1985. S. 371–406.
– W. Hertel, G. Pass u. H. Penzlin: Electrophysiological investigation of the antennal heart of *Periplaneta americana* and ists relation to proctolin. In: J. Insect Physiol. *31* (1985) S. 563–572.
– A. Weiss u. H. Penzlin: A comparison of shock avoidance learning in headless cockroaches in leg-lifting and lowering task. In: Physiol. & Behav. *34* (1985) S. 697–703.
– Das Phänomen des Lebendigen. In: Leben und Evolution. Wiss. Vortragstagung am 25. u. 26. Mai 1984 anläßlich des 150. Geburtstages von Ernst Haeckel und der 100. Wiederkehr der feierlichen Übergabe des Zoologischen Institutsgebäudes in Jena. Friedrich-Schiller-Universität Jena 1985. S. 13–31.
– H. Agricola, M. Eckert, J. Ude, H. Birkenbeil u. H. Penzlin: The neuropeptide proctolin – its distribution in the 6th abdominal ganglion and in the visceral musculature of *Periplaneta americana*. In: Beiträge zur Wirkstofforschung, Akademie-Industrie-Komplex Arzneimittelforschung H. 24 (1985) S. 264–276.
– W. Hertel u. H. Penzlin: Electrophysiological characterization of the action of neuropeptides with special reference to proctolin. Ebda S. 277–281.
– 100 Jahre „Zoologische Jahrbücher". In: Zool. Jb. Physiol. *90* (1986) S. 1–12.
– Xanthopsin – ein neues Sehpigment bei Insekten. In: Biol. Rdsch. *24* (1986) S. 212–213.
– W. Hertel u. H. Penzlin: Electrophysiological studies of the effect of the neuropeptide proctolin on the hyperneural muscle of *Periplaneta americana* (L.) In: J. Insect Physiol. *32* (1986) S. 239–248.
– Die Erscheinung des Lebendigen in unserer Welt. Berlin 1986. 91 S., 10 Abb., 2 Tab. (= Sitzungsberichte der Sächsischen Akademie der Wissenschaften, math.-nat. Klasse, Bd 119, H. 2).
– E. Hentschel u. H. Penzlin: Pharmako-histochemische Darstellung azetylcholinesterasehaltiger Perikaryen im Nervensystem (6. Abdominalganglion von *Periplaneta americana*) nach Applikation von Diisopropylfluorophosphat. In: WZ Friedrich-Schiller-Universität Jena *35* (1986) S. 312–314.
– Das Teleologie-Problem in der Biologie. In: WZ Humboldt-Universität Berlin, math.-nat. R. *35* (1986) S. 225–232.
– A. Weiss, H. Penzlin u. E. Baumann: Der Einfluß von Peptidfaktoren aus dem Nervensystem der Schabe *Periplaneta americana* (L.) auf das Schockmeideverhalten dekapitierter Tiere. In: Zool. Jb. Physiol. *90* (1986) S. 231–248.
– A. Weiss and H. Penzlin: Effect of proctolin on the shock avoidance learning of headless cockroaches (*Periplaneta americana* L.) in leg lifting and lowering task. Ebda S. 411–418.
– W. Hertel, H. Agricola, J. Ude u. H. Penzlin: Untersuchungen zur caudalen Innervation des Musculus hyperneuromuscularis der Schabe *Periplaneta americana* (L.) Ebda S. 447–459.
– L. Sobek, M. Eckert, H. Penzlin and S. Reissmann: Evidence for the proctolinergic innervation of the cockroach oviduct. Ebda S. 461–466.
– Das Teleologie-Problem in der Biologie. In: Biol. Rdsch. *25* (1987) S. 7–26.

Ries, Werner: Max Bürger (1885–1966). Internist, Pathophysiologe, Alternsforscher. Ausgewählte Texte. Leipzig 1985. 160 S., 43 Abb. (= Sudhoffs Klassiker der Medizin. NF 5, Hrsg. A. Thom, D. Tutzke, I. Jahn).
– Longitudinaluntersuchungen internistischer und röntgenologischer Parameter unter besonderer Berücksichtigung des Körpergewichtes (Leipziger Studie 1968–1980). Berlin 1985. 96 S., 30 Abb. (= Gerontologie heute. Schriftenreihe des Forschungsprojektes Soziale Gerontologie der DDR und der Gesellschaft für Gerontologie der DDR Bd 29).
– Adipositas als Risikofaktor des Alterns. In: B. Schulz und P. O. Vjasitzki (Hrsg.): Aktuelle Adipositasprobleme. Jena 1986.
– Methoden und Erkenntnisse der Alternsforschung. Berlin 1986. 31 S., 20 Abb. (= Sitzungsberichte der Sächsischen Akademie der Wissenschaften zu Leipzig, math.-nat. Kl. 119, H. 1).
– D. Pöthig, W. Beier, W. Ries: Zur Interpretation eines Vitalitätsmodells aus klinisch-experimenteller Sicht. In: Z. Alternsforsch. *40* (1985) S. 15–22.
– u. I. Hunecke, W. Reuter, I. Sauer: Objectives, organisation and results of the Leipzig longitudinal study. In: Age and Ageing *14* (1985) S. 30–36.
– D. Pöthig, W. Ries, N. Roth, B. Pögelt, A. Kucher, H. Pankau, P. Winiecki: Experimentelle Untersuchungen zum psychomotorischen Grundtempo im Alternsgang. In: Med. u. Sport *25* (1985) S. 73–78.
– W. Reuter, I. Sauer, Ch. Seifart u. W. Ries: 12-Jahres-Analyse von Serumfettsäuren – abschließende Resultate der Leipziger gerontologischen Longitudinalstudie. In: Z. Alternsforsch. *40* (1985) S. 165–169.
– Besonderheiten bei der Entwicklung eines gesundheitsrelevanten Verhaltens bei älteren Menschen. Ebda S. 213–215.
– D. Pöthig, W. Ries: Geschlechtsunterschiede des biologischen Alters. Ergebnisse einer experimentellen Studie. Ebda S. 235–244.
– Zum 100. Geburtstag von Max Bürger. Ebda S. 275–280.
– Das Veteranen-Kolleg der Karl-Marx-Universität Leipzig. Heilberufe *37* (1985) 329.
– Zu Fragen der Arbeitsfähigkeit der berufstätigen Altersrentner. In: Z. Klin. Med. *40* (1985) S. 1022–1024.
– B. Kinner, W. Ries: Untersuchungen zum Einfluß von Überernährung auf Gesundheit und Alter. In: Z. Alternsforsch. *41* (1986) S. 225–232.
– Untersuchungen über die Anwendung von Rocornal (Trapidil) in der geriatrischen Praxis. In: medicamentum, Nr. 76 (1986) S. 5–7.
– Zur Bioergographie Max Bürgers. In: Z. ges. inn. Med. *41* (1986) S. 558–560.

Rösler, Hans Jürgen: Geowissenschaften und Geochemie. Berlin 1985. 25 S., 11 Abb. (= Sitzungsberichte der SAW, math.-nat. Kl., Bd 118, H. 1).
– u. R. Starke: Bedeutung der Tonminerale in den Braunkohlen-Begleitschichten. In: Z. angew. Geol. *32* (1986) S. 225–231.
– H.-J. Blankenburg, S. Unterricker, B. Eichler, R. Starke, W. Stolz u. H. J. Rösler: Natürliche Radioaktivität, chemische und Phasenzusammensetzung der Eisenoxide aus Vulkanitachaten. In: Chemie Erde *45* (1986) 1/2, S. 159–166.
– R. Starke u. H. J. Rösler: Contribution to the Occurrence, Genesis and Synthesis of interstratified Clay Minerals. In: Bericht der Tagung 1982 der International Mineralogical Association, Abt. Kristallchemie von Mineralen. Sofia 1986. S. 701–708.
– W. Kramer, L. Pfeiffer, J. Pilot, H. J. Rösler u. C.-D. Werner: Vergleichende Geochemie basischer Magmatite auf dem Gebiet der Deutschen Demokratischen Republik. Teil I. FFH C 406. Leipzig 1986. 151 S.; Teil II. Ebda C 407, 117 S.
– K. Birkenmajer, G. Kaiser, W. Narębski, J. Pilot u. H. J. Rösler: The age of magmatic complexes of the Burton Horst, King George Island (South Shetland Islands, West Antarctica) by K-Ar-dating. In: Bull. Polish Acad. Sci., Earth Sciences *34* (1986) 2, S. 139–155.
– [Hrsg.] A. Barth: Grundlagen und Beispiele der physikalischen Chemie für die Anwendung in

der geochemischen Praxis. Hrsg. Bergakademie Freiberg, Sektion Geowissenschaften. Freiberg 1985. 107 S.
— [Rez.] I. Sunagawa: Materials Science of the Earth's Interior. Dordrecht, Boston, Lancaster 1982. In: Gerlands Beiträge zur Geophysik *94* (Leipzig 1985) 3, S. 243—244.
— [Rez.] J. E. Judovič: Regionalnaja geochimija osadočnych tolšč. Leningrad 1981. In: Z. angew. Geol. *31* (Berlin 1985) 8, S. 218.

Sachsenweger, Rudolf u. M. Sachsenweger: Notfallsituationen am Auge. 2. Aufl. Leipzig 1985. 132 S., 63 Abb. u. 2. Aufl. Stuttgart 1985. 132 S., 63 Abb.
— [Mithrsg.] Auswirkungen neuer Forschungsergebnisse auf Klinik und Praxis der Ophthalmologie. 2. Ophthalmologisches Symposion vom 26.—29. 3. 81. Leipzig 1985. 228 S., 99 Abb., 12 Tab. (= Abhandlungen der Deutschen Akademie der Naturforscher Leopoldina, Halle).
— u. M. Sachsenweger: Gutachterliche Probleme bei der Implantation intraokularer Linsen. In: Folia ophthalmol. *10* (1985) S. 349—353.

Scharf, Joachim-Hermann: Prof. Dr. med. Dr. phil. nat. Dr. med. h. c. Adolf Dabelow (* 28. Juni 1899 in Magdeburg, † 27. Juli 1984 in Freiburg [Breisgau]). In: Morph. Jb. *131* (1985) S. 129 bis 130.
— Walter Kirsche zum 65. Geburtstag. Ebda S. 276a—276b.
— Rolf Siewing, * 9. Oktober 1925, † 11. August 1985. In: Zool. Jb. Anat. *113* (1985) VI—VIII.
— Die Herkunft einiger Tierkreiszeichen und ihrer heutigen Benennung. In: Sterne *62* (Leipzig 1986) S. 159—163.
— „Eindeutschende" oder etymologische Schreibung wissenschaftlicher Fachwörter? In: Morph. Jb. *132* (1986) S. 445—460.
— Eröffnungsansprache des Präsidenten der 80. Versammlung der Anatomischen Gesellschaft. In: Verh. Anat. Ges. *80* (1986) S. 21—24.
— Die Nomina anatomica im System der Wissenschaftssprache im Wandel der Zeiten. In: Verh. Anat. Ges. *80* (1986) S. 27—73.
— Begrüßungsansprache anläßlich des Symposions „Craniogenesis and Craniofacial Growth". In: Nova acta Leopoldina NF *58* (1986) Nr. 262, S. 13—14.

Schubert, Manfred, u. St. Lachmann: Neues Verfahren zur Aufbereitung von zinkhaltigen Abwässern der Viskoseindustrie als Beispiel abproduktarmer/-freier Technologie. In: WZ der TU Dresden *34* (1985) 1, S. 133—136.
— Zentrale Arbeitskonferenz des Ministeriums für Hoch- und Fachschulwesen zur Konzeption für die Gestaltung der Aus- und Weiterbildung der Ingenieure und Ökonomen in der DDR. Diskussionsbeiträge. In: Das Hochschulwesen *33* (1985) 4, S. 104—106.
— Zentrale Arbeitskonferenz des Ministeriums für Hoch- und Fachschulwesen zur Konzeption für die Gestaltung der Aus- und Weiterbildung der Ingenieure und Ökonomen in der DDR am 14. und 15. Dezember 1984 in Karl-Marx-Stadt. Diskussion, Teil 2. In: Die Fachschule *33* (1985) 5, S. 105—106.
— Neue Aufgaben und Entwicklungstendenzen in der Verfahrenstechnik. Plenarbeitrag zur Verfahrenstechnischen Jahrestagung 1984. In: Chemische Technik (1985) 7, S. 312.
— Abrechnung der KDT-Initiative XI. Parteitag, anläßlich des 40. Jahrestages des Sieges über den Hitlerfaschismus und der Befreiung des deutschen Volkes. In: 7. Beratung des Präsidiums der KDT. 2. Mai 1985. S. 1—24.
— Ergebnisse und Erfahrungen der KDT-Initiative XI. Parteitag in Vorbereitung des 36. Jahrestages der Gründung der DDR. In: 8. Beratung des Präsidiums der KDT. 1. Oktober 1985. S. 1—19.
— Im Leistungsvergleich zu höheren Ergebnissen. In: Technische Gemeinschaft *33* (1985) 1, S. 3—4 und 24—25.
— Historischer Sieg der Sowjetunion war Beginn fruchtbarer Arbeit. In: Technische Gemeinschaft *33* (1985) 4, S. 3—4.

– Die kostbare Chance wurde gut genutzt. In: Technische Gemeinschaft *33* (1985) 6, S. 6–7.
– Aktives Verhältnis zur neuen Technik. In: Technische Gemeinschaft *33* (1985) 8, S. 3.
– Ideenwettbewerb für neue elektrische und elektronische Konsumgüter. In: Technische Gemeinschaft *33* (1985) 9, S. 8.
– Die Aufgaben der KDT in Durchführung der Beschlüsse des XI. Parteitages der SED. In: 10. Beratung des Präsidiums der KDT. 14. Mai 1986. S. 9–37.
– Schreiben des Präsidiums der KDT an den Generalsekretär des ZK der SED Genossen Erich Honecker. Ebda S. 1–8.
– Brief des Präsidiums der KDT an den Generalsekretär des Zentralkomitees der Sozialistischen Einheitspartei Deutschlands, Genossen Erich Honecker. In: Technische Gemeinschaft *34* (1986) 5, S. 2–3. und ND vom 25. 4. 1986.
– KDT übernimmt 5000 Objekte der Intensivierung. Ebda.
– Abproduktarme und abproduktfreie Verfahren als Hauptweg zur Lösung der Aufgaben des Umweltschutzes. In: Symposium Umweltschutz. Dresden 1986 vom 23. 7.–27. 7. 1986.
– Spitzentechnologien und scheinbare Kleinigkeiten. In: Sächsische Zeitung vom 29. 5. 1986, S. 3.
– Beiträge für die vorhandene Strategie. In: Technische Gemeinschaft *34* (1986) 6, S. 3.
– Forscher und Techniker in hohem Maße gefordert. In: Tribüne *42* (1986) 2, S. 129.
– Demokratie mit allen, für alle. In: Tribüne *42* (1986) 106, S. 3.
– Ein Präsident stellt sich vor. In: Der Morgen *42* (1986) 131.
– Eröffnungsrede zur Zentralen Konferenz des Präsidiums mit Konstrukteuren, Projektanten, Technologen und Designern. In: Materialien zur Zentralen Konferenz mit Konstrukteuren, Projektanten, Technologen und Designern. 1986. S. 36.
– u. P. Lötzsch, R. Tietze, R. Müller: Aufgaben zum Umweltschutz an der TU Dresden. In: WZ der TU Dresden *35* (1986) 2, S. 105–106.
– Spitzenleistungen für Schlüsseltechnologien. In: Bauernecho vom 14. 6. 1986.
– u. H.-J. Zickmann: Umweltschutztechnik und Abwasserbehandlung im Lebensmittelbetrieb. In: Wissensspeicher Lebensmitteltechnik. Leipzig 1986. S. 629–642.
– Laudatio „Ischlinski“. In: WZ der TU Dresden *35* (1986) 4, S. 43–45.
– Umgang mit Ressourcen zeigt die Haltung zur Zukunft. In: ND 18./19. 10. 1986, S. 10.
– Abrechenbare Ergebnisse in Wissenschaft und Technik. In: Technische Gemeinschaft *34* (1986) 4, S. 3–6.
– Hohes Engagement für Schlüsseltechnologien. Ebda S. 6–8.
– Kleinste Schatzgräber mit größter Zukunft für Produktion und Umwelt. In: Tribüne 42 (1986) 241, S. 11.
– 1000 CAD/CAM-Stationen realisiert. In: ND vom 29. 12. 1986, S. 2.

Patentpublikation

– u. K. Schubert, H. Dietrich, H.-J. Zickmann: Vorrichtung zum Absaugen von Flüssigkeit aus dem Darm. WP A 61 M 1/00, 238533 vom 27. 8. 1986.

Shirkov, Dmitrij Vasiljevič: Perenormirovki v KTP. In: Soobšč. OIJAI, P 2-85-6 (1985) 9 S.
– „Metod renormgruppy v fizike – 2 lekzii“ v trudach školy molodych učenych „Kvantovaja teorija polja i fizika vysokich energij“. Zvenigorod, 16.–20. Sept. 1985. S. 160–183.
– Renormgruppa v razdičnych oblastjach fiziki – 5 lekzij. Litorg. izdanie Karlova Universiteta (Praga 1985) 80 S.
– u. A. S. Šumovski, V. I. Jukalov: Vzaimosvjaz različnych renormgrupp. In: Soobšč. OIJAI P 2-85-529 (1985) 12 S.
– u. D. I. Kazakov: Schemno-invariantnaja teorija vozmyščenij v massivnoj KCHD. JaF *42* (1985) S. 768–776.

– Kvantovye principy vo vzaimodejstvijach polej. In: Preprint OIJAI P 2-85-729 (1985) 22 S.
– Problematika teorii vzaimodejstvija častic. In: Teoretič. aspekty sovmestnych eksperimentalnych programm OIJAI s ZERN i IFVE. Soobšč. OIJAI P 2-85-609 (1985) S. 96–102.
– Quantum Principles in Field Interactions. In: Found. of Phys. vol. *16* (1986) Nr. 1, pp. 27–38.
– On Interrelation of Different Renormalization Groups. In: Comm. of JINR, E 2-86-460 (Dubna 1986).
– Kvantovaja teorija polja. In: Naučnoje sotrudničestvo soc. stran v jadernoj fizike. Hrsg. N. Bogoljubov (1986) S. 40–45.
– u. N. N. Bogoljubov, A. A. Logunov u. B. V. Medvedev: Pamjati Ernesta Štjukelberga. In: UFN *150* (1986) Nr. 1, S. 171–172.
– u. V. V. Belokurov: Teorija vzaimodejstvii častic. Moskva 1986, 9 peč. list.
– u. V. P. Gerdt u. M. G. Meščerjakov: Kompjutery v teoretičeskoj fizike. In: Soobšč. OIJAI P 2-86-848 (1986) 22 S.

Stubbe, Hans: Erinnerungen an Rudolf Schick. In: Rudolf Schick 80 Jahre. Vorträge, gehalten auf der Gedenkveranstaltung der Akademie der Landwirtschaftswissenschaften der DDR und der Wilhelm-Pieck-Universität Rostock anläßlich des 80. Geburtstages von Rudolf Schick am 9. April 1985. Groß Lüsewitz 1985.
– Vom Glück des Forschens. In: Die Weltbühne *81* (1986) H. 14, S. 429–432.
– H. Paucke u. H. Stubbe: Zur Geschichte, Stellung und Ausrichtung der Ökologie. In: Hercynia NF *23* (1986) H. 4, S. 409–419.

Szabó, Zoltán Gábor u. B. Jóvér, J. Juhász: Reactivity as a function of dispersion. In: Thermochimica Acta *85* (1985) S. 123–126.
– u. E. Hollós, J. Trompler: Thermal Decomposition of Ammonium Nitrate without Side-Reactions. In memoriam Georg-Maria Schwab. In: Zeitschr. f. Physikalische Chemie NF *144* (1985) S. 187–193.
– New Form of the Periodic Table. In: Chemistry in Britain *22* (1986) S. 414.

Tomašov, Nikon Danilovič: Titan i korrosionnostoikije splavy na ewo osnowe. Gesamtred: Ja. M. Kolotyrkin. Moskva 1985. 80 S. 35 Abb., 12 Tab. (Saschtschita metallow ot Korrosii).
– u. G. P. Tschernowa: Teoria korrosii i korrosionnostoikie konstrukzionnye splawy. Moskva 1986. 359 S., 123 Abb., 34 Tab.

Uhlmann, Armin: On a Riemannian method in quantum theory about curved space-time. In: Czech. J. Phys. B *31* (1981) S. 1249–1255.
– Beitrag zu „Wissenschaftliche Höchstleistungen erfordern das Denken und Handeln des ganzen Kollektivs". In: Das Hochschulwesen *3* (1981) S. 65–66.
– u. P. M. Alberti: Die Charakterisierung der Lösungen von Mastergleichungen. Ein „inverses" Problem. In: Ann. der Physik *38* (1981) S. 329–333.
– u. P. M. Alberti: A note on stochastic dynamics in the state space of a commuting C*-algebra. In: J. Math. Phys. *22* (1981) S. 2345–2351.
– u. P. M. Alberti: Dissipative motion in state Space. Leipzig 1981. 120 S. (= Teubner-Texte zur Mathematik Bd 33).
– u. P. M. Alberti: Stochasticity and partial Order. Berlin 1981. 123 S. (= Mathematische Monographien. Hrsg. v. H. Koch, G. Lassner, H. Reichardt, R. Sulanke).
– u. P. M. Alberti: Stochasticity and partial order. Berlin, Dortrecht, Boston, London 1982. 123 S. (= Mathematics and its Applications 9. Hrsg. M. Hazewinkel).
– Riemannian method in quantum field theory about curved space-time. In: Czech. J. Phys. B *32* (1982) S. 573–574.
– The cartan algebra of exterior differential forms as a supermanifold: Morphisms and manifolds associated with them. In: J. Geom. Phys. *1* (1984) S. 25–37.
– The transition probability for states of *-algebras. In: Ann. Physik *42* (1985) S. 524–532.

— Eine Bemerkung über vollständig positive Abbildungen von Dichteoperatoren. In: WZ KMU. Math.-naturwiss. R. *34* (1985) 6, S. 580—582.

Uhlmann, Dietrich: Scaling of microcosms and the dimensional analysis of lakes. In: Int. Revue ges. Hydrobiol. *70* (1985) S. 47—62.
— Anforderungen an die Gütebewirtschaftung von Oberflächengewässern in tropischen und subtropischen Klimaten. In: Acta hydrochim. hydrobiol. *13* (1985) S. 507—525.
— U. Grünewald, W. Horn u. D. Uhlmann: Research on water resources and water quality in watersheds of drinking water reservoirs in the German Democratic Republic. In: G. Jolankai and G. Roberts: Land use impacts on aquatic systems. Proceedings MAB 5 Workshop Budapest, 10—14. Oct. 1983.
— Die anthropogene Eutrophierung der Gewässer — ein umkehrbarer Prozeß? Berlin 1985. 32 S., 16 Abb. (= Sitzungsberichte der SAW, math.-nat. Kl. Bd 188, H. 5).
— Ökotechnologie — Aufgaben und Lösungswege. In: WuF *36* (1986) S. 108—111.
— u. S. Schwarz: Erfahrungen mit der Berechnung des Wirkungsgrades von Abwasserteichen. In: Wasserwirtschaft — Wassertechnik *35* (1985) S. 104—105.
— u. H. Klapper: Protection and restoration of lakes and reservoirs in the German Democratic Republic — Case studies. In: Proc. International Congress European Water Poll. Control Association „Lakes Pollution and Recovery". Rome, 15—18 April 1985. ANDIS, Assoc. Nazionale di Ingegneria Sanitaria. pp. 262—271.
— S. Schwarz u. D. Uhlmann: Gemessene und berechnete BSB_5-Abbauwerte in einer Fäkalienbehandlungsanlage. In: Wasserwirtschaft — Wassertechnik *35* (1985) S. 69—70.
— S. Schwarz u. D. Uhlmann: Abbauwerte in einer teilweise künstlich belüfteten hochbelasteten Oxydationsteichanlage (Greifswald-Ladebow). Ebda *36* (1986) S. 108—109.
— V. Peukert, I. Röske u. D. Uhlmann: Stand und Entwicklungstendenzen der biologischen Phosphatelimination aus Abwasser mit Belebtschlamm. In: Acta hydrochim. hydrobiol. *14* (1986) S. 325—333.

van der Waerden, Bartel L.: A History of Algebra. Heidelberg 1985. XII + 271 S., 28 Figuren.
— Greek Astronomical Calendars IV. The Parapegma of the Egyptians and their „perpetual tables". In: Archive f. History of Exact Sc. *32* (1985) p. 95—104.
— Greek Astronomical Calendars V. The Motion of the Sun in the Parapegma of Geminos and in the Romaka-Siddhānta. Ebda *34* (1985) p. 231—239.
— Review of P. J. Huber: Astronomical Dating of Babylon I. In: BO *43* (1985) p. 346.
— Francesco Severi and the Foundations of Algebraic Geometry. In: Symposia Mathematica *27* (1986) p. 239—244.
— Aristarchos' Observation of the Summer Solstice. In: Isis *77* (1986) p. 239—244.
— Les contributions de Peano aux théories axiomatiques de la géométrie. In: Atti del Convegno „Giuseppe Peano", Torino *1982* (1986) p. 61—71.
— Verallgemeinerung eines Satzes von Fatou. In: Sitzungsberichte österr. Akademie der Wissenschaften Wien (Abt. II) *195* (1986) p. 191—194.

Vladimirov, Vasilii Sergejevič: O kompaktifikazii prostranstwa Minkowskowo i kompleksnom analize v trube buduščewo. In: Annales Polonici Mathematici *XCVI* (1985) S. 439—454.
— Kompleksnyi analiz v trube buduščewo. In: Sowremennye problemy matematiki. Fundamental'nye napravleniia, t. 8. Kompleksnyj analiz — mnogie premennyie — 2. Moskva 1986. S. 191 bis 266.
— u. I. V. Volovich: Lokal'nye i nelokal'nye toki dlja nelineinych uravnenij. In: Teoretičeskaja i matematičeskaja srizika. t. *62* (1985) N 1, S. 3—29.
— Lokal'nye i nelokal'nye toki dlja integriruemych sistem. In: Doklady AN SSSR. t. *280* (1985) N 2, S. 328—333.
— Zakony sochranenija dlja nelineinych urawnenii. In: Uspechi matematičeskich nauk t. 40 (1985) v. 4, S. 14—26.

– Zakony sochranenija dlja nelineinych urawnenii. In: Aktual'nye problemy vyčislitel'noy matematiki i matematičeskowo modelirowanija. Nowosibirsk 1985. S. 147–162.
– Ob opredelenii interrala v superprostranstve. In: Doklady AN SSSR. t. 285 (1985) N 5, S. 1042–1044.
– Kraevye zadači dlja nelineinych uravneniy reljativistckoy stryny. In: Doklady AN SSSR t. 289 (1986) N 5, S. 1043–1047.
– Velikij azerbaidžanskij učonyj Muchammed Nacifeddin Tyci. In: Isvestija AN Azerb. SSR, Serija fisiko-techničeskich i matematičeskich nauk 1985, N 1, S. 3–9.
– u. Ju. N. Drojjinov, B. I. Zavialov: Mnogomernye tayberovy teoremy dlja obobščennych funkzii. Moskva 1986. 304 S., 23 Abb.
– u. O. I. Bogojavlenskii, I. V. Volovich, A. K. Gusčin, Ju. N. Drojjnov, V. V. Jarinov, V. P. Michailov: Kraevye zadači matematičeskoj fiziki. Trudy Matematičeskowo instituta im. V. A. Steklova t. 175 (1986) S. 63–102.
– u. Ju. N. Drojjinov, B. I. Zavialov: Tauberovy teoremy dlja obobščennych funkzii i ich primenija. Ebda S. 103–112.
– u. V. V. Jarinov: Analitžičeskie metody v matematičeskoj fisike. Ebda S. 113–133.
– [Hrsg.] Trudy matematičeskowo instituta im V. A. Steklova, t. 175. Teoretičeskaja i matematičeskaja fizika. Sbornik obzornych statej 3. K 50-letiju instituta. 248 S.
– [Hrsg.] Primenenie funkzional'nych metodov i metotov teorii funkzij k zadačem matematičeskoj fisiki, IX Sovetsko-čechoslovaukoe coveščanie, Doneuch, 7.–13. Sentrjabrja 1986. 154 S.

Woschni, Eugen-Georg: Becslési eljárások az automatikaban. méréstechnika automatizálás. 2./3. Aufl. Budapest 1985. 64 S., 77 Abb., 20 Taf.
– Kleines Lexikon der Mikroelektronik. 3. Aufl. Berlin 1985. 64 S., 77 Abb., 20 Taf. (= Reihe Automatisierungstechnik, Bd 207).
– M. Krauß, E. Kutschbach u. E.-G. Woschni: Handbuch Datenerfassung. Berlin 1984. 2. Aufl. Berlin 1985. 380 S., 248 Abb., 72 Taf.
– [Hrsg.] Stefan Hesse: Kleines Lexikon der Industrierobotertechnik. 3. Aufl. Berlin 1986. 68 S., 73 Abb., 6 Taf. (= Reihe Automatisierungstechnik, Bd 208).
– Limitations of Sensor Dynamics caused by Aliasing. In: Preprints X. IMEKO-Weltkongreß, ČSSR, Prag 22. –26. 4. 1985 Sek. S 5, S. 32–39.
– Some Problems of Modelling of digital Measuring Systems. In: Proceedings of the International Symposium „System Analysis and Simulation 1985“ in Berlin 26.–31. 8. 1985. Band *27* (1985) S. 372–376.
– Fehler bei digitalen Meßverfahren – ein Überblick. In: Preprints 30. IWK Ilmenau 21.–25. 10. 1985, S. 111–113, H. 2, Vortragsreihe B, C.
– u. H. Herold: Fehler bei der Abtastung von Signalen endlicher Dauer. In: msr *28* (Berlin 1985) H. 11, S. 485–509.
– IEC-Interface als Option für Mikrorechner mit einem freien PIO-Baustein. In: Wiss. Z. TH Karl-Marx-Stadt *27* (1985) H. 4, S. 502–505.
– u. H. Herold: Frequenzanaloges Meßverfahren zur Auswertung von Sensorsignalen. Ebda S. 518–522.
– Modellbetrachtungen in der Informationstechnik. In: Kurzreferate 14. Jahrestagung „Grundlagen der Modellierung und Simulationstechnik“. Rostock 10.–12. 12. 1985.
– Einfluß einer digitalen Signalverarbeitung nach AD-Wandlung auf die Stützstellendichte bzw. Abtastfrequenz. In: 5. Symposium Maritime Elektronik, Wilhelm-Pieck-Universität Rostock, Sektion Technische Elektronik 1986.
– Problems of real-time intelligent measurements. Preprints 5. Internat. IMEKO Symposium Intelligent Measurement No. 1, Vol. 2, S. 40–44.
– Some Aspects of Applying Information-Theory to Measurement. In: Preprints 8. Internat. IMEKO Colloquium TC 1 Education Warschau Sept. 1986. S. 174–183.
– Zu Verletzungen des Abtasttheorems und deren Folgen. Prof. Dr. Dr. Rompe zum 80. Geburtstag gewidmet. In: Annalen der Physik. 7. Folge, Bd *43* (1986) H. 3–5, S. 390–396.

— The Influence of Signal Processing after A/D Conversion to the Sampling Frequency requided. In: Wiss. Zs. TH Karl-Marx-Stadt *28* (1986) H. 4, S. 550—556.
— Messung aus der Sicht der Informationstechnik. Internat. Wiss. Konferenz Vorträge. Teil II, 18.—21. 11. 1986 an der TU Karl-Marx-Stadt. S. 2. 2. 1/1—2. 2. 1/6.
— Probleme bei der digitalen Modellierung infolge verletztem Abtasttheorems. In: Kurzreferate 15. Jahrestagung der WGMA 10.—12. 12. 1986 in Rostock, S. 16/48—16/51.

Wußing, Hans: [Mithrsg.] Produktivkräfte in Deutschland. 1870—1917/18. 1. Aufl. Berlin 1985. 489 S., 122 Tab., 15 Abb., 13 Ktn, 153 Fotos.
— Adam Ries — Rechenmeister und Cossist. In: Österreichische Akademie der Wissenschaften. Mathematisch-naturwiss. Kl. Sitzungsberichte, Abt. II, Bd *195* (1986) Heft 1—3, S. 195—211.

Philologisch-historische Klasse

Aland, Kurt: Historisches Wissen als Orientierung für das geistliche Amt. In: Kirchlicher Dienst und theologische Ausbildung. Festschrift für Präses Dr. Heinrich Reiß. Hrsg. v. Helmut Begemann und Carl Heinz Ratschow. Bielefeld 1985. S. 63—77.
— [Auswahl u. Bearb.] u. Hermann Kunst: Martin Luther: Der Große und der Kleine Katechismus. 2., durchgesehene Aufl. Göttingen 1985.
— [Hrsg.] Nestle-Aland: Greek-English New Testament. 2nr revised edition. Stuttgart 1985.
— Die Grundurkunde des Glaubens. Ein Bericht über 40 Jahre Arbeit an ihrem Text. In: Bericht der Hermann Kunst-Stiftung zur Förderung der Neutestamentlichen Textforschung für die Jahre 1982 bis 1984. Münster 1985. S. 9—75.
— Der Handschriftenfund auf dem Sinai. In: Jahrbuch der Gesellschaft zur Förderung der Westfälischen Wilhelms-Universität 1984/85. Münster 1985. S. 14—18.
— Synopsis Quattuor Evangeliorum. Editio tertia decima revisa. Stuttgart 1985.
— [Hrsg.] Nestle-Aland: Novum Testamentum Graece et Latine. 2. Druck. Stuttgart 1985.
— A History of Christianity. Volume 1: From the Beginnings to the Threshold of the Reformation. Philadelphia 1985.
— Die Anfänge des Reformators und der Reformation Martin Luthers. In: Theologische, juristische und philologische Beiträge zur frühen Neuzeit. Münster 1986. S. 35—55 (= Schriftenreihe der Westfälischen Wilhelms-Universität Münster, Heft 9).
— [Hrsg.] Die Korrespondenz Heinrich Melchior Mühlenbergs. Bd I: 1740—1752. Hrsg. in Verbindung mit der Martin-Luther-Universität Halle—Wittenberg, Universitäts- und Landesbibliothek Sachsen-Anhalt, Archiv der Franckeschen Stiftungen, Deutsche Demokratische Republik. Berlin, New York 1986. (= Texte zur Geschichte des Pietismus, Abt. III, Bd 2).
— Das Neue Testament — zuverlässig überliefert. Die Geschichte des neutestamentlichen Textes und die Ergebnisse der modernen Textforschung. Stuttgart 1986 (= Wissenswertes zur Bibel 4).
— [Hrsg.] Nestle-Aland: Novum Testamentum Graece. 26. Aufl., 7. Druck, Großdruckausgabe ohne Durchschuß. Stuttgart 1986.
— [Hrsg.] Nestle-Aland: Novum Testamentum Graece. 26. Aufl., 7. Druck, Großausgabe mit Schreibrand. Stuttgart 1986.
— [Vorw.] Das Neue Testament auf Papyrus. I. Die Katholischen Briefe. In Verbindung mit K. Junack bearb. von W. Grunewald. Berlin, New York 1986 (= Arbeiten zur neutestamentlichen Textforschung Bd 6).
— [Hrsg.] u. Barbara Aland: Nestle-Aland: Das Neue Testament Griechisch und Deutsch. Griechischer Text in der Nachfolge von Eberhard und Erwin Nestle gemeinsam verantwortet von Kurt Aland, Matthew Black, Carlo M. Martini, Bruce M. Metzger und Allen Wirkgren. Deutsche Texte: Revidierte Fassung der Lutherbibel von 1984 und Einheitsübersetzung der Heiligen Schrift 1979. Hrsg. im Institut für Neutestamentliche Textforschung Münster/Westfalen. Stuttgart 1986.
— Der Text des Johannesevangeliums im 2. Jahrhundert. In: Studien zum Text und zur Ethik des

Neuen Testaments. Festschrift zum 80. Geburtstag von Heinrich Greeven. Hrsg. v. Wolfgang Schrage. Berlin, New York 1986, S. 1—10.
— A History of Christianity. Volume 2: From the Reformation to the Present. Philadelphia 1986.
— Die Reformatoren. Luther — Melanchthon — Zwingli — Calvin. Mit einem Nachwort zur Reformationsgeschichte. 4., neubearb. Aufl. Gütersloh 1986.
— Synopsis Quattuor Evangeliorum. 13. Aufl. 2. Druck. Stuttgart 1986.
— [Hrsg.] Nestle-Aland: Novum Testamentum Graece et Latine. 3. Druck. Stuttgart 1986.
— Zur Ausgabe der Werke Philipp Jakob Speners. In: Pietismus und Neuzeit. Ein Jahrbuch zur Geschichte des neueren Protestantismus Bd *12*. Göttingen 1986. S. 127—144.

Asmussen, Jes Peter: Some textual problems in the Hebrew bible and their Treatment in judeo-persian versions. In: Acta Iranica Vol. *24*. Papers in honour of professor Mary Boyce. Leiden 1985. S. 1—7.
— „Kamel" — „Nadelöhr". Matth. 19: 24, Mark. 10:25, Luk. 18:25. In: Studia Grammatica Iranica. Festschrift für Helmut Humbach. Hrsg. von Rüdiger Schmitt und Prods Oktor Skjaerø. München 1986. S. 1—10 (= Beiheft zu den Münchener Studien zur Sprachwissenschaft).
— [Art.] Alchasai. In: Encyclopaedia Iranica, Vol. *1*, fasc. 8. Ed. by Ehsan Yarshater. London, Boston, Melbourne, Henley 1985. S. 824—825.
— [Art.] Ammō. Ebda. fasc. 9, S. 979.
— [Art.] Andarzgar. Ebda. Vol. *II*, fasc. 1, S. 23.
— [Art.] Angalyūn. Ebda. S. 31.

Bahner, Werner: Aufklärung als europäisches Phänomen. Leipzig 1985. 248 S. (= RUB 1109).
— „Aufklärung" als Periodenbegriff der Ideologiegeschichte. In: Aufklärung — Gesellschaft — Kritik. Studien zur Philosophie der Aufklärung 1. Hrsg. v. M. Buhr, W. Förster. Berlin 1985. S. 11—47 (= Schriften zur Philosophie und ihrer Geschichte, 38).
— Die Friedensideen der französischen Aufklärung. Ebda S. 79—162.
— [Hrsg.] u. W. Neumann. Sprachwissenschaftliche Germanistik. Ihre Herausbildung und Begründung. Berlin 1985. 398 S., 33 Abb.
— Methodologische Fragen. Ebda S. 1—13.
— Das Aufkommen des geschichtlichen Denkens in der Sprachwissenschaft. Ebda S. 14—23.
— Fazit und Ausblick. Ebda S. 329—363.
— Jacob Grimm im wissenschaftsgeschichtlichen und internationalen Kontext der deutschen Sprachwissenschaft in der ersten Hälfte des 19. Jahrhunderts. In: ZPSK *38* (1985) 5, S. 462 bis 480.
— Zur Stellung Jacob Grimms in der Geschichte der Sprachwissenschaft. In: Jacob und Wilhelm Grimm. Vorträge anläßlich der 200. Wiederkehr ihrer Geburtstage (4. Jan. 1785/24. Febr. 1786). Berlin 1986. S. 79—85 (= Sitzungsberichte der AdW der DDR 6 G).
— Einige spezifische Aspekte des rumänischen Wortschatzes in der Frühphase der romanischen Sprachentwicklung. In: Mélanges Skok (Jugosl. Akademie), Znagosti i Umje tnosti. Zagreb 1985. S. 70—77.
— Balkanlinguistik in wissenschaftshistorischer Sicht. In: ZPSK *39* (Berlin 1986) H. 6, S. 629 bis 640.
— [Hrsg.] Amüsante und ergötzliche Geschichten aus dem alten Frankreich. 2. Aufl. Leipzig 1986. 272 S.
— Nachwort. Ebda S. 251—270.
— Ansprache des Präsidenten bei der öffentlichen Gesamtsitzung der SAW am 15. April 1983. In: Jahrbuch der SAW *1983—84* (Berlin 1986) S. 108—110.
— Ansprache des Präsidenten bei der öffentlichen Gesamtsitzung der SAW am 18. November 1983. Ebda S. 111.
— Ansprache des Präsidenten bei der öffentlichen Gesamtsitzung der SAW am 13. April 1984. Ebda S. 112—115.

— Ansprache des Präsidenten bei der öffentlichen Gesamtsitzung der SAW am 9. November 1984. Ebda S. 116—120.
— Ansprache des Präsidenten anläßlich der Preisverleihung der Sächsischen Akademie der Wissenschaften zu Leipzig für hervorragende Leistungen auf dem Gebiet des Umweltschutzes und der Materialerhaltung im Zusammenwirken mit der KDT anläßlich des 8. Kongresses der KDT der DDR am 26. Oktober 1983. Ebda S. 122—125.
— [Rez.] Gonzalo Correas: Arte Kastellana (1627). Introducción, edición y notas por Manuel Tyboada Cid. — Universidad de Santiago de Compostela 1984, 242 S. In: BrP *25* (1986) H. 1, S. 159.
— [Rez.] Franz Josef Hausmann (Hrsg.): Die französische Sprache von heute. — Darmstadt: Wissenschaftliche Buchgesellschaft 1983, 458 S. (= Wege der Forschung, Bd CDXCVI). Ebda S. 160.
— [Rez.] Grammaire et méthode au XVIIe siècle, sous la direction de Pierre Swiggers avec la collaboration de Michel Le Guern, Odile Le Guern-Forel, Frans-Josef Mertens et Jean Stéfanini. Leuven 1984. 110 S. Ebda S. 161.
— [Rez.] Wido Hempel (Hrsg.): Französische Literatur im Zeitalter der Aufklärung. Gedächtnisschrift für Fritz Schalk. Frankfurt/M. 1983. VIII, 361 S. (= Analecta Romanica 48). In: RD *18* (1986) H. 3, S. 479—482.

Beševliev, Veselin: Spuren des ehemaligen Doppelkönigtums bei den Protobulgaren. In: Byzantine Studies/Études Byzantines, Vols. *8*, *11*, *12* (1981, 1984 u. 1985) S. 13—24.
— Zur Deutung der protobulgarischen Inschrift von Vassilika, Chalkidike. In: Jahrbuch der österreichischen Byzantinistik Bd *35* (1985) S. 143—148.
— Textkritisches zu Theophanes und Nicephoros. In: Byzantina Bd *13* (1985) S. 47—53.
— Miscellanea Protobulgarica. In: Bulletin du musée national de Varna Bd *22* (1986) S. 17—29.

Białostocki, Jan: Bücher der Weisheit und Bücher der Vergangenheit. Schwetzingen 1985. 42 S. 23 Abb. [deutsche Fassung einer 1982 in englischer Sprache in Holland erschienenen Abhandlung] (= Abhandlungen der Heidelberger Akademie der Wissenschaften, Phil. hist. Klasse Jahrgang 1984, 5. Abhandlung).
— Dürer und die Humanisten. Pforzheim 1986. S. 15—37 (= Reden anläßlich der Verleihung des Reuchlin-Preises 1983 in Pforzheim).
— Dürer, Żywot Marii, Einleitender Text. Warszawa 1985.
— Teoretycy, pisarze i artyści o sztuce: 1500—1600 (Wybór Tekstów, II, Historia doktryn artystycznych), Warszawa 1985 [1986]. 519 S., 32 Abb. auf Tafeln und mehrere Abb. im Text. (= Geschichte der Kunstliteratur, Quellenschriften, Auswahl, vol. II).
— Povijest umjetnosti i humanističke znanosti, Zagreb 1986. 187 S., 16 Abb. [Serbokroatische Übersetzung einer 1980 in Warschau erschienenen Monographie. Übersetzer: Z. Malić].
— Borrowing and Originality in the East-Central European Renaissance. In: East-Central Europe in Transition. From the Fourteenth to the Seventeenth Century. Hrsg. A. Mączak, H. Samsonowicz u. P. Burke, Cambridge, London, New York etc. 1985. S. 153—166 und 188 (= Studies in Modern Capitalism); polnische Fassung in: Jan Kochanowski i kultura Odrodzenia, Warszawa 1985. S. 48—57. (= Verhandlungen der wissenschaftlichen Tagung zu Jan Kochanowskis Jubiläum, veranstaltet von der Universität Warschau 1981).
— Museum Work and History in the Development of the Vienna School. In: XXV. Internationaler Kongress für Kunstgeschichte in Wien 1983, *1*: Wien und die Entwicklung der kunsthistorischen Methode (Wien 1985) S. 9—15.
— Iconologie. In: Encyclopedia Universalis, 2. Ausgabe (Paris 1985) S. 744—747.
— Crises et fulgurations de l'art, „Diogène", Nr. 133 (1986) S. 3—22; [Englische Fassung:] Crises in Art, „Diogenes", Nr. 133 (1986) S. 1—19; [Deutsche Fassung:] Krisen in der Kunst. In: Über die Krise. Stuttgart 1986. S. 162—182. (= Castelgandolfo Gespräche 1985); [Polnische Fassung:] Kryzysy w sztuce, „Przegląd Powszechny", Nr. 10 (782), 1986, S. 50—67.

– Jardins des délices: images de désir dans l'art du XIXe siècle. In: Revue de l'art, Nr. 74, 1986. S. 13–20.
– Reflections on Eroticism in some Rubens Pictures: Three Paintings in the Vienna Museum. In: Rubens en zijn wereld. Opgedragen aan Prof. Dr. Ir. R.-A. d'Hulst. Antwerpen 1985 [1986]. S. 187–192.
– Słowo i obraz anno 1978. Wprowadzenie. In: Biuletyn Historii Sztuki *XLVI* (1984 [1986]) Nr. 1, S. 5–8.
– Die Jagiellonen-Renaissance. In: Polen im Zeitalter der Jagiellonen 1386–1572. Schallaburg 1986. S. 103–111 (= Ausstellungskatalog).
– [Rez.] O. Bätschmann: Dialektik der Malerei von N. Poussin. In: Kunstchronik *XXXVIII* (1985) S. 48–54.
– [Rez.] S. Alpers: The Art of Describing. Dutch Painting in XVIIth Century. In: Art Bulletin *LXVII* (1985) S. 520–526.
– [Rez.] Zwischen Säulenbüchern und Utopie. Zur ‚Architekturtheorie' von H. W. Kruft. In: Neue Zürcher Zeitung Nr. 78 v. 5./6. 4. 1986, S. 65–66.

Brüning, Eberhard: Ernest Hemingway – Humanist und Antifaschist. Berlin 1985. 35 S. (= Sitzungsberichte der SAW, phil.-hist. Kl., Bd 126, H. 1).
– Schriftsteller und Gesellschaft und der „American Writers Congress" 1981. In: Weimarer Beiträge *32* (1985) S. 357–373.
– New York und Paris. 50 Jahre Erster Amerikanischer Schriftstellerkongreß und Erster Internationaler Schriftstellerkongreß zur Verteidigung der Kultur. In: Weimarer Beiträge *32* (1985) S. 912–922.
– [Nachw.] Agnes Smedley: Eine Frau allein. Mein Lebensroman. Berlin 1985. S. 338–358.
– [Rez.] James D. Hart: The Oxford Companion to American Literature. Fifth Edition. Oxford, New York 1983. In: ZAA *33* (1985) H. 4, S. 364–365.
– [Art.] Amerikanistik. In: Wörterbuch der Literaturwissenschaft. Hrsg. v. Claus Träger. Leipzig 1986. S. 23–24.
– [Art.] New Criticism. Ebda S. 373.
– The Modern American Hero. In: Essays on the Contemporary American Novel. Hrsg. v. Hedwig Bock u. Albert Wertheim. München 1986. S. 375–387.
– Progressive American Writers' Organizations and Their Impact on Literature during the Nineteen Thirties. In: American Literature and the Contemporary Ideological Struggle. The Novel between the World Wars. Ed. by Günther Klotz and Heinz Wüstenhagen. Potsdam 1986. S. 149–161 (= Potsdamer Forschungen der Pädagog. Hochschule „Karl Liebknecht". Gesellschaftswiss. Reihe, 72).
– Die New Yorker Schriftstellerkongresse und ihre Folgen für die amerikanische Literaturentwicklung. In: Verteidigung der Kultur. Der Internationale Schriftstellerkongreß Paris 1935 und die antifaschistische Literatur 1935–1939. Beiträge einer Konferenz des Zentralinstituts für Literaturgeschichte der AdW der DDR und des Präsidiums des Kulturbundes der DDR. Berlin, 6. und 7. Dez. 1985. Hrsg. v. Manfred Hahn. Berlin 1986. S. 54–59.
– Anmerkungen zu deutsch-amerikanischen antifaschistischen Literaturbeziehungen. „Was soll aus Deutschland werden? Gibt es ein *anderes* Deutschland?" In: Weimarer Beiträge *33* (1986) S. 1786–1808.
– Biennial Conference der European Association for American Studies (EAAS) in Budapest, 24.–27. März 1986. In: ZAA *34* (1986) H. 4, S. 353.
– [Rez.] A Dictionary of British and American Women Writers 1660–1800. Ed. by Janed Todd. London 1984. In: ZAA *34* (1986) H. 3, S. 273–274.
– [Rez.] Jürgen Wolter: Die Suche nach nationaler Identität. Entwicklungstendenzen des amerikanischen Dramas vor dem Bürgerkrieg. Bonn 1983 (= Wuppertaler Schriftenreihe Literatur). Ebda H. 4, S. 378–380.
– Das amerikanische Drama. Hrsg. von Gerhard Hoffmann. Bern u. München 1984 (= Studienreihe Englisch). Ebda.

— C. W. E. Bigsby: A critical introduction to twentieth-century American drama. 2. Tennessee Williams, Arthur Miller, Edward Albee. Cambridge etc. 1984. Ebda.
— C. W. E. Bigsby: A critical introduction to twentieth-century American drama. 3. Beyond Broadway. Cambridge etc. 1985. Ebda.
— [Nachw.] John Steinbeck: Von Mäusen und Menschen. Leipzig 1986. S. 99—112.

Coblenz, Werner: Erforschung und Pflege sächsischer Burgen als Aufgabe von Ur- und Frühgeschichtlern sowie Denkmalpflegern. In: Sächsische Heimatblätter *31* (1985) S. 108—111, 7 Abb.
— Zur Archäologie und Geschichte der Slawen im 10. Jahrhundert im Süden der DDR (zwischen Saale und Neiße). In: Tesy Dokladow Kiew (Thesen zu den Vorträgen und Mitteilungen der Teilnehmer aus der DDR am V. Internationalen Kongreß für Slawische Archäologie. Kiew 17.—26. September 1985). S. 37—39.
— Bemerkungen zu Bronzetechnik und Arbeitsverfahren nach Beobachtungen bei materialgerechter Rekonstruktion bronzener Altsachen. In: Glogowskie zeszyty naukowie *1* (1985) S. 86—132, 27 Abb.
— Straubing und Aunjetitz. Bemerkungen zu einem neuen Depotfund von Kyhna, Kreis Delitzsch. In: Bayerische Vorgeschichtsblätter *50* (1985) S. 113—126, 3 Textabb., 7 Taf.
— Früheisenzeitliche Gräberfelder auf Dresdener Flur. Dresden 1985. 96 S., 89 Taf. (= Kleine Schriften des Landesmuseums für Vorgeschichte Dresden 5).
— Walter Haupt 90 Jahre. In: Sächsische Heimatblätter *31* (1985) S. 90—91.
— Kurt Biehayn zum Gedächtnis. In: Sächsische Heimatblätter *32* (1986) S. 45—46.
— Corpus archäologischer Quellen zur Frühgeschichte auf dem Gebiet der Deutschen Demokratischen Republik (7. bis 12. Jahrhundert). Hrsg. von J. Herrmann/P. Donat. 4. Lieferung. Bezirke Cottbus, Dresden, Karl-Marx-Stadt, Leipzig. Berlin 1985 (bes. Burgen- und Gräberfelder, Bez. Dresden).
— Slawische Siedlungsreste in Nimschütz, Kr. Bautzen. Mit einem Exkurs über vergleichbare Befunde von Pannewitz. In: Arbeits- und Forschungsberichte zur sächsischen Bodendenkmalpflege *29* (1985) S. 227—312, 83 Abb., Taf. 9—20, 1 Beil.
— Ein frühbronzezeitlicher Verwahrfund von Kyhna, Kr. Delitzsch. In: Arbeits- und Forschungsberichte zur sächsischen Bodendenkmalpflege *30* (1986) S. 37—88, 21 Abb., Taf. 1—14.
— Zu bronzezeitlicher Nutzung und Besiedlung der Sächsischen Schweiz und des östlichen Erzgebirgsrandes. Ebda S. 89—109, 6 Abb., Taf. 15 und 16.
— u. J. Herrmann: Burgen und Befestigungen. In: Die Slawen in Deutschland. Neubearbeitung 1986. S. 186—232, 37 Abb., Taf. 40—48.
— Bemerkungen zu den offenen und befestigten Siedlungen sowie den Gräberfeldern im Bereich der sächsisch-lausitzischen Gruppe. In: Veröffentlichungen des Museums für Ur- und Frühgeschichte Potsdams *20* (1986) S. 99—112, 15 Abb.
— Nochmals zur Rolle der Aunjetitzer Kultur in der Sächsischen Schweiz. In: Ausgrabungen und Funde *31* (1986) S. 19—21, 1 Abb., Taf. 2.
— Historische Kommission. Bericht 1983—1984. In: Jahrbuch der Sächsischen Akademie der Wissenschaften zu Leipzig *1983—1984* (Berlin 1986) S. 92—96.
— Ur- und Frühgeschichte. In: Reisehandbuch Lausitz. Berlin 1986. S. 58—62 [vom Verlag fehlerhaft geändert].
— [Rez.] Archäologische und naturwissenschaftliche Untersuchungen an ländlichen und frühstädtischen Siedlungen im deutschen Küstengebiet vom 5. Jahrhundert v. Chr. bis zum 11. Jahrhundert n. Chr. In: Germania *64* (1986) S. 668—672.
— [Rez.] W. Timpel: Gommerstedt, ein hochmittelalterlicher Herrensitz in Thüringen (= Weimarer Monographien zur Ur- und Frühgeschichte 5). Weimar 1982. In: Jahrbuch für Regionalgeschichte *13* (1986) S. 315—316.
— [Rez.] L. Leciejewicz: Jäger, Sammler, Bauer, Handwerker. Frühe Geschichte der Lausitz bis zum 11. Jahrhundert. Bautzen 1982. Ebda S. 307—310.

— [Rez.] Alt-Thüringen. Jahresschrift des Museums für Ur- und Frühgeschichte Thüringens Bd *18* (1983), *19* (1983) und *20* (1984). Ebda S. 311—315.

Czok, Karl: Das alte Leipzig. 2., verbesserte Aufl. Leipzig 1985. 203 S. und Würzburg 1985.
— [Redakt.] Jahrbuch für Regionalgeschichte Bd *XII* (Weimar 1985) 274 S.
— Gerhard Thümmler 65 Jahre. In: Sächsische Heimatblätter *31* (1985) H. 3.
— Zur sozialökonomischen Struktur der Vorstädte in Sachsen und Thüringen im Zeitalter der deutschen frühbürgerlichen Revolution. In: Der deutsche Bauernkrieg 1525. Hrsg. von Peter Blickle. Darmstadt 1985. S. 332—359 (= Wege der Forschungen, Bd CDLX).
— Revolutionäre Volksbewegungen in mitteldeutschen Städten zur Zeit von Reformation und Bauernkrieg. In: Die frühbürgerliche Revolution in Deutschland. Hrsg. von Max Steinmetz. Berlin 1985. S. 88—111 (= Studienbibliothek DDR-Geschichtswissenschaft, Bd 5).
— Städtische Volksbewegungen unter dem Einfluß von Territorial- und Kirchenpolitik (Zum „Calvinistensturm" 1592/93 in Leipzig). In: Aspects of Poverty in Early Modern Europe. Bd *II* (Odense University Press 1986) S. 145—158.
— [Redakt.] Jahrbuch für Regionalgeschichte Bd *XIII* (Weimar 1986) 363 S.
— [Rez.] Bevölkerung, Wirtschaft und Gesellschaft. Stadt-Land-Beziehungen in Deutschland und Frankreich 14. bis 19. Jahrhundert. Hrsg. von N. Bulst, J. Hoock, F. Irsigler. Trier 1983. In: Jahrbuch für Regionalgeschichte Bd *XIII* (1986) S. 334—336.
— [Ann.] Bernd Rüdiger: Flöha. Vom Waldhufendorf zur sozialistischen Kreisstadt. Hrsg. vom Rat der Stadt Flöha, Karl-Marx-Stadt 1984. Ebda S. 350—351.
— [Ann.] Helmut Bräuer: Zwickau und Martin Luther. Karl-Marx-Stadt 1983. Ebda S. 351—352.

D'Hondt, Jacques: Gedenkwort für Ilting. In: Gedenkfeier für Prof. Dr. Karl-Heinz Ilting. Universität Saarbrücken 1985. S. 5—9.
— La traduction tendancieuse du Capital par Joseph Roy. In: L'oeuvre de Marx, un siècle après, Paris 1985. S. 131—137.
— Hegel et les Lumières. In: Oeuvres et critiques *X* (Tübingen 1985) I, S. 105—109.
— La dialectique spécifique de l'histoire selon Hegel et Marx. In: Marx e Hegel (Marx e o „caso" Hegel) Lisbonne 1985. S. 185—190 [portugies.].
— Der Kammerdiener der Geschichte und die Geschichte des Kammerdieners. In: Aktuelle Vernunft, Berlin 1985. S. 43—66.
— L'attitude politique de Hegel au moment de la philosophie du droit. In: La Pensée, Tokyo 1986. n° 745, S. 115—136 [japanisch].
— Le concept de la vie chez Hegel. In: Hegels Philosophie der Natur. Stuttgart 1986. S. 138—150.
— Hegel et Napoléon. In: Hegels Rechtsphilosophie *II* (Stuttgart 1986) I, S. 37—67.
— Le refus des droits de l'homme. In: Les Etudes philosophiques, Paris 1986, n° 2, S. 217—226.
— L'originalité de la philosophie de Marx. In: Philosophie et culture, Actes du XVIIe Congrès mondial de philosophie, Montréal 1986. S. 289—294.
— La personne et le droit abstrait selon Hegel. In: Droit et liberté selon Hegel, Paris 1986. S. 89 bis 123.
— La prévision selon Auguste Comte et Karl Marx. In: Epistémologie et matérialisme, Paris 1986. S. 125—146.
— Hegel secret, Recherches sur les sources cachées de la pensée de Hegel, 2è édition, Paris 1986. S. IX + 348.
— Hegel et l'hégélianisme, 2è édition, Paris 1986. S. 128.
— Le droit et la liberté de la personne selon Marx. In: Droit et liberté selon Marx, Paris 1986. S. 55—85.
— Rupture et destruction dans l'histoire, trad. japonaise. In: Nichi-Futsu. Tokyo.
— Raum und Zeit in der Philosophie Hegels. In: Fortschritt der Aufklärung. édité par H. J. Sandkühler. Cologne 1987. pp. 191—216.
— Plaidoyer pour l'aliénation. In: Cahiers philosophiques. Paris, C. N. D. P., n° 29, décembre 1986, pp. 25—44.

Diesner, Hans-Joachim: Numa Pompilius bei Machiavelli. In: Wolfenbütteler Renaissance, Mitteilungen *IX* (1985) H. 2, S. 49–56.
— Die Virtù der Principi bei Machaivelli. In: Zeitschrift für Historische Forschung Bd *12* (1985) H. 4, S. 385–428.
— Antikerezeption und frühe pragmatische Geschichtsschreibung bei Beda Venerabilis. In: Studien zur Alten Geschichte. Siegfried Lauffer zum 70. Geburtstag am 4. August 1981 dargebracht. Bd *I* (Roma 1986) S. 159–168.
— Aufstieg und Untergang Roms bei Machiavelli. Die Zyklustheorie als methodologisches Ordnungsprinzip. Amsterdam 1986 (= Festschrift für Gerhard Wirth).
— Augustus und sein Tatenbericht. In: Klio Bd *67* (1985) S. 35–42.
— [Rez.] J. M. Wallace-Hadrill: The Frankish Church. Oxford 1983. In: ThLZ *110* (1985) Nr. 8, Sp. 614ff.
— [Rez.] H.-U. Delius: Augustin als Quelle Luthers. Berlin 1984. Ebda Nr. 12, Sp. 900–902.
— [Rez.] J. Fontaine: Isidore de Séville et la culture classique dans l'Espagne wisigothique. I./II. Paris 1983. Ebda Nr. 3, Sp. 200–202.
— [Rez.] J. Fontaine: Isidore de Séville et la culture classique dans l'Espagne wisigothique. III. Paris 1983. Ebda Nr. 12, Sp. 907–908.
— [Rez.] W. Menthin: Die Langobarden. Archäologie und Geschichte. Stuttgart 1985. In: HZ *243* (1986) S. 411–412.
— [Rez.] Luis A. García Moreno: El Imperio Romano. Pamplona 1984. In: DLZ *107* (1986) H. 1, Sp. 46–48.
— [Rez.] A. Buck: Machiavelli. Darmstadt 1985. Ebda H. 4, Sp. 289–292.
— [Rez.] G. Haendler: Die abendländische Kirche im Zeitalter der Völkerwanderung. 2. Aufl. Berlin 1983. Ebda H. 9, Sp. 663–665.

Dietze, Walter: Poesie der Humanität. Anspruch und Leistung im lyrischen Werk Johann Wolfgang Goethes. 1. Aufl. Berlin und Weimar 1985. 521 S.
— [Hrsg. und Nachw.] Johann Wolfgang Goethe: Faust. Urfaust, Faust I und II, Paralipomena, Goethe über Faust. 7. Aufl. Berlin und Weimar 1984. 779 S. – 8. Aufl. 1986. 784 S.
— [Mithrsg.] Impulse. Aufsätze, Quellen, Berichte zur deutschen Klassik und Romantik. Im Auftrage der Nationalen Forschungs- und Gedenkstätten der klassischen deutschen Literatur in Weimar hrsg. von Walter Dietze und Werner Schubert. Berlin und Weimar 1985. 340 S., 25 Abb., Folge 8.
— [Mithrsg.] Impulse. Aufsätze, Quellen, Berichte zur deutschen Klassik und Romantik. Im Auftrage der Nationalen Forschungs- und Gedenkstätten der klassischen deutschen Literatur in Weimar hrsg. von Walter Dietze und Werner Schubert. Berlin und Weimar 1986. 378 S., 16 Abb., Folge 9.
— „Weimar", Klassikerstätten im Bild. Einleitender Text (viersprachig). 8. Aufl. Weimar 1985. 4 Blatt, 36 Tafeln; 9. Aufl. Weimar 1986. 4 Blatt, 36 Tafeln.
— Herder. Ein Lesebuch für unsere Zeit. Einleitung von Walter Dietze. 12. Aufl. Berlin und Weimar 1986. S. XXV–LX Einleitung, 340 S. Text.
— [Mithrsg.] Deutsche Epigramme aus vier Jahrhunderten. Hrsg. von Anita und Walter Dietze. 5. veränd. Aufl. Leipzig 1985. 452 S.; 1. Aufl. Wiesbaden 1985.
— Börnes Werke in zwei Bänden. Ausgewählt und eingeleitet von Helmut Bock und Walter Dietze. 5. Aufl. Berlin und Weimar 1986. Bd 1: 323 S., Bd 2: 432 S.
— „Die Gegenwart hat wirklich etwas Absurdes". Noch einmal über Goethes „Paria"-Trilogie. In: Impulse. Aufsätze, Quellen, Berichte zur deutschen Klassik und Romantik. Folge *8* (1985) S. 69–127.
— Purpurmäntel und dunkle Kutten. Über ein unbekanntes Lenau-Zitat bei Karl Marx. Ebda Folge *9* (1986) S. 316–328.
— Adaption der Kunst und Kunst der Adaption. Zu Goethes Rückgriff auf Regun I, 21 in „Faust" II. In: Germanistische Forschungsberichte der „Freunde von Weimar" Jg *11* (Tokyo 1986) S. 79–91.

— [Rez.] Karl Otto Conrady: Goethe. Leben und Werk. Bd 1: Hälfte des Lebens; Bd 2: Summe des Lebens. In: DLZ Bd *106* (1985) H. 7/8, Spalte 538—540.
— [Rez.] Goethe im Kontext. Kunst und Humanität. Naturwissenschaft und Politik von der Aufklärung bis zur Restauration. Ein Symposium. Hrsg. von Wolfgang Wittkowski. Ebda Bd *107* (1986) H. 4, Spalte 271—273.

Dudek, Gerhard: Reinhold Trautmann und die klassische russische Literatur. In: ZfSl Bd *30* (1985) H. 3, S. 312—321.
— Die Brüder Karamasow — Zur Struktur der Romane F. M. Dostojewskis. Berlin 1985. 45 S. (= Sitzungsberichte der SAW, phil.-hist. Klasse Bd 125, H. 5).
— V. A. Žukovskij und die Aufklärung. In: Konferenzband „Die russische Literatur der Aufklärung (1650—1825)". Halle 1985. S. 118—135 (= Wissenschaftliche Beiträge der Martin-Luther-Universität).
— [Nachw.]: Iwan Turgenjew: Väter und Söhne. Leipzig und Weimar 1985. S. 261—279.
— Aleksandr Tvardovskij — Künstlerische Selbstfindung und Erbeaneignung, in: Erbeverhältnis und Traditionsbildung in sozialistischen Literaturen. Leipzig 1986. S. 92—98 (= Wissenschaftlichen Beiträge der Karl-Marx-Universität).
— Turgenev und Ludwig Feuerbach. In: ZfSl Bd *31* (1986) H. 2, S. 174—189.
— [Mithrsg.] Geschichte der russischen Literatur von den Anfängen bis 1917. 2 Bde. Berlin und Weimar 1986. 495 S. u. 716 S.
— 9 Artikel in: Geschichte der russischen Literatur von den Anfängen bis 1917. Ebda. Bd *1*. S. 368—404, Bd *2*, S. 61—77.
— 12 Wörterbuchartikel. In: Wörterbuch der Literaturwissenschaft. Hrsg. von C. Träger. Leipzig 1986.
— u. I. Seehase, W. Düwel: Bedeutende Rostocker Gelehrte. Zum 100. Geburtstag von Prof. Dr. habil. Edmund Schneeweis. In: Die neue Universität. Wilhelm-Pieck-Universität, Nr. 15 vom 3. Oktober 1986.
— [Rez.] Problemy ėstetiki i tvorčestva romantikov. Mežvuzovskij tematičeskij sbornik. Kalinin 1982. In: RD *16* (1984) 4, S. 557—558.
— [Rez.] L. V. Timofeev: V krugu druzej i muz. Dom A. N. Olenina. Leningrad 1983. In: RD *16* (1984) 4, S. 641—642.
— [Rez.] N. M. Fortunatov: Tvorčeskaja laboratorija L. Tolstogo. Moskva 1983. In: ZfSl *30* (1985) H. 5, S. 761—762.
— [Rez.] Poėtika. Trudy russkich i sovetskich poetičeskich škol. Sost. D. Kiraj i A. Kovač. Budapest 1982. In: ZfSl *30* (1985) H. 5, S. 764—766.
— [Rez.] Nyota Thun: Puschkinbilder — Bulgakow-Tynjanow-Platonow-Soschtschenko-Zwetajewa. Berlin 1984. In: Weimarer Beiträge Bd *32* (1986) H. 3, S. 513—516.
— [Rez.] W. Koschmal: Vom Realismus zum Symbolismus. Zu Genese und Morphologie der Symbolsprache in den späten Werken I. S. Turgenevs. Amsterdam 1984. In: ZfSl *31* (1986) H. 2, S. 303—305.
— [Rez.] Problemy teorii sticha. Leningrad 1984. In: RD *18* (1986) 2, S. 223—224.
— [Rez.] F. M. Dostojewski: Briefe. 2 Bde. Leipzig 1984. In: ZfSl *31* (1986) H. 6, S. 926—927.

Eichler, Ernst: Slawische Ortsnamen zwischen Saale und Neiße. Ein Kompendium. Bd *I*: A—J. Bautzen 1985. 206 S.
— Beiträge zur deutsch-slawischen Namenforschung (1955—1981). Mit Vorwort und Namenregister. Leipzig 1985. 462 S.
— u. H. Walther: Städtenamenbuch der DDR. Leipzig 1986. 327 S.
— u. V. Hellfritzsch, J. Richter: Die Ortsnamen des sächsischen Vogtlandes. Herkunft — Entwicklung — Bedeutung. 2. Namenkunde — Siedlungsgeschichte. Plauen 1985. 96 S., 7 Ktn (= Vogtlandmuseum Plauen. Schriftenreihe H. 53).
— Der Beitrag Vasmers zur slawischen Altertumskunde und Namenforschung. In: ZfSl *31* (1986) S. 635—641.
— Reinhold Trautmanns Stellung in der deutschen Slawistik. In: ZfSl *30* (1985) S. 306—311.

– u. U. Lehmann, H. Pohrt, W. Zeil: Die Entwicklung der Slawistik in Deutschland bis 1945 und in der Deutschen Demokratischen Republik. In: Beiträge zur Geschichte der Slawistik in nichtslawischen Ländern. Hrsg. v. J. Hamm u. G. Wytrzens. Wien 1985. S. 171–244, mit Bibliographie (= Österr. AdW, phil-hist. Kl., Schriften d. Balkankommission, Linguist. Abt. XXX).

– u. G. Schröter: Briefe August Leskiens an Hugo Schuchardt. In: Pontes Slavici. Festschrift für Stanislaus Hafner zum 70. Geburtstag. Graz 1986. S. 83–103.

– Zur Geschichte der Slawistik: Slawistik im „außerakademischen" Bereich. In: Prace Filologiczne *35* (1985). (= Gedenkschrift P. Zwoliński).

– Das integrierte Toponym in der lexikalischen Bearbeitung. In: Materialien der Slowakischen Onomastischen Konferenz Banska Bystrica/Dedinky. Banská Bystrica 1985.

– Sorben und Deutsche im Daleminzegau im Lichte der Toponomastik. In: Onomastica Slavogermanica XIV. Hrsg. v. St. Rospond. Warszawa–Wrocław 1984. S. 139–145.

– Zu einigen Problemen der slawischen Namengeographie. Ebda S. 147–153.

– Zur Typologie der slawischen Ortsnamen Niederösterreichs. In: Onomastica Slavogermanica XV. Hrsg. v. E. Eichler u. H. Walther. Berlin 1986. S. 83–102.

– Probleme namenkundlicher Etymologie in slawischen Ortsnamen. Teil IV. Ebda S. 163–165.

– u. H. Jakob: Nachlese slawischer Flurnamen im Obermaingebiet. Ebda S. 79–82.

– K. Hengst u. W. Wenzel: Zur Entwicklung der deutsch-slawischen onomastischen Sprachkontaktforschung. Ebda S. 19–28.

– Über tschechisch-sorbische Sprachbeziehungen im Lichte der Toponomastik. In: Linguist. Arbeitsberichte *47* (Leipzig 1985) S. 49–56.

– Probleme der linguistischen Behandlung von Flurnamen slawischer Herkunft im deutsch-slawischen Kontaktgebiet. In: Gießener Flurnamen-Kolloquium 1. bis 4. Oktober 1984. Hrsg. v. R. Schützeichel. Heidelberg 1985. S. 256–265 (= Beitr. z. Namenforsch. Beiheft 23).

– u. E. Walther: Ortsnamenwechsel im Elbe-Saale-Gebiet. Wandlungen der Siedlungsstrukturen und ihre Auswirkungen auf die Siedlungsnamen. In: Ortsnamenwechsel. Bamberger Symposium 1. bis 4. Oktober 1986. Hrsg. von R. Schützeichel. Heidelberg 1986. S. 147–154 (= Beitr. z. Namenforsch. Beiheft 24).

– Zur Etymologie und Typologie der slawischen Ortsnamen in Niederösterreich. In: Siedlungsnamen und Siedlungsformen als Quellen zur Besiedlungsgeschichte Niederösterreichs. Vorträge und Diskussionen, abgehalten auf dem 5. Symposium des Niederösterreichischen Instituts für Landeskunde auf Schloß Rosenau bei Zwettl vom 2.–4. Juli 1984. Hrsg. von H. Feigl. Wien 1986. S. 9–17, 1 Karte.

– Zum Götternamen Mokoš im Altsorbischen. In: Slavica Gandensia Bd *13* (Gent 1986) S. 21–23 (= To Honour Frans Vyncke. Essays on the Occasion of his Retirement 1 October 1986).

– Zur Geschichte der slawischen Namenforschung in Deutschland. In: Zeszyty Naukowe Wydziału Humanistycznego uniwersytetu Gdańskiego Prace Językoznawcze Nr. 10. 1984. S. 191 bis 195 (= Linguist. Studien A H. 129/I. Berlin 1985. S. 95–100).

– I. Seehase u. K. Gutschmidt: Zur Erinnerung an Max Vasmer, Matija Murko und Edmund Schneeweis. In: ZfSl *31* (1986) S. 633–634.

– u. I. Seehase. Zum Geleit [Heft, gewidmet Matija Murko]. In: WZ d. KMU Leipzig, ges.-wiss. R. *36* (1987) S. 4–5.

Die Namenforschung in der Deutschen Demokratischen Republik – Entwicklung und Stand. In: Linguist. Stud., Reihe A H. 129/1 (Berlin 1985) S. 5–9 und in: XV. Internationaler Kongreß für Namenforschung. Der Eigenname in Sprache und Gesellschaft. I – Verhandlungen im Plenum. Leipzig 1985. S. 23–27.

– XV. Internationaler Kongreß für Namenforschung: Chronik. In: XV. Internationaler Kongreß für Namenforschung... Leipzig 1985. S. 9–16.

– Ansprache des Präsidenten des XV. Internationalen Kongresses für Namenforschung. Ebda S. 17.

– u. K. Gutschmidt: Die slawische Namenforschung auf dem XV. Internationalen Kongreß für Namenforschung. In: ZfSl *30* (1986) S. 801–804.

– Josef Filipec 70 Jahre. Ebda S. 940–941.

– Stanisław Rospond † 16. Oktober 1982. In: Onomastica Slavogermanica *XV* (Berlin 1986) S. 7–8.
– Elfriede Ulbricht †. In: Namenkundl. Inform. 47 (1985) S. 55.
– Siedlungsnamen und Siedlungsformen als Quellen zur Besiedlungsgeschichte Niederösterreichs [Tagungsbericht]. Ebda S. 61–63.
– Flurnamen-Kolloquium des Arbeitskreises für Namenforschung [Tagungsbericht]. Ebda S. 63–65.
– Ernst Dickenmann †. Ebda 48 (1985) S. 32–33.
– u. H. Walther: Rosemarie Gläser zum 50. Geburtstag. Ebda S. 35–37.
– u. I. Bily, K. Gutschmidt, W. Wenzel: V. Gesamtpolnische Konferenz „Die Eigennamen im Prozeß der sprachlichen Kommunikation". Ebda 49 (1986) S. 44–48.
– VI. Jugoslawische Onomastische Konferenz. Ebda S. 49–50.
– Zum 65. Geburtstag Hans Walthers. Ebda 49 (1986) S. 42–43.
– Vincent Blanár 65 Jahre. Ebda S. 43–44.
– u. H. Walther: Johannes Schultheis 50 Jahre. Ebda 50 (1986) S. 49–51.
– Hubert Górnowicz zum Gedenken. Ebda S. 51–53.
– [Mithrsg.] XV. Internationaler Kongreß für Namenforschung. Der Eigenname in Sprache und Gesellschaft. I–VII. Leipzig 1985.
– [Mithrsg.] Beiträge zur Onomastik. I–II. Vorträge der Teilnehmer aus der DDR auf dem XV. Internationalen Kongreß für Namenforschung. Karl-Marx-Universität Leipzig, 13.–17. August 1984. In: Linguist. Studien H. 129/I–II. Berlin 1985.
– [Mithrsg.] Onomastica Slavogermanica XV. Berlin 1986. 208 S., 3 Ktn (= Abh. d. SAW, phil.-hist. Kl. Bd 71, H. 2).
– [Mithrsg.] Namenkundliche Informationen. H. 47–50, Beihefte 7–9.
– [Rez.] H. H. Bielfeldt: Die slawischen Wörter im Deutschen. Leipzig 1982. In: Lětopis. Jahresschr. d. Inst. f. sorb. Volksforsch., Reihe A *33* (1986) S. 89–90.
– Namen als älteste Sprachdenkmäler im Erzgebirge und Vogtland, In: Erzgebirg. Heimatblätter 5 (1983) S. 95–98.

Erben, Johannes: *Großvater* und *Enkel*. Zur Beziehungsgeschichte der Vorfahren und Kindeskinder im Deutschen. In: Sprachwissenschaftliche Forschungen. Festschrift für J. Knobloch. Hrsg. von H. M. Ölberg-G. Schmidt. Innsbruck 1985. S. 91–99.
– [Rez.] M. Bürgisser: Untersuchungen zur Wortbildung im Ahd. und And. Bern–Frankfurt a. M.–New York 1983. In: Anzeiger für dt. Altertum *96* (1985) H. 1, S. 1–3.
– [Rez.] Wörterbuch der Sprachschwierigkeiten. Zweifelsfälle, Normen und Varianten im gegenwärtigen deutschen Sprachgebrauch. Hrsg. von J. Dückert u. G. Kempcke. Leipzig 1984. In: Beiträge zur Namenforschung. NF *20* (1985) S. 73–74.
– Luthers Bibelübersetzung. In: Martin Luther im Spiegel heutiger Wissenschaft. Hrsg. von K. Schäferdiek. Bonn 1985. S. 33–50 (= Studium Generale 4).
– [Rez.] H. Reinitzer: Biblia deutsch. Luthers Bibelübersetzung und ihre Tradition. Hamburg 1983. In: Z. f. Kirchengesch. *96* (1985) H. 2, S. 255–256.
– [Rez.] H. Bach: Handbuch der Luthersprache, Teil 2. In: Beiträge zur Namenforschung *20* (1985) S. 444.
– [Rez.] B. Gersbach u. R. Graf: Wortbildung in gesprochener Sprache. Bd 1 (Tübingen 1984). In: Beiträge zur Namenforschung *20* (1985) S. 444–446.
– Syntax des Frühneuhochdeutschen. In: W. Besch, O. Reichmann, St. Sonderegger (Hrsg.): Sprachgeschichte. Ein Handbuch zur Geschichte der deutschen Sprache und ihrer Erforschung. 2. Halbband. Berlin–New York 1985. S. 1341–1348.
– ‚Ehefrauen' in der Sprache Martin Luthers. Eine onomasiologische Studie. In: H. L. Cox, V. F. Vanacker, E. Verhofstadt (eds.), wortes anst. verbi gratia. donum natalicium Gilbert A. R. de Smet. Leuven-Amersfoort. S. 137–142.
– Laudatio zum 75. Geburtstag von Hugo Moser, dargebracht zum Beginn des Festkolloquiums. In: ZfdPh *104* (1985 = Sonderheft) S. 183–186.

— Warum Grammatik wieder interessant sein kann. Versuch einer Orientierungsskizze. In: Der Deutschunterricht Jg *38* (1985) H. 2, S. 5—13.
— [Rez.] J. Schwitalla: Deutsche Flugschriften 1460—1525, Textsortengeschichtliche Studien. In: Beitr. *108* (Tübingen 1986) S. 133—136.
— Jacob Grimm als Redner in der Paulskirche. Bemerkungen über Veränderungen im Stil der Abgeordnetenrede. In: ZfdPh *105* (1986) S. 110—113.
— [Rez.] B. Gersbach, R. Graf: Wortbildung in gesprochener Sprache. Bd *2* (Tübingen 1985) und über M. B. Stepanowa, W. Fleischer: Grundzüge der deutschen Wortbildung. Leipzig 1985. In: Beiträge zur Namenforschung *21* (1986) S. 373—375.
— Stellungnahme zu den Richtlinien Deutsch für die gymnasiale Oberstufe in Nordrhein-Westfalen. In: H. Zabel (Hrsg.): Germanistik und gymnasialer Deutschunterricht. Essen 1986. S. 37—38.
— [Mithrsg.] Sprachnormen: lösbare und unlösbare Probleme. Kontroversen um die neuere Sprachgeschichte. Dialektologie und Soziolinguistik: Die Kontroverse um die Mundartforschung. Tübingen 1986 (= Akten des VII. Internationalen Germanistenkongresses Göttingen 1985, Bd 4).

Felix, Werner: Johann Sebastian Bach. Werk und Wirkung. Katalog der Bach-Ausstellung in Tokyo (1. 11.—15. 12. 1985). Tokyo 1985. 174 S.
— Einleitung: 300 Jahre Johann Sebastian Bach. Übers. v. R. Higuchi. Ebda S. 7—15.
— Johann Sebastian Bach [japan.]. Tokyo 1985. 393 S.
— [Hrsg.] u. W. Marggraf, V. Reising, G. Schönfelder: Musikgeschichte. Ein Grundriß. Teil I. Leipzig 1984. 528 S.; Teil II. Leipzig 1985. 1005 S.

Forberger, Rudolf: Vom künstlerisch gestalteten Hartporzellan Böttgers zum technischen Porzellan im 19. Jahrhundert. Berlin 1985. 30 S. (= Sitzungsber. der SAW, phil.-hist. Klasse, Bd 125, H. 4).
— Zur Dialektik von materiell-technischer Basis und kultureller Entwicklung Dresdens in den Jahren 1830 bis 1890. In: Dresdner Hefte 3 (1985) S. 2—9 (= Beiträge zur Kulturgeschichte 6. Neunzehntes Jahrhundert. Hrsg. vom Rat des Bezirkes Dresden, Abt. Kultur).
— Bemerkungen zu „Die sächsischen Weber". In: Union, Dresden v. 29. 11. 1985, S. 6.
— Arbeiter und Arbeitsinstrument. Der unmittelbare Produzent und sein Funktionswandel in der Produktion. Von der Werkstatt mit Handarbeit und Werkzeug durch den Einsatz der Werkzeugmaschine zur mechanischen und automatischen Fabrik. In: Glück auf. Beiträge zur Folklorepflege, H. 19/20: Zur Arbeit, Lebensweise und Kultur werktätiger Klassen und Schichten im Erzgebirge und Vogtland. Schneeberg 1986. S. 2—9.
— Der Pflege technischer Denkmale verschrieben. In: Union Dresden v. 4./5. 10. 1986.
— Bezirkskonferenz Technische Denkmale am 13. Juni 1986 in der Schiffswerft Laubegast. In: Sächsische Heimatblätter *32* (Dresden 1986) H. 6, S. 288.
— Sechs Jahre Arbeitsgruppe Technische Denkmale in der Gesellschaft für Denkmalpflege im Bezirk Dresden. Ebda S. 288—289.

Gadamer, Hans-Georg: Die Vielfalt Europas: Erbe und Zukunft; ein Jahrhundert wird besichtigt. Stuttgart 1985. 35 S. (= Vortragsreihe der Robert-Bosch-Stiftung).
— The Beginning and the Beyond: Papers from the Gadamer and Voegelin Conferences; Suppl. Issues of Lonergan Workshop. Vol. *4*. Ed. by F. Lawrence. Chico, Ca. 1984 [ersch. 1985]. 131 S.
— Philosophical Apprenticeships. Cambridge, Mass. 1985. 198 S. (= Studies in Contempory German Social Thought).
— Richard Kroner (1884—1974). In: Arch. de Philosophie *48* (1985) S. 363—366.
— Les "Sciences humaines" et l'avenir de l'Europe. In: Cadmos *8* (1985) No. 30, S. 44—64.
— Wilhelm Dilthey nach 150 Jahren (Zwischen Romantik und Positivismus: ein Diskussionsbeitrag). In: Dilthey und die Philosophie der Gegenwart. Hrsg. von E. W. Orth (= Phaenomenolog. Forsch., Sonderband) Freiburg 1985. S. 157—182.

– Der platonische „Parmenides" und seine Nachwirkung. In: Einheit als Grundfrage der Philosophie. Hrsg. von K. Gloy und E. Rudolph. Darmstadt 1985. S. 30–45.
– Grenzen der Sprache. In: Evolution und Sprache. Hrsg. von W. Böhme (= Herrenalber Texte 66). Karlsruhe 1985. S. 89–100.
– Il valore e la dignità. In: Intersezioni *4* (1984, ersch. 1985) S. 493–502.
– The hermeneutics of suspicion. In: Man and World *17* (1984, ersch. 1985) S. 313–323.
– Zum Geleit. In: Der Mensch in den modernen Wissenschaften. Hrsg. von K. Michalski. Stuttgart 1985. S. 11–12.
– „Bürger zweier Welten". Ebda S. 185–199.
– The hermeneutic of suspicion. In: Phenomenology of the Human Sciences. Ed. by J. N. Mohanty (= Man and World 17, No. 3/4). Dordrecht 1985. S. 73–83.
– Gibt es auf Erden ein Maß? In: Philos. Rundsch. *31* (1984, ersch. 1985) S. 161–177.
– Dass. (Forts.): Ebda *32* (1985) S. 1–26.
– Die Aktualität des Schönen [Auszug]. In: Reclams Literaturkalender *31* (1985) S. 108–110.
– Le défi herméneutique. In: Rev. Internat. de Philosophie *38* (1984, ersch. 1985) S. 333–341.
– Wilhelm Dilthey y Ortega y Gasset: un capitulo de la historia intelectual de Europa. In: Rev. de Occidente 48/49 (1985).
– Richard Benz, ein alter Heidelberger: zur 100. Wiederkehr seines Geburtstages. In: Ruperto Carola Jg *36* (1984, ersch. 1985), H. 71, S. 50–51.
– L'ermeneutica della buona volontà. In: La scuola di studi superiori e l' ereditula del pensiero filosofico napoletano ed europeo. Firenze [1985]. S. 7–10.
– Eduard Zeller: der Weg eines Liberalen von der Theologie zur Philosophie. In: Semper apertus. Bearb. von W. Doerr. Bd 2. (Berlin 1985) S. 406–412.
– Hermeneutyka a filozofia praktyczna. In: Studia Filozoficzne *1* [230] (1985) S. 17–22.
– Stefan George (1868–1933). In: Die Wirkung Stefan Georges auf die Wissenschaft. Hrsg. von H.-J. Zimmermann (= Suppl. zu den Sitzungsber. der Heidelberger Akad. der Wiss., Phil.-hist. Klasse, Jg 1984, Bd 4). Heidelberg 1985. S. 39–49.
– Freundschaft und Selbsterkenntnis: zur Rolle der Freundschaft in der griechischen Ethik. In: Würzburger Jb. für die Altertumswiss. NF Beih. *1* (1985) S. 25–33.

Große, Rudolf: *Volk* und *Nation* bei Grimm und seinen Nachfolgern. In: Zeitschrift für Phonetik, Sprachwissenschaft und Kommunikationsforschung *38* (1985) S. 481–488.
– Sprache und Geschichte bei den Brüdern Grimm. In: Sitzungsberichte der Akademie der Wissenschaften der DDR, 1985 6 G, Berlin 1986, S. 5–13.
– Die Sprache des Rechts in der Geschichte der deutschen Sprache. In: Protokollband der Humboldt-Grimm-Konferenz Berlin 22. – 25. Oktober 1985, Teil *I* (Berlin 1986) S. 76–90.
– Wilhelm Grimm – der zweite der Brüder. In: Sprachpflege *35* (1986) H. 1, S. 1–3; gekürzt unter dem Titel: Ein Leben für Märchen, Sagen, Heldengedichte. Wilhelm Grimm, der zweite der Brüder, wurde am 24. Februar vor zweihundert Jahren geboren. In: Universitätszeitung, Karl-Marx-Universität Leipzig 08, 21. 2. 1986, S. 5.
– Toponyme in der Sprachgeschichte. In: Beiträge zur Onomastik. I. Vorträge der Teilnehmer aus der DDR auf dem XV. Internationalen Kongreß für Namenforschung, hrsg. von E. Eichler, H. Walther, I. Bily. Berlin 1985. S. 131–137 (= Linguistische Studien A 129/I, Akademie der Wissenschaften der DDR, Zentralinstitut für Sprachwissenschaft).
– Die Sprachgeschichtsforschung in der DDR. In: Zeitschrift für Germanistik *6* (1985) H. 2, S. 203–212.
– Anforderungen aus Theorie und Praxis an die Sprachgeschichtsdarstellung. In: Sprachliche Kommunikation in der sozialistischen Gesellschaft. Zwickau 1985. S. 49–54 (= Wissenschaftliche Zeitschrift der PH Zwickau Jg 21, H. 1).
– Die spätmittelalterliche Geschäftssprache des Meißnischen unter soziolinguistischem Aspekt. In: Beiträge zur Erforschung der deutschen Sprache Bd *6* (1986) S. 19–26.
– Internationales Kolloquium anläßlich des 100. Geburtstages von Theodor Frings. In: Sprachpflege Jg *35* (1986) H. 12, S. 181.

- [Interv.] Sprache in sozialer und kultureller Entwicklung. In: Sächsisches Tageblatt 18. 7. 1986, S. 3.
- Ist Sächsisch schlechtes Deutsch? In: Junge Welt Nr. 250, 25. 10. 1985, S. 12.
- [Nachr.] Karl Bischoff. In: Jahrbuch der Sächsischen Akademie der Wissenschaften zu Leipzig *1983–84* (Berlin 1986) S. 260–261.
- Karl Bischoff 1905–1983. In: Namenkundliche Informationen 47, Karl-Marx-Universität Leipzig 1985. S. 53–54.
- Gotthard Lerchner — 50 Jahre. In: Linguistische Arbeitsberichte 48, Sektion Theoretische und angewandte Sprachwissenschaft der Karl-Marx-Universität Leipzig 1985. S. 85–87.
- [Vorw.] Althochdeutsches Wörterbuch Band *IV* (Berlin 1986) S. V–VIII.
- [Hrsg.] Althochdeutsches Wörterbuch, Band *III*, 16.–18. Lfg, Berlin 1985, und Band *IV*, 1.–2. Lfg, Berlin 1986.
- [Mithrsg.] Beiträge zur Erforschung der deutschen Sprache, Bd *5* (Leipzig 1985) und Bd *6* (Leipzig 1986).

Günther, Rigobert: Die Römer an Rhein und Donau. Autorenkollektiv unter Leitung von Rigobert Günther und Helga Köpstein. 3. Aufl. Berlin 1985. 517 S. (= Veröffentlichungen des Zentralinstituts für Alte Geschichte und Archäologie der Akademie der Wissenschaften der DDR, Bd 3).
- Der Aufstand des Spartacus. 4. Aufl. Berlin 1985. 136 S.
- Vom Untergang Westroms zum Reich der Merowinger. 2. Aufl. Berlin 1985. 165 S.
- u. Alexander R. Korsunskij: Germanen erobern Rom. Der Untergang des Weströmischen Reiches und die Entstehung germanischer Königreiche bis zur Mitte des 6. Jahrhunderts. Berlin 1986. 246 S., 51 Abb. auf 32 Kunstdrucktafeln und 3 Karten (= Veröffentlichungen des Zentralinstituts für Alte Geschichte und Archäologie der AdW der DDR Bd 15).
- Das Verhältnis des Kaisertums zur Kirche im west- und im oströmischen Reich während des 5./6. Jahrhunderts. In: Griechenland — Byzanz — Europa. Ein Studienband. Hrsg. von J. Herrmann, H. Köpstein, R. Müller. Berlin 1985. S. 131–141 (= Berliner Byzantinische Arbeiten 52).
- Die Friedensutopie des Urchristentums. In: Geschichtsunterricht und Staatsbürgerkunde. Jg *28* (1986) H. 1, S. 35–38.
- Probleme neuer spätantiker Sozialstrukturen in der gallorömischen Landwirtschaft im 5. Jahrhundert. In: Studien zur Alten Geschichte. Festschrift für Siegfried Lauffer zum 70. Geburtstag. Band *1* (Roma 1986) S. 306–312.

Hamann, Günther: Nature e Paesaggio nelle Descrizioni di Martino Martini SJ. In: Martino Martini SJ — Geografo, Cartografo, Storice, Teologo/Trento 1614 — Hangzhou 1661. In: Atti del Convegno Internazionale, Museo Tridentino di Scienze Naturali. Hrsg. Giorgio Melis Trient 1983. S. 115–136 [Englisch: Nature and Landscape in the Descriptions of Martino Martini SJ].
- Curiosità e Leggende medievali nella „Relatio" di Odorico da Pordenone. In: Odorico da Pordenone e la Cina. Atti del Convegno Storico Internazionale. Hrsg. Giorgio Melis Pordenone 1983. S. 175–183.
- Historische Kartographie und Geographie. Zum Weltbild des Hohen Mittelalters [Cartografia e Geografia Storica] In: Popoli e Paesi nella Cultura Altomedievale, Settimane di Studio del Centro Italiano di Studi sull'Alto Medioevo *29* (Spoleto 1983) S. 750–801.
- Eduard Suess — ein altliberaler Repräsentant der Akademie. In: Eduard Suess zum Gedenken, 20. August 1831 bis 26. April 1914. In: Sitzungsber. phil.-hist. Kl. Österr. AdW *422* (1983) S. 5–14.
- Forschungs- und Entdeckungsreisen. In: Das Zeitalter Kaiser Franz Josephs, 1. Teil: Von der Revolution zur Gründerzeit 1848–1880. Katalog der Niederösterreichischen Landesausstellung Schloß Grafenegg, Bd *I* = Beiträge (1984) S. 418–431 und Bd *II* = Katalog (1984) S. 404 bis 424.

- Der Galilei-Prozeß (12. April bis 22. Juni 1633). In: Tätigkeitsbericht der Österr. AdW 1984. S. 20–45.
- Prinz Eugen als Bibliophile, naturhistorischer Sammler und Freund der Wissenschaften. In: Prinz Eugen und das barocke Österreich. Salzburg–Wien 1985. S. 349–359.
- Franz von Hauer in der altösterreichischen Wissenschaftsgeschichte. In: Franz von Hauer, Reiseberichte über eine mit Moriz Hörnes im Sommer 1848 unternommene Reise nach Deutschland, Frankreich, England und der Schweiz mit einer Subvention der Akad. d. Wissenschaften zwecks Studien über geologische Landesaufnahmen. In: Sitzungsber. phil.-hist. Kl. Österr. AdW *461* (1985) S. 11–20.
- Gonçalo Coelho, portugiesischer Seefahrer. In: Lexikon des Mittelalters, München–Zürich 1984. S. 11–12.
- Nicoláu Coelho, portugiesischer Entdeckungsfahrer. Ebda S. 12–14.
- Niccolò dei Conti, italienischer Asienreisender. Ebda S. 197–198.
- Pêro da Covilhã, portugiesischer Seefahrer und Entdecker. Ebda S. 329–332.
- Bartolomeu Dias de Novães, Portugiesischer Seefahrer und Entdecker. Ebda S. 969–970.
- Diogo-Pero Dias, Portugiesischer Seefahrer und Entdecker. Ebda S. 971–972.
- [Rez.] Günter Kahle: Simón Bolivar und die Deutschen. In: HZ Bd *235* (1982) S. 722–725.
- Fontes valiosas e antigas da história e da geografia de Portugal e do seu império ultramarino, existentes na colecção de manuscritos e na colecção cartográfica da antiga Biblioteca Imperial de Viena (Biblioteca Nacional Austráca). In: Relações entre a Austria e Portugal – Testemunhos Históricos e Culturais. Hrsg. v. Ludwig Scheidl e José A. Palma Caetano. Coimbra 1986. S. 223–244.
- [Hrsg.] Eduard Suess zum Gedenken, 20. August 1831 bis 26. April 1914. In: Veröffentlichungen der Kommission für Geschichte der Mathematik, Naturwissenschaften und Medizin Bd *41* (1983) 100 S.
- [Hrsg.] Johannes Dörflinger. Die österreichische Kartographie im 18. und zu Beginn des 19. Jahrhunderts. Bd I: Österreichische Karten des 18. Jahrhunderts. In: Veröffentlichungen der Kommission für Geschichte der Mathematik, Naturwissenschaften und Medizin Bd *42* (1984) 375 S.
- [Mithrsg.] u. Walther E. Petrascheck: Franz von Hauer, Reiseberichte über eine mit Moriz Hörnes im Sommer 1848 unternommene Reise nach Deutschland, Frankreich, England und der Schweiz mit einer Subvention der Akad. d. Wissenschaften zwecks Studien über geologische Landesaufnahmen. In: Sitzungsber. phil.-hist. Kl. Österr. AdW Bd *461* (= Veröffentlichungen der Kommission für Geschichte der Mathematik, Naturwissenschaften und Medizin Bd *43* (1985) S. 21–83.
- [Hrsg.] Aufsätze zur Geschichte der Naturwissenschaften und Geographie. In: Sitzungsber. phil.-hist. Kl. Österr. AdW Bd *475*, Veröffentlichungen der Kommission für Geschichte der Mathematik, Naturwissenschaften und Medizin Bd *44* (Wien 1986) 258 S.
- [Mithrsg.] Wiener Beiträge zur Geschichte der Neuzeit. Mitteilungen der Österreichischen Gesellschaft für Geschichte der Naturwissenschaften.
- [Mithrsg.] Schriftenreihe des Universitätsarchivs der Universität Wien, Bde I–III: 600 Jahre Theologische Fakultät an der Universität Wien 1384–1984; Das Alte Universitätsviertel in Wien 1385–1985; 100 Jahre Universität am Ring, Wissenschaft und Forschung an der Universität Wien seit 1884 (Wien 1985).

Heimpel, Hermann: Genauigkeit und Einfachheit... Dankrede zur Verleihung des Sigmund-Freud-Preises für wissenschaftliche Prosa 1985. In: Jahrbuch der Deutschen Akademie für Sprache und Dichtung *1985*. Heidelberg 1986. S. 181–182.
- Neubeginn 1945. In: Göttinger Universitätsreden *77* (1986); auch in: Neue Sammlung *26* (1986) S. 160–169.

Hensel, Witold: Dolny Śląsk w zaraniu dziejów. Wrocław 1985. 32 S.
- u. S. Milisauskas: Excavations of Neolothic and Early Bronze Ages Sites in South-Eastern Poland. Wrocław, Warszawa, Kraków, Gdańsk, Łódź 1985. 117 S.

— u. S. Tabaczyński: The Institute of the History of Material Culture of the Polish Academie of Sciences Achievements of the last thirty Years. In: Acta Academiae Scientiarum Poloniae 1983, Nr. 3–4, S. 129–159.
— I Veneti i Wenedi ed i loro legarmi — con la popolaziono dell' Italia settentsionale e della Polonia. In: I tesori dell'antica Polonia — Dai Veneti ai re di Cracovia. Modena 1985. S. 29–31.
— La nascita della Polonia. Ebda S. 51–57.
— Z problematyki badań nad wczesnośredniowieczną Wenecja — aspect słowiański. In: Folia Praehistorica Posnaniensia Bd *1* (1985) S. 109–115.
— Od kade se dojdeni Slovenite. In: Makedonska Akademija na Naukite i Umietnostite Bd *14* (1985) 1–2, S. 5–45.
— La structure et l'organisation des sciences assistantes de l'archéologie dans l'Europe Centrale et de l'Est. In: Archaeologia Polona Bd 23 (1984) S. 7–21.
— u. J. Rauhutowa: Pion de dammes a bas relief du haut Moyen Age de Czersk près de Varsovie. In: Archaeologia Polona Bd *23* (1984) S. 143–148.
— Z problematyki religii pogańskiej Słowian. In: W. Hensel, S. Tabuczyński (Hrsg.): Tezisi dokładow polskoj delegacji na V Mieždunarodnoj Kongresse slavianskoj archeologii. Kiev und Warszawa 1985. S. 214–216.
— Wkład staroslovanskej sredi w razwistie europejskoj ciwilizacji. In: S. W. Marcelow (Hrsg.): Slawianskie kultury i mirowoy kulturnyj process. Minsk 1985. S. 25–30.
— I Veneti, i Venedi ed loro legami — con la populazioni dell' Italia settentrionale e della Polonia. In: I tesori dell'antica Polonia — Dai Veneti ai re di Cracovia. 2. Aufl. Modena 1986. S. 29–31.
— La nascita della Polonia. Ebda S. 51–57.
— Z problematyki badań nad wczesnośredniowieczną Wenecją — Aspekt słowiański. In: M. D. Petresevski (Hrsg.): Zbornik na trudovi posvateni na akademikot Michajlo Apostolski po pvod 75-godiszninata od život. Skopje 1986. S. 382–388.
— u. S. Tabaczyński: Les sources archeologiques et les sources écrites dans les recherches sur les origines des villes: exemple slave. In: Archaeologia Polona Bd *24* (1985) S. 7–26.
— Archeologia. Treść i zakres. In: W. Hensel, G. Donato, S. Tabaczyński (Hrsg.): Teoria i praktyka badań archeologicznych, Bd *1* (Wrocław, Warszawa, Kraków, Gdańsk, Łódź 1986) S. 15–28.
— Polen und der Staat der Piasten. In: J. Herrmann (Hrsg.): Welt der Slaven. Leipzig, Jena, Berlin 1986. S. 233–252.
— Le origini della Polonia. Torina 1986. 78 S.
— La nascita della Polonia. In: I tesori dell'antica Polonia — Mostra al castello Spagnalo L' Aquila 16 dicembre 1986 — 24 febraio 1987. L'Aquila 1986. S. 25–31.

Hermand, Jost: [Hrsg.] Adolph Menzel: Das Flötenkonzert in Sanssouci. Frankfurt/Main 1985. 86 S., 44 Abb.
— [Mithrsg.] Heinrich Heine: The Romantic School and Other Essays. Ed. by Jost Hermand and Robert C. Holub. New York 1986. 302 S. (= The German Library 33).
— [Mithrsg.] Blacks and German Culture. Ed. by Reinhold Grimm and Jost Hermand. Madison 1986. 184 S., 32 Abb.
— Kultur im Wiederaufbau. Die Bundesrepublik Deutschland 1945–1965. München 1986. 612 S., 169 Abb.
— Adolph Menzel. Reinbek 1986. 154 S., 76 Abb. (= Rowohlts Bildmonographien 361).
— Zur deutschen Exilliteratur zwischen 1933 und 1950. In: Tendenzen der deutschen Literatur zwischen 1918 und 1945. Hrsg. von Theo Buck. Stuttgart 1985. S. 73–100.
— From Nazism to NATOism: The West German Miracle According to Henry Luce. In: America and the Germans. Ed. by Frank Trommler. Philadelphia 1985. S. 74–88.
— Versuch, den Erfolg von Erich Maria Remarques „Im Westen nichts Neues" zu verstehen. In: Weimar am Pazifik. Hrsg. von Dieter Borchmeyer. Tübingen 1985. S. 71–78.
— Probleme interdisziplinärer Forschung in den Kulturwissenschaften. In: Studien zur Ästhetik

und Literaturgeschichte der Kunstperiode. Hrsg. von Dirk Grathoff. Frankfurt/Main 1985. S. 317–334.

– Was ist des Deutschen Vaterland? Börne contra Menzel. In: Ludwig Börne. Hrsg. von Alfred Estermann. Frankfurt/Main 1986. S. 199–209.

– Figurine. In: Reallexikon zur deutschen Kunstgeschichte Bd *VIII* (München 1985) Sp. 1020 bis 1027.

– Streit in den fünfziger Jahren? In: Kontroversen – alte und neue. Bd *10*. Hrsg. von Albrecht Schöne. Tübingen 1986. S. 207–211.

– Artificial Atavism: German Expressionism and Blacks. In: Blacks and German Culture. Ebda S. 65–86.

– Juden in der Kultur der Weimarer Republik. In: Juden in der Weimarer Republik. Hrsg. von Walter Grab und Julius H. Schoeps. Stuttgart 1986. S. 9–37.

– Heine contra Platen. Zur Anatomie eines Skandals. In: Heinrich Heine und das 19. Jahrhundert. Hrsg. von Rolf Hosfeld. Berlin (West-) 1987. S. 108–120 (= Argument Sonderband 124).

– Unhaltbare Zustände. Büchners „Leonce und Lena". In: Diskussion Deutsch *92* (1986) S. 599 bis 613.

Hiebsch, Hans: Brauchen wir Denkschulen? In: Die Weltbühne *80* (1985) S. 1569–1571.

– Probleme der „sozialen Kognition". In memoriam Henri Tajfel. Berlin 1986. 29 S. (= Sitzungsber. der SAW, phil.-hist. Klasse Bd 126, H. 5).

– u. M. Vorwerg: Introduccion a la psicologia social marxista. Habana 1986. 299 S.

– Individualität im Denken? In: Die Weltbühne *80* (1986) S. 1639–1641.

– u. H. R. Böttcher, K. Löschner, H. Metzler, P. Petzold: Interpersonelle Wahrnehmung und Urteilsbildung. Psychologische Grundlagen der Beurteilung von Menschen. Berlin 1986. 429 S., 25 Abb.

Hunger, Herbert: Die Antithese. Zur Verbreitung einer Denkschablone in der byzantinischen Literatur. In: Zbornik Radova Vizantološkog Instituta *23* (1984) S. 9–29.

– [Art.] Dialog (Spätantike und Byzanz). In: Lexikon des Mittelalters *3* (1985) S. 946–951.

– Byzanz und seine Geschichte – Möglichkeiten der Aktualisierung. In: Comité International des Sciences Historiques. XVIe Congrès International des Sciences Historiques, Stuttgart du 25 août au 1er septembre 1985, Rapports, vol. *II* (1985) S. 689–695.

– Byzantinische Namensdeutungen in Jambischen Synaxarversen. In: Dorema. Festschrift für J. Karayannopulos zum 60. Geburtstag. Thessaloniki 1985. S. 1–26 (= Byzantina 13).

– Die Herrschaft des „Buchstabens". Das Verhältnis der Byzantiner zu Schrift- und Kanzleiwesen. In: Deltion tes Christianikes Archaiologikes Hetaircias, per. 4, t. *12* (1984) [erschienen 1986] S. 17–38.

– Kontinuität und Innovation in der griechischen Buchschrift zweier Jahrtausende. In: Byzantion. Aphieroma ston Andrea N. Strato, t. *2*: Theologia kai Philologia. Athen 1986. S. 495–522.

– u. I. Ševčenko: Des Nikephoros Blemmydes „Basilikos Andrias" und dessen Mataphrase von Georgios Galesiotes und Georgios Oinaiotes. Ein weiterer Beitrag zum Verständnis der byzantinischen Schrift-Koine. Wien 1986. 308 S. (= Wiener Byzantinistische Studien 18).

– Der Kaiserpalast zu Konstantinopel. Seine Funktionen in der byzantinischen Außen- und Innenpolitik. In: Jahrbuch der Österreichischen Byzantinistik *36* (1986) S. 1–11.

Ivić, Milka: Makedonski glagolski oblici za ovremenjavanje habitualne situacije u poređenju za srpskohrvatskim. In: Makedonski jazik *XXXII–XXXIII* (Skopje 1981–1982) S. 259–261.

– Zu einem Aspekt sprachlicher Interferenz mit einer Exemplifikation aus dem (Ober-)Sorbischen. In: ZfSl *30* (Berlin 1985) H. 1, S. 96–98.

– [Rez.] Maciej Grochowski, Stanisław Karolak, Zuzanna Topolińska: Gramatyka współczesnego języka polskiego. Składnia, pod redakcją Zuzanny Topolińskiej, Institut języka polskiego PAN, Pánstwowe wydawnictwo naukowe, Warszawa 1984. In: Južnoslovenski filolog XLI (Beograd 1985) S. 149–153.

— Ob odnoj ėkspressivnoj sintaksičeskoj konstrukcci. In: Vostočnye slavjane. Jazyki, istorija, kul'tura. K 85-letiju akademika V. I. Borkovskogo, otv. redaktor člen-korrespondent AN SSSR Ju. N. Karaulov, Akademija nauk SSSR, Institut russkogo jazyka. In: „Nauka", Moskva 1985, S. 192—196.

Jedlička, Alois: Sociolingvistická terminologie v slovanských jazycích. In: Slavjanskaja lingvističeskaja terminologija. Kyjev 1984. S. 97—110.
— Panjacce i sistematyka funkcyjal'nych styljau. In: Belaruskaja lingvystyka *26* (1984) S. 4—12.
— K tradicím současné jazykovědy. In: Zbornik Matice srpske za filologiju i lingvistiku *XXVII* bis *XXVIII*. Festschrift für Milka und Pavle Ivić. Novi Sad 1984—1985. S. 291—298.
— O dejavnosti mednarodne komisije za slovanske knjižne jezike pri mednarodnem slavističnem komitetu. In: Slavistična revija *32* (Ljubljana 1984) S. 122—125.
— Kořeny a rozvoj konfrontačního studia češtiny a slovenštiny. In: Slavica Pragensia XXV (1985) S. 11—24.
— Nad Paulinyho zpracováním dějin spisovné slovenštiny. In: Jazykovedný časopis 36 (Bratislava 1985) S. 52—58.
— u. B. Havránek: Česká mluvnice. 5. Aufl., ergänzt u. revidiert. Praha 1986. 582 S.
— Bacic Types of Norm in Language Communication. In: Reader in Czech Sociolinguistics. Prague 1986. S. 57—82.
— Jaromíru Tomečkovi pozdrav — nejen lingvistický. In: Literární měsíčník *15* (1986) H. 9, S. 72—75.
— Na okraj jazykově kritických postojů Petra Bezruče v korespondenci. In: Literární měsíčník *15* (1986) H. 10, S. 57—60.

Kühnert, Friedmar: Augusteische Dichtung und Dichtung der Augusteischen Zeit. In: Klio Bd *67* (1985) H. 1, S. 118—129.
— Geschichte des antiken Erziehungswesens. In: Einleitung in die klassischen Altertumswissenschaften. Berlin 1986. S. 238—239.
— [Hrsg.] Protokollband der internationalen Wissenschaftlichen Konferenz „Die Kultur der Augusteischen Zeit" Jena, 8.—11. 6. 1982. In: Klio Bd *67* (1985) H. 1, S. 3—331.
— [Mithrsg.] u. H. Kreißig †: Antike Abhängigkeitsformen in den griechischen Gebieten ohne Polisstruktur und den römischen Provinzen. Berlin 1985. 156 S. (= Schriften zur Geschichte und Kultur der Antike 25).

Lehmann, Edgar: Johann Christoph Adelungs Beitrag zur historischen Kartographie. In: Werner Bahner (Hrsg.): Sprache und Kulturentwicklung im Blickfeld der deutschen Spätaufklärung. Der Beitrag Johann Christoph Adelungs. Berlin 1984. S. 72—80. (= Abhandlungen der SAW, phil.-hist. Kl. Bd 70, H. 4).
— Geographische Methoden landeskultureller Untersuchungen im Vergleich mit geophysikalischen und toxikologischen Beiträgen zur Umweltforschung. In: Sitzungsberichte der AdW der DDR 5 N/1980, S. 123—135 (= Schlußbemerkungen zum Ehren-Kolloquium 75. Geb. 1980).
— Die Wechselbeziehung zwischen Geographie und thematischer Kartographie. In: Fortschritte in der geographischen Kartographie. Festband anläßl. des IV. Geographenkongresses der DDR und des 200-jährigen Bestehens der Geogr.-Kartogr. Anstalt in Gotha 1985. Gotha 1985. S. 11—17.
— Wesen und Werk Alexander von Humboldts aus geowissenschaftlicher Sicht. In: Abhandlungen der AdW — Abt. Math.-Naturwiss.-Technik, Jg 1985, Nr. 2 N, S. 15—30 (= Festrede Humboldt-Ehrung der AdW).

Lerchner, Gotthard: Zeichenbeziehungen und Formalstrukturen in der Poetik. In: Zs. f. Germanistik *6* (1985) 4, S. 449—457.
— Landeskunde und literarische (poetische) Kommunikation. Zu landeskundlichen Aspekten des Textverständnisses schöner Literatur. In: Germanistisches Jahrbuch für die VR Bulgarien. Beiträge aus Lehre und Forschung. Sofia 1985. S. 143—149.

– Zur poetologischen Funktion von Stilelementen. In: Stilistik und Poetologie. Hrsg. von W. Steinberg. Halle 1985. S. 13–21 (= Wiss. Beiträge der Martin-Luther-Universität Halle–Wittenberg 39).
– u. H.-G. Werner: Stilistik und Poetologie. Thesen. Ebda S. 5–12.
– Textverarbeitungsstrategie. Zur linguistischen Modellierung der Textrezeption. In: Sprache und Pragmatik. Lunder Symposium 1984. Hrsg. von I. Rosengren. Stockholm 1985. S. 207 bis 215 (= Lunder germanistische Forschungen 53).
– [Mithrsg.] W. Fleischer, R. Große u. G. Lerchner: Beiträge zur Erforschung der deutschen Sprache, Bd 5. Leipzig 1985. 307 S.
– [Mithrsg.] Th. Höhle, E.-M. Krech, G. Lerchner u. D. Sommer: Hallesche Studien zur Wirkung von Sprache und Literatur. H. 9 u. 10. Halle 1985, je 75 S.
– [Rez.] H. Aust: Lesen. Überlegungen zum sprachlichen Verstehen. Tübingen 1983 (= Konzepte der Sprach- und Literaturwissenschaft 31). In: DLZ *106* (1985) 2/3, Sp. 132–134.
– [Rez.] A. u. J. Assmann u. C. Hardmeier (Hrsg.): Schrift und Gedächtnis. Beiträge zur Archäologie der literarischen Kommunikation. München 1983. In: DLZ *106* (1985) 4, Sp. 269 bis 271.
– [Rez.] J. Zimmermann: Sprachanalytische Ästhetik. In: Zs. f. Germanistik *6* (1985) 4, S. 469 bis 471.
– [Rez.] G. Kempcke (Hrsg.): Handwörterbuch der deutschen Gegenwartssprache. 2 Bde. Berlin 1984. In: DLZ *106* (1985) 9, Sp. 656–660.
– [Rez.] H. Arntzen: Zur Sprache kommen. Studien zur Literatur- und Sprachreflexion, zur deutschen Literatur und zum öffentlichen Sprachgebrauch. Münster 1983. In: DLZ *106* (1985) 12, Sp. 950–952.
– Sprachform von Dichtung. Linguistische Untersuchungen zu Funktion und Wirkung literarischer Texte. 2. Aufl. Berlin u. Weimar 1986. 264 S.
– [Mitautor] Leseerfahrungen – Lebenserfahrungen. Literatursoziologische Untersuchungen. Hrsg. von D. Sommer u. a. 2. Aufl. Berlin und Weimar 1986. 426 S.
– [Mitautor] Wörterbuch der Literaturwissenschaft. Hrsg. von Claus Träger. Leipzig 1986. 714 S.
– Semantische Struktur, pragmatische Markiertheit und (stilistische) Gebrauchspräferenz lexisch semantischer Einheiten. In: ZPSK *39* (1986) 2, S. 169–181.
– Stilistische Variation in einer handlungsbezogenen Textkonzeption. In: Kontroversen, alte und neue. Akten des VII. Internat. Germanistenkongresses Göttingen 1985, Bd *3* (Tübingen 1986) S. 32–39.
– Vom sprachgeschichtlichen Primat der Oralität. Zu einem pragmatischen Aspekt im sprachhistoriographischen Werk von Th. *Frings*. In: ZPSK *39* (1986) 3, S. 307–317.
– Kultur und Kommunikation. Kulturmorphologie – Möglichkeit eines Beschreibungsmodells historischer Sprachvariation. In: Beiträge zur Erforschung der deutschen Sprache *6* (1986) S. 7–18.
– Grabbes „Napoleon oder die hundert Tage": Organisationsformen und Funktionen der Textgestaltung. In: Werkinterpretationen zur deutschen Literatur. Von einem Autorenkollektiv unter d. Leitung von H. Hartmann. Berlin 1986. S. 123–138.
– Zum Wertungsproblem in der Beschreibung von Sprachvariation. In: Linguistische Studien. Zs. des Instituts für Sprachwissenschaft A *149* (Berlin 1986) S. 212–225.
– [Mithrsg.] W. Fleischer, R. Große u. G. Lerchner: Beiträge zur Erforschung der deutschen Sprache Bd *6* (Leipzig 1986) 325 S.
– [Mithrsg.] Th. Höhle, E.-M. Krech, G. Lerchner u. D. Sommer: Hallesche Studien zur Wirkung von Sprache und Literatur. H. 11 u. 12 (Halle 1986) je 75 S.
– [Rez.] K. Stierle u. R. Warning (Hrsg.): Das Gespräch. München 1984 (= Poetik und Hermeneutik, XI). In: DLZ *107* (1986) 5/6, Sp. 359–361.
– [Rez.] A. Gramsci: Notizen zu Sprache und Kultur. Hrsg. von K. Bochmann. Leipzig u. Weimar 1984. In: Zs. f. Germanistik *7* (1986) 3, S. 346–347.

Lieberwirth, Rolf: Diderots Beziehungen zur deutschen Rechtswissenschaft. In: BrP *XXIV* (1985) Heft 2.
— [Rez.] Handwörterbuch zur deutschen Rechtsgeschichte. Hrsg. von Adalbert Erler, Ekkehard Kaufmann unter philolog. Mitarbeit von Ruth Schmidt-Wiegand. Bd III. Berlin, Bielefeld, München 1984. In: DLZ *105* (1985) Sp. 736—737.
— [Rez.] Hermann Conring (1606—1681). Beiträge zu Leben und Werk. Hrsg. von Michael Stolleis. Berlin, München 1983. 591 S. (= Historische Forschungen 23). In: ZRG GA *102* (1985) S. 415ff.
— [Rez.] Wiesław Łitewski: Landrecht des Herzogtums Preußen von 1620. I. Strafrecht. Warszawa, Kraków 1982. 157 S. (= Zeszyty Naukowe Uniwersytetu Jagiellońskiego DCCV, Prace prawnicze 104). II. Strafprozeßrecht. Ebda 1983. 75 S. (= Zeszyty Naukowe Uniwersytetu Jagiellońskiego DCCV, Prace prawnicze 107). In: ZRG GA *102* (1985). S. 421ff.
— Eike von Repgow. In: Lexikon des Mittelalters. Bd *III* (1985) Sp. 1726—1727.
— Latein im Recht. 1. Aufl. Berlin 1986. 280 S.
— Lateinische Fachausdrücke im Recht. 1. Aufl. Heidelberg 1986. 280 S. (= Uni-Taschenbücher 1385).
— Das sächsisch-magdeburgische Recht als Quelle osteuropäischer Rechtsordnungen. Berlin 1986. 34 S. (= Sitzungsber. der SAW, phil.-hist. Klasse. Bd 127, H. 1).
— [Nachr.] Gertrud Schubart-Fikentscher †. In: ZRG GA *103* (1986) S. 494ff.
— Zum Stand der rechtsgeschichtlichen Beurteilung der Rolandbilder. In: Nordharzer Jahrbuch Bd *XI* (1986) S. 5ff.
— Kriminelles und polizeiliches Unrecht. Die Anfänge eines Problems. In: Entwicklung der Verwaltungsstrafgerichtsbarkeit in den vergangenen 100 Jahren. Budapest 1986. S. 55ff. (= Publikationen der wissenschaftlichen und Informationsabteilung beim Ungarischen Justizministerium, Bd 17).
— [Rez.] Alexander Ignor: Über das allgemeine Rechtsdenken Eikes von Repgow. Paderborn, München, Wien, Zürich 1984. (= Rechts- und staatswissenschaftliche Veröffentlichungen der Görres-Gesellschaft. NF 42). In: ZRG GA *103* (1986) S. 326ff.
— [Rez.] Sachsenspiegel. Text, Kommentare, Untersuchungen. Moskau 1985. 270 S. In: Staat und Recht *35* (1986).
— Die Rechtshistoriker an der Leipziger Juristenfakultät in der ersten Hälfte des 20. Jahrhunderts. In: Festschrift für Hans Thieme zu seinem 80. Geburtstag. Hrsg. von Karl Kroeschell. Sigmaringen 1986. S. 391ff.
— [Art.] Berner Übereinkunft. In: Wörterbuch der Literaturwissenschaft. Hrsg. von Claus Träger. Leipzig 1986. S. 66—67.
— [Art.] Historische Rechtsschule. Ebda S. 214—215.
— [Art.] Naturrecht. Ebda S. 367—368.
— [Art.] u. Claus Träger: Vertragstheorie. Ebda S. 550—551.

Lomov, Boris Fedorovič: Medizina i psichologitcheskaya nauka. In: Biologiya i medizina: filosofiskie i sozialnie problemi vzaimodeistviya. Moskva 1985. S. 146—163.
— Nautchno-technicheskii progress i sredstva umstvennogo razvitya. In: Psychologitcheskii zhurnal. 1985 T. *5*, N 6. S. 8—28.
— u. Filippov: Psichologiya i ekonomika. In: Ekonomika i zhizn (1985) N 1, S. 46—48.
— [Hrsg.] u. A. V. Belyaeva, V. N. Nosulenko: Psichologitcheskie issledovaniya obscheniya. Moskva 1985. 344 S.
— [Hrsg.] Psichologitcheskie problemi deyatelnosti v osobich usloviyach. Moskva 1985. 232 S.
— [Rez.] F. Klix: Probuzhadayuscheyesja mishlenie. In: Obschestvennie nauki (1985) N 2, S. 233—235.
— Psichika cheloveka kak predmet systemnogo issledovaniya. Ebda N 1, S. 96—111.
— Problema obraza v psichologii. In: Vestnik AN SSSR (1985) N 6, S. 85—91.
— EVM i razvitie cheloveka. In: Vestnik visschei shkoli. (1985) N 12, S. 29—32.

– u. A. V. Belayeva, V. N. Nosulenko: Verbalnoe kodirovanie v poznavatelnich prozessach. Moskva 1986. 128 S.
– [Hrsg.] Osnovi inzhenernoi psichologii. 2. Aufl. Visschya shkola. Moskva 1986. 447 S.
– Nautchno-technitcheskii progress i perspektivi umstvennogo razvitiya cheloveka v usloviyach massovogo rasprostraneniya mikro-EVM. In: Polzovatel-EVM. vip. 1. Moskva 1986. S. 5–60.
– Memory and Anticipation. In: Human Memory and Cognitive Capabilities. Mechanisms and Performances. Hrsg. v. H. Hagendorf u. F. Klix. Elsevier-Science Publishers V. B. (North-Holland). 1986. S. 1039–1048.
– Über dem Systemansatz in der Psychologie. In: Zeitschrift für Psychologie Bd *194* (1986) H. 4, S. 401–413.

Markov, Walter u. Albert Soboul: Wielka Rewolucja Francuzów 1789. Wiss. Bearb. Jan Baszkiewicz. Wrocław 1984. 383 S.
– Die Napoleon-Zeit. Geschichte und Kultur des Grand Empire. Stuttgart 1985. 292 S., Abb.
– Jacques Roux: Freiheit wird die Welt erobern. Reden und Schriften. Leipzig 1985. 203 S. (= Reclams Universalbibliothek Bd 1080) und Frankfurt/Main 1985. (= Röderberg Taschenbuch Bd 140).
– Revolution im Zeugenstand. Frankreich 1789–1799. 2. Aufl. Leipzig 1986. 2 Bde, 583, 725 S. (= Reclams Universalbibliothek Bd 950, 951).
– Cisrhenans, Forster, Frederic William II, Hébertists, Republic of Mayence, Roux. In: Historical Dictionary of the French Revolution 1789–1799. Hrsg. von Samuel F. Scott u. Barry Rothaus. 2 Bde. Westport, Connecticut 1985. S. 188–190, 401–402, 414, 460–461, 815–817, 853 bis 855.
– „Curés patriotes“ and Sans-Culottes in the Year II. In: „History from Below“. Studies in popular protest and popular ideology in Honour of George Rudé. Hrsg. von Frederick Krantz. Concordia University, Montréal (Québec) 1985. S. 209–220.
– Die koloniale Versuchung: Österreichs zweite Ostindienkompanie. In: Österreich im Europa der Aufklärung. Österreichische Akademie der Wissenschaften, 2 Bde. Wien 1985. Bd *1*, S. 593–603.
– Princes et administra teurs éclairés: l'individu et l'histoire. In: Colloques de Mátrafüred: L'Absolutisme éclairé. Budapest 1985. S. 143–157.
– Grenzen des Jakobinerstaates. In: Aufklärung – Geschichte – Revolution. Hrsg. von Manfred Buhr u. Wolfgang Förster. Berlin 1986. S. 363–407. (= Studien zur Philosophie der Aufklärung, Bd 2).
– V. M. Dalin zum Gedenken. In: ZfG *34* (1986) H. 5, S. 443–444.
– Dankeswort. In: 1789 und der Revolutionszyklus des 19. Jahrhunderts. Dem Wirken Walter Markovs gewidmet. Berlin 1986. S. 132 (= Sitzungsber. AdW 3/G/1985).
– In memoria di Viktor Moiseevič Dalin. In: Critica storica (Firenze) *23* (1986) H. 1, S. 3–5.
– [Rez.] Franco Venturi: Settecento riformatore. Teil 4: La caduta dell'Antico Regime, 1776 bis 1789. 2 Bde. Torino 1984. In: ZfG *33* (1985) H. 2, S. 161–162.
– [Rez.] Mario Marquet: Geschwister – Marschälle – Minister. Die Spitzen des napoleonischen Reiches im königlichen Frankreich 1814–1840. Wien, Köln, Graz 1983. In: ZfG *33* (1985) H. 3, S. 269–270.
– [Rez.] V. M. Dalin: Iz istorii social'noj mysli vo Francii. Moskva 1984. In: ZfG *33* (1985) H. 6, S. 568.
– [Rez.] Michel Vovelle: Théodore Desorgues ou la désorganisation, 1763–1818. Paris 1985. In: ZfG *33* (1985) H. 7, S. 667–668.
– [Rez.] Albert Soboul: La Civilisation et la Révolution française, Teil 3: La France napoléonienne. Paris 1983. (= Les grandes Civilisations, Bd 19). In: ZfG *33* (1985) H. 9, S. 851–852.
– [Rez.] Claude Mazauric: Jacobinisme et révolution. Autour du bicentenaire de Quatre-vingt-neuf. Paris 1984. In: ZfG *33* (1985) H. 10, S. 943–944.
– [Rez.] Albert Soboul u. Raymonde Monnier: Répertoire du personnel sectionnaire parisien en l'an II. Paris 1985. In: ZfG *33* (1985) H. 12, S. 1126–1127.

— [Rez.] Albert Soboul: Portraits de révolutionnaires. Mit e. Vorwort von Claude Mazauric. Paris 1986. In: ZfG *34* (1986) H. 11, S. 1028—1029.
— [Anz.] Meine Landsleute. Die Sorben und die Lausitz im Zeugnis deutscher Zeitgenossen. Hrsg. von Hartmut Zwahr. Bautzen 1984. In: ZfG *34* (1986) H. 1, S. 67.
— [Anz.] Carlo Zaghi: Potere, Chiesa e Società. Studi e ricerche sull'Italia giacobina e napoleonica. Napoli 1984. In: ZfG *34* (1986) H. 10, S. 954.
— [Anz.] Armando Saitta: Ricerche storiografiche su Buonarroti e Babeuf. Roma 1986. (= Studi di storia moderna e contemporanea, Bd 16). In: ZfG *34* (1986) H. 12, S. 1129.
— [Mithrsg.] Világtörténelmi Enciklopédia. Budapest 1984. 2 Bde, 1152 S., Abb., Ktn.

Mitchell, Terence Frederick: What is educated spoken. In: International Journal of the Sociology of Language. Aspects of Arabic Sociolinguistics *61* (Amsterdam 1986) pp. 7—32.

Möbius, Friedrich: Buticum in Centula. Mit einer Einführung in die Bedeutung der mittelalterlichen Architektur. Berlin 1985. 71 S. mit 35 Abb. auf 30 Tafeln. (= Abhandlungen der Sächsischen Akademie der Wissenschaften zu Leipzig, phil.-hist. Klasse, Bd 71, H. 1).
— [Mithrsg.] Architektur des Mittelalters. Funktion und Gestalt. 2. Aufl. Weimar 1984. 352 S. mit 238 Abb.
— Thesen zur mittelalterlichen Baugeschichte Erfurts. In: kritische Berichte *13* (1985) H. 1, S. 30—45.
— Zum Stand der Bedeutungsforschung in der kunstgeschichtlichen Mediävistik. In: Struktur, Funktion, Bedeutung. Beiträge zur Analyse von Musikprozessen. Jena 1985. S. 65—75 (= Wissenschaftliche Beiträge der Friedrich-Schiller-Universität Jena).
— Funktionsaspekte des kunstwissenschaftlichen Strukturbegriffs. In: Einheitlichkeit und Differenzierung in der sozialistischen Kulturentwicklung. Jena 1985. S. 158—163. (= Wissenschaftliche Beiträge der Friedrich-Schiller-Universität Jena).

Mylius, Klaus: Die vier edlen Wahrheiten. Texte des ursprünglichen Buddhismus. Ausgabe und Übersetzung aus dem Pāli. 2. Aufl. Leipzig 1985. 435 S.
— Die vier edlen Wahrheiten. Texte des ursprünglichen Buddhismus. 1. Aufl. München 1985. 435 S. — 2. Aufl. München 1986.
— Friedrich Weller (1889—1980). In: Namhafte Hochschullehrer der Karl-Marx-Universität Leipzig *7* (Leipzig 1985) S. 33—39.
— Acchāvākīya und potra — ein Vergleich. In: Sanskrit and World Culture = Schriften zur Geschichte und Kultur des Alten Orients. Berlin 1986. Nr. 18, S. 471—474.
— Mallanāga Vātsyāyana: Kāmasūtram. Leitfaden der Liebeskunst. Ausgabe und Übersetzung aus dem Sanskrit. Illustriert von L. Reher. Leipzig 1986. 227 S.
— [Art.] „Indische Versmaße" und „Sanskritistik" In: Wörterbuch der Literaturwissenschaft, hrsg. von C. Träger. Leipzig 1986. S. 231—232 und 457.
— [Rez.] Jan Gonda: The Vedic Morning Litany (Prātaranuvāka). Leiden 1981. In: OLZ *80* (Leipzig 1985) Nr. 1, Sp. 68—69.
— [Rez.] Gaṅgā Rām Garg: An Encyclopedia of Indian Literature. Delhi 1982. Ebda Nr. 4, Sp. 394—396.
— [Rez.] Wilhelm Rau: Bilder 135 deutscher Indologen. Wiesbaden 1982 (= Glasenapp-Stiftung, 23). Ebda *81* (Leipzig 1986), Nr. 2, Sp. 182—183.
— [Rez.] Friedrich Otto Schrader: Kleine Schriften. Hrsg. von J. F. Sprockhoff. Wiesbaden 1983 (= Glasenapp-Stiftung, 19) Ebda Nr. 4, Sp. 399—401.

Neubert, Albrecht: Translation studies and Applied Linguistics. In: AILA Review. No. 1 (1984) S. 49—64.
— Text and Translation. Leipzig 1985. 168 S.

– Englische Intonation. Eine Schallplatte mit Beiheft. 8. Aufl. Leipzig 1985. 32 S.
– Englische Aussprache. Eine Schallplatte mit Beiheft. 11. Aufl. Leipzig 1985. 48 S.
– [Mitautor] English Grammar. A University Handbook. 3. Aufl. 1985. 406 S.
– B. Hansen, K. Hansen u. M. Schentke: Englische Lexikologie. Einführung in Wortbildung und lexikalische Semantik. 2. Aufl. Leipzig 1985. 246 S.
– Translation across languages or across cultures? In: Scientific and Humanistic Dimensions of Language. Festschrift for Robert Lado. Ed. by Kurt R. Jankowsky. Amsterdam 1985. S. 231 bis 239.
– Maximale Äquivalenz auf Textebene? In: LAB Nr. 47, S. 12–23.
– Textlinguistik des Übersetzens. In: Beiträge zur englischen Textlinguistik. Linguistische Studien, Reihe A, *135* (1985) S. 15–24.
– [Hrsg.] u. G. Graustein, W. Thiele: Beiträge zur englischen Textlinguistik. Berlin 1985. 149 S. (= Linguistische Studien, Reihe A, *135*).
– [Hrsg.] u. C. Schäffner: Politischer Wortschatz in textueller Sicht. Berlin 1986. 172 S. (= Linguistische Studien, Reihe A, *146*).
– u. C. Schäffner: Zum Problem des ideologierelevanten Wortschatzes. Thesen zu einem komplexen Beispiel. Ebda S. 1–6.
– Translatorische Relativität. In: Übersetzungswissenschaft – eine Neuorientierung. Zur Integrierung von Theorie und Praxis. Hrsg. von M. Snell-Hronby. Tübingen 1986. S. 85–105.
– [Hrsg.] Martin Lehnert: Der angloamerikanische Einfluß auf die deutsche Sprache in der DDR. Mit Beiträgen zum Festkolloquium zum 75. Geburtstag von Martin Lehnert. Berlin 1986. 128 S. (= Sitzungsber. der AdW der DDR, Reihe Gesellschaftswissenschaften).
– Entlehnung und zweisprachiges Wörterbuch. Ebda S. 103–107.
– On the interface between translation theory and translation practice. In: Translation Studies in Scandinavia. Proceedings from the Scandinavian Symposium on Translation Theory (SSOTT) II, Lund 14–15, 1985. Hrsg. von Lars Wollin u. Hans Lindquist. Lund 1986. S. 25–36.
– Dichtung und Wahrheit des zweisprachigen Wörterbuchs. Berlin 1986. 23 S. (= Sitzungsber. der SAW, phil.-hist. Kl. Bd 126, H. 4).
– A fordétás pragmatikai aspektusai. In: A fordétás tudománya. Válogatás a forditáselmélet irodalmából. Hrsg. von István Bart u. Klaudy Kinga. Budapest 1986. S. 253–273. [ungar.].
– [Mithrsg.] u. G. Jäger: Bedeutung – Translation. Leipzig 1986. 127 S. (= Übersetzungswissenschaftliche Beiträge 9).
– [Mithrsg.] u. Brigitta Schrade: Aleksandr D. Svejcer: Übersetzung und Linguistik. Berlin 1986. 129 S.

Ogris, Werner: Der Beamte in der Habsburgermonarchie. In: Die Verwaltung. Zeitschrift für Verwaltungswissenschaft *18* (1985) H. 2, S. 201–222.
– Zwischen Absolutismus und Rechtsstaat. In: Österreich im Europa der Aufklärung. Kontinuität und Zäsur in Europa zur Zeit Maria Theresias und Josephs II. 2 Bde. Bd *1* (Wien 1985) S. 365–376.
– 200 Jahre Rechtswissenschaft an der Universität Wien. In: 200 Jahre Rechtsleben in Wien. Advokaten – Richter – Rechtsgelehrte. Ausstellungskatalog des Historischen Museums der Stadt Wien zur 96. Sonderausstellung. Wien 1985. S. 221–231.
– Paul Johann Anselm von Feuerbach zum Gedenken. In: Jahrbuch des Historischen Vereins für Mittelfranken *92* (1984/85) S. 237–252.
– La monarchia asburgica tra assolutismo e Stato di diritto. Sullo sviluppo del diritto e della costituzione nel XVIII secolo. In: Il Trentino nel Settecento fra Sacro Romano Impero e antichi stati italiani. Bologna 1985. S. 17–37 (= Annali dell'Istituto storico italo-germanico 17).
– 1884–1984. Einhundert Jahre Rechtswissenschaft im Hause am Ring. In: 100 Jahre Universität am Ring. Wissenschaft und Forschung an der Universität Wien seit 1884. Wien 1986. S. 43–64 (= Schriftenreihe des Universitätsarchivs, Bd 3).
– Jacob Grimm und die Rechtsgeschichte. In: Jacob und Wilhelm Grimm. Göttingen 1986. S. 67–96 (= Göttinger Universitätsreden 76).

— Jacob Grimm. Ein politisches Gelehrtenleben in zehn Abschnitten nacherzählt. Wien 1986. 44 S., zahlr. Abb.
— Joseph von Sonnenfels und die Entwicklung des österreichischen Strafrechts. In: La „Leopoldina". Criminalitè e giustizia criminale nelle riforme del Settecento europeo. 3 Bde. Bd *2* (Siena 1986) S. 1643—1670.
— 175 Jahre ABGB. Eine Bilderfolge in fünfzehn „Hauptstücken". Wien 1986/87. 79 S., zahlr. Abb.
— [Art.] Realrecht, Rechtsgeschäfte (Form), Rechtsmängel, Regreß. In: Handwörterbuch zur Deutschen Rechtsgeschichte (HRG). Bd *IV* (Berlin 1985/86) Sp. 210—212, 294—298, 310—313, 500—502.
— [Art.] Allgemeines Bürgerliches Gesetzbuch (ABGB). In: Staatslexikon (der Görres-Gesellschaft). 7. Aufl. Bd *1* (Freiburg, Rom, Wien 1985) Sp. 103—107.
— [Mithrsg.] Fontes rerum Austriacarum. Dritte Abteilung: Fontes iuris. Bd *11*/1985 und Bd *9*/1986. Wien, Köln, Graz.
— [Mithrsg.] Zeitschrift der Savigny-Stiftung für Rechtsgeschichte. Germanistische Abteilung, Literaturteil. Bd *102*/1985 und Bd 103/1986. Wien, Köln, Graz.
— Zahlreiche Rezensionen, insbesondere in der Zeitschrift der Savigny-Stiftung.

Petschow, Herbert: [Art.] Die §§ 45 und 46 des Codex Ḫammurapi. Ein Beitrag zum altbabylonischen Bodenpachtrecht und zum Problem: Was ist der Codex Ḫammurapi? In: Zeitschr. f. Assyriologie *74* (1984) 181—212.
— [Art.] Beiträge zum Codex Ḫammurapi. Ebda *76* (1986) 17—75.

Poppe, Eberhard: Zum Gedenken an Arthur Baumgarten. In: E. Poppe u. W. Weichelt: Arthur Baumgarten zum 100. Geburtstag. Berlin 1984. S. 5—9. (= Sitzungsber. der AdW der DDR, 15 G.).
— Universalität der Menschenrechte — Idee und Realität. Berlin 1985. 20 S. (= Sitzungsber. der SAW, phil.-hist. Kl. Bd 125, H. 3).
— Menschenrechte — gesicherte soziale Tatbestände in unserem Lande. In: Einheit *40* (1985) H. 2, S. 156—162.
— Dimension und Funktion sozialistischer Demokratie als gesellschaftliche Triebkraft. In: Staat und Recht *34* (1985) H. 5, S. 367—375. Nachdruck in: Forum der Kriminalistik 1985, Nr. 4, S. 48—56.
— Staats- und rechtsphilosophische Ideen des Enzyklopädisten Denis Diderot. In: BrP *24* (1985) H. 1, S. 241—248.
— Verfassungstheorie und Verfassung im Sozialismus. In: Theoretische Probleme des Verfassungsrechts der entwickelten sozialistischen Gesellschaft. Halle 1985. S. 5—19 (= Wissenschaftliche Beiträge der Martin-Luther-Universität, 1985/59, B 22).
— u. S. Poppe: Bemerkungen zur sozialistischen Rechtspflicht. WZ KMU Leipzig, ges.-wiss. Reihe *1985*, H. 4, S. 384—389.
— 10 Jahre Helsinki — die Herausforderung bleibt. Bergedorfer Gesprächskreis, Protokoll 78/1985. Hrsg. von der Körber-Stiftung, Hamburg 1985. S. 94—96, 104—105.
— Stellung und Aufgaben der Abgeordneten örtlicher Volksvertretungen. In: Neue Justiz *1986*, H. 3, S. 81—84.
— Universalität der Menschenrechte — Vergangenheit, Gegenwart, Zukunft? In: Politische Theorie und sozialer Fortschritt. Berlin 1986. S. 109—126.
— Der Kulturbund zur Verwirklichung der sozialistischen Kommunalpolitik. Hrsg. vom Präsidium des Kulturbundes der DDR. Berlin 1986. 30 S.
— W. Büchner-Uhder, R. Hieblinger u. E. Poppe: Zur Erhöhung der Wirksamkeit der örtlichen Volksvertretungen und der Autorität der Abgeordneten. In: Staat und Recht *35* (1986) H. 1, S. 3—11.
— u. A. Zschiedrich: Sozialistische Demokratie als Menschenrechtsverwirklichung. In: Einheit *41* (1986) H. 7, S. 640—646.

— W. Büchner-Uhder u. E. Poppe: Rechtssicherheit, Geborgenheit und garantierte Menschenrechte. In: Staat und Recht *35* (1986) H. 9, S. 675—682.
— u. S. Poppe: Plädoyer für die Einheit der Menschenrechte. In: Schriften und Informationen des DDR-Komitees für Menschenrechte. 1986. H. 2, S. 87—102.
— Internationales Autorenkollektiv: Die sozialistische Konzeption der Menschenrechte. Moskau 1986. 222 S.
— Autorenkollektiv unter Leitung von W. Weichelt: Der Staat im politischen System der DDR. Berlin 1986. S. 224—264.
— [Rez.] u. S. Poppe: Das politische System der BRD — Geschichte und Gegenwart. In: Neue Justiz *1986*, H. 9, S. 387—388.

Ricken, Ulrich: Probleme des Zeichens und der Kommunikation in der Wissenschafts- und Ideologiegeschichte der Aufklärung. Berlin 1985. 63 S. (= Sitzungsber. der SAW, phil.-hist. Kl., Bd 125, H. 6).
— Diderot zwischen Locke und Condillac? Zu Diderots Sensualismus in seinen Frühwerken. In: BrP *XXV* (1985).
— Les Idéologues et la sensation transformée. In: W. Busse, J. Trabant (eds.): Les Idéologues. Sémiotique, théories et politiques linguistiques pendant la Révolution française. Proceedings of the Conference, held at Berlin, Oct. 1983. Amsterdam, Philadelphie 1986. S. 19—43. (= Foundations of Semiotics, Vol. 12).
— Les deux grammaires de Condillac. In: Histoire Epistémologie Langage *VIII-1* (Paris 1986) S. 71—90.
— Französistik. In: Wörterbuch der Literaturwissenschaft. Hrsg. von C. Träger. Leipzig 1986. S. 170—171.
— Romanistik. Ebda S. 445—446.
— Esquisse biographique et Bibliographie. In: Condillac, Etienne Bonnot de. Cours d'étude pour l'instruction du Prince de Parme: Grammaire. Nouvelle impression en facsimilé de l'édition de Parme 1775 avec une introduction par Ulrich Ricken. Stuttgart, Bad Cannstatt 1986. S. VII bis XVII. (= Grammatice Universalis 19. Meisterwerke der Sprachwissenschaft und der Sprachphilosophie. Hrsg. von Herbert E. Brekle).
— Condillac, sa philosophie sensualiste et sa grammaire. Ebda S. XVIII—L.
— [Hrsg.] Diderot, Vielheit und Einheit der Aufklärung. Internationales Kolloquium der Universitäten Halle und Lille 1984. (= Beiträge zur Romanischen Philologie XXV [1985] H. 2).

Růžička, Rudolf: Komplikation und Interaktion in der russischen Grammatik. In: ZfSl *30* (1985) H. 1, S. 17—29.
— Theorizing on Translation. In: Linguist. Arbeitsberichte *47* (Leipzig 1985) S. 24—31.
— Jacob Grimms historische Erklärung und unsere. In: Jacob und Wilhelm Grimm — Vorträge. Sitzungsber. d. AdW der DDR *6* G (1985) S. 103—107.
— Taschenwörterbuch Russisch-Deutsch. 23. Aufl. Leipzig 1985. 259 S.
— Wörterbuch Russisch. Herrsching 1985. 388 u. 259 S.
— O polusvjazočnych (poluznamsnatel'nych) glagolach i pod-eme podlažaščego. In: Novoe v zarubežnoj lingvistike. Vypusk XV. Sovremennaja zarubežnaja rusistika. Moskva 1985. S. 118—155.
— Über theoretischen Sinn und praktische Bewährung des Sprach(en)vergleichs. In: ZfSl *31* (1986) H. 1, S. 2—8.
— Funkcionirovanie i klassifikacija pustych kategorij v russkom literaturnom jazyke. In: ZfSl *31* (1986) H. 3, S. 388—392.
— Control in Competing Frameworks. In: Language and Discourse: Test and Protest. A Festschrift for Petr Sgall, ed. by Jacob L. Mey. Linguistic and Literary Studies in Eastern Europe. 1985. Amsterdam 1986. S. 101—121.
— Typologie der Diathese slavischer Sprachen in parametrischen Variationen. In: Welt der Slaven *31* (München 1986) 2, S. 225—274.

— u. G. Walther: Taschenwörterbuch Deutsch-Russisch. 1. Aufl. Leipzig 1986. 337 S.
— Taschenwörterbuch Russisch-Deutsch. 24. Aufl. Leipzig 1986. 259 S.

Tackenberg, Kurt: 45 Fundkarten vom Paläolithikum bis in die Zeit um Christi Geburt. Mit einer Einführung von Franz Petri. In: Westfalen in der Urgeschichte Nordwestdeutschlands. Der Raum Westfalen Band *V*, 2. Teil: Mensch und Landschaft. Münster 1985. 11 S., 45 Karten.
— Nochmals zum Fund von Winzlar, Landkreis Nienburg. In: Die Kunde NF *37* (1986) S. 327 bis 330.

Telegdi, Zsigmond: Ein Briefwechsel zwischen Wilhelm von Humboldt und Jacob Grimm. In: Phon. Sprachwiss. Kommunikationsforsch. *38* (1985) 5, S. 559—563.
— [Rez.] Reinhard Sternemann: Franz Bopp und die vergleichende indoeuropäische Sprachwissenschaft. Innsbruck 1984. In: Kratylos *31* (1986) S. 50—55.
— [Hrsg.] Wilhelm von Humboldt válogatott irásai [Wilhelm von Humboldts ausgewählte Schriften]. Mit einem Nachtrag: Wilhelm von Humboldts Leben und seine Sprachwissenschaft. Budapest 1986. S. 305—456.

Träger, Claus: Lessings Kritizismus und die Geschichte. In: M. Buhr u. W. Förster (Hrsg.): Aufklärung — Gesellschaft — Kritik. Studien zur Philosophie der Aufklärung (I). Berlin 1985. S. 395—416 (= Schriften zur Philosophie und ihrer Geschichte 38).
— [Hrsg., Einl.] Friedrich Schiller: Über Kunst und Wirklichkeit. Schriften und Briefe zur Ästhetik. 3. Aufl. Leipzig 1985, S. 5—43 (= RUB 595).
— [Hrsg., Einl.] Erasmus von Rotterdam: Das Lob der Torheit. 6. veränderte Aufl. Leipzig 1985. S. 6—16. (= RUB 1023). — Dass.: 1. Aufl. Frankfurt a. M. (= Röderberg-Taschenbuch 144).
— [Nachw.] Wilhelm Hauff: Die Karawane. 3. veränderte Aufl. Leipzig 1985. S. 191—205. — Dass. 4. Aufl. 1986.
— [Nachw.] Wilhelm Hauff: Märchen. 4. Aufl. Leipzig 1986. S. 125—142. (= RUB 156). — Dass. 1. Aufl. Frankfurt a. M. 1986. (= Röderberg-Taschenbuch 154).
— Ehrendoktorat für Hans Marquardt. In: Zeitschrift für Germanistik *7* (1986) H. 1, S. 116—117.
— Literarische Produktion und Literaturgeschichte. Zum Literaturcharakter des literarischen Werks. In: Akten des VII. Internationalen Germanistenkongresses Göttingen 1985, Bd *11* (Tübingen 1986) S. 67—74.
— [Hrsg., Gesamtredaktion, Mitautor] Wörterbuch der Literaturwissenschaft. Leipzig 1986. 714 S. — Darin Verf. der Artikel: Analogie, Annotation, Antizipation, Belletristik, Bericht, Biedermeier, Biographik, Chronogramm, Conte, Epigonendichtung, Euphuismus, Féerie, Glosse, Hofdichtung, Humoreske, Ideologie, Innerlichkeit, Literatur, Literaturpreise, Literaturtheorie, Marinismus, modern, Moderne, modernistisch, Motivierung, Naturreligion, Optimismus, Pessimismus, Pornographie, Romanze, Rührstück, Ständeklausel, Strömung, Tagebuch, Tagelied, Theodizee, Trilogie, Urheberrecht, Verismus, Weimarer Klassik; Mitverf. der Artikel: Akademie, Apologetik, Argotismus, Auftragsliteratur, Autobiographie, Barock, Beschreibung, Bild, Brief, Briefroman, bürgerliches Trauerspiel, Chanson, Dadaismus, Dichterkreis, Doppelbegabung, Dorfliteratur, dramatisch, Dramaturgie, Einheiten (drei), Emanzipation, Epilog, erotische Literatur, Essay, Familienroman, Fragment, Futurismus, Gespenstergeschichte, Gongorismus, Groteske, Heldenepos, höfisches Epos, Humanismus, Kalender(geschichte), kritischer Realismus, Literaturgeschichte, Literaturkritik, Literaturlexikon, Literaturzeitung, Manifest (literarisches), Memoiren, Moralitäten, Nationaltheater, Neologismus, Novelle, Prosa, Psychoanalyse und Literaturwissenschaft, Reiseliteratur, Rhapsodie, Ritter- und Räuberroman, Roman, Romantik, Salons (literarische), Sentimentalismus, Spinozismusstreit, Stoffgeschichte, Symbolismus, Theater, Versdrama, Vertragstheorie, Vulgärsoziologische Literaturbetrachtung, Wertung, Zensur, Zyklus.

Ullmann, Ernst [Hrsg.] Geschichte der deutschen Kunst 1470—1550. Leipzig 1985. 328 S. Malerei, Graphik, Kunsthandwerk.

— Gedanken zur Baukunst in der der Zeit Johann Sebastian Bachs. In: Kunst der Bachzeit. Malerei und Zeichnung aus Sammlungen der DDR (= Ausstellung anläßlich des 300. Geburtstages von J. S. Bach im Museum der bildenden Künste Leipzig). Leipzig 1985. S. 14–19.
— Utopias of the Past — Realities of the Future. In: AICARC 11/12 (1984/1985) Nr. 21 & 22, S. 26–27.
— Vorbemerkung zu: 5. Bezirksfachtagung Denkmalpflege. Leipzig 21. und 22. September 1985. Technische Denkmale im Bezirk Leipzig — Zeugnisse des Schöpfertums unseres Volkes. Leipzig 1985. S. 4–6.
— Albrecht Dürer. 4. Aufl. Leipzig 1985. 13 S., 12 Bildtafeln.
— Raffaelo Santi. Leipzig 1985. 14 S., 12 Bildtafeln.
— [Rez.] Glossarium Artis. Bd 5: Treppen — Escaliers — Staircases. (dt.-franz.-engl.) Redaktion: Rudolf E. Huber und Renate Rieth. 2. Aufl. München, New York, London, Paris 1985. 278 S., 300 Abb. In: DLZ *107* (Berlin 1986), H. 5/6, Sp. 444–445.

Weizsäcker, Carl Friedrich von: Aufbau der Physik. München 1985. 662 S.
— Die Zeit drängt. München 1986. 120 S.
— Der Rahmen und das Bild. Freiburg/Schweiz 1986. 34 S.
— Maßstäbe des Menschlichen in der Wissenschaft. In: Heidelberger Jahrbücher Bd *XXX* (1986) S. 135–140.
— Einleitung zu: „Die Grenzen der Atomwirtschaft" von Klaus Meyer-Abich u. Bertram Schefold. München 1986.
— „Der Sokrates unter den Physikern" — Niels Bohr — Philosoph der Quantentheorie, vor hundert Jahren geboren. In: Frankfurter Allgemeine Zeitung v. 5. 10. 1985, Nr. 231.
— „Die Zeit drängt". Warum ein oekumenisches Konzil des Friedens so schnell wie möglich einberufen werden muß. In: Die Zeit 22. 11. 1985, Nr. 48, S. 16.
— „Die Zeit ist reif". In: Evangelische Kommentare Jg *19* (Mai 1986) Nr. 5, S. 276.
— Reykjavik — Name der Katastrophe? In: Die Zeit 24. 10. 1986, Nr. 44, S. 12.
— Das einzig Wahrscheinliche ist die Katastrophe. In: Die Weltwoche, Zürich 20. 11. 1986, Nr. 47, S. 13.

Werner, Ernst: Die Geburt einer Großmacht — Die Osmanen (1300–1481). Ein Beitrag zur Genesis des türkischen Feudalismus. 4. verb. und wesentlich erweiterte Aufl. Weimar 1985; Wien–Köln–Graz 1985. 456 S., 8 Ktn.
— Ideologie und Sozialpsyche im Untersuchungsfeld des Historikers. In: E. Hahn. Ideologie und Kunst. Sitzungsbericht der AdW der DDR. Gesellschaftswissenschaften. Jg 1985, Nr. 10/G., S. 48–52.
— Religiöse Bewußtseinsformen im 11. Jh.: Ketzer und städtische Zeloten. In: ZfG *33* (1985) H. 1, S. 40–61.
— Neue Methoden der Osmanistik in ihrer Relevanz für die Byzantinistik: Die Defterforschung. Ebda. S. 231–237.
— Die Hussiten im Lichte einer neuen Synthese. Ebda. S. 985–998.
— Krisenerscheinungen im Osmanenreich des 17. Jh. In: Byzantina *13* (1985) S. 507–516.
— Feudalismus bei den asiatischen Nomaden — Die Mongolen. In: Allgemeine Geschichte des Mittelalters. Hrsg. von einem Autorenkollektiv unter Leitung von B. Töpfer. Berlin 1985. S. 183–194.
— Die Anfänge der kommunalen Bewegung und der Investiturstreit (1056–1122). In: Deutsche Geschichte Bd 2: Die entfaltete Feudalgesellschaft von der Mitte des 11. bis zu den siebziger Jahren des 15. Jahrhunderts. Hrsg. von einem Autorenkollektiv unter Leitung von E. Engel und B. Töpfer. 2. Aufl. Berlin 1986. S. 10–74.
— Das Bild des anderen: Antihumanismus und Intoleranz im 12. Jahrhundert. In: ZfG *34* (1986) H. 10, S. 877–891.
— [Rez.] M. M. Frejdenberg: Dubrovnik i Osmanskaja imperija. Moskva 1984. In: ZfG *33* (1985) H. 5, S. 478–479.

— [Rez.] M. Toepfer: Die Konversen der Zisterzienser. Berlin (W) 1983. In: DLZ *106* (1985) H. 2/3, Sp. 181—183.
— [Rez.] P. Classen: Studium und Gesellschaft im Mittelalter. Stuttgart 1983. Ebda H. 4, Sp. 297 bis 298.
— [Rez.] P. Segl: Ketzer in Österreich. Paderborn—München—Wien—Zürich 1984. In: ZfG *33* (1985) H. 10, S. 947—948.
— [Rez.] P. Golinelli: La Patria. Milano 1984. In: DLZ *106* (1985) H. 11, Sp. 846—849.
— [Rez.] J. Laudage: Priesterbild und Reformpapsttum im 11. Jahrhundert. Köln—Wien 1984. Ebda *107* (1986) H. 1, Sp. 52—56.
— [Rez.] B. Spuler: Die Mongolen in Iran. 4. Aufl. Berlin 1985. In: ZfG *34* (1986) H. 9, S. 847—848.
— [Anz.] H. Reindl: Männer um Bāyazīd. Berlin (W.) 1983. Ebda *33* (1985) S. 181.
— [Anz.] O. Volk: Salzproduktion und Salzhandel mittelalterlicher Zisterzienserklöster. Sigmaringen 1984. Ebda S. 267—268.
— [Anz.] H. Zielinski: Der Reichsepiskopat in spätottonischer und salischer Zeit. T. I. Stuttgart 1984. Ebda S. 371—372.
— [Anz.] G. G. Merlo: Tensioni religiose agli inizi del Duecento. Torre Pelice 1984. Ebda S. 1038 bis 1039.
— [Anz.] Norbert von Xanten. Hrsg. von K. Elm. Köln 1984. Ebda *34* (1986) S. 73—74.
— [Anz.] A. Paffrath: Bernhard von Clairvaux. Köln 1984. Ebda S. 296—270.
— [Anz.] Stephanus Brodericus: De conflictu Hungarorum cum Soymano Turcorum imperatore ad Mohach historia verissima. Budapest 1985. Ebda S. 854.
— [Anz.] Urkundenbuch des Klosters Ebstorf. Hildesheim 1985. Ebda S. 952.
— [Anz.] Kloster Blaubeuren 1085—1985. Sigmaringen 1985. Ebda S. 1034.

Werner, Hans-Georg: Literatur für die ‚policirte' Gesellschaft. Über Wielands Konzept bei der Herausgabe der ersten Jahrgänge des ‚Teutschen Merkur'. In: Wieland-Kolloquium Halberstadt 1983. Hrsg. von Thomas Höhle. Halle 1985. S. 61—84 (= Wissenschaftliche Beiträge der Martin-Luther-Universität Halle—Wittenberg 1985/12, F 53).
— Überlegungen zum Verhältnis von Individuum und Gesellschaft in den Stücken von Peter Hacks. In: Literaturovedenie i literaturnaja kritika GDR 1960—1970 godov. Moskva 1983. S. 424—433 [russ.].
— Materialien zur marxistischen germanistischen Literaturwissenschaft in der DDR. Gespräch. In: Zs. f. Germanistik Jg *6* (August 1985) H. 3, S. 275—288.
— Nochmals: Kunstperiode. In: Weimarer Beiträge *31* (1985) H. 9, S. 1551—1556.
— Zu Stephan Hermlins „Abendlicht". In: Stephan Hermlin: Texte, Materialien, Bilder. Zusammengestellt von Hubert Witt. Leipzig 1986. S. 259—274.
— u. Gotthard Lerchner: Stilistik und Poetologie. In: Stilistik und Poetologie. Hrsg. v. Willi Steinberg. Halle 1985. S. 5—12 (= Wissenschaftliche Beiträge der Martin-Luther-Universität Halle—Wittenberg 1985/39, F. 57).
— Über die poetologische Funktion der Verssprache in Schillers „Don Carlos". Ebda S. 35—44.
— Verteufelt human. Etwas über den Zusammenhang zwischen Goethes „Iphigenie" und Grillparzers „Goldnem Vliess". In: Jahrbuch des Wiener Goethe-Vereins Bd *86/87/88* (1982/1983/1984) S. 247—259.
— Über die Wahrheit der Dichtung und ihre Ansprüche an die Literaturkritik. In: Weimarer Beiträge *32* (1986) H. 4, S. 570—587.
— Protokoll einer Agonie. John Erpenbeck: „Heillose Flucht. Szenen einer Biographie". In: Neue Deutsche Literatur *34* (1986) H. 3, S. 131—134.
— [Hrsg.] Clemens Brentano: Gedichte und Erzählungen. Darmstadt 1986. 551 S.
— Festvortrag. Erdmansdorff-Ehrung 1986 in Dessau. Halle 1986. 12 S.
— Struktur, Sprache, Ideologie. Poetische Vergegenwärtigung von Geschichte in Schillers „Dom Karlos". In: Zs. f. Germanistik *7* (1986) H. 2, S. 133—149.
— Der Streit und die Toleranz bei Lessing. In: Kontroversen, alte und neue. Akten des VII. Internationalen Germanisten-Kongresses Bd *2* (Tübingen 1986) S. 152—159.

– Hermann Kant zum 60. Geburtstag. In: Weimarer Beiträge *32* (1986) H. 6, S. 909–911.
– Zur Modernität von Lenaus Epen. In: Lenau-Forum. Jahrbuch für vergleichende Literaturforschung 1985. Stockerau 1986. S. 90–96.
– Interpretation von Christian Dietrich Grabbe: Napoleon oder die hundert Tage. In: Werkinterpretationen zur deutschen Literatur von einem Autorenkollektiv unter Leitung von Horst Hartmann. Berlin 1986. S. 107–122.
– Lessing und Forster: Was Blut kostet ist gewiss kein Blut wert. Kommentar zu einer Stelle aus „Ernst und Falk". In: Aufklärung und Tradition. Eine Festgabe für Thomas Höhle. Hrsg. von D. Heinemann. Halle 1986. S. 31–42 (= Hallesche Studien zur Wirkung von Sprache und Literatur 13. Wiss. Beiträge 1986/72, F 63).
– [Rez.] Clemens Brentano: Sämtliche Werke und Briefe, Bd *6–8*; 9, 1–3; 14; 16; 26; 28, 1. In: ZfdPh *102* (1983) H. 2, S. 285–289.
– [Rez.] Lothar Ehrlich: Christian Dietrich Grabbe. Leben, Werk, Wirkung. In: DLZ *106* (Febr./März 1985) H. 2/3, Sp. 151/3.
– [Rez.] Hans-Otto Hügel: Untersuchungsrichter, Diebsfänger, Detektive. In: DLZ *106* (Mai/Juni 1985) H. 5/6, Sp. 390–392.
– [Rez.] Hermann Kant: Der Aufenthalt. In: Besprechungen zur Gegenwartsliteratur. Ausgewählt, zusammengestellt u. bearb. von Günter Albrecht, Bd *2*: 2. Aufl. Berlin 1985. S. 243 bis 256.
– [Rez.] Henri Poschmann: Georg Büchner, Dichtung der Revolution und Revolution der Dichtung. In: DLZ *107* (Juli/Aug. 1986) H. 7/8, Sp. 515–518.
– [Rez.] Albert Meier: Georg Büchners Ästhetik. In: Georg Büchner Jahrbuch. Frankfurt a. M. 1985. S. 554–557.

Werner, Jürgen: [Hrsg.] Franz Dornseiff in memoriam. Kolloquium des Fachbereichs Antike Literatur/Neogräzistik der Karl-Marx-Universität Leipzig anläßlich des 20. Todestages von Franz Dornseiff. Amsterdam 1986: Hakkert. 134 S., 11 Abb.
– Franz Dornseiff – Versuch einer Würdigung. Ebda S. 4–48.
– Literaturwissenschaft und klassische Altertumswissenschaften. In: Johannes Irmscher [Hrsg.]: Einleitung in die klassischen Altertumswissenschaften. Berlin 1986. S. 38–40.
– ca. 60 Artikel in: Wörterbuch der Literaturwissenschaft. Hrsg. von Claus Träger. Leipzig 1986.
– Aristophanes. In: Exempla historica. Epochen der Weltgeschichte in Biographien, Bd *3* (Frankfurt/M. 1985) S. 121–132.
– „Wenn du dir aus dem Meßkatalog einiges aussuchst, so vergiß Wielands Lukian nicht". In: Philologus *129* (1985) S. 121–132.
– [Rez.] Lexikon früher Kulturen: Lexikon zur frühen Menschheitsgeschichte. In: ND 19./20. 1. 1985.
– [Rez.] Lexikon früher Kulturen: Von Arsen bis Webstuhl. In: LVZ 26./27. 1. 1985.
– [Rez.] H. Wolle: Götter, Mumien und Hetären: Miniaturen mit Geist und Witz. In: ND 23./24. 2. 1985.
– [Rez.] H. Wolle: Götter, Mumien und Hetären. In: Universitätszeitung der KMU 10 (1985).
– [Interview] Was sollte man über die Antike wissen? Die „Kindheit der Menschheit". In: Kunst und Wissenschaft. LVZ 9./10. 8. 1986.
– [Rez.] Griechenland, Byzanz, Europa: Vom alten zum neuen Griechenland. In: Universitätszeitung der KMU 2 (1986).
– Auch ich habe nichts gegen Homer. In: Erich Köhler: Nichts gegen Homer. Rostock 1986. S. 125–129.
– [Rez.] Flöte und Harfe. Göttlicher Widerhall: Lyrik von Archilochos, Sappho, Anakreon. In: ND 28./29. 12. 1985.
– [Rez.] Flöte und Harfe. Göttlicher Widerhall: Jahrtausendealte Verse nun für uns übersetzt. In: LVZ 28/29. 6. 1986.
– [Rez.] Kultur und Fortschritt in der Blütezeit der griechischen Polis: Die Kunst und die Kultur im alten Griechenland. In: Universitätszeitung der KMU 34 (1985).

– [Rez.] Herodot: Novellen: Herodot bietet Historie in Geschichten. In: ND 4./5. 5. 1985.
– [Rez.] Kuch: Euripides: Gelungener Versuch einer Biographie von Euripides. Ebda 6./7. 4. 1985.
– [Rez.] Kuch, Euripides: Leben und Werk des Euripides. In: LVZ 23./24. 3. 1985.
– [Rez.] Platon. Übers. von Schleiermacher: Das Fremde spürbar machen, ohne den Leser zu befremden. In: Universitätszeitung der KMU 27 (1986).
– [Rez.] Chariton: Kallirhoe: Antike Liebesgeschichte. In: LVZ 17./18. 5. 1986.
– [Rez.] Lukian: Hetärengespräche. In: Die Weltbühne *80* (1985) S. 115–116.
– [Rez.] Lukian: Hetärengespräche: Geschichten über Damen von einer „gefälligen Profession". In: Universitätszeitung der KMU 32 (1986).
– [Rez.] Nonnos: Werke. Übers. von Ebener: Das letzte große Epos der Antike. In: LVZ 18./19. 10. 1986.
– „Ich fragte sie auf thrakisch...". In: Thracia *7* (Sofia 1985) S. 236–247.
– [Rez.] Kamptz: Homerische Personennamen. In: DLZ *106* (1985) Sp. 660–663.
– [Rez.] Vergil: Werke. Übers. von Ebener.: Ein Lobgesang auf die Arbeit. Vergil-Gesamtausgabe ermöglicht Zugang zu allen Werken. In: LVZ 21./22. 9. 1985.
– [Rez.] Vergil: Werke. Übers. von Ebener.: Werke Vergils in einem Band. In: ND 14./15. 6. 1986.
– [Rez.] Ovid: Tristien. Übers. von Ebersbach: Neue Ovid-Übertragung in Leipziger Insel-Verlag. In: LVZ 11./12. 1. 1986.
– [Rez.] Plinius: Briefe. Übers. von Kasten: Er beschrieb den Ausbruch des Vesuv. In: Universitätszeitung der KMU 10 (1986).
– [Rez.] Wieland-Bibliographie. In: Das Hochschulwesen *33* (1985) S. 359.
– [Rez.] V. Riedel: Antikerezeption in der DDR-Literatur. In: DLZ *107* (1986) Sp. 157–162.
– [Rez.] V. Riedel: Antikerezeption in der DDR-Literatur.: Antike Literatur und ihre gegenwärtige Wirkung. In: ND 16./17. 11. 1985.
– [Rez.] V. Riedel: Antikerezeption in der DDR-Literatur: Von der unverminderten Kraft antiker Mythen und antiker Literatur. In: Universitätszeitung der KMU 38 (1985).
– Seine Geschichten vertiefen unser Geschichtsbewußtsein. Feuchtwangerpreis '85 für den Leipziger Volker Ebersbach. In: LVZ 1. 10. 1985.
– Der Gedanke stammte von Terentianus Maurus. Zur Herkunft des Spruches „Habent sua fata libelli". In: ND 12./13. 7. 1986.
– Zitat. Willibald Pirckheimer. In: Sonntag 20/1986.
– Edition antiker Texte ist sein traditionsreichstes Gebiet. Zum Jubiläum des Teubner-Verlags. In: Universitätszeitung der KMU 8 (1986).
– Laudatio auf Jannis Ritsos anläßlich der Verleihung der philosophischen Ehrendoktorwürde der KMU Leipzig am 21. Mai 1984. In: Folia Neohellenica *6* (Amsterdam 1984) S. 144–152.
– Jannis Ritsos erhielt die Ehrendoktorwürde der Karl-Marx-Universität Leipzig. In: Karl-Marx-Universität Leipzig, Sektion Germanistik und Literaturwissenschaft, Lehrbereich Germanistisches Ausländerstudium. Mitteilungsblatt *13* (1984/85) S. 33–34.
– [Rez.] Politis: Geschichte der Neugriechischen Literatur. In: DLZ *106* (1985) Sp. 962–966.
– [Rez.] Sarafis: ELAS. Ebda *107* (1986) Sp. 306–309.
– [Rez.] Wallraff/Spoo: Unser Faschismus nebenan. Ebda *106* (1985) Sp. 470–471.
– In Griechenland bei der ELAS. In: ND 6./7. 4. 1985.
– Vassilis Vassilikos und sein hochaktuelles Buch. Ebda 13./14. 4. 1985.
– Vassilis Vassilikos, sein Roman „Z" und der neue Präsident. In: LVZ 13./14. 4. 1985.
– Kortschagins sangen Theodorakis. In: LVZ 22./23. 2. 1986.
– Rektoren gegen „Krieg der Sterne". In: ND 19. 4. 1985.
– „Sternenkrieg"-Protest. In: Sonntag 17 (1985).
– Griechische Rektoren gegen „Sternenkrieg". In: Das Hochschulwesen *33* (1985) S. 244.
– [Rez.] Handwörterbuch der deutschen Gegenwartssprache. In: Zs. f. Phonetik *39* (1986) S. 265–268.

— [Rez.] Handwörterbuch der deutschen Gegenwartssprache. In: WZ der KMU Leipzig *35* (1986) ges.-wiss. R., H. 1, S. 91—93.
— [Rez.] Handwörterbuch der deutschen Gegenwartssprache: Von „A und O“ bis „Zyste“. In: Universitätszeitung der KMU 22 (1985).
— [Rez.] Wehle: Sprechen Sie ausländisch? In: Germanistik *27* (1986) S. 276.
— Stengels Sprachspielereien: vom Sinn des Palindroms. In: LVZ 20./21. 7. 1985.
— [Rez.] Stengel: AnnasusannA: Na, Fakir: Paprika-Fan? In: Universitätszeitung der KMU 30 (1985).
— [Rez.] Grümmer: Spielformen der Poesie: Blindes Huhn sieht mehr als zwei, Steter Tropfen kommt von oben. In: LVZ 30. 11./1. 12. 1985.
— [Rez.] Grümmer: Spielformen der Poesie: Die Hausfrau auf und nieder wischt... In: Universitätszeitung der KMU 46 (1985).
— [Rez.] Internationale Bibliographie zur Geschichte der deutschen Literatur. Zehnjahresergänzungsband: Neuer Band eines bibliografischen Standardwerkes. In: Börsenblatt für den Deutschen Buchhandel *153* (Leipzig 1986) S. 209—210.
— [Rez.] Internationale Bibliographie zur Geschichte der deutschen Literatur. Zehnjahresergänzungsband: Ergänzungsband zu wichtiger Bibliographie erschienen. In: Zentralblatt für Bibliothekswesen *100* (1986) S. 356—358.
— [Rez.] Autoren, Verleger, Bücher: Hommage für Dr. h. c. Hans Marquardt. In: Universitätszeitung der KMU *7* (1986).
— [Rez.] Autoren, Verleger, Bücher: In: DLZ *107* (1986) Sp. 801—802.
— [Rez.] Eichelberger: Über Krieg und Frieden: Gedanken zur Grundfrage unserer Zeit. In: Universitätszeitung der KMU *31* (1986).
— Wandlung. Zu: I. Allende: Das Geisterhaus. In: Sonntag *37* (1986).
— Noch einmal: Friedrich II. In: Die Weltbühne *81* (1986) S. 799—800.
— [Rez.] HAP Grieshaber: Liebe Nani: Vom Erlebnis beim Ritt auf einem Pony. In: ND 5./6. 7. 1986.
— Musizier-Art. Zur Praxis von Bach-Aufführungen. In: Sonntag *38* (1985).

Wittich, Dieter: Warum und wie Lenins philosophisches Hauptwerk entstand. Entstehung, Methodik und Rezeption von „Materialismus und Empiriokritizismus“. Berlin 1985. 211 S.
— [Mithrsg.] Namhafte Hochschullehrer der Karl-Marx-Universität Leipzig. *7* (Leipzig 1985) 92 S.
— On Ludwik Fleck's Use of Social Categories in Knowledge. In: Cognition and Fact. Materials on Ludwick Fleck. Ed. by R. S. Cohen and Th. Schnelle. Dordrecht, Boston, Lancester, Tokyo 1986. pp. 317—323 (= Boston Studies in the Philosophy of Science. Vol. 87).
— Felsefe ve Kültür. XVII. Dunya Felsefe Kongresi. In: Felsefi dergisi (Istanbul 1986) 2, S. 113 bis 128.
— Zur Entstehungs- und Rezeptionsgeschichte von W. I. Lenins Werk „Materialismus und Empiriokritizismus“. Berlin 1986. 36 S. (= Sitzungsber. der SAW, phil.-hist. Kl. Bd 127, H. 2).
— „Materialismus und Empiriokritizismus“ bis heute aktuell. Lenins Streitschrift — ein Standardwerk der marxistischen Philosophie. In: Naturerkenntnis und Weltanschauung. Hrsg. von B. Hering. Berlin 1986. S. 87—93.
— Bemerkungen zum erkenntnistheoretischen Konzept der doppelten Determiniertheit des Erkennens. In: DZfPh *34* (1986) H. 3, S. 244—250.
— Thesen: Die doppelte Determiniertheit des Erkenntnisprozesses. Leistungsvermögen und Grenzen eines erkenntnistheoretischen Konzepts. In: Informationsbulletin „Aus dem philosophischen Leben der DDR“ *22* (1986) H. 5, S. 5—8.
— [Rez.] Th. Schnelle: Ludwik Fleck. Leben und Denken. Freiberg 1982; L. Fleck: Erfahrung und Tatsache. Aufsätze. Mit einer Einleitung von L. Schäfer und Th. Schnelle. Frankfurt a. M. 1983. In: DZfPh *33* (1985) H. 3, S. 278—281.
— [Rez.] J. Erpenbeck: Motivation. Ihre Psychologie und Philosophie. Berlin 1984. In: DZfPh *34* (1986) 5, S. 471—473.

Wollgast, Siegfried: Das kulturhistorische Dresden von 1830 bis zum Eintritt des Kapitalismus in seine imperialistische Phase. Dresden 1985. 64 S. (= Dresdner Hefte 2/1985).
— [Hrsg.] Erasmus von Rotterdam: Schutzschrift (Hyperaspistes) gegen Martin Luthers Buch „Vom unfreien Willen". Erstes Buch. Aus d. Lat. übers. von Oskar Johannes Mehl, Red. d. Übers.: S. Wollgast. Leipzig 1986. 270 S. (= RUB Bd 1143).
— u. U. Röseberg, K.-F. Wessel: Materialistische Dialektik — Positionen und Probleme. In: Struktur — Bewegung — Entwicklung. Hrsg. von H. Hörz u. K.-F. Wessel. Berlin 1985. S. 9—41.
— John Locke und die Sozinianer. In: John Locke. Wissenschaftliches Kolloquium, Halle/Saale 1984. Martin-Luther-Universität Halle—Wittenberg, Wissenschaftl. Beiträge 1985/24 (A 75). Halle (Saale) 1985. S. 194—213.
— Karl Christian Friedrich Krause (1781—1832). Bemerkungen zu seinem Menschheitsbund und Friedensplan. In: Philosophie und Frieden. Beiträge zum Friedensgedanken in der deutschen Klassik. Weimar 1985. S. 260—276.
— [Nachwort zu:] Erasmus von Rotterdam: Schutzschrift (Hyperaspistes) gegen Martin Luthers Buch „Vom unfreien Willen". Hrsg. von S. Wollgast. Leipzig 1986. S. 209—270.
— Dokumente einer Freundschaft. Briefwechsel zwischen Hermann vom Helmholtz und Emil du Bois-Reymond 1846—1894. Bearb. von einem Autorenkollektiv unter Leitung von Christa Kirsten. Mit einer wissenschaftsgeschichtlichen Einordnung in die naturwissenschaftlichen und philosophischen Bewegungen ihrer Zeit von Herbert Hörz und Siegfried Wollgast. Berlin 1986. S. 7—64.
— Erasmus von Rotterdam und Sebastian Franck — Vertreter zweier Linien des Friedensgedankens im 16. Jahrhundert. In: WZ TU Dresden *34* (1985) H. 2, S. 17—19.
— Die Philosophen und die Technik — Bewältigtes und Unbewältigtes. In: Perspektiven interkultureller Wechselwirkung für den wissenschaftlichen Fortschritt. Beiträge von Wissenschaftshistorikern der DDR zum XVII. Internationalen Kongreß für Geschichte und Philosophie der Wissenschaften der DDR. Berlin 1985. S. 101—108 (= Akademie der Wissenschaften der DDR, Institut für Theorie, Geschichte und Organisation der Wissenschaft, Kolloquium H. 48).
— Zum geistigen und historischen Umfeld von Heinrich Schütz. In: Dresdner Hefte 4 (Dresden 1985), S. 2—22.
— Erasmus von Rotterdam und Sebastian Franck — Vertreter zweier Linien des Friedensgedankens im 16. Jahrhundert. In: Aus dem philosophischen Leben der DDR. Informationsbulletin *21* (Berlin 1985) H. 9, S. 25—32.
— Erasmus von Rotterdam und Sebastian Franck — Vertreter zweier Linien des Friedensgedankens im 16. Jahrhundert. In: Daphnis. Zeitschrift für Mittlere Deutsche Literatur *14* (Amsterdam 1985) H. 3, S. 497—516.
— Erasmus von Rotterdam, der „Fürst der Humanisten". Zu seinem 450. Todestag. In: DZfPh *34* (1986) H. 6, S. 512—519.
— Gibt es eine georgische Renaissance? Bemerkungen zu einem strittigen Problem. In: Isvestija Akademii nauk grusinskoi SSR, Serija filosofii i psichologii. Tbilissi 1986. H. 1, S. 93—101 [in georgischer Sprache].
— Naturwissenschaft und Philosophie im Spannungsfeld zwischen Renaissance und früher Neuzeit. In: NTM *23* (Leipzig 1986) H. 2, S. 91—102.
— Schlußwort zum Kolloquium „Wirken und Wirkung — zur Kunstentwicklung im Dresden der 50er Jahre — Aspekte" am 4. März 1986. In: Dresdner Hefte *10* (Dresden 1986), S. 75—79.
— Die Antike-Rezeption in den Wissenschaften der Renaissance. Hrsg. von A. Buck u. K. Heitmann. In: NTM *23* (1986) H. 1, S. 124—125.
— Seine „Utopie" entwarf ein Bild vom Staat freier Arbeit und Gerechtigkeit. Zum 450. Todestag des englischen Humanisten Thomas Morus. In: Sächsische Zeitung 155 (1985) Beilage „Wir" Nr. 27 vom 5. 7. 1985.
— Das Proletariat braucht eine selbstbewußte Klassenpartei. In: Sächsische Zeitung 275 (1985) Beilage „Wir" Nr. 47 vom 22. 11. 1985.

– Zum Wirken der Frühaufklärung in Preußen, bearb. u. zusammengestellt von P. Bachmann u. I. Knoth. 3. ergänzte Aufl. Berlin 1985. S. 77–85.
– Emil du Bois-Reymond (1818–1896). In: Biographien bedeutender Biologen. Eine Sammlung von Biographien. Hrsg. von W. Plesse u. D. Rux. 3. Aufl. Berlin 1986. S. 197–205.
– Erasmus von Rotterdam und Sebastian Franck — Vertreter zweier Linien des Friedensgedankens im 16. Jahrhundert. In: Inf.-bull. *21* (1985) 2/4, S. 41–42.
– John Locke und die Sozinianer. In: Inf.-bull. *21* (1985) 7, S. 25.
– [Rez.] Gerrard Winstanley: Gleichheit im Reiche der Freiheit. In: DZfPh *33* (1985) H. 8, S. 764 bis 765.
– [Rez.] Die Antike-Rezeption in den Wissenschaften der Renaissance. Hrsg. von A. Buck u. K. Heitmann. In: NTM *23* (1986) H. 1, S. 124–125.
– [Rez.] Hans-Jürgen Engfer: Philosophie als Analysis. Studien zur Entwicklung philosophischer Analysiskonzeptionen unter dem Einfluß mathematischer Methodenmodelle im 17. und frühen 18. Jahrhundert. In: Daphnis. Zeitschrift für Mittlere Deutsche Literatur *15* (Amsterdam 1986) H. 1, S. 240–245.
– [Rez.] R. Kuczynski: Nächte mit Hegel. In: ND 10/11. 8. 1985, S. 14.
– [Rez.] H. Schuffenhauer: Johann Gottlieb Fichte. In: Wissenschaft und Fortschritt *35* (Berlin 1985) 11, S. 299.
– [Rez.] W. Hollitscher (unter Mitarb. von H. Horstmann): Naturbild und Weltanschauung. In: Wissenschaft und Fortschritt *36* (Berlin 1986) 9, S. 222.

Žmegač, Viktor: Kafka-Deutungen im Umkreis der Frankfurter Schule. In: Weimar am Pazifik. Literarische Wege zwischen den Kontinenten. Festschrift für Werner Vordtriede zum 70. Geburtstag. Tübingen 1985. S. 116–125.
– Hermann Bahr als sozialgeschichtlich interessierter Kritiker. In: Jahrbuch für Internationale Germanistik *XVI* (1985) H. 2, S. 64–72.
– Adorno und die Wiener Moderne der Jahrhundertwende. In: Die Frankfurter Schule und die Folgen. Hrsg. von Axel Honneth u. Albrecht Wellmer. Berlin(West-), New York 1986. S. 321 bis 338.
– Krležini evropski obzori. Zagreb 1986. 290 S. [serbokroatisch].
– Težištia modernizma. Od Baudelairea do ekspresionizma. Zagreb 1986. 235 S. [serbokroatisch]

Veröffentlichungen der Mitarbeiter

Archiv

Lea, Elisabeth: (Hrsg.) Altfranzösische Liebeslyrik. Altfranzösisch-Deutsch. 2. Aufl. Leipzig (= RUB 802).
Wiemers, Gerald: Vasmer und die wissenschaftlichen Gesellschaften in Leipzig 1921–1925. In: Z. Slaw. *31* (1986) 5, 642–653.

Kommission für spezielle Umweltprobleme

(Titel, die im Kommissionsbericht nicht angeführt sind)

Bastian, Olaf: Schwebfliegen. Wittenberg 1986. 168 S., 344 Abb., 2 Farbtaf. (= Neue Brehmbücherei 576)
Horn, Heidemarie & Horn, Wolfgang: Determination of phytoplankton losses by comparing net and gross growth. In: Hydrobiologia *140* (1986) 37–47.
Koch, Ulrich; Tauchert, D.: Ermittlung von Radon-Verweilzeiten an natürlichen Bad Brambacher Wässern. In: Z. Physiother. Jg *38* (1986) 387–396.

Sprachwissenschaftliche Kommission

Althochdeutsches Wörterbuch

Blum, Siegfried: Ahd. *habên* in Funktionsverbgefügen. In: Beiträge zur Erforschung der deutschen Sprache, Bd *6* (Leipzig 1986) S. 80–95.

Götz, Heinrich: Möglichkeiten eines lateinischen-althochdeutschen Indexes zum Althochdeutschen. In: Beiträge zur Erforschung der deutschen Sprache, Bd *6* (Leipzig 1986) S. 68–79.

Heller, Rolf: Kjartans Kampf im Svinatal. In: Nordeuropa-Studien *19* (1985) Sonderreihe. WZ d. E.-M.-Arndt-Universität Greifswald, S. 97–107.
– Anmerkungen zur Arbeit des Verfassers der Laxdoe lasaga. In: Sagnaskemmtun. Studies in Honour of Hermann Palsson..., Wien, Köln, Graz 1986, S. 111–120.
– Zu den Aufgaben des Übersetzers. In: Arkiv för nordisk filologi *101* (Lund 1986) S. 87–94.

Brandenburg-Berlinisches Wörterbuch

Wiese, Joachim: Die Mundart des Kreises Luckau. In: Wanderführer durch den Kreis Luckau, Teil *2* (Luckau 1985) S. 18–22.
– Anneliese Bretschneider zum Gedächtnis. In: Korr.-Bl. des Vereins f. niederdt. Sprachforschung, H. 92, Hamburg 1985, S. 71 f.
– Kleines Berliner Wörterverzeichnis. In: Berlinisch. Geschichtl. Einführung in die Sprache einer Stadt. Hrsg. von J. Schildt u. H. Schmidt. Berlin 1986, S. 340–434.

Witkowski, Teodolius: Eigennamen im Brandenburg-Berlinischen Wörterbuch. In: Linguist. Studien A 129/II (1985) S. 420–424.
– u. a.: Das altpolabische Sprachgebiet unter Einschluß des Drawehnopolabischen. In: Die Slawen in Deutschland. Ein Handbuch. Neubearbeitung hrsg. von J. Herrmann. Berlin 1985, S. 51–54.
– u. E. Eichler: Namen der Stämme und Landschaften. Ebda S. 10–14.
– u. E. Eichler, B. Krüger, G. Schlimpert: Das Verhältnis zwischen slawischen Einwanderern und germanischer Restbevölkerung. Ebda S. 33–36.

Mecklenburgisches Wörterbuch

Gundlach, Jürgen: Fritz Reuters Werk aus soziolinguistischer Sicht. In: Umgangssprachen und Dialekte in der DDR, Wiss. Beitr. d. FSU (Jena 1986) S. 54–73.
– Missingsch bei Reuter. Form und Funktion. In: Kikut *10* (1985) S. 68–75.

Pommersches Wörterbucharchiv

Herrmann-Winter, Renate: Urteile über Niederdeutsch in den Nordbezirken der DDR. In: ZPSK *38* (1985) H. 3, S. 297–308.
– Niederdeutsche Presseüberschriften. In: Umgangssprachen und Dialekte in der DDR, Wiss. Beitr. d. FSU (Jena 1986) S. 88–99.

Thüringisches Wörterbuch

Spangenberg, Karl: Namengebrauch unter Landstreichern um 1840. In: Linguist. Studien A 129/II (1985) S. 364–369.

- Zur Erforschung des hennebergischen Sprachraums. In: WZ d. FSU Jena, ges.-wiss. R. *34* (1985) H. 1, S. 21–35.
- Untersuchungen zur Funktion, Geltung und Bewertung der Mundart in Thüringen. In: Beiträge zur Erforschung der deutschen Sprache, Bd *6* (Leipzig 1986) S. 234–245.

Rosenkranz, Heinz: Volkstümliche Spielkartennamen aus Thüringen. In: Linguist. Studien A 129/II (1985) S. 310–314.
- Das Bild der Frau im Spiegel der thüringischen Mundarten. In: Umgangssprachen und Dialekte in der DDR, Wiss. Beitr. d. FSU (Jena 1986) S. 149–161.

Petzold, Rainer: Untersuchungen zum mikrotoponymischen System im Gebiet des Bleilochstausees. In: Linguist. Studien A 129/I (1985) S. 274–278.
- Zur Differenziertheit von Mikrotoponymen in der mündlichen Kommunikation. In: Umgangssprachen und Dialekte in der DDR, Wiss. Beitr. d. FSU (Jena 1986) S. 129–138.

Wörterbuch der obersächsischen Mundarten

Bergmann, Gunter: Kleines sächsisches Wörterbuch. Leipzig 1986.
- Lautformen als Wörter. In: Beiträge zur Erforschung der deutschen Sprache Bd *6* (Leipzig 1986) S. 229–233.
- Zur Semantik einiger dialektaler Personenbezeichnungen. In: Umgangssprachen und Dialekte in der DDR, Wiss. Beitr. d. FSU (Jena 1986) S. 12–20.

Helm, Dagmar: Karl und Galie (Karlmeinet I). Berlin 1986. (= Deutsche Texte des Mittelalters, Bd LXXIV).
- Die literarischen Denkmäler „Morant und Galie“ und „Karl und Galie“ und ihre Ausgaben im Vergleich. In: Beiträge zur Erforschung der deutschen Sprache Bd *6* (Leipzig 1986) S. 126 bis 135.

Wittkowski, Hartmut: In der ‚Manier‘ Gaspard Dugnets. Ein Beitrag zum 225. Geburtstag Reinharts. In: Jb. f. Regionalgesch., Bd *13* (1986) S. 125–144, 14 Abb.

Protze, Helmut: Wirkung und Nachwirkung der Gebrüder Grimm auf die philologischen und volkskundlichen Arbeiten siebenbürgisch-sächsischer und rumänischer Gelehrter. In: Linguist. Studien A 130 (1985) S. 225–242.
- Entwicklungstendenzen der Umgangssprache. In: Umgangssprachen und Dialekte in der DDR, Wiss. Beitr. d. FSU (Jena 1986) S. 139–148.
- Frühneuhochdeutsch und Personennamen der Unterzips aufgrund der Überlieferung des 15. und 16. Jahrhunderts im ältesten Stadtbuch von Gelnica/Göllnitz. In: Beiträge zur Erforschung der deutschen Sprache Bd *6* (Leipzig 1986) S. 181–191.

Forschungen zum gesellschaftspolitischen Wortschatz

Fischer, Eberhard: Das „Gebundene Grundmorphem“ in der deutschen Sprache der Gegenwart. In: Beiträge zur Erforschung der deutschen Sprache Bd *5* (Leipzig 1985) S. 210–224.
- u. K. Noke: Manipulative Sprache in Leitartikeln der BRD-Presse. In: ZPSK (1985) H. 4, S. 345–359.
- Themawörter zum „NATO-Doppelbeschluß“ in bürgerlichen Zeitungen. (Komplexes Beispiel): „Die Zeit“/„Bayernkurier“. In: Politischer Wortschatz in textueller Sicht. Hrsg. von C. Schäffner u. A. Neubert, Linguistische Studien A 146 (1986) S. 24–42.
- Präsuppositionen bei der textuellen Rezeption ideologierelevanten Wortschatzes. Ebda S. 120 bis 143.

Herting, Beate: Lexikalisch-pragmatische Verschiebungen bei der Übersetzung. In: Linguist. Arbeitsberichte *50* (1985) S. 66–72.

– Themawörter zum „NATO-Doppelbeschluß“ in bürgerlichen Zeitungen. (Komplexes Beispiel): „Le Monde“. In: Politischer Wortschatz in textueller Sicht. Hrsg. von C. Schäffner u. A. Neubert, Linguist. Studien A 146 (1986) S. 72–81.

Noke, Knuth: Themawörter zum „NATO-Doppelbeschluß“ in bürgerlichen Zeitungen. (Komplexes Beispiel): „Frankfurter Rundschau“/„Vorwärts“. In: Politischer Wortschatz in textueller Sicht. Hrsg. von C. Schäffner u. A. Neubert, Linguistische Studien A 146 (1986) S. 42–55.

Schäffner, Christina: Development of Lexical Meanings in Texts. In: ZAA *33* (1985) H. 1, S. 44–53.
– Zur Bedeutungsdifferenzierung des Wortes „peace“. In: ZPSK (1985) H. 4, S. 360–367.
– Textlinguistische Beschreibung des gesellschaftpolitischen Wortschatzes der bürgerlichen Presse. In: Linguist. Arbeitsberichte *56* (1986) S. 86–95.
– Möglichkeiten der Beschreibung des gesellschaftlichen Wortschatzes mit textlinguistischen Methoden. In: ZPSK (1986) H. 2, S. 224–254.
– Analysis of interrelationships between keywords as a means of determining their meaning in the Final Act. In: L'Analyse semiotique dans la recherche comparative – le vocabulaire des relations internationales. Occasional Papers No. 3. Vienna Centre 1986, S. 95–104.
– u. A. Neubert (Hrsg.): Politischer Wortschatz in textueller Sicht. Linguistische Studien A 146 (1986).
– Themawörter zum „NATO-Doppelbeschluß“ in bürgerlichen Zeitungen. (Komplexes Beispiel): „The Economist“/„The Guardian“. Ebda S. 55–71.
– Probleme der Bedeutungsbeschreibung des ideologierelevanten Wortschatzes. Ebda S. 92–119.
– u. A. Neubert: Zum Problem des ideologierelevanten Wortschatzes – Thesen zu einem komplexen Beispiel. Ebda S. 1–6.

Wiesemann, Uwe: Aspekte der formal-inhaltlichen Beschreibung der Textsorte „Leitartikel“ (dargestellt an der Zeitschrift „The Economist“). In: Politischer Wortschatz in textueller Sicht. Hrsg. von C. Schäffner u. A. Neubert, Linguistische Studien A 146 (1986) S. 144–162.

NACHRUFE

Friedrich Wolf

9. 2. 1920—20. 1. 1986

Seit 1974 Mitglied unserer Akademie, vertrat er die Technische Chemie, die — ausgehend vom Promotionsthema 1953: „Struktur und Eigenschaftsuntersuchungen an synthetischen organischen Austauschadsorbentien, insbesondere im Hinblick auf deren Wirksamkeit als Katalysatoren" — für sein ganzes Leben bestimmend war. Diesen Weg wiesen ihm seine Lehrer Robert *Grießbach* und Franz *Runge*, beginnend in einer Forschungsgruppe des VEB Farbenfabrik Wolfen, zuletzt (1958) als Stellvertreter des Forschungsdirektors. Gleichzeitig wurde er zum Dozenten für Technische Chemie an der Martin-Luther-Universität Halle ernannt, 1963 zum Professor mit vollem Lehrauftrag und 1965 zum Professor mit Lehrstuhl berufen. Unmittelbar darauf wurde er in das höchste Amt der Universität gewählt, das er als rector magnificus bis 1971 innehatte.

In seiner Industrietätigkeit erkannte er frühzeitig die weltweite Bedeutung organischer Ionenaustauscher sowie anorganischer Adsorbentien und Molekularsiebe für Trennungs- und Reinigungsprozesse. Darunter hatte es ihm besonders die Klasse der Zeolithe angetan. Mit einem großen Kollektiv wurden die Synthesegrundlagen für Ionenaustauscherharze und Molekularsiebe erarbeitet. Auf diesem Gebiet sowie bei der Einführung neuer Verfahren in der Hydrometallurgie und Petrolchemie bewies Friedrich Wolf seinen Ideenreichtum in mehr als 350 angemeldeten Patenten und in über 450 Publikationen.

In vorbildlicher Weise erreichte er die Verflechtung zwischen Industrie und Hochschule, wobei ihn die Denkweise der Physikalischen Chemie leitete und er die Anwendbarkeit der Forschungsergebnisse im Blickpunkt behielt. Aus dieser Sicht behandelte er ebenfalls Umweltprobleme, die er in der Kommission für spezielle Umweltprobleme unserer Akademie vertrat. So lag es nahe, daß er die Möglichkeiten seiner hochentwickelten Adsorbentien in den Dienst der Feinreinigung von Abwässern stellte. Dabei stieß er auf die Schädigungen durch lösliche Phosphate in Waschmitteln und suchte sie durch dotierte Silikate zu ersetzen.

Mittels zeolithischer Molekularsiebe gelang die Auftrennung der Luft in adsorbierten Stickstoff und freien Sauerstoff, eine Unterstützung der Sauerstofftherapie nach Manfred *von Ardenne*. Auch poröse Gläser wurden neben ihren Ionenaustauschfähigkeiten als Adsorbentien erkannt, insbesondere für Paraffine und Olefine. Nimmt man seine Studien an katalytischen Grenzflächen heterogenster Materialien hinzu, so zeigt sich Friedrich Wolfs Lebenswerk in erstaunlicher Vielseitigkeit, ausgerichtet auf Praxiswirksamkeit.

F. Wolfs Verdienste beim Wiederaufbau der Chemischen Industrie wurden 1959 und 1966 mit der Verleihung des Nationalpreises gewürdigt.

Friedrich Wolf war korrespondierendes Mitglied der Akademie der Wissenschaften der DDR, Präsident der Chemischen Gesellschaft der DDR 1963—65, Mitglied der Faraday Society in London und Ehrendoktor der Adam-Mickiewicz-Universität Poznań.

Sein Schülerkreis ist außerordentlich groß und trägt Sorge für die Nutzanwendung seiner Ideen, die so befruchtend auf ganze Industriezweige weiterwirken.

Hermann Berg

Paul Görlich

7. 10. 1905—14. 3. 1986

Die Sächsische Akademie der Wissenschaften war sehr gut beraten, als sie im März 1965 Paul Görlich zu ihrem ordentlichen Mitglied wählte, gewann sie doch dadurch einen Gelehrten, der — von umfassender Bildung geformt — profundes Grundwissen und meisterhaftes praktisches Können vereinte, und zwar nicht nur auf seinem engeren Fachgebiet, der Physik, sondern auch in den angrenzenden Disziplinen, seien es Chemie oder Astrophysik, Technik oder andere Zweige der Praxis. Er war ein ausgezeichneter Diskussionspartner, der aus einem reichen Erfahrungsschatz anregende Impulse zu geben wußte, der aber auch zuhören konnte und dann mit guten Ratschlägen auch manches Projekt förderte, das seinem Arbeitsgebiet nicht unmittelbar angehörte. Dieses Naturell, diese Fähigkeiten haben ihm zahlreiche Funktionen eingebracht, die ihn manchmal bis an die Grenze des Möglichen forderten, die aber auch mit vollem Einsatz von ihm ausgefüllt wurden. Dabei schien ihm dieser Weg gar nicht von Anfang an vorbestimmt. In Dresden als Sohn eines Postbeamten geboren, begann Paul Görlich nach Ableistung der achtjährigen Schulpflicht an einer Bürgerschule zunächst mit einer landwirtschaftlichen Lehre, die in einen eineinhalbjährigen Besuch der Landwirtschaftlichen Schule zu Meißen einmündete. Er war dann 6 Monate als Verwalter auf einem Rittergut bei Bautzen tätig, bis er sich entschloß, ab Ostern 1924 das sogenannte „Einjährige“ vorzubereiten. Bereits im Herbst 1925 legte er das Abitur als Externer an der Oberrealschule Dresden-Johannstadt ab. Erst in dieser Zeit setzte sich das Interesse für Physik durch, und er begann, an der Technischen Hochschule Dresden technische Physik zu studieren. Auf Anregung von Harry *Dember* promovierte er 1932 mit einer Arbeit „Über den äußeren lichtelektrischen Effekt an Flüssigkeiten“, eine Erscheinung, die ihn eigentlich nie mehr losließ.

Nach kurzer Assistententätigkeit am Physikalischen Institut der TH begann er Ende 1932 bei der Firma Zeiß Ikon in Dresden als Laborleiter mit dem Aufbau eines Laboratoriums für Strahlungsempfänger. 1936 erfand er im Rahmen seiner Aufgaben die Cäsium-Antimon-Legierungskathode für Photozellen, eine vom Standpunkt der Festkörpertheorie interessante Kombination, die den Weg zu wesentlich günstigeren Photozellen hinsichtlich Spektralbereich und Empfindlichkeit wies.

Diese Thematik war 1942 Gegenstand der Habilitationsschrift: „Die Bedeutung der Legierungskathoden für die lichtelektrische und die Sekundäremission“.

Anfang 1946 ging Paul Görlich als Laborleiter zum VEB Carl Zeiß nach Jena mit ähnlichem Aufgabengebiet. Von Oktober 1946 bis Mitte 1952 arbeitete er in Krasnogorsk bei Moskau in der UdSSR. Er konnte diese Jahre nutzen, um weitere Erfahrungen zu sammeln, zu ordnen und schließlich in einer dreibändigen Monographie über Photoeffekte zu veröffentlichen. Charakteristisch ist, daß er hier von den Grundlagen des Photoeffektes, über Sperrschichteffekte bis zur technischen Anwendung in Photozellen, Photovervielfachern und Bildwandlern geht. Dieses Werk war jahrzehntelang Grundlage der internationalen Entwicklung photoelektrischer Bauelemente.

1952 übernahm er das Amt eines wissenschaftlichen Hauptleiters, später des Direktors für Forschung und Entwicklung des VEB Carl Zeiß Jena, das er bis zur Emeritierung 1970 innehatte. Damit trug er einen wesentlichen Teil der Verantwortung für die weitere Profilierung eines der größten Industriebetriebe, aber auch für einen wesentlichen Teil des wissenschaftlichen Gerätebaus der DDR, der eine Schlüsselstellung in einem modernen Industriestaat hat. Gleichzeitig wurde Paul Görlich im Nebenamt Dozent und bald darauf

FRIEDRICH WOLF

9. II. 1920 Leipzig — 20. I. 1986 Leipzig

PAUL GÖRLICH

7. X. 1905 Dresden — 14. III. 1986 Jena

Professor an der Friedrich-Schiller-Universität. Die Wahl zum ordentlichen Mitglied der Akademie der Wissenschaften der DDR war für ihn nicht nur eine ehrende Auszeichnung, sondern Anlaß zu aktiver Mitarbeit als Direktor am Heinrich-Hertz-Institut und späteren Institut für Optik und Spektroskopie dieser Akademie. Hier konnte er unmittelbar Einfluß nehmen auf die moderne Entwicklung der Optik, auf Laser-Technik und Spektroskopie. Eine glücklichere Verbindung von Lehre, Forschung und Praxis mit all ihrer Härte ist kaum vorstellbar. Wenn durch diese Dreiteilung — hinzu kamen noch weitere staatliche Funktionen — jeder Bereich zeitlich auch etwas kurz kam — das unermüdliche Arbeitsvermögen und ein gutes Organisationstalent sorgten dafür, daß für alle die Zusammenarbeit mit Paul Görlich stets ein Gewinn war.

Als Leiter einer Gruppe war er viele Jahre lang Mitglied des Vorstandes des Forschungsrates der DDR; er leitete die Kommission für Spektroskopie bei der AdW, er verwaltete sie nicht nur, sondern veranstaltete auch gemeinsam mit der Physikalischen Gesellschaft der DDR, deren Vorstand er angehörte, eine Folge von Tagungen „Optik und Spektroskopie aller Wellenlängen", die sehr zur Vertiefung dieser wichtigen Analysenmethoden beitrugen; seine zahlreichen internationalen Verbindungen bereicherten diesen Erfahrungsaustausch.

Es muß auch an die literarische Tätigkeit erinnert werden. Damit sind nicht nur 7 Bücher und rund 200 wissenschaftliche Veröffentlichungen gemeint. Paul Görlich war Mitbegründer der „physica status solidi" und bis zuletzt Editor in chief; er brachte es fertig, diese Zeitschrift in wenigen Jahren zu einer großen internationalen Fachzeitschrift werden zu lassen, deren Umfang und Aktualität sich mit den besten Zeitschriften der Welt messen läßt. Als Mitherausgeber der „Experimentellen Technik der Physik", der „Astronomischen Nachrichten", der „Feingerätetechnik" und der „Crystal Research and Technology", als regionaler Herausgeber der Infrared „Physics" und als Herausgeber der „Technisch-Physikalischen Monographien" hat er große Verdienste um den Austausch wissenschaftlicher Erfahrungen erworben.

Diese und andere Aktivitäten brachten ihm zahlreiche persönliche Auszeichnungen ein, mit denen die Ergebnisse seiner wissenschaftlichen, wissenschaftlich-organisatorischen Arbeiten, aber auch der liebenswerte, kollegiale Mensch geehrt werden sollte. Die Karl-Marx-Universität und die Technische Universität Dresden verliehen ihm die Ehrendoktorwürde, Dr. rer. nat. h. c. bzw. Dr.-Ing. E. h.; er war Ehrensenator der Technischen Hochschule Karl-Marx-Stadt und Mitglied der Deutschen Akademie der Naturforscher Leopoldina. Die Wissenschaftliche Gesellschaft für Meßtechnik und Automatisierung der Kammer der Technik wählte ihn zum Vorstandsmitglied, viele Jahre war er Chairman des Technical Committee on Photon Detectors der IMEKO und Mitglied der Royal Microscopical Society London. Unter den zahlreichen Auszeichnungen, Nationalpreis, Vaterländischer Verdienstorden in Silber, Verdienter Techniker des Volkes, Goldene und Silberne Ehrennadel der Kammer der Technik und Gustav-Hertz-Medaille der Physikalischen Gesellschaft der DDR nahm die Lenin-Erinnerungsmedaille des Obersten Sowjets der UdSSR für ihn einen besonderen Platz ein.

Das in all dem steckende persönliche Engagement zeigte sich in den Vorträgen über Spektroskopie, über wissenschaftlichen Gerätebau, die er im Plenum der Sächsischen Akademie der Wissenschaften hielt.

Aus seinen Diskussionsbemerkungen klang das Verständnis, aber auch stets ein wenig Mahnung, die Wissenschaft als Ganzes zu wahren, zu pflegen.

Viele werden sich dankbar erinnern, wie er durch seinen Humor manch schwierige Situation überwinden half.

Als Wissenschaftler und Lehrer, als Organisator und vor allem als Mensch wird er allen, die mit ihm in irgendeiner Weise zusammen arbeiteten, immer im Gedächtnis bleiben.

Artur Lösche

Bibliographie Paul Görlich

zusammengestellt nach den zugänglichen Unterlagen von Dorothea Dietze

1. Monographien

1. Die lichtelektrischen Zellen, ihre Herstellung und Eigenschaften. [russ.] Moskau, Leningrad 1948. 256 S.
2. Die lichtelektrischen Zellen, ihre Herstellung und Eigenschaften. Leipzig 1951. 288 S.
3. Die Anwendung der Photozellen. [russ.] Moskau 1952.
4. Die Anwendung der Photozellen. Leipzig 1954. 468 S.
5. Photoconductivity in Solids. London 1960.
6. Photoeffekte I. Historische Entwicklung, Photoemission der Metalle. Leipzig 1962.
7. Photoeffekte II. Experimentelle Photoleitung. Leipzig 1963.
8. Photoeffekte III. Erzeugung photoelektromotorischer Kräfte. Leipzig 1966.

2. Herausgebertätigkeit

9. R. Tiedeken: Faseroptik und ihre Anwendungen. Leipzig 1967. 172 S. (= Techn. Phys. Monographien Bd 22).
10. Z. Náray: Laser und ihre Anwendungen. Leipzig 1976. 311 S. (= Techn. Phys. Monographien Bd 31).
11. R. Bernst: Werkstoffe im wissenschaftlichen Gerätebau. Leipzig 1975. 252 S. (= Techn. Phys. Monographien Bd 32).
12. A. Bauer, D. Bühling, H.-J. Gesemann, G. Helke, W. Schreckenbach: Technologie und Anwendungen von Ferroelektrika. Leipzig 1976. 548 S. (= Techn. Phys. Monographien Bd 33).
13. Autorenkollektiv unter Leitung von K. Unger u. H. G. Schneider: Festkörperphysik. Leipzig 1979. 467 S. (= Techn. Phys. Monographien Bd 37).
14. Chr. Hofmann: Die optische Abbildung. Leipzig 1980. 419 S. (= Techn. Phys. Monographien Bd 38).
15. P. A. Arsenjew, Ch. S. Bagdasarow, K. Bienert, E. F. Kustow, A. W. Potjomkin: Kristalle in der modernen Lasertechnik. Leipzig 1980. 264 S. (= Techn. Phys. Monographien Bd 39).
16. H. Moenke: Physik-Technik-Laboratorium. Leipzig 1980. 196 S. (= Techn. Phys. Monographien Bd 40).
17. u. G. Szigeti: Festkörperphysik Tagungsberichte. Tagung der Eötvös Lórand Fizikai Társulat in Gemeinsch. mit der Phys. Ges. DDR 14.–20. Sept. 1959 in Balatonfüred. Berlin 1961. 532 S.
18. Jenaer Jahrbuch 1963.
19. Begründer und Hauptherausgeber der Zeitschrift „physica status solidi".
20. Mitherausgeber der Zeitschrift „Experimentelle Technik der Physik."

3. Wissenschaftliche Beiträge in Zeitschriften und Tagungsbänden

21. Der äußere lichtelektrische Effekt an Flüssigkeiten. Bestimmung der langwelligen Grenze des Wassers. In: Ann. Phys. *13* (1932) S. 831–850.
22. u. E. Lau: Quantitative Messungen mit dem Multiplex-Interferenzspektroskop. In: Z. Physik *77* (1932) S. 746–751.

23. Zur Theorie des Multiplex-Stufengitters. Ebda *80* (1933) S. 105.
24. Thermische und photoelektrische Emission von Cäsium-Cäsiumoxyd-Kathoden und deren Beeinflussung durch Einbau von Cäsium-Atomen in das Dielektrikum. Ebda *85* (1933) S. 128.
25. Zur Frequenzabhängigkeit der Sperrschichtphotozellen. In: Z. techn. Physik *14* (1933) S. 144.
26. Photokathode und Sperrschichteffekt. In: Naturwiss. *22* (1934) S. 11.
27. R. Fleischer u. P. Görlich: Über zusammengesetzte Photokathoden. In: Physik. Z. *35* (1934) S. 289.
28. E. Busse u. P. Görlich: Neue lichtelektrische Zähler. In: Z. Instrumentenkde. *54* (1934) S. 233–236.
29. u. E. Busse: Neigungswaage mit lichtelektrischer Ablesevorrichtung. In: Z. VDI *78* (1934) S. 1386.
30. Über Photozellen und ihre Anwendung. In: Kinotechnik *17* (1935) S. 307.
31. Über die Konstruktion lichtelektrischer Belichtungsmesser. In: Photo-Ind. *33* (1935) S. 1123.
32. Zur Wirkungsweise von Zählrohr und gasgefüllter Photozelle. In: Physik. Z. *36* (1935) S. 36.
33. R. Fleischer u. P. Görlich: Über den Einfluß des äußeren Feldes auf den lichtelektrischen Effekt an Cäsiumoxyd-Kathoden. In: Z. Physik *94* (1935) S. 597–606.
34. Über die Charakteristik von Hochvakuum-Photozellen mit Sekundärstrahlung. In: Z. Physik *96* (1935) S. 588–592.
35. Über den Photoeffekt der sperrenden Selenschicht. In: Z. techn. Physik *16* (1935) S. 268–271.
36. u. H. Sauer: Über neue lichtelektrische Zellen mit durchsichtigen Kathoden. In: Z. Instrumentenkde *56* (1936) S. 423.
37. Über zusammengesetzte, durchsichtige Photokathoden. In: Z. Physik *101* (1936) S. 335–342.
38. u. M. Ploke: Über ein neues Braunsches Rohr für den physikalischen Unterricht. In: Unterrichtsbl. Math. u. Naturwiss. *43* (1937) S. 108–114.
39. u. W. Lang: Lichtelektrische Zellen für Messungen im sichtbaren Spektralbereich. In: Z. Instrumentenkde *57* (1937) S. 249.
40. Über die Natur der Sperrschicht von Selensperrschichtzellen. In: Z. Physik *106* (1937) S. 373.
41. Messungen an durchsichtigen, zusammengesetzten Photokathoden. In: Z. techn. Physik *18* (1937) S. 460–462.
42. Measurements of Photocathodes in contact. In: Philos. Mag. *25* (1938) S. 256–259.
43. u. H. Winkler: Photozellen für den physikalischen Unterricht. In: Wiss. Ann. *44* (1938) S. 326.
44. u. E. J. Meyer: Über die Eignung einer neuen Photozelle für die astronomische Photometrie. In: Z. Astrophysik *16* (1938) S. 343–366.
45. Messung an durchsichtigen zusammengesetzten Photokathoden. In: Z. Physik *109* (1938) S. 374–386.
46. u. W. Lang: Der Einfluß des Deckelelektrodenmaterials auf die Empfindlichkeit von Selensperrschichtzellen. In: Z. physik. Chem. *41* (1938) S. 23–32.
47. Spektrale Empfindlichkeitsverteilungen von Selensperrschichtzellen. In: Z. Physik *112* (1939) S. 490–500.
48. Messungen an zusammengesetzten Photokathoden II. In: Z. Physik *116* (1940) S. 704–715.
49. Photoelectric cells for the visible spectral range. In: J. opt. Soc. Amer. *31* (1941) S. 504–505.
50. Beitrag zur Frage der SE aufgedampfter Erdalkalimetallschichten. In: Physik. Z. *42* (1941) S. 129.
51. u. E. Görisch: Zur Wiedergabe von Farbfilmtonaufzeichnungen. In: Kinotechnik *24* (1942) S. 43.
52. Über die Sekundäremission aufgedampfter Antimonschichten. In: Physik. Z. *43* (1942) S. 121–123.
53. Zum Problem des Einflusses von Gasen auf die Eigenschaften von PbS-Schichten. In: Z. Naturforsch. *2a* (1947) S. 47–48.
54. u. L. Heyne: Über eine neue Widerstandszelle für das sichtbare Spektralgebiet. In: Optik *4* (1948/49) S. 206–212.

55. Die Bedeutung der Photozelle in Wissenschaft und Technik. In: Naturwiss. Rdsch. *5* (1949) S. 198–204.
56. Zur Frage der Anwendung von Widerstandszellen. In: Z. Naturforsch. *5a* (1950) S. 10.
57. Beitrag zur Frage des Rauschens lichtempfindlicher Halbleiter. In: Optik *8* (1951) S. 512.
58. Zur Frage des Rauschens von Photozellen. In: Jenaer Jahrbuch (1951) S. 229–239.
59. u. A. Krohs: Über Messungen an Widerstandszellen. Ebda (1952) S. 155–161.
60. Die Forschung im VEB Optik Carl Zeiss Jena. In: Mschr. Feinmech. u. Opt. (1952) S. 161.
61. Bemerkung zur Frage der Anwendung von Photoelektronenvervielfachern. In: Jenaer Jahrbuch (1954) S. 438–445.
62. Bemerkungen über die Anwendung von Vervielfachern. Arbeitstagung Optik v. 26.–27. 3. 1954 in Jena. Berlin 1954.
63. Über lichtempfindliche Organe für die Messung von Strahlungsintensitäten im ultravioletten Spektralbereich. Arbeitstagung Biophysik v. 3.–5. 7. 1953 in Greifswald. Berlin 1954.
64. Arbeitstagung „Optik“ in Jena. WZ Uni. Jena, Math.-nat. Reihe *4* (1954/55) H. 2/3, S. 291.
65. Über die zweckmäßige Verwendung lichtempfindlicher Organe. In: Wiss. Ann. *4* (1955) S. 721.
66. u. A. Krohs: Über die Beeinflussung der spektralen Verteilung von Selensperrschichtzellen. In: Jenaer Jahrbuch (1955) S. 54–69.
67. u. L. Schmidt: Über serienmäßig hergestellte Photoelektronenvervielfacher. In: Nachrichtentechnik *5* (1955) S. 306.
68. u. A. Krohs: Über ein neues technologisches Verfahren zur Aufbringung von Quarzfenstern auf Entladungsröhren. In: Vakuum-Techn. *5* (1956) H. 1/2.
69. Die Benutzung lichtempfindlicher Organe in der Lichtmikroskopie. In: Wiss. Ann. *5* (1956) S. 724–743.
70. [Rez.] Heinze: Einführung in die Vakuumtechnik Bd 1. In: DLZ *77* (1956) Sp. 5.
71. u. A. Krohs, H.-J. Pohl, L. Schmidt: Eigenschaften serienmäßig hergestellter Szintillationsvervielfacher. In: Exp. Techn. d. Physik *5* (1957) S. 1 ff.
72. Some Recent Advances in the Photoelectric Field. In: Current Sci. *26* (1957) H. 4.
73. u. A. Krohs, H.-J. Pohl, G. Zerbst: Über serienmäßig hergestellte Bildwandler und die Möglichkeit der Charakterisierung ihrer Strahlungsverstärkerwirkung. In: Z. angew. Phys. *9* (1957) S. 561–566.
74. Johannes Picht 60 Jahre alt. In: Optik *14* (Stuttgart 1957) S. 529–546.
75. u. H. Hora, W. Macke: Über die lichtelektrische Richardsongleichung und eine phänomenologische Theorie der spektralen Verteilung der Quantenausbeute von Photokathoden. In: Jenaer Jahrbuch (1957) S. 91–117.
76. u. H. Hora: Zur Theorie der Photoemission. In: Optik *15* (Stuttgart 1958) S. 116–126.
77. u. H. Karras, K. Kühne: Verfärbung künstlicher Calziumfluorideinkristalle. In: Festkörperphys. u. Phys. d. Leuchtstoffe (Berlin 1958) S. 29–37.
78. u. A. Krohs, H.-J. Pohl, R. Reichel, L. Schmidt: Über das Auflösungsvermögen von Szintillationsvervielfachern und dessen Beeinflussung durch verschiedene Parameter. In: Z. angew. Phys. *10* (1958) S. 303–309.
79. G. Dietzel, P. Görlich, A. Krohs: Über Selenphotoelemente. In: Jenaer Jahrbuch (1958) Teil I, S. 203–227.
80. L. Blankenburg, G. Dietzel, P. Görlich, A. Krohs: Bemerkungen über Zusammenhänge zwischen Oberflächentextur und den Eigenschaften eines Selenphotoelementes. In: Jenaer Jahrbuch (1958) Teil II, S. 115–133.
81. Physikertagung in Leipzig. In: Phys. Verh. *10* (1959) S. 25–52 (Phys. Ges. in d. DDR).
82. Recent Advances in Photoemission. In: Advanc. Electron *11* (1959) S. 1–30.
83. u. H. Moenke, L. Moenke-Blankenburg: Ultrarot-Spektralphotometrie als Hilfsmittel in Mineralogie und Geologie. In: Jenaer Jahrbuch (1959) Teil I, S. 154–180.
84. Zur Messung von Protonenströmen mit Photohalbleitern und über Messungen der Polarisationsabhängigkeit an zusammengesetzten Photokathoden. In: Monatsber. Dtsch. Akad. Wiss. Berlin *2* (1960) S. 67–70.

85. u. H. Hora: Einfluß der Polarisation des Lichtes auf die Emission zusammengesetzter Photokathoden. In: Iswest. Akad. Nauk SSSR, Ser. fis. *24* (1960) S. 698—704.
86. G. Frischmuth-Hoffmann, P. Görlich, H. Hora, W. Heimann, H. Marseille: Messungen an Multialkaliphotokathoden. In: Z. Naturf. 15a (1960) S. 646—648.
87. G. Frischmuth-Hoffmann, P. Görlich, H. Hora: Besonderheiten der Temperaturabhängigkeit der Photoemission von Multialkalikathoden. Ebda S. 1014—1016.
88. u. A. Krohs, H.-J. Pohl: Electron-optical conditions at Venetian blind type dynodes and their effects in photomultipliers. In: Brit. J. appl. Phys. *12* (1961) S. 525—526.
89. u. H. Karras, A. Köthe, K. Kühne: Thermolumineszenzmessungen an CaF_2-Kristallen. In: phys. stat. sol. *1* (1961) S. 366—385.
90. G. Frischmuth-Hoffmann u. P. Görlich: Temperaturabhängigkeit des Polarisationsausbeuteverhältnisses an Cs_3Sb-Photokathoden. Ebda K 83—K 85.
91. u. H. Hora: Messungen der Polarisationsabhängigkeit an zusammengesetzten Photokathoden. In: Tagungsberichte Festkörperphysik (Berlin 1961) S. 290—299.
92. u. H. Karras, R. Lehmann: Über die optischen Eigenschaften der Erdalkalihalogenide vom Flußspat — Typ I. In: phys. stat. sol. *1* (1961) S. 389—440.
93. u. H. Karras, R. Lehmann: Über die optischen Eigenschaften der Erdalkalihalogenide vom Flußspat — Typ II. Ebda S. 525—553.
94. u. A. Krohs, H.-J. Pohl: Meßtechnische Probleme an Photovervielfachern. In: Acta Imeko (1961) 24-DDR-110, S. 1—20.
95. Energieleitung und Energieübertragung aus der Sicht des modernen Gerätebaus. In: Nova Acta Leopoldina Nr. 157, Bd *25* (1962) 26 S.
96. u. H. Karras: Zur elektrolytischen Verfärbung von Strontiumfluorkristallen. In: phys. stat. sol. *2* (1962) S. 988—991.
97. A. Eckardt, P. Görlich, H. J. Pohl, R. Prager: Dependence of time and amplitude properties of a new millimicrosecond-photomultiplier upon the operating parameters. In: Nuclear Instrum. *16* (1962) S. 44—50.
98. u. H. Karras, R. Lehmann: Über die Verfärbung künstlicher CaF_2-Kristalle hoher Reinheit. In: phys. stat. sol. *3* (1963) S. 98—107.
99. L. Foitzik, P. Görlich, W. Krug: Ernst Lau 70 Jahre. In: Optik *20* (Stuttgart 1963) S. 109—112.
100. E. Feldner, P. Görlich, A. Krohs, H.-J. Pohl, G. Schmeier: Prinzipien für den Einsatz photoelektronischer Bauelemente in der Meßtechnik und Automatisierung. In: Feingerätetechnik *12* (1963) S. 194—202.
101. u. H. Karras, E. Meisel: Über die Photoleitung synthetischer CaF_2-Kristalle. In: phys. stat. sol. *3* (1963) K 217—K 219.
102. u. H. Karras, R. Lehmann, E. Meisel: Über das Absorptionsverhalten (insbesondere im UR) additiv verfärbter synthetischer CaF_2-Kristalle. Ebda K 220—K 223.
103. u. H. Karras, G. Kötitz: Studies in the coloration of LiF crystals. Ebda S. 1629—1645.
104. L. Drechsel, P. Görlich: Über die lichtelektrischen Eigenschaften von Polyvinylenfolien. In: Jenaer Jb. Teil *1* (1963) S. 165—181.
105. M. Berndt, P. Görlich: Studies of the photoemission of semiconductors. In: phys. stat. sol. *3* (1963) S. 963—981.
106. Optics in the German Democratic Republic. In: Appl. Optics *2* (1963) S. 1069—1073.
107. u. H. Karras, G. Kötitz: On the fluorescence of synthetic LiF crystals. In: phys. stat. sol. *3* (1963) S. 1803—1818.
108. u. H. Karras, G. Kötitz: On the coloration layer in deuteronirradiated LiF crystals. Ebda S. 2029—2034.
109. Drechsel, L. u. P. Görlich: On the photoelectric properties of polyvinylene foil. In: Infrared Phys. *3* (1963) S. 229—239.
110. u. H. Karras, W. Lüdke, H. Mothes, R. Reimann: Coloration of yttrium-doped CaF_2 and SrF_2 crystals by X-ray irradiation. In: phys. stat. sol. *3* (1963) S. 478—484.
111. u. A. Haeske, A. Krohs, H.-J. Pohl: Über eine Anomalie der Sekundäremission von Erdalkalioxydschichten. In: Exp. Tech. Phys. *12* (1964) S. 31—35.

112. H. Bruch, P. Görlich, H. Karras, R. Lehmann: Zur Diffusion von Gasen in hochreine CaF_2- und SrF_2-Kristalle. In: phys. stat. sol. *4* (1964) S. 685—696.
113. u. H. Karras, G. Kötitz, R. Lehmann: Spectroscopic properties of activated laser crystals I. Ebda *5* (1964) S. 437—461.
114. u. H. Karras, G. Kötitz, R. Lehmann: Spectroscopic properties of activated laser crystals II. Ebda *6* (1964) S. 277—318.
115. u. H. Karras, G. Kötitz: Optische Eigenschaften von Fehlstellen in synthetischen LiF-Kristallen. In: Jenaer Jb. (1964) S. 191—210.
116. M. Berndt, G. Frischmuth-Hoffmann, P. Görlich: Zur Frage der Polarisationsabhängigkeit des äußeren lichtelektrischen Effektes an zusammengesetzten Photokathoden. Ebda S. 251 bis 265.
117. u. H. Karras, G. Kötitz, R. Lehmann: Spectroscopic properties of activated laser crystals III. In: phys. stat. sol. *8* (1965) S. 385—429.
118. Die Entwicklung des wissenschaftlichen Gerätebaues seit Ernst Abbes Wirken. In: Feingerätetechnik *14* (1965) S. 193—211.
119. u. H. Karras, G. Kötitz, R. Lehmann, W. Lüdke: Zur Spektroskopie aktivierter Laserkristalle I. Ebda S. 227—232.
120. u. H. Karras, G. Kötitz, R. Lehmann, W. Lüdke: Zur Spektroskopie aktivierter Laserkristalle II. Ebda S. 241—252.
121. u. H. Karras, G. Kötitz, R. Lehmann, W. Lüdke: Zur Spektroskopie aktivierter Laserkristalle III. Ebda S. 289—296.
122. u. H. Karras: R. Rompe — 60 Jahre. In: Z. phys. Chem. *230* (1965) S. 1—12.
123. Arbeitstagung „Optik und Spektroskopie aller Wellenlängen" am 14. u. 15. Juni 1965 in Jena. In: Phys. Bl. *21* (1965) S. 428.
124. u. K. Heuer, H. Karras, K.-H. Sümnich: Untersuchungen der paramagnetischen Elektronenresonanz an dotierten CaF_2-Einkristallen. In: Jenaer Jb. (1965) S. 181—212.
125. u. H. Karras, A. Koch: On the temperature behaviour of the absorption of additively coloured strontium fluoride crystals. In: phys. stat. sol. *12* (1965) S. 203—218.
126. u. S. V. Muchin, H.-J. Pohl: Zur Wirkungsweise von gittergesteuerten Photovervielfachern. In: Electron. Vacuum Phys. Trans. (Prag 1965) S. 615—625.
127. Neue Ergebnisse über die Photoemission an Halbleitern. Ebda S. 27—48.
128. u. H. Karras, G. Kötitz, J. Reichel, P. Ullmann: Zur Verfärbung und Thermolumineszenz von Erdalkalifluorid-Einkristallen mit Yttriumzusatz. In: Phys. Chem. Szint. (München 1965) S. 270—276.
129. u. H. Karras, E. Meisel, H. Mothes: Über die photoelektrischen Eigenschaften synthetischer CaF_2-Kristalle. In: Z. angew. Phys. *20* (1966) S. 332—336.
130. H. Gause u. P. Görlich: Beiträge zu Abbes Tätigkeit in gelehrten Gesellschaften und seine Korrespondenz mit Gelehrten seiner Zeit. In: Jenaer Jb. (1966) S. 19—37.
131. u. H. Karras, G. Kötitz, P. Ullmann: The spectral distribution of the thermoluminescence light of MeF_2–Y and MeF_2–Tm single crystals (Me:Ca, Sr, Ba) as a function of temperature. In: Int. Conf. Lumin. (Budapest 1966) S. 762—770.
132. u. H.-J. Pohl: Ein steuerbarer Photovervielfacher zur zeitlichen Strahlungsanalyse. In: Optik *25* (Stuttgart 1967) S. 25—30.
133. u. H. Karras, E. Meisel, H. Mothes: IR absorption of uncoloured and additively coloured synthetic CaF_2 crystals and CaF_2/Na crystals. In: phys. stat. sol. *19* (1967) K 23—K 25.
134. u. H. Koch: Antonin Vašiček † 16. 11. 1966. In: Optik *26* (Stuttgart 1967/68) S. 326.
135. u. H. Karras, G. Kötitz, P. Ullmann: Thermoluminescence investigations on doped alkaline earth fluorides. In: phys. stat. sol. *23* (1967) S. 313—323.
136. C. Ghita, P. Görlich, H. Karras, E. Meisel, H. Mothes: Über die Absorption und Photoleitung synthetischer CaF_2- und CaF_2/Na-Kristalle. In: Abh. Dtsch. Akad. Wiss. Berlin, Kl. Math. Phys. Techn. (1967) S. 67—72.
137. u. H. Karras, Ch. Symanowski, P. Ullmann: The colour centre absorption of X-ray coloured alkaline earth fluoride crystals. In: phys. stat. sol. *25* (1968) S. 93—101.

138. u. H. Karras, G. Kötitz, R. Rauch: Phonon-assisted colour centre fluorescence of additively coloured alkali earth fluoride crystals. Ebda K 15—K 18.
139. u. H. Karras, G. Kötitz, P. Ullmann: Some instrumental aspects of the investigation of thermoluminescence with spectral dispersion. In: Rev. roum. Phys. *13* (1968) S. 33—43.
140. E. Feldner, P. Görlich, A. Krohs, G. Wagner: Some aspects of the influence of temperature on the photoconductive properties of PbS layers. In: Infrared Phys. *8* (1968) S. 161—168.
141. u. H. Karras, G. Kötitz, R. Rauch: Polarized luminescence of X-irradiated CaF_2:Y and SrF_2:Y crystals and the structure of their luminescence centres. In: phys. stat. sol. *27* (1968) S. 109—115.
142. u. M. Ludwig: On the photostimulation of the exoelectron emission in the infrared spectral region. Ebda *28* (1968) K 117—K 119.
143. Alfred Eckardt 65 Jahre am 21. Oktober 1968. In: Exp. Tech. Phys. *16* (1968) Vorbl.
144. E. Feldner, P. Görlich, J. Heyder: Vergleich der thermischen und photoelektrischen Austrittsarbeiten von Photokathoden der Typen Ag-O-Cs und Cs_3Sb. Ebda *17* (1969) S. 37—41.
145. u. L. Moenke-Blankenburg: Laser in der Spektrometrie. Ebda S. 105—125.
146. u. K. Sumi: Zur Systematik von Photoemissionsschichten. Ebda S. 193—203.
147. IV. Symposium des IMEKO-Subkomitees „Photon-Detectors" v. 23.—25. 6. 1969 in Prag. In: Messen-Steuern-Regeln *13* (1970) S. 14.
148. M. Berndt, H. Franke, P. Görlich: Two-photon photoelectric emission of Cs_3Sb. In: phys. stat. sol. (a) *1* (1970) K 95—K 99.
149. u. W. Haunstein, H. Patzke, H. Zapfe: Die Bedeutung der Hochvakuumtechnik für den wissenschaftlichen Gerätebau. In: Feingerätetechnik *19* (1970) S. 193—194.
150. E. Feldner, P. Görlich, K. Wagner: Enhancement of quantum efficiency of Cs_3Sb photocathodes. In: phys. stat. sol. (a) *1* (1970) S. 221—227.
151. W. Bollmann, P. Görlich, W. Hauk, H. Mothes: Ionic conduction of pure and doped CaF_2 and SrF_2 crystals. Ebda *2* (1970) S. 157—170.
152. u. W. Skarus: Theoretische Grundlagen, Geräte- und anwendungstechnische Probleme der Meßtechnik bei der Automatisierung vorwiegend diskontinuierlicher Prozesse. In: Messen-Steuern-Regeln *13* (1970) S. 172—177.
153. u. K. Sumi: Photoemission and band structure. In: phys. stat. sol. (a) *2* (1970) S. 427—440.
154. Wissenschaftlicher Gerätebau und Datenverarbeitung. In: Messen-Steuern-Regeln *14* (1971) S. 171.
155. u. E.-A. Soa: Vergleichende Betrachtungen zur Elektronenemission an Festkörperoberflächen. In: Exp. Techn. d. Physik *19* (1971) S. 153—165; auch in: u. E. A. Soa, K. Sumi: Nachr. Akad. Wiss. UdSSR, physik. Ser. [russ.] *35* (1971) S. 649—655; Nova Acta Leopoldina, Neue Folge *36* (1971) S. 131—142.
156. H. J. Bernhardt, P. Görlich, G. Kötitz: Foreign Ions with d^1-States in Alkaline Earth Fluoride Crystals. In: phys. stat. sol. (a) *6* (1971) S. 479—486.
157. u. E.-A. Soa: Herbert Kortum 65 Jahre. In: Feingeräte-Techn. *21* (1972) S. 385—386.
158. G. Richter u. P. Görlich: Gustav Hertz — 85 Jahre alt. In: Exp. Techn. d. Physik *20* (1972) S. 377—378.
159. Über Laser und ihre Anwendungen. In: Sitzungsber. Sächs. Akad. Wiss. math.-nat. Kl. Bd *110* (1972) H. 1, S. 1—24; auch in: Jenaer Jahrbuch (1971—72) S. 129ff.
160. u. P. Ullmann: Absorption Investigations on Alkaline Earth Fluoride Mixed Crystals. In: phys. stat. sol. (b) *50* (1972) S. 577—584.
161. u. G. Kötitz: Mehrphotonen-Absorption in Kristallen und ihre Anwendungen. In: Krist. & Tech. *7* (1972) S. 365—385.
162. Kepler und seine Beziehung zur Optik. Sitzungsber. Dtsch. Akad. Wiss. (1972) Nr. 12, S. 21—31.
163. u. W. Skarus: Zu Problemen der Meßtechnik und Meßdatenverarbeitung für die Automatisierung. In: Messen-Steuern-Regeln *16* (1973) S. 194—201.
164. Introductory Remarks to the Round Table Discussion „Photon Detectors". Proc. of the Photon-Detectors Juni 1973, IMEKO-Secret. Budapest 1—6.

165. G. Schwotzer, G. Kötitz, P. Görlich: Donor-Akzeptor Teilchen in Ionenkristallen. In: Nachr. Akad. Wiss. UdSSR, physik. Ser. [russ.] *37* (1973) S. 810–817.
166. u. P. Ullmann: Reversible Photochemical Reactions in Additively Coloured CaF_2 Crystals. In: phys. stat. sol. (b) *58* (1973) S. 371–377.
167. H. J. Bernhardt u. P. Görlich: Investigations of the Coloration Behaviour of Cerium-Oxide-Doped Alkaline Earth Fluoride Crystals. In: phys. stat. sol. (a) *22* (1974) S. 559–568.
168. Trends in Photon Detectors, Trends in Control Components. In: North-Holland Publish. Comp. (1974) S. 227–242.
169. Beziehungen zwischen Feingerätetechnik und Elektronik. In: Feingeräte-Techn. *23* (1974) S. 482–484.
170. Keplers Optical Achievements. In: Vistas in Astronomy, Vol. *18*. Ed. by A. Beer and P. Beer. (Oxford and New York 1975) S. 835–847.
171. Review of the recent results in the field of photon detectors and their application. In: 7th Int. Symp. Techn. Com. Photon-Detectors. Braunschweig 1976. Proc. of the Photon-Detectors, 1976 IMEKO-Secret. Budapest 1–23.
172. Einführung zum Komplex „Moderne physikalische Technologien“. In: Vorträge Jahreshaupttagung der Phys. Ges. d. DDR (1976) S. 10–15.
173. Bedeutung der Physik für Hochschulingenieure. In: Schriftenreihe der Ing.-Hochschule Dresden (1976) H. 4, S. 38–55.
174. Spektroskopie aus allgemeiner Sicht. In: Wiss. Techn. Informationsdienst. Zentrales Geolog. Inst. *17* (1976) Sonderheft 6, S. 1–15.
175. Meßmethoden der Physik. In: Vorträge Jahreshaupttagung der Phys. Ges. d. DDR (1977) S. 3–8.
176. Meßtechnik, Gerätebau und Kybernetik als Grundlagen zur Umweltforschung. In: Im Dienste produktiven Schaffens (Berlin 1977) S. 83–113.
177. u. A. Jensch: Zur Wechselwirkung astronomischer Forschung mit dem wissenschaftlichen Gerätebau. In: Astron. Nachr. *300* (1979) S. 269–271.
178. u. K. Herrmann: Strahlungsempfänger auf Halbleiterbasis. In: Feingeräte-Techn. *28* (1979) S. 136.
179. Laudatio zum 100. Geburtstag von Prof. Dr. phil. Georg Berndt. In: Feingeräte-Technik *29* (1980) S. 50–51.
180. Geschichtliche Entwicklung des Wissenschaftlichen Gerätebaus und seine zukünftige Bedeutung. In: Feingeräte-Techn. *29* (1980) S. 435–436.
181. In memoriam Dr.-Ing. Robert Tiedeken. In: Optik *57* (1980) S. 297–298.
182. Recent results in the field of photon detectors and their applications IV. In: 10th Int. Symp. Techn. Com. Photon-Detectors (Braunschweig 1982) S. 1–13.

Erich Rammler

9. 7. 1901–6. 11. 1986

Am 6. 11. 1986 verstarb in Freiberg wenige Monate nach Vollendung seines 85. Lebensjahres der Nestor der Braunkohlenveredlung der DDR, unser Mitglied Herr Prof. Dr.-Ing. Dr.-Ing. E. h. mult. Erich Rammler. Damit endete das im Dienste des wissenschaftlich-technischen Fortschritts erfüllte und von Humanität durchdrungene Leben eines Wissenschaftlers und Ingenieurs von Rang, der als Forscher und Hochschullehrer Hervorragendes auf den Gebieten der Braunkohlenveredlung, der Brennstoff- und Energietechnik geleistet hat. Man darf mit Gewißheit sagen, daß sein forschender Geist im Einklang mit einer von Emil *Fischer* bereits 1912 ausgesprochenen Forderung darauf gerichtet war, „den inneren Wert der Kohle zu mehren“ und mehr aus ihr herauszuholen. Das ist ihm in jahrzehntelanger, harter Forschungsarbeit in unverwechselbarer Weise gelungen. Da er sich niemals als Wissenschaftsbeamter fühlte, sondern immer mit dem Ziel forschte, Wissenschaftsergebnisse zu erringen und rasch in die Praxis einzuführen, wuchs er mit zunehmender Dauer seines Wirkens für seine Schüler, Mitarbeiter und Kollegen in Wissenschaft und Praxis in den Rang des „Altmeisters der Braunkohlenveredlung“ hinein, ein Name und Begriff, der hohe Wertschätzung und Verehrung einschließt.

Auch für Erich Rammler gab es keine „Landstraße der Wissenschaft“ auf der bequem vorangeschritten werden konnte. Auch er durfte keine Mühen scheuen und mußte alle Kräfte anstrengen, um jene Höhe zu erreichen, die ihn in Wissenschaft und Gesellschaft auszeichnete.

Erich Rammler wurde am 9. 7. 1901 in Tirpersdorf/Vogtl. geboren. Obwohl er mit seinen Eltern schon bald nach Halle/Saale verzog, wo er die Bürger- und Oberrealschule besuchte und dort auch den Weg in die Braunkohlenindustrie fand, blieben ihm die landschaftliche Schönheit und der Hauch seiner Heimat stets nahe. Mit einer praktischen Tätigkeit in Braunkohlentagebauen und Brikettfabriken des Bitterfelder Reviers und der Aufnahme des Studiums an der Bergakademie Freiberg im Oktober 1920 war seine berufliche Entscheidung gefallen. Hier studierte er in der Fachrichtung Bergbau und schloß Anfang 1925 sein Studium als Dipl.-Bergingenieur mit Auszeichnung ab. Während des Studiums an dieser altehrwürdigen Hochschule betrachtete er jede Stunde als kostbar und wissenschaftlichen Gewinn bringend, wobei er es als großes Glück empfand, gute Lehrer zu haben. Unter ihnen beeindruckte ihn insbesondere die Persönlichkeit Professor *Kegels*, der als letzter „Polyhistor des Kohlenbergbaues und der Kohleveredlung“ in die Geschichte des Montanwesens unseres Landes eingegangen ist. Von 1925 bis 1928 arbeitete Erich Rammler als Assistent und Forschungsingenieur für Wärmewirtschaft in den Staatlichen Hütten- und Blaufarbenwerken Freiberg. Danach führte ihn sein Weg an die Seite des berühmten Wärme- und Brennstofftechnikers Professor *Rosin* in Dresden, dessen 1. Mitarbeiter er wurde. In diesen Jahren, angefüllt mit zahlreichen Untersuchungen auf den Gebieten der Zerkleinerung, Klassierung, Trocknung, Kühlung, Brikettierung, Ent- und Vergasung entwickelte er jene Akribie, mit der er fortan forschte um nutzbare Erkenntnisse zu gewinnen und Zusammenhänge zu erkennen. Als Beispiel hierfür sei die Exponential-Potenz-Funktion

$$D = 100\left[1 - e^{-\left(\frac{d}{d'}\right)^n}\right]$$

genannt, die aus Untersuchungen über die Korngrößenverteilungen in Mahlgütern abgeleitet wurde und unter der Bezeichnung RRSB-Funktion (nach *Rosin*, *Rammler*, *Sperling*, *Bennett*) in das internationale Fachschrifttum wie in die entsprechenden Standardwerke der Granulometrie eingegangen ist und auch heute noch in vielen Fällen zur mathematischen Beschreibung von Körnungen herangezogen wird. In ihr bedeuten D die Siebdurchgangsmasse durch ein Prüfsieb in %, d die Korngröße entsprechend der Maschenweite des Prüfsiebes, d' einen Korngrößenkennwert und n den Richtungsfaktor der Korngrößenverteilungskurve. Korngrößenverteilungen, die dieser Funktion gehorchen, bilden in einem speziellen Körnungsnetz Geraden. Ausgangsbasis für die Herleitung dieser Formel war die von Erich Rammler an der Bergakademie Freiberg eingereichte und 1927 mit ‚summa cum laude‘ verteidigte Dissertation „Untersuchungen über die Messung und Bewertung der Feinheit von Kohlenstaub“. Die Staubtechnik, die Feuerungs- und Vergasungstechnik bildeten unter Einbeziehung von Problemen der Mahlung und Trocknung, der Schwelung von Braun- und Steinkohlen und des Kokseinsatzes einen Schwerpunkt in seinem Schaffen bis Anfang 1945. Einen besonderen Platz nahm in diesem Zeitraum die Mitarbeit an großen Projekten der UdSSR ein (1927—1932), die auf bestmögliche Nutzung eigener Vorkommen an festen Brennstoffen abzielten, wobei die Entwicklung und der Einsatz leistungsfähiger Kohlenstaubfeuerungen für Kraftwerke im Vordergrund standen. Da *Rosin* und Rammler auf Grund ihrer Forschungen über die Verwertung von Kohle auch zu den Experten für den Einsatz von Kohlenbrennstäuben zählten, folgten sie einer Einladung und besuchten im April und Mai 1932 die Sowjetunion. Sie studierten die Verhältnisse im Moskauer Braunkohlenrevier, besuchten Forschungs- und Dienststellen in Moskau, Leningrad und Charkow und waren in zahlreichen Konsultationen und Vortragsdiskussionen gesuchte Gesprächspartner. Diese Reise mit all ihren Eindrücken und Ergebnissen empfand Erich Rammler als herausragenden Erlebniskomplex des Jahres 1932, der auch in der Erinnerung lebendig blieb. Sein geschulter Blick erkannte gut, daß wir von diesem Land, das damals um unsere Unterstützung nachsuchte, dereinst einmal lernen würden. In dieser Zeit begann in ihm die Herausbildung jener fruchtbaren Einheit von theoretischem Wissen und praktischen Erfahrungen, die sich in seinem weiteren Leben zu einer Höhe entwickelte, wie sie nur von wenigen Persönlichkeiten erreicht wird. Obwohl mit wissenschaftlichen und ingenieurtechnischen Leistungen hoch ausgewiesen, wurde ihm nach 1933 die Habilitation an der Bergakademie Freiberg aus politischen Gründen verweigert. Er setzte deshalb seine bisherige Tätigkeit in Dresden fort und übernahm 1936 von seinem ins Ausland vertriebenen Freund Prof. Dr. *Rosin* das Büro für Brennstofftechnik, um als beratender Ingenieur und Privatgelehrter für Brennstofftechnik selbständig zu arbeiten. Durch den Bombenangriff auf Dresden im Februar 1945 verlor er Büro, Laboratorium und Wohnung und wich in eine Notunterkunft nach Bitterfeld aus. Erst die Beseitigung der faschistischen Machtverhältnisse am Ende des Krieges und der Eintritt in eine humane gesellschaftliche Entwicklung gab auch dem Wissenschaftler und Forscher Erich Rammler die Möglichkeit eines Neubeginns unter den damals herrschenden schweren Bedingungen. Nun öffnete sich für ihn auch der Weg an seine Alma mater. Reich an Wissen und Erfahrungen, mit mehr als 150 Fachveröffentlichungen in der Titelliste, nahm er am 1. 10. 1945 an der Bergakademie Freiberg, an der Seite seines wieder in das Amt zurückgekehrten, hochverehrten Lehrers Prof. Karl *Kegel*, eine Tätigkeit als wissenschaftlicher Assistent auf. Noch bevor er diesen Wechsel vollzog, suchten ihn in seinem Bitterfelder Notbüro sowjetische Fachkollegen auf, die seine beratende Tätigkeit in der Sowjetunion Anfang der 30er Jahre gut in Erinnerung hatten und gewannen ihn für die Ausarbeitung eines Berichtes über die Entwicklung der Feuerungstechnik in Deutschland von 1933—1945. Auch an der Bergakademie Freiberg, wo die damalige SMAD ein „Technisches Büro Kohle" eingerichtet hatte, erwarteten ihn sowjetische Aufträge, wie die Abfassung von Übersichten über die deutsche Schwelindustrie, den Stand der Brikettierung in Deutschland seit 1933 und die Untersuchung und Bewertung von Braunkohlen aus sowjetischen Lagerstätten. Mit der ihm eigenen Gründlichkeit und einem hohen Verantwortungsbewußtsein bewältigte Erich Rammler diese Aufgaben, nicht zuletzt mit dem ehrlichen Gefühl, damit auch eine Leistung zur Wiedergutmachung zu erbringen. Darüber hinaus verlangten diese Arbeiten von ihm eine bewertende Durchforstung dieser Wissens- und Technologiegebiete im Hinblick auf ihre Nutzung im bevorstehenden wirtschaftlichen Aufbau und für die an der Bergakademie vorzubereitende Ausbildung junger wie auch die Weiterbildung schon erfahrener Kader. Als auf Initiative Gustav *Sobottkas*, dem Leiter der Hauptverwaltung „Kohle" in der damaligen Deutschen Wirtschaftskommission, mit aktiver Unterstützung solcher Fachexperten wie Dipl.-Ing. Kurt *Hofmann* und Dr.-Ing. Georg *Bilkenroth*, im Herbst 1948 in Leipzig die erste technische Tagung des Industriezweiges durchgeführt wurde, um einen Überblick über den wissenschaftlich-technischen Stand in der Braunkohlenindustrie zu gewinnen und Wege zu seiner raschen Weiterentwicklung zu markieren, hielt Erich Rammler einen Vortrag über den Erkenntnisstand und die Möglichkeiten seines Ausbaues auf dem Gebiet der Ent- und Vergasung. Als in der damaligen sowjetischen Besatzungszone zum ersten Male für das Jahr 1949 ein Forschungsplan entworfen wurde, übernahm er bereits vorlaufende Forschungs- und Entwicklungsaufgaben für die Herstellung von Braunkohlenhochtemperaturkoks (BHT-Koks) und gemeinsam mit Prof. Dr. Anton *Lissner* Untersuchungen über die Eigenschaften und Nutzung salzhaltiger Braunkohlen. Mit der verantwortlichen Übernahme solcher bedeutsamen Aufgaben und Vorhaben vollzog sich folgerichtig und gewollt die feste Einbindung Erich Rammlers in den Lehrkörper der Bergakademie Freiberg, deren Wissenschaftler von Anfang an stets in einer engen und fruchtbaren Wechselbeziehung mit der Praxis gestanden haben. Am 1. 3. 1949 wurde er zum Professor mit vollem Lehrauftrag für Wärmewirtschaft und Brennstofftechnik und zum Direktor des Instituts für Technische Brennstoffverwertung und schließlich, nach dem Ausscheiden Professor *Kegels* wegen Krankheit im Jahre 1951, zum Ordinarius für Brikettierung, Brennstofftechnik und Wärmewirtschaft sowie zum Direktor des Instituts für Brikettierung berufen. Vor Prof. Rammler lag ein außerordentlich großes und zugleich verantwortungsschweres Aufgabenfeld. Es galt, die noch junge DDR ökonomisch zu stärken, die reichlich vorhandene Braunkohle rohstofflich und energetisch bestmöglich zu nutzen und eine junge technische Intelligenz heranzubilden. Diesem Aufgabenblock stellte sich Erich Rammler mit ganzer Kraft, mit allen seinen Fähigkeiten in der guten Gewißheit des Dienstes für eine friedliche, sozialistisch orientierte Entwicklung, in der ein neues, vertrauensvolles Verhältnis zwischen Wissenschaft und Produktion keimte. Unter der Devise ‚forschend lehren und lehrend forschen', begann er eine Schaffensperiode, die bleibend eingebunden ist in die Entwicklung der Bergakademie Freiberg zu einer sozialistischen Hochschule und den Aufbau der Energie- und Stoffwirtschaft der DDR. Er begründete und entwickelte die Fachrichtung „Kohleveredlung", aus der mehr als 300 Absolventen und etwa 70 Doktoranden hervorgingen, die in Wissenschaft und Technik wie in staatlichen Dienststellen Verantwortung tragen und sich ihrem verehrten Lehrer verpflichtet und verbunden fühlen. Beginnend mit dem Studienjahr 1952/53 wurde unter der Bezeichnung „Aufbereitung von Kohle und Öl" eine Studienrichtung zur Spezialisierung von Brennstofftechnikern ins Leben gerufen, aus der im Jahre 1954 die selbständige Fachrichtung „Kohleveredlung" hervorging. In der Begründung, die Prof. Rammler für die Bildung dieser Fachrichtung gab, heißt es: „Entsprechend der Bedeutung, die die Verarbeitung und Veredlung von Brennstoffen in unserer sozialistischen Volkswirtschaft erlangt hat, muß dieser Tatsache durch die Ausbildung von entsprechend qualifiziertem und ingenieurtechnischem Personal Rechnung getragen werden. Der hohe Entwicklungsstand, den die Technik in diesen Betrieben erreicht hat und die Vielfalt der angewendeten und ineinandergreifenden Verfahren, führte zu der Erkenntnis, daß das bisher von Bergingenieuren mitbetreute Gebiet so umfangreich ist, daß unbedingt der Einsatz besonders ausgebildeter Verfahrensingenieure notwendig wird." Bei der Konzipierung der Fachrichtung ging Prof. Rammler von Grundsätzen aus, die damals wie heute ihre volle Gültigkeit haben. Er wies stets darauf hin, daß solide Kenntnisse in der Mathematik und den einschlägigen Naturwissenschaften unabdingbar für ein Ingenieurstudium vorausgesetzt werden müssen und daß die technischen Wissenschaften in erheblichem Maße als angewandte Naturwissenschaften anzusehen sind. Gegenüber Studenten betonte er immer wieder, daß man den Ingenieurberuf nicht schlechthin erlernen kann, sondern daß die Aneignung von Wissen nur in Verbindung mit klarem Denken das ersehnte Ziel erreichen läßt. Dies entspricht seinem stets vertretenen Grundsatz, daß man vornehmlich durch Denken und praktisches Handeln der Wahrheit näher kommt und dem Allgemeinwohl dient. Damit entsprach Prof. Rammler inhaltlich voll der Auffassung von H. v. *Helmholtz*, daß Wissen allein nicht Zweck des Menschen sei, sondern daß sich das Wissen auch im Leben betätigen müsse. Diese Zielstellungen für die Heranbildung von Kohleveredlern fanden volle Unterstützung im Kreise des Lehrkörpers der Hochschule, so daß die neue Fachrichtung in solider Qualität gleichberechtigt neben andere trat und schnell Ausstrahlungskraft erreichte. Hierzu hat Prof. Rammler durch sein persönliches Vorbild als Wissenschaftler, Ingenieur und Lehrer in höchstem Maße beitragen. Seine Vorlesungen waren fachlich streng und tiefschürfend. Er gab ihnen eine besondere Qualität durch die Verbindung von Theorie und Praxis. Es lag ihm am Herzen, seine jungen Hörer im Sinne des „Ingeniums" zu erreichen und zu fordern. Und die weitaus meisten von ihnen, willens und fähig, verstanden ihren Lehrer, begriffen, daß er ihnen bestes Rüstzeug mit auf den eigenen Weg gab. Trotz seiner starken Anspannung ließ er es sich nicht nehmen, seine Studenten auf Exkursionen persönlich durch bedeutsame Betriebe zu führen und war mitunter auch in geselligen Veranstaltungen inmitten junger Menschen anzutreffen. Im gleichen Sinne nahm Prof. Rammler seine Verantwortung für die Ausbildung von schon in der Praxis stehenden Kadern wahr. Mit erfahrenen Pädagogen an seiner Seite ermöglichte er das Fernstudium in der Fachrichtung Kohlenveredlung und erarbeitete Lehrmaterialien, die auch heute noch wertvoll sind. In fast zwei Jahrzehnten seiner Hochschullehrertätigkeit hat er mit den wachsenden Forderungen in Lehre und Forschung die beiden von ihm geleiteten Hochschulinstitute in personeller und materieller Hinsicht zu hoher Leistungsfähigkeit entwickelt, wobei er durch die Kohleindustrie der DDR starke Unterstützung fand. Entsprechend ihrem Können und wachsend im Vertrauen zur eigenen Leistungsfähigkeit trugen die Diplomanden mit ihren Arbeiten zur Lösung zahlreicher Forschungsaufgaben auf den breiten Gebieten der mechanisch-thermischen und thermisch-chemischen Kohleveredlung bei, während in den Dissertationen der theoretische und auf Anwendung orientierte Erkenntniszuwachs bestimmendes Merkmal war. Aus der Erkenntnis heraus, daß Kohleforschung über den Hochschulrahmen hinaus ständig und vorlaufend gewährleistet sein muß, wurde er zum Mitbegründer des Brennstoffinstitutes Freiberg (1956), das er vier Jahre lang in der komplizierten Phase des personellen und materiellen Aufbaus neben seinen Verpflichtungen an der Hochschule als Direktor leitete. Darüber hinaus war er sechs Jahre lang stellvertretender Direktor dieses Institutes und in ihm zugleich Leiter von zwei Abteilungen, zu denen die Versuchsbrikettfabrik Bitterfeld und die Versuchskokerei Siegmar gehörten. Lange Zeit bevor dieses Institut über eigene Räume und Einrichtungen verfügen konnte, arbeiteten seine Angehörigen in den Gebäuden der Bergakademie, Seite an Seite mit Hochschulangehörigen in äußerst zweckmäßiger und gegenseitiger Ergänzung. Berücksichtigt man noch, daß Prof. Rammler von 1951 bis 1955 als Prorektor für Forschungsangelegenheiten der Hochschulleitung angehörte, so wird deutlich, daß er auch als Wissenschaftsorganisator hohe Verantwortung trug. Ein Erlebnis besonderer Art, an das er sich immer wieder gern erinnerte, war seine Teilnahme an der Einweihung der Lomonossow-Universität in Moskau im Jahre 1954, wo er als Prorektor den Rektor der Bergakademie Freiberg vertrat.

Da neues Wissen zielstrebig und hartnäckig erkämpft werden muß — so die Lebenserfahrung und Überzeugung Erich Rammlers — war Forschen für ihn stets harte Arbeit. Sein größter Erfolg, den er gemeinsam mit Georg *Bilkenroth* und gestützt auf große Arbeitskollektive errang, war die Entwicklung des einstufigen Verfahrens zur Herstellung von Braunkohlenhochtemperaturkoks (BHT-Koks) aus bindemittellos gepreßten Briketts mit geringem Asche- und Schwefelgehalt für den Einsatz in der Metallurgie und Chemie. Mit diesem neuartigen Koks, der bis heute eine Spitzenstellung in der Palette der Produkte der Braunkohlenveredlung einnimmt, erhielt die wirtschaftliche Entwicklung unseres Landes in der damaligen Zeit eine starke Stütze. Durch den Einsatz von sehr festen Spezialbriketts mit gesenktem Wassergehalt und einer feinen Einsatzkörnung der Trockenkohle sowie die Anwendung eines zugeschnittenen Heizregimes im Koksofen gelang es, die während der Pyrolyse im Brikett eintretenden, gegeneinander gerichteten Prozesse der Entgasung und Schrumpfung so zu lenken, daß ein fester Stückkoks entsteht. Da Braunkohle im Gegensatz zur Steinkohle (Kokskohle) während der Pyrolyse keine plastische Phase durchläuft, kann fester Stückkoks aus Braunkohle nur auf dem Wege der Schrumpfung der Einsatzbriketts als Ausdruck des gleichzeitigen Volumen- und Masseschwundes entstehen. Dieser damals von den Pionieren eingeschlagene Verfahrensweg schließt weitere Möglichkeiten zur Erhöhung der Koksqualität ein, die inzwischen erkannt worden sind.

Als am 14. Juni 1952 der erste BHT-Koks in der Kokerei Lauchhammer abgezogen werden konnte, war der Erkenntniszuwachs in ein Produkt mit hohem Gebrauchswert umgeschlagen und ein technologischer Weltstand geprägt. Inmitten dieses Geschehens trat der forschend vorwärts drängende Geist Erich Rammlers, mit der Persönlichkeit Georg *Bilkenroths* verbunden, klar in Erscheinung. Das Leben auf der Baustelle der neuen Anlage, der Kontakt mit Bauarbeitern, Projektanten und Konstrukteuren fesselte ihn in dieser Zeit in besonderem Maße. Es ist kein Zufall, daß er in seinem Leben mehrfach als Aktivist und Mitglied sozialistischer Arbeitsgemeinschaften ausgezeichnet wurde. Inzwischen hat sich zur Kokerei in Lauchhammer die Großkokerei des Gaskombinates „Fritz Selbmann“ in Schwarze Pumpe hinzugesellt.

Es ist gut verständlich, daß Prof. Rammler auf Grund seiner hohen Leistungen auch im Ausland zu einem gesuchten Gesprächspartner und Ratgeber wurde. Als beratender Experte und Gutachter weilte er in der Zeit seiner Hochschullehrertätigkeit in der UdSSR, in der VR China, der CSSR, der VR Polen, der FR Jugoslawien und der SR Rumänien. Mehr als 50 ausländische Kohlenmuster aus 13 Ländern wurden von ihm und seinen Mitarbeitern untersucht. Auf internationaler Ebene war er Vorsitzender der Arbeitsgruppe zur Nutzung von Kohlearten mit geringem Heizwert im RGW sowie Leiter der Expertengruppe „Braunkohle“ des Arbeitsausschusses für Klassifikation der ECE in Genf und der Delegation der DDR für Fragen der internationalen Kohlenklassifikation. Als Mitglied gehörte er der RGW-Arbeitsgruppe für die Vergasung von Kohlen und in der Internationalen Organisation für Standardisierung ISO dem TC 27 (feste Brennstoffe) an.

Das verdienstvolle Wirken Erich Rammlers, das sich nicht zuletzt in seinem insgesamt 632 Titel (Autor bzw. Mitautor) umfassenden Veröffentlichungsverzeichnis widerspiegelt, in dem auch die in seinen letzten Lebensjahren entstandenen Arbeiten über die Geschichte der deutschen Braunkohlenbrikettierung enthalten sind, wurde in vielfältiger Weise durch hohe Auszeichnungen und Berufungen in wissenschaftliche und gesellschaftliche Gremien gewürdigt. Der Auszeichnung mit dem Nationalpreis 1. Klasse für Wissenschaft und Technik gemeinsam mit Prof. Dr.-Ing. Georg *Bilkenroth* im Jahre 1951 folgte die Verleihung des Ehrentitels „Verdienter Bergmann der DDR“ (1960) und „Hervorragender Wissenschaftler des Volkes“ (1966), des Vaterländischen Verdienstordens in Silber (1961) und in Gold (1976) sowie der Ehrenspange hierzu (1981).

Er war ordentliches Mitglied der Akademie der Wissenschaften der DDR (seit 1953) und der Sächsischen Akademie der Wissenschaften zu Leipzig (seit 1958). Dem Nationalrat der Nationalen Front und dem Forschungsrat der DDR gehörte Prof. Rammler von 1958 bis 1969 an. Er führte den Vorsitz im ZAK Trocknung und Brikettierung, in den Forschungsgemeinschaften BHT-Koks, Xylitgewinnung und Verwertung, oberflächenfeuchte, mulmige Kohle und im Fachausschuß Begriffsbestimmungen für Braunkohlenbrikettfabriken. Weitere Gremien und Gesellschaften gehörte er als Mitglied an. Die ehemalige Gesellschaft Deutscher Berg- und Hüttenleute und die ehemalige Brennstofftechnische Gesellschaft der DDR verliehen ihm die Ehrenmitgliedschaft und ihre höchsten Auszeichnungen (Ehrennadel in Gold, Carl-Exter-Medaille, Karl-Kegel-Medaille). Er war Ehrenmitglied der Kammer der Technik und Träger der Ernst-Abbe-Medaille. Die Gesellschaft für Deutsch-Sowjetische-Freundschaft zeichnete ihn mit der Ehrennadel in Gold aus. Die Ehrendoktorwürde wurde ihm von der Rheinisch-Westfälischen Technischen Hochschule Aachen im Jahre 1958 und von der Technischen Universität Dresden im Jahre 1981 verliehen. Die Bergakademie Freiberg ehrte ihn 1971 mit der Würde eines Ehrensenators. Er war Ehrenbürger seiner vogtländischen Heimatgemeinde Tirpersdorf und der Bergstadt Freiberg.

Erich Rammler wurde auf seinem Lebenswege hoch gefordert. In Stille, gewissenhaft und ernst stellte er sich seinen Pflichten und hat immer wieder erneut Bewährung erreicht. Er schöpfte Kraft aus einem tiefen ethischen Fundus, aus seinem Dienst für sozialistische Ziele, aus dem erhabenen Geschehen der Natur und nicht zuletzt aus den Quellen der Philosophie, der Schönheit der Musik und den Weisheiten der Literatur. Er war und blieb schweigsam und bescheiden, auch auf der Höhe seiner Ehrungen. Obwohl im Entwicklungsfortschritt der Gesellschaft bestimmte Taten markant hervortreten und zumeist mit Namen von Personen belegt werden — wie er es selbst erfahren durfte —, so hat diese Erscheinung nichts an seiner Auffassung geändert, wonach Forschung und Fortschritt letztlich große kollektive Leistungen sind. Er bekannte sich zu Goethes Erkenntnis (J. P. Eckermann, Gespräche mit Goethe in den letzten Jahren seines Lebens): „Im Grunde aber sind wir alle kollektive Wesen, wir mögen uns stellen wie wir wollen. Denn wie weniges haben und sind wir, das wir im reinsten Sinne unser Eigentum nennen. Wir müssen alle empfangen und lernen, sowohl von denen, die vor uns waren, als auch von denen, die mit uns sind."

Nun hat Erich Rammler in der Bergstadt Freiberg seine letzte Ruhestätte gefunden. Seine Lebensspur bleibt. Wir sind dankbar, daß wir ein Stück des Weges mit ihm gehen durften. Ehre seinem Andenken, das uns verpflichtet.

Herbert Krug

Bibliographie Erich Rammler

Die Titel 1—399 sind verzeichnet in:
Freiberger Forschungshefte A *263* (1962)
S. 174—192

1962

400. Brikettieren für Bergleute und Aufbereiter, 3. Lehrbrief, 2., erweiterte Auflage, 74 Seiten, Bergakademie Freiberg, Fernstudium, 1962 (Mit K. Kegel)

401. Brikettieren für Bergleute und Aufbereiter, 4. Lehrbrief, 2., erweiterte Auflage, 59 Seiten, Bergakademie Freiberg, Fernstudium, 1962 (Mit K. Kegel)

402. Brikettieren für Bergleute und Aufbereiter, 11. Lehrbrief, 131 Seiten, Bergakademie Freiberg, Fernstudium, 1962 (Mit K. Kegel)

403. Versuche zur Herstellung von Hochtemperaturformkoks aus bulgarischer Glanzbraunkohle, I. Verkokung von mit Bindemitteln erzeugten Briketts nach dem einstufigen Verfahren, Freib. Forschgsh. A 209 (Jan. 1962) S. 5—45 (Mit E. Knopfe)

404. Problematik der Rekonstruktion in der Brikettindustrie der Deutschen Demokratischen Republik, Freib. Forschgsh. A 238 (Jan. 1962) S. 7—14
405. Der Stand und die Aufgaben auf dem Gebiet der Trockenkohlenkühlung, Freib. Forschgsh. A 238 (Jan. 1962) S. 47—72 (Mit A. Kubasch, D. Marvan, J. Wilsdorf und K. Budde)
406. Untersuchungen zum Problemkomplex oberflächenfeuchter Kohle Freib. Forschgsh. A 211 (Febr. 1962) S. 65—92 (Mit H. Metzner und S. Beeger)
407. Versuche zur schonenden Zerkleinerung von Braunkohlenhochtemperaturkoks für die Karbidindustrie, Freib. Forschgsh. A 190 (Febr. 1962) S. 21—81 (Mit K. Heide und W. Fischer)
408. Schwelversuche mit Salzkohle, Freib. Forschgsh. A 225 (Febr. 1962) S. 13—37 (Mit A. Lissner, unter Mitwirkung v. W. Göbel, A. Herrmann und A. Scheinpflug)
409. Zur neueren Entwicklung der Braunkohlenverkokung, Neue Hütte *7* (1962) S. 513—519 (Mit G. Bilkenroth)
410. Zur Kenntnis der Brikettiereigenschaften der Braunkohle XX. Brikettierversuche mit einer aschereichen ungarischen Weichbraunkohle, Freib. Forschgsh. A 239 (Febr. 1962) S. 5—26 (Mit E. Knopfe)
411. Zur Kenntnis der Brikettiereigenschaften der Braunkohle XXI. Untersuchungen zur Verbesserung der Wasserbeständigkeit der Briketts aus einer ungarischen Weichbraunkohle, Freib. Forschgsh. A 239 (Febr. 1962) S. 27—44 (Mit E. Knopfe)
412. Ergebnisse der im Komb. „Schwarze Pumpe" durchgeführten pneumatischen Förderversuche mit der Möllerpumpe, Freib. Forschgsh. A 243 (Juni 1962) S. 57—83 (Mit J. Schmidt und H. Marcyen)
413. Zur Kenntnis der Brikettiereigenschaften der Braunkohle — XIX. Brikettierversuche mit Braunkohle des Oberröblinger Reviers, Freib. Forschgsh. A 253 (Dez. 1962) S. 97—119 (Mit G. Richter)
414. Über die Einflüsse v. Durchsatz und Drehzahl auf Feinheit bei der Zerkleinerung von Rohbraunkohlen in Hammermühlen, Freib. Forschgsh. A 253 (Dez. 1962) S. 121—159 (Mit J. Michel)
415. Zur Kenntnis der Brikettiereigenschaften der Braunkohle — XXII. Brikettierversuche mit ungarischer Hartbraunkohle, Freib. Forschgsh. A 261 (Okt. 1962) S. 5—31 (Mit E. Knopfe)
416. Zur Kenntnis der Brikettiereigenschaften der Braunkohle — XXIII. Laboratoriumsmäßige Brikettierversuche mit technisch extrahierter Oberröblinger Braunkohle, Freib. Forschgsh. A 261 (Okt. 1962) S. 35—38
417. Zur Kenntnis der Brikettiereigenschaften der Braunkohle — XXIV. Brikettierversuche mit extrahierter und nicht extrahierter Königsauer Kohle auf der Versuchsstrangpresse, Freib. Forschgsh. A 261 (Okt. 1962) S. 59—75 (Mit D. Marvan)
418. Die Erzeugung von hochwertigem Koks aus Braunkohle, Freib. Forschgsh. A 263 (Dez. 1962) S. 51—72 (Mit A. Lissner)
419. Technologie und Chemie der Braunkohlenverwertung, Deutscher Verlag für Grundstoffindustrie, Leipzig, 1962, 624 Seiten, 8°, Mitherausgeber: H.-J. von Alberti (Für die einzelnen Abschnitte verschiedene Autoren)
420. Begriffsbestimmungen für Anlagen der thermischen Braunkohlenveredelung: Schwelung und Verkokung, 8. Beiheft der Montanwiss. Literaturberichte, Akademieverl., Berlin, 1962, 70 Seiten (Als Mitarbeiter der Arb.-gruppe „Begriffsbestimmungen" im Arbeitsausschuß „Braunkohleentgasung" der BTG)

1963

421. Problematik der Entwicklung der Braunkohlenverarbeitung unter Berücksichtigung anderer Energieträger, Festschrift ‚Leobener Bergmannstag 1962', Montanverlag Wien, 1963, S. 393—401.
422. Zum Weltstand in der mechanischen und thermischen Veredlung von Braunkohlen, Freib. Forschgsh. A 246 (April 1963) S. 161—175 (Mit G. Feist, M. Mayer und W. Rademacher)

423. Untersuchungen über die Herstellung eines Brikettiergutes der Körnung 0 bis 1 mm mit einer Windsichterhammermühle, Freib. Forschgsh. A 257 (Juni 1963) S. 47—69 (Mit B. Knauth, K. Schenke und G. Kuntzsch)
424. Kolloquium „Oberflächenfeuchte Kohle", Zusammenfassung der Erkenntnisse über oberflächenfeuchte Kohle und Kennzeichnung der offenstehenden Probleme, Freib. Forschgsh. A 290 (Juni 1963) S. 7—12
425. Eigenschaften oberflächenfeuchter Braunkohlen und Probleme d. Feststellung ihres Oberflächen-Wassergehaltes, Freib. Forschgsh. A 290 (Juni 1963) S. 31—52 (Mit S. Wagner-Beeger und A. Kubasch)
426. Die Verwendung von Braunkohlenhochtemperaturkoks, Freib. Forschgsh. A 270 (Juli 1963) S. 33—52 (Mit G. Bilkenroth)
427. Vergleichende Vergasungsversuche mit Koppers-Restkoks und BHT-Koks in der Drehrostgeneratorenanlage des Synthesewerkes Schwarzheide, Freib. Forschgsh. A 306 (Aug. 1963) S. 5—21 (Mit B. Krahl, P. Modde und D. Krause)
428. Vergasungsversuche mit Doberluger Anthrazit und BHT-Koks im Versuchsdrehrostgenerator des Instituts für technische Brennstoffverwertung, Freib. Forschgsh. A 306 (Aug. 1963) S. 23—43 (Mit P. Göhler)
429. Der derzeitige Stand der Herstellung von Braunkohlen-Hochtemperaturkoks aus feinkörnigen Briketts in der DDR Zur Tagung „Eisenerzeugung und Braunkohlen" vom 18. bis 22. IX. 1960 in Portoroź (Jugosl.) gehaltener Vortrag, veröffentlicht in dem 3-sprachigen Buche: „Simposium", Ljubljana (1963) S. 199—212 (Mit G. Bilkenroth)
430. Verbrennungs- und Vergasungslehre, 6. Lehrbrief, Bergakademie Freiberg, Fernstudium (1963) 91 Seiten (Mit R. Braune)
431. Brikettieren für Bergleute und Aufbereiter, 5. Lehrbrief, 2., erweiterte Aufl., 68 Seiten, Bergakademie Freiberg, Fernstudium (1963) (Nach Vorlesungen von Karl Kegel, mit R. Braune)

1964

432. Braunkohlenverkokung als Veredlungsweg in Braunkohlenländern, Freib. Forschgsh. A 277 (April 1964) S. 7—30
433. Untersuchungen zur Entwicklung eines zweistufigen Briketttrockners für die Braunkohlenverkokung, Freib. Forschgsh. A 277 (April 1964) S. 31—54 (Mit A. Scheinpflug)
434. Untersuchungen über die Einflüsse der Kokskohlenbeschaffenheit auf die Güte des BHT-Kokses, Freib. Forschgsh. A 277 (April 1964) S. 71—106 (Mit B. Knauth)
435. Diskussionsbeitrag zum Referat von Lesinski, Heinz, Leiter der Kohlenindustrie: „Die Entwicklung der Qualität der Braunkohlenbriketts und die Lehren des Sommers 1963", Bergbautechnik *14* (1964) 4, S. 175—176
436. Zur Kenntnis der Brikettiereigenschaften der Braunkohle XXV. Untersuchungen an einer sibirischen Braunkohle, Freib. Forschgsh. A 310 (Mai 1964) S. 5—40 (Mit E. Knopfe)
437. Zur Kenntnis der Brikettiereigenschaften der Braunkohle — XXVI. Brikettierversuche mit dem Lignit v. Kreka (Jugosl.), Freib. Forschgsh. A 310 (Mai 1964) S. 41—76 (Mit E. Knopfe)
438. Versuche an einer mit fraktionierter Kühlung arbeitenden Nagema-Kühltrommelanlage bei verschiedenen Schaltungen von Kühlung und Nachzerkleinerung, Freib. Forschgsh. A 300 (Mai 1964) S. 21—47 (Mit D. Marvan und H. Vietze)
439. Versuche zur Erprobung einer Wirbelschichteinblasevorrichtung am Röhrentrockner, Freib. Forschgsh. A 300 (Mai 1964) S. 65—92 (Mit H. Brandt als Hauptverfasser)
440. Untersuchungen von petrographisch definierten Kohleproben aus vollständigen Flözprofilen der Tagebaue Kleinleipisch und Klettwitz auf Brikettier- und Verkokungseigenschaften, Freib. Forschgsh. A 336 (Juli 1964) S. 1—93 (Mit M. Süß, G. Peetz und E. Sontag)
441. Entwicklungstendenzen bei der Herstellung von BHT-Koks und deren Einfluß auf die Schwarzmetallurgie, V. Vortragsreihe in Unterwellenborn am 13. und 14. 2. 1964, Eigenverlag d. Forschungsinst. f. Roheisenerzeugung, Unterwellenborn (1964) S. 31—41

ERICH RAMMLER

9. VII. 1901 Tirpersdorf (Vogtland) — 6. XI. 1986 Freiberg

PETER FRIEDRICH MATZEN

11. X. 1909 München — 28. XI. 1986 Leipzig

442. Vergasungsversuche mit Generatorbriketts verschiednen Gehaltes an Elektrofilterstaub, Freib. Forschgsh. A 313 (Sept. 1964) S. 71—91 (Mit R. Schmidt)
443. Untersuchungen an Naßentstaubern in Brikettfabriken, Freib. Forschgsh. A 313 (Sept. 1964) S. 93—114 (Mit K. Breitling)
444. Nachruf für Professor Spackeler, Jahrbuch der Sächs. Akademie der Wissenschaften 1960 bis 1962, Akademieverlag (1964) S. 375—376
445. Brikettieren für Bergleute und Aufbereiter, 6. Lehrbrief, 2., erw. Aufl., 104 Seiten, Bergakademie Freiberg, Fernstudium (1964) (Nach Vorlesungen von K. Kegel)
446. Verbrennungs- und Vergasungslehre, 7. Lehrbrief (Reihe abgeschlossen), Bergakademie Freiberg, Fernstudium (1964) 111 Seiten

1965

447. „Feste Brennstoffe", aus dem Buche von Witte, Hans: Handbuch der Energiewirtschaft, Bd. I, 2., stark überarb. und erweit. Auflage (1965) S. 99—225
448. Die Lagerstätte Nochten-West des Komb. Schwarze Pumpe — Probleme der Kohlenqualität, Bergbautechn. *15* (1965) 2, S. 68—78 (Mit Süß, M. als Hauptverf.)
449. „Feste, flüssige, gasförmige Brennstoffe" aus dem Buche: Ost-Rassow: Lehrbuch der chemischen Technologie, Bd. I., 27. neubearb. Aufl., Kapitel 2: Wärme- und Kälteerzeugung, Leipzig: Barth (1965) S. 75—95
450. Besprechung des Vortrages auf der Sitzung der math.-nat. Klasse der SAW vom 12. Okt. 1964 „Braunkohlenhochtemperaturkoks — Erkenntnisse und Probleme", Dt. Literaturzeitung *86* (1965) 3, Sp. 273—274
451. Aus der Entwicklungszeit der Braunkohlenhochtemperaturverkokung, Frbg. Forschgsh. A 343 (Mai 1965) S. 21—27
452. Energotechnologie und ihre Möglichkeiten, Frbg. Forschgsh. A 347 (Juli 1965) S. 7—30 (Mit G. Gruson als Hauptverfasser)
453. Zum 80. Geburtstag von Anton Lissner, Forschungen und Fortschritte *39* (1965) 8, S. 253 bis 254
454. Zur internationalen Klassifikation der Braunkohlen für statistische und technische Zwecke, Frbg. Forschgsh. A 373 (Sept. 1965) S. 41—90 (Mit A. Lissner)
455. Brikettieren für Bergleute und Aufbereiter, 7. Lehrbrief, 2., verb. Aufl. 66 S., Bergakademie Freiberg, Fernstudium (1965) (Nach Vorlesungen von Karl Kegel)
456. Versuche zur Brikettierung von Anthrazit des Vorkommens Doberlug-Kirchhain mit Bindemitteln, Frbg. Forschgsh. A 279 (Okt. 1965) S. 5—31 (Mit W. Gehrmann)
457. Zur Kenntnis der Brikettiereigenschaften der Braunkohle XXVII. Brikettierversuche mit einer Braunkohle aus dem Revier Sokolov (ČSSR), Frbg. Forschgsh. A 279 (Okt. 1965) S. 33—93 (Mit E. Knopfe, G. Feist und H. Scholle)
458. „Die Kohleaufbereitung, die Brikettierung und die Thermische Kohleveredlung" aus dem Buche: Bergakademie Freiberg. Festschrift zu ihrer Zweihundertjahrfeier am 13. Nov. 1965, Leipzig: Dt. Verl. für Grundstoffindustrie (1965) Bd I, S. 204—207 (Mit E. Knopfe)
459. „Institut für Brikettierung" aus dem Buche: Bergakademie Freiberg. Festschrift zu ihrer Zweihundertjahrfeier am 13. Nov. 1965, Leipzig: Dt. Verl. für Grundstoffindustrie (1965) Bd II, S. 162—173 (Mit E. Knopfe)
460. „Institut für Technische Brennstoffverwertung" aus dem Buche: Bergakademie Freiberg. Festschrift zu ihrer Zweihundertjahrfeier am 13. Nov. 1965; Leipzig, Dt. Verl. für Grundstoffindustrie (1965) Bd II, S. 175—187 (Mit H.-J. von Alberti)
461. Ascheprobleme bei der Vergasung unter besonderer Berücksichtigung der Druckvergasung, Frbg. Forschgsh. A 338 (Dez. 1965) S. 7—15 (Mit A. Lissner, R. Schmidt und R. Birthler)
462. Befunde beim Leerfahren eines durch Ascheverfestigung zum Erliegen gekommenen Druckgasgenerators, Frbg. Forschgsh. A 338 (Dez. 1965) S. 29—45 (Mit R. Schmidt und G. Klepel als Hauptverfasser)

463. Variation der Aschezusammensetzung der Braunkohlenflöze des Tagebaues Böhlen und Aussagekraft der Analysen im Hinblick auf das Ascheverhalten bei der Druckvergasung, Frbg. Forschgsh. A 338 (Dez. 1965) S. 83–104 (Mit R. Tannenberger, A. Lissner, S. Leischner, R. Birthler und G. Herbst)

464. Ursachen von Ascheverfestigungen in Druckvergasern und ihre Bekämpfung im Betrieb, Frbg. Forschgsh. A 338 (Dez. 1965) S. 105–114 (Mit A. Lissner, R. Schmidt und R. Birthler)

465. Untersuchungen über die technisch-wirtschaftlichen Kennziffern der Brikettfabrik Großzössen II, Frbg. Forschgsh. A 369 (Dez. 1965) S. 37–54 (Mit R. Scherer, E. Kraft, E. Knopfe, D. Marvan, J. Wilsdorf u. a.)

466. Ponaščan'e pepela prigasifikaciji pod pritiskom mrkich ugl'eva (Das Ascheverhalten bei der Druckvergasung von Braunkohlen) aus: Met'unarodni simpozijum o gasifikaciji i chemiji lignita (Internationales Symposium für Gaserzeugung und Chemie der Braunkohle, Beograd vom 16.–18. 9. 1963), Beograd: Naučno delo 1965, S. 83–86 (Mit A. Lissner)

1966

467. Die Kohlenveredlung in Braunkohlenländern im Rahmen der Entwicklungstendenzen der Energiewirtschaft, Frbg. Forschgsh. A 364 (März 1966) S. 5–30

468. Zur Kenntnis der Brikettiereigenschaften der Braunkohle XXVIII. Brikettierversuche mit im Fleissner-Verfahren vorbehandelter Braunkohle aus dem Kolubara-Revier (Jugoslawien), Frbg. Forschungsh. A 364 (März 1966) S. 31–65 (Mit E. Knopfe und H. Scholle)

469. Untersuchungen zur Frage der Herstellung und Verwendung von Kalk-Koks-Briketts in der Kalziumkarbidindustrie, Frbg. Forschgsh. A 364 (März 1966) S. 67–91 (Mit M. Kohl)

470. Die freundschaftlichen Beziehungen zwischen der Sowjetunion und Deutschland – dargestellt am Beispiel der Kohleindustrie, Deutsche Akademie der Wissenschaften zu Berlin, Vorträge und Schriften, H. 100, Berlin: Akademie-Verl. (1966) 15 S.

471. Begriffsbestimmungen für Braunkohlenbrikettfabriken, Bergbautechnik *16* (1966) 5, S. 242 bis 244 (Mit P. Hauk)

472. TGL 100-6028 Gruppe 212, Blatt 1: Begriffe für Braunkohlenbrikettfabriken, Arten und Betriebsabschnitte, Blatt 3: Begriffe für Braunkohlenbrikettfabriken, Betriebsabschnitt Trocknung

473. Zur Theorie der Druckvergasung von Braunkohlenteer durch partielle Oxydation (Vortrag auf d. internat. Symposium über Probleme der Druckvergasung in Prag, 6.–8. Juni 1966), Bergbautechnik *16* (1966) 7, S. 376–383 (Mit P. Göhler)

474. dasselbe in Tschechisch: K teorii tlakového zplyňování hnědouhelného dehtu parciální oxidací, Paliva *46* (1966) 7–8, S. 290–296 (Mit P. Göhler)

475. Untersuchungen an der Kühlsichteranlage der Brikettfabrik Großzössen II, Frbg. Forschgsh. A 398 (1966) S. 111–131 (Mit K. Hölzer und K. Löblich)

476. Untersuchungen an der Wirbelstromkühlanlage der Brikettfabrik Lobstädt, Frbg. Forschungsh. A 398 (1966) S. 155–178 (Mit D. Syhre)

477. Brikettierung und thermische Veredlung der Braunkohle. aus dem Buche: „20 Jahre Braunkohlenbergbau in der Deutschen Demokratischen Republik." 1946–1966. Festschrift zum 20jähr. Bestehen des volkseigenen Braunkohlenbergbaus der DDR und zum 10jähr. Bestehen des DBI, Freiberg, Leipzig: Deutscher Verlag für Grundstoffindustrie 1966, S. 120–139 (Mit Georg Bilkenroth)

478. Laboratoriumsuntersuchungen über die Brikettierbarkeit von Brikettabrieb, Bergbautechnik *16* (1966) 10, S. 501–504 (Mit Dieter Kambach)

479. Wiederverpressung von Schwelbrikettabrieb im VEB Kombinat „Otto Grotewohl", Böhlen, und ihr Einfluß auf die Schwelstandfestigkeit der Briketts, Bergbautechnik *16* (1966) 10, S. 504–506 (Mit Franz Bittner und Wieland Schütter)

480. Versuche zur Mischverpressung von Brikettabrieb auf der Versuchsstrangpresse und das Vergasungsverhalten der Briketts, Bergbautechnik *16* (1966) 10, S. 506–509 (Mit Dietmar Trommer und Ulf Richter)

481. Untersuchungen zur Wiederverpressung von Brikettabrieb in der Brikettfabrik West des Kombinates „Schwarze Pumpe“, Bergbautechnik *16* (1966) 10, S. 510–513 (Mit Dietmar Trommer und Arnd Kubasch)

482. Untersuchungen an Kreislaufschaltungen für die Rohkohleaufbereitung, Teil I, Bergbautechnik *16* (1966) 10, S. 513–519 (Mit Albrecht Bahr)

483. Untersuchungen über die spezifische Wärme und ihre Beziehungen zu Analysendaten, Frbg. Forschgsh. A 385 (1966) S. 5–38 (Mit Reinhardt Schmidt)

484. Versuche zur bindemittellosen Hochdruckbrikettierung einer afghanischen Steinkohle, Frbg. Forschgsh. A 385 (1966) S. 91–109 (Mit Erich Knopfe)

485. Über die Einflüsse auf den Schwelwasseranfall bei der Spülgasschwelung, Frbg. Forschgsh. A 385 (1966) S. 111–131 (Mit Erhard Klose)

486. Die Zukunft der festen Brennstoffe, Bergbautechnik *16* (1966) 12, S. 621–624 (Mit Kurt Hofmann)

487. Neue Erkenntnisse und Entwicklungstendenzen der Brikettierung in der Deutschen Demokratischen Republik (gekürzt), Bergbautechnik *16* (1966) 12, S. 644–647

488. dasselbe: Tagungsheft des Vortrages, gehalten anläßl. des 10jähr. Bestehens des DBI, Freiberg: DBI 1966. 26 S. + 8 Bild.

489. Zum Stand und zur künftigen Entwicklung der Braunkohlenbrikettierung, Frbg. Forschgsh. A 393 (1966) S. 193–212

490. Die Braunkohle in der Energiewirtschaft der Deutschen Demokratischen Republik, Vortrag, gehalten auf dem 1. Panhellenischen Kongreß der Zivilingenieure. Athen vom 22.–30. Januar 1966, Texnika Xponika (1966) 2, S. 144–150

1967

491. Petrographische, brikettier- und schweltechnische Untersuchungen an Braunkohlen-Lithotypen der Lagerstätte Schleenhain bei Borna, Frbg. Forschgsh. A 399 (1967) S. 5–122 (Mit Erich Knopfe, Manfred Süß und Erika Sontag)

492. Eigenschaften der Schwelerzeugnisse in Abhängigkeit von der Feinheit des Brikettiergutes der Schwelbriketts und von der Querschnittsbelastung des Spülgas-Schwelofens, Frbg. Forschgsh. A 399 (1967) S. 123–171 (Mit Karl Heide und Manfred Hahn, unter Mitwirkg. von Erich Kaltofen und Karl Jacob)

493. Beitrag zur Bestimmung der Dichte und Porosität von Braunkohlenkoksen, Frbg. Forschungsh. A 422 (1967) S. 49–58 (Mit W.-D. Müller, F. Stöffgen u. K. Fleischer)

494. Festigkeitsverhalten von Braunkohlenkoksen bei Temperaturen bis 1000°C, Frbg. Forschungsh. A 422 (1967) S. 35–48 (Mit H.-B. Flachsbart u. K. Jakob)

495. Sulfitablauge als Bindemittel für die Brikettierung, aus dem Buche: Melms, F./K. Schwenzon: „Verwertungsgebiete für Sulfitablauge“, Leipzig: Dt. Verl. für Grundstoffindustrie (1967). S. 167–192 (Mit E. Knopfe als Erstverfasser)

496. Die freundschaftlichen deutsch-sowjetischen Beziehungen seit 1922 bis zur Gegenwart – dargestellt am Beispiel der Entwicklung der Kohleindustrie, Bergbautechnik *17* (1967) 10, S. 507–513

497. Die freundschaftlichen Beziehungen zwischen der Sowjetunion und Deutschland – dargestellt am Beispiel der Entwicklung der Kohleindustrie, aus dem Buche: „Oktoberrevolution und Wissenschaft“, Berlin: Akademie-Verlag (1967), S. 343–354

498. Stand und Problematik des Einsatzes von BHT-Koks, Neueste Technik auf den Gebieten der Roheisenerzeugung und -verarbeitung. VIII. Vortragsreihe. Unterwellenborn 1967. Teil 1, S. 118–126 (Mit K. Heide und T. Wuntschoff)

499. Freundschaftliche Zusammenarbeit in der Forschung, Allunions-wissenschaftl.-technische Zeitschrift „Erdöl und Gas“, Baku (1967) 11, S. 143–146

500. Diskussionsbeitrag zur gemeinsamen Konferenz des Inst. für Gesellschaftswissenschaften beim ZK der SED und des Präsidiums der DAW zu Berlin zu Ehren des 50. Jahrestages der

Großen Soz. Okt.-Revolution vom 25.—26. Okt. 1967, Beilage zu: „Spektrum" *13* (1967) 11/12, S. 9—10

501a. Zur Ermittlung der Briketterzeugung von Strangpressen, Bergbautechnik *17* (1967) 12, S. 668—671 (Mit K. Schenke)

501b. ... Die uns in vielen Gebieten Lehrmeisterin geworden. Freie Presse v. 3. Nov. 1967, Beilage „Heute für Morgen", S. 2

1968

502. Klassifikation der Braunkohlen der Mitgliedsländer des Rates für gegenseitige Wirtschaftshilfe, Bergbautechnik 18 (1968) 1, S. 32—38 (Mit K. Hafner als Erstverfasser)
503. TGL 100-6028, Gruppe 212, Blatt 2: Begriffe für Braunkohlenbrikettfabriken. Betriebsabschnitt Rohkohlenaufbereitung. (Erarbeitet unter der Leitung von E. Rammler)
504. Traditionen und Prognosen der Zusammenarbeit der Montanwissenschaften, aus dem Buche: „Mit der Sowjetunion Sieger der Geschichte". Bilanz und Ausblick. Berlin: Dietz-Verl. 1968. S. 142—145
505. Von der Kokerei Lauchhammer zur Kokerei Mitte des Kombinates Schwarze Pumpe, Frbg. Forschgsh. A 417 (1968) S. 11—22 (Mit G. Bilkenroth als Erstverfasser)
506. Stand und Problematik des Einsatzes von BHT-Koks, Neue Hütte *13* (1968) 5, S. 265—268 (Mit K. Heide u. T. Wuntschoff)
507. Dankesworte von Prof. Dr.-Ing. Dr.-Ing. eh. E. Rammler, gehalten auf dem anläßl. der Vollendung seines 65. Geburtstages veranstalteten 12. Brikettiertechnischen Koll., Frbg. Forschgsh. A 423 (1968) S. 15—16
508. Über die physikalisch-chemischen Eigenschaften und die Brikettierfähigkeit der Weichbraunkohle des Kosovo-Feldes (SFR Jugoslawien), Frbg. Forschgsh. A 434 (1968) S. 7—32 (Mit Erich Knopfe)
509. Über die Abhängigkeit des Kühleffektes einer Gleitblechkühlanlage von der Belastung, Frbg. Forschgsh. A 434 (1968) S. 33—52 (Mit D. Syhre)
510. Zur Struktur des BHT-Koks-Einsatzes, Frbg. Forschgsh. A 434 (1968) S. 53—69 (Mit K. Heide und T. Wuntschoff)
511. Zum Einfluß der Schütthöhe des Brennstoffbettes bei der Schwachgaserzeugung aus Braunkohlenbriketts, Frbg. Forschgsh. A 434 (1968) S. 71—87 (Mit U. Richter)
512. Die Dampf-Luft-Gemischtemperatur und das Dampf-Luft-Verhältnis bei der Schwachgaserzeugung, Frbg. Forschgsh. A 434 (1968) S. 89—100 (Mit W. Michel als Erstverfasser)
513. Staubverluste von Innen- u. Pressenentstaubungen in Brikettfabriken, Bergbautechnik *18* (1968) 7, S. 368—373 (Mit P. Felchner als Erstverfasser)
514. Kleintechnische Versuche für die Entwicklung und Erprobung eines neuen Verfahrens zur Kühlung von Schlotstaub in Braunkohlenbrikettfabriken, Bergbautechnik *18* (1968) 7, S. 373—380 (Mit A. Bahr, unter Mitarbeit von K. Löblich)
515. Systematische Untersuchungen über die Ursachen von Brikettfehlern, Frbg. Forschungsh. A 453 (1968) S. 47—74 (Mit G. Brandt als Erstverfasser)
516. Beiträge zum Entgasungsverlauf von Braunkohlenbriketts, Frbg. Forschungsh. A 453 (1968) S. 91—120 (Mit H.-J. v. Alberti und W. Fischer)
517. Schrumpfverhalten von Braunkohlen-Feinstkornbriketts bei der Verkokung bis 1000 °C, Frbg. Forschungsh. A 453 (1968) S. 121—145 (Mit W. Fischer, unter Mitwirkung von G. Hänseroth)
518. Siebtechnische Messungen an einem Resonanzschwingsieb des VEB Zemag, Zeitz, Bergbautechnik *18* (1968) 12, S. 648—653 (Mit W. Naundorf)
519. Aufgaben der Begriffsstandardisierung in der Braunkohlenindustrie, Mitteilungen der Zentralstelle für Standardisierung Kohle, in: Informationsdienst Energiewirtschaft „Feste Brennstoffe" (1968) H. 9/10, S. 53—55 Hrsg.: DBI Freiberg (Mit P. Hauk)
520. Geleitwort zu dem Buche von: Döring, R., F. Gubatz u. M. Gebauer: „Psychrometrische Tabellen", Leipzig: Dt. Verl. f. Grundstoffindustrie (1968) 301 S.

1969

521. Modellversuche über die Ausbildung von Wirbelschichten mit Niederlausitzer Braunkohle als Beispiel für ein Wirbelgut sehr unterschiedlicher Kornformen, Bergbautechnik *19* (1969) 2, S. 103—108 (Mit P. Göhler u. E. Klose)
522. Mathematische Darstellung der Zusammenhänge zwischen Mahlfeinheit, Durchsatz und Umfangsgeschwindigkeit bei Hammermühlen, Frbg. Forschungsh. A 461 (1969) S. 7—20 (Mit W. Naundorf)
523. Untersuchungen über Brikettier-, Schwel- und Verkokungseigenschaften von südindischer Braunkohle, Frbg. Forschungsh. A 461 (1969) S. 21—62 (Mit E. Knopfe)
524. Die Bedeutung der Exergie für die Kohleveredlung, dargestellt am Beispiel der Spülgasschwelung, Frbg. Forschungsh. A 461 (1969) S. 63—81 (Mit W. Heschel als Erstverfasser)
525. Beiträge zur Pyrolyse von Weichbraunkohle als Schwel- und Kokskohle, Frbg. Forschungsh. A 463 (1969) S. 7—35 (Mit H.-J. v. Alberti und W. Fischer)
526. Die Zusammenarbeit zwischen der sowjetischen und deutschen Kohleindustrie in den Jahren 1945 bis 1953, Frbg. Forschungsh. D 60 (1969) S. 25—36 (Mit K. Hofmann, W. Rademacher u. G. Feist)
527. Brikettieren für Bergleute und Aufbereiter, 8. Lehrbrief, 2., erw. Aufl., Bergakademie Freiberg, Weiterbildung (1969) 78 S.
528. Brikettieren für Bergleute und Aufbereiter, 9. Lehrbrief, 2., erw. Aufl., Bergakademie Freiberg, Weiterbildung (1969) 116 S.
529. Kohlenrohstoff und Veredlung — Beziehungen zwischen Braunkohlenveredlung und Braunkohlenpetrologie, Frbg. Forschungsh. C 235 (1969) S. 7—16 (Mit M. Süß)
530. Grobmahlversuche an einer Prallhammermühle Bergbautechnik *19* (1969) 10, S. 540—547 (Mit H. Krug u. W. Naundorf)
531. Durchlässigkeitsmessungen an Braunkohlenbriketts und daraus entstandenen Koksstücken, Frbg. Forschungsh. A 467 (1969) S. 7—23 (Mit W. Werner als Erstverfasser)
532. Untersuchungen an Kreislaufschaltungen für die Rohkohleaufbereitung, Teil II, Bergbautechnik *19* (1969) 12, S. 649—656 (Mit A. Bahr)

1970

533. Beitrag zur Kennzeichnung der Haftfähigkeit oberflächenfeuchter Braunkohle, Bergbautechnik *20* (1970) 2, S. 93—99 (Mit D. Trommer)
534. Über die Theorien der Braunkohlenbrikettentstehung unter besonderer Würdigung der Verdienste des Akademie-Mitgliedes Karl Kegel, Berlin: Akademie-Verl. 1970, 38 S. (Sitzungsberichte der SAW zu Leipzig, Mathemat.-naturwiss. Klasse, Bd. 109, H. 1.)
535. Beiträge zur Charakteristik von Stachelwalzenbrechern, Bergbautechnik *20* (1970) 6, S. 312 bis 317 (Mit W. Naundorf)
536. Beitrag zur Untersuchung von Siebmaschinen mit zwei oder drei Siebstraßen, Frbg. Forschungsh. A 469 (1970) S. 7—34 (Mit W. Naundorf)
537. Betrachtungen und Untersuchungen über die Belüftungsverhältnisse beim Röhrentrockner, Frbg. Forschungsh. A 469 (1970) S. 35—65 (Mit E. Klose u. I. Kirsten)
538. Vergleich zweier Technologien für Fein- und Feinstkornbrikettierung (an Hand von Brikettierversuchen mit einer österreichischen Braunkohle), Frbg. Forschungsh. A 469 (1970) S. 67—98 (Mit E. Knopfe)
539. Beiträge über das Verhalten von Schwefel und Asche bei der Pyrolyse von Braunkohlen, Frbg. Forschungsh. A 477 (1970) S. 7—30 (Mit W. Fischer u. E. Kaltofen)
540. Zur Anwendung des Reduktionsverhältnisses der Korngröße nach Burstlein auf RRS- und GGS-Korngrößenverteilungen, Bergakademie *22* (1970) 11, S. 690—698
541. Geleitwort zu dem Buche von: Johannes Bahr: „Instandhaltung dargestellt an Beispielen des Bergbaus", Leipzig: Dt. Verl. f. Grundstoffind. 1970. 410 S.

542. TGL 100-6028 Blatt 5 (April 1970) Begriffe für Braunkohlenbrikettfabriken, Betriebsabschnitt Pressung (als Vorsitzender der Arbeitsgruppe „Begriffsbestimmung“)

543. TGL 100-6028 Blatt 6 (Dezember 1970) Begriffe für Braunkohlenbrikettfabriken, Betriebsabschnitt Brikettbehandlung und Verladung (als Vorsitzender der Arbeitsgruppe „Begriffsbestimmung“)

1971

544. Mahlversuche an Prallhammermühlen verschiedener Größe, Frbg. Forschungsh. A 491 (1971) S. 7–36 (Mit W. Naundorf)

545. Über die Zusammenhänge zwischen Schüttungskenngrößen und Oberflächenwassergehalt von Schüttgut (am Beispiel oberflächenfeuchter Braunkohle), Frbg. Forschungsh. A 491 (1971) S. 37–56 (Mit D. Trommer)

546. Untersuchungen über das Brikettierverhalten von Weichbraunkohle aus dem Revier Kostolac (Jugoslawien), Frbg. Forschungsh. A 491 (1971) S. 93–120 (Mit E. Knopfe, K. Budde u. P. Dittmann)

547. Zur Staubmitführung in den Brüden von Röhrentrocknern und ihre Abhängigkeit vom Unterdruck am Trocknerende, Neue Bergbautechnik *1* (1971) 5, S. 368–374

548. Beitrag zur Analyse des Brikettierungsprozesses mit Hilfe von Regressionsgleichungen, Teil 1: Begründung des allgemeinen Ansatzes für die Regressionsanalyse, Neue Bergbautechnik *1* (1971) 5, S. 374–380 (Mit H. Krug u. W. Naundorf)

549. Über eine salzhaltige Braunkohle der Volksrepublik Polen, Abhandlungen der SAW zu Leipzig, Math.-naturwiss. Klasse, Bd. 51, H. 1 Berlin: Akademie-Verl. (1971) S. 9–42 (Mit A. Lissner, M. Süss, E. Knopfe u. L. Gläser)

550. Versuche zur Verbrennung von salzhaltiger Braunkohle in einer Halbgasfeuerung mit Rauchgasrückführung, Abhandlungen der SAW zu Leipzig, Math.-naturwiss. Klasse, Bd. 51, H. 1 Berlin: Akademie-Verl. (1971) S. 43–57 (Mit A. Lissner, R. Schmidt, W. Göbel, Ch. Scholl u. K.-H. Pissoke)

551. Untersuchungen an einer schwefelreichen jugoslawischen Kohle (Raša-Kohle), insbesondere hinsichtlich der Brikettierbarkeit, Abhandlungen der SAW zu Leipzig, Math.-naturwiss. Klasse, Bd. 51, H. 1 Berlin: Akademie-Verl. (1971) S. 59–75 (Mit A. Lissner u. E. Knopfe)

552. Über rumänische Braunkohlen, ihre Gewinnung und Verwertung, Abhandlungen der SAW zu Leipzig, Math.-naturwiss. Klasse. Bd. 51. H. 1 Berlin: Akademie-Verl. (1971) S. 77–101 (Mit W. Arnold u. G. Bilkenroth)

553. Eigenschaften und Klassifikation von Hartbraunkohlen aus der VDR Korea, Abhandlungen der SAW zu Leipzig, Math.-naturwiss. Klasse, Bd. 51, H. 1. Berlin: Akademie-Verl. (1971) S. 103–128 (Mit Kim Kyong Bong)

554. Herausgabe der Gedenkschrift für Prof. Dr. techn. habil. Anton Lissner, „Beiträge zur Chemie und Technologie der Brennstoffe“, Abhandlungen der SAW zu Leipzig, Math.-naturwiss. Klasse, Bd. 51, H. 1. Berlin: Akademie-Verl. (1971), 146 S.

555. Beitrag zur Methodik der Plastizitätsmessung von Weichbraunkohlen in Abhängigkeit von der Preßtemperatur, Frbg. Forschungsh. A 501 (1971) S. 85–99 (Mit H. Skadow)

556. Ansprache im Auftrage des Präsidenten der Deutschen Akademie der Wissenschaften zu Berlin, Herrn Prof. Dr. Klare, Bericht über das 10. Ländertreffen des Internationalen Büros für Gebirgsmechanik, Rahmenthema: Wissenschaftliche Entwicklung der Gebirgsmechanik in den letzten 10 Jahren. – Leipzig, d. 27.–31. Oktober 1968. Berlin: Akademie-Verl. (1970), S. 13–14

557. Versuchsergebnisse und Berechnungsmöglichkeiten für die Kühlung staubförmiger Güter in Wirbelschichtkühlrinnen mit eingebauten Kühlrohren, Chemische Technik *23* (1971) 4/5, S. 225–231 (Mit A. Bahr u. G. Grabbert)

558. Beitrag zur Analyse des Brikettierprozesses mit Hilfe von Regressionsgleichungen, Teil 2: Diskussion der berechneten Regressionspolynome, Neue Bergbautechnik *1* (1971) 6, S. 454 bis 460 (Mit H. Krug u. W. Naundorf)

559. Nomogramm für die Kenngröße „Füllungsgrad" bei Röhrentrocknern, Neue Bergbautechnik *1* (1971) 7, S. 524—528 (Mit M. Weber)

560. Über den Einfluß der Temperatur auf die Sorptionsisothermen von Braunkohle, Frbg. Forschungsh. A 478 (1971) S. 7—45 (Mit J. Wilsdorf, Unter Mitwirkg. von K. Jähnig, W. Michaelis u. U. Rausch)

561. Zum Einfluß verschiedener Arten der thermischen Vorbehandlung von Braunkohle auf Wasserbeständigkeit und Festigkeit der Briketts. Dargestellt am Beispiel der Maritza-Ostfeld-Kohle (VR Bulgarien), Frbg. Forschungsh. A 478 (1971) S. 89—130 (Mit B. Wassilewa-Popowa)

562. Zur Ermittlung der spezifischen Oberfläche von Korngrößenverteilungen, T. 1: Allgemein anwendbare Verfahren, Verfahrenstechnik 5 (1971) 12, S. 483—491 (Mit A. Bahr)

1972

563. Korngrößenverteilungen, Teil 1: Vergleich von Korngrößenverteilungen, Chemische Techn. *24* (1972) 6, S. 345—351 (Mit A. Bahr)

564. Unser gemeinsames Wirken brachte mir Erfüllung in meiner wissenschaftlichen Arbeit und war und ist mir innerstes Bedürfnis, Die Hochschulstadt *15* (1972) 11, S. 3

565. Ein Beitrag zur Formkokserzeugung aus einem Gemisch von Steinkohle, Röstgut aus sulfidischem Erz und Sulfitablauge, Frbg. Forschungsh. A 508 (1972) S. 45—73

566. Zur Ermittlung der spezifischen Oberfläche von Korngrößenverteilungen, Teil 2: Rechnerische Verfahren für spezielle Korngrößenverteilungen, Verfahrenstechnik 6 (1972) 9, S. 312 bis 320 (Mit A. Bahr)

567. Zur mathematischen Erfassung der Abhängigkeit der Druckfestigkeit von Braunkohlenbriketts von der Brikettdicke, Frbg. Forschungsh. A 518 (1972) S. 91—106

568. Zur Entwicklung von Begriffen und Kenngrößen bei Untersuchungen an Trocknerrohren als Modelltrockner und über ihre Übertragbarkeit auf Röhrentrockner der Praxis, Frbg. Forschungsh. A 518 (1972) S. 45—72 (Mit W. Weber)

569. Über Verdichtungs- und Dehnungskenngrößen bei der bindemittellosen Brikettierung und ihre Zusammenhänge, Frbg. Forschungsh. A 518 (1972) S. 73—90 (Mit H. Skadow)

570. Korngrößenverteilungen, Teil 2: Vergleich von Körnungsnetzen, Chemische Technik *24* (1972) 12, S. 738—744 (Mit A. Bahr)

571. Beitrag zur Modellierung und Optimierung der Trockenbraunkohlenabsiebung durch Siebkettenförderer, Teil 1: Modellierung mittels Regressionsgleichungen, Neue Bergbautechnik *2* (1972) 12, S. 921—928 (Mit H. Krug u. W. Naundorf)

572. Anton Lissner, aus: Jahrbuch 1969—1970 der Sächsischen Akademie der Wissenschaften zu Leipzig, Berlin: Akademie-Verlag 1972, S. 247—256

1973

573. Beitrag zur Modellierung und Optimierung der Trockenbraunkohlenabsiebung durch Siebkettenförderer, Teil 2: Durchführung von Optimierungsrechnungen mit linearen Nebenbedingungen, Neue Bergbautechnik *3* (1973) 1, S. 36—40 (Mit H. Krug u. W. Naundorf)

574. Zur Zerkleinerungscharakteristik von Schlagkreuzmühlen, Frbg. Forschungsh. A 512 (1973) S. 5—25 (Mit P. Modde)

575. Charakteristiken einer Schlagplattenmühle mit Austragsieb, Frbg. Forschungsh. A 512 (1973) S. 27—46

576. Zum Strukturvergleich und zur Berechnung der Korngrößenverteilungsdichte verschiedener Verteilungsarten, Frbg. Forschungsh. A 512 (1973) S. 47—69 (Mit A. Bahr)

577. Über die Nebenparameter wichtiger Korngrößenverteilungen und ihre Zusammenhänge mit den Verteilungshauptparametern, Frbg. Forschungsh. A 512 (1973) S. 71—112 (Mit A. Bahr)

578. Zum 75. Geburtstag Georg Bilkenroths, Neue Bergbautechn. *3* (1973) 3, S. 247—248 (Mit K.-H. Höfer)

579. Begriffe für Braunkohlenbrikettfabriken — Vereinheitlichung und Überarbeitung der Standards 100-6028/01 bis 100-6028/07, Mitteilungsblatt der Zentralstelle für Standardisierung

Kohle 14 (1973), 5, Teil E, insges. 143 S. (E. Rammler als Vorsitzender e. aus 12 Sachverständigen bestehenden Arbeitsgruppe)

580. Über die Anwendungen von Regressionsrechnungen zur Auswertung von Körnungsanalysen, Frbg. Forschungsh. A 515 (1973) S. 7—17 (Mit A. Bahr)

581. Über die Abhängigkeit der hygroskopischen Eigenschaften des Entgasungsrückstandes von Braunkohlen von der Behandlungstemperatur, Frbg. Forschungsh. A 515 (1973) S. 19—43, (Mit H. Flachsbart u. H. Skadow)

582. Über die Art der Abhängigkeit der Brikettfestigkeit vom Wassergehalt des Preßgutes und ihre Beziehung zur Brikettiertheorie, Frbg. Forschungsh. A 515 (1973) S. 45—73 (Mit W. Michel)

583. Über die mathematische Abhängigkeit der Brikettfestigkeit vom Preßgut bei der bindemittellosen Brikettierung, Frbg. Forschungsh. A 515 (1973) S. 75—89 (Mit M. Weber)

584. Prof. Dr.-Ing. Dr. rer. oec. E. h. Georg Bilkenroth zum 75. Geburtstag, Energietechnik *23* (1973) 5, S. 233—234 (Mit K.-H. Höfer)

585. Zur Entwicklung der Darstellung von Korngrößenverteilungen, speziell nach der Formel von Rosin, Rammler, Sperling und Bennett, Harold-Heywood Memorial Symposium, 17.—18. 9. 1973, Loughborough, University of Technology, — Preprint — 23 S., 12 S. Lit.-ang.

586. Zur Anwendung der logistischen Funktion in der mechanischen und thermischen Verfahrenstechnik, Frbg. Forschungsh. A 524 (1973) S. 5—38

587. Untersuchung einer Kreislaufschaltung mit Vor- und Nachsiebmaschine für die Rohkohlenaufbereitung, Frbg. Forschungsh. A 524 (1973) S. 39—60 (Mit A. Bahr)

588. Über die mathematische Abhängigkeit der Brikettfestigkeit vom Preßdruck bei der bindemittellosen Brikettierung, Teil II, Frbg. Forschungsh. A 524 (1973) S. 61—88 (Mit M. Weber)

589. Über die Einflußfaktoren für den ausfallseitigen Unterdruck bei Röhrentrocknern und ihre gegenseitige Beeinflussung, Neue Bergbautechn. *3* (1973) S. 698—704 (Mit M. Weber)

590. Zur Ermittlung der spezifischen Oberfläche von Korngrößenverteilungen, Teil III: Graphische Verfahren der Oberflächenbestimmung für spezielle Korngrößenverteilungen, Verfahrenstechnik 7 (1973) 9, S. 273—279 (Mit A. Bahr)

1974

591. Einige Betrachtungen über Erdgas, Sitzungsberichte der Sächs. Akademie d. Wissenschaften zu Leipzig, Math.-naturwiss. Klasse, Bd. 110, H. 5, Berlin: Akademie-Verl. 1974, 43 S.

592. Über die Abhängigkeit des Abscheidegrades von Fliehkraftabscheidern von der Art der Korngrößenverteilung des Staubes, aus: „Fortschritte der Entstaubungstechnik", S. 19—42 (Broschürenreihe Technik und Umweltschutz, Bd. 6.) Leipzig: Dt. Verl. f. Grundstoffindustrie 1974 (Mit W. Naundorf u. H. Krug)

593. Über die Veränderung der Feinheit von Stäuben verschiedener Korngrößenverteilungsarten beim Abscheidevorgang in Fliehkraftabscheidern aus: „Fortschritte der Entstaubungstechnik", S. 43—64 (Broschürenreihe Technik und Umweltschutz, Bd. 6.) Leipzig: Dt. Verl. f. Grundstoffindustrie 1974 (Mit W. Naundorf u. H. Krug)

594. Über die Zweckmäßigkeit des Einsatzes von Wirbelschichteinblasevorrichtungen an Röhrentrocknern von Braunkohlenbrikettfabriken, Neue Bergbautechnik *4* (1974) 11, S. 859—863 (Mit H. Brandt)

1975

595. Sicherheitstechnische Aspekte des leistungsintensiven Betriebs von Röhrentrocknern, Neue Bergbautechnik *5* (1975) 1, S. 40—48 (Mit M. Weber u. H. Krug)

596. Zur Zerkleinerung halmartiger landwirtschaftlicher Produkte, Agrartechnik *25* (1975) 7, S. 342—345 (Mit H. Krug u. W. Naundorf)

597. Auswertung der Belastungscharakteristik von Fliehkraftabscheidern mittels Regressionsrechnung, Neue Bergbautechnik *5* (1975) 8, S. 638—642 (Mit W. Naundorf)

598. Stand der Verwendung und Veredlung von Weichbraunkohle in der DDR, Veröffentl. in den Materialien der UNESCO (Mit H. Krug u. E. Klose)

599. Zum Ehrenkolloquium für Oberstleutnant a. D. Prof. sc. M. I. Osernoj, Ehrensenator der Bergakademie, Die Hochschulstadt *18* (1975) 12, S. 2

600. Wirtschaftspatent 86 791 der DDR „Vorrichtung zur Füllung von Dampfröhrentrocknern für Braunkohle nach dem Wirbelschichtverfahren", in Kraft getreten: 20. 12. 71, Ausgabetag: 20. 09. 75 (Mit H. Brandt, A. Ickrath u. A. Seidel)

601. Fachbereichstandard TGL 31 280 Gruppe 131 241 Dezember 1974 Braunkohlenbrikettfabriken, Sinnbilder für Operationen und Technische Einrichtungen, Verbindlich ab 1. 7. 75 (als Vorsitzender der Arbeitsgruppe „Begriffsbestimmung")

1976

602. Über die Bedeutung des Verhältnisses von Brikettdruckfestigkeit und Preßdruck bei der Verpressung von Braunkohlen verschiedenster Brikettierfähigkeit, Neue Bergbautechnik *6* (1976) 2, S. 145—149 (Mit D. Trommer)

603. Karl Kegels und seiner Schule Verdienste um die Entwicklung der Wissenschaft und Technologie der Braunkohlenbrikettierung, Frbg. Forschungsh. A 555 (1976) S. 49—84

604. Karl Kegels Lehrveranstaltungen, Frbg. Forschungsh. A 555 (1976) S. 91—98 (Mit W. Schellhas)

605. Verzeichnis der Veröffentlichungen Karl Kegels, Frbg. Forschungsh. A 555 (1976) S. 99—109

606. Nachwort, Frbg. Forschungsh. A 555 1976) S. 111—112 (Mit E. Wächtler)

607. Zu Prof. Kegels 100. Geburtstag am 19. Mai 1976, Neue Bergbautechnik *6* (1976) 4, S. 277 bis 280 (Mit H. Härtig)

608. Gedenkkolloquium für Nationalpreisträger Prof. Dr.-Ing. eh. Karl Kegel, Ordentliches Mitglied d. Akad. d. Wissenschaften zu Berlin u. d. Sächs. Akad. d. Wissenschaften zu Leipzig, anläßl. der 100. Wiederkehr seines Geburtstages, Die Hochschulstadt *19* (1976) 13, S. 2 (Mit E. Wächtler)

609. RRSB-Verteilung und Weibull-Verteilung , Neue Bergbautechnik *6* (1976) 4, S. 284—286

610. Zum Weltstand der Verwendung fossiler Brennstoffe, Neue Bergbautechnik *6* (1976) 10, S. 763—773

611. Bewertung der Einflußgrößen der bindemittellosen Brikettierung von Weichbraunkohlen, Neue Bergbautechnik *6* (1976) 12, S. 922—926 (Mit H. Krug, W. Naundorf u. D. Trommer)

612. Die Berechnung der Produktionskapazität von Braunkohlenbrikettfabriken, Neue Bergbautechnik *6* (1976) 12, S. 927—928 (Mit P. Dietrich, P. Dittmann u. P. Hauk)

1977

613. Zur mathematischen Erfassung der linearen Expansion von bindemittellos gepreßten Briketts in Abhängigkeit vom Preßdruck, Neue Bergbautechnik *7* (1977) 1, S. 71—74 (Mit H. Skadow)

614. Untersuchungen über das Verhalten eines Röhrentrockners als Regelstrecke, Frbg. Forschungsh. A 567 (1977) S. 45—72 (Mit H. Brandt)

615. Über die Abhängigkeit des Kompressionsverhältnisses vom Preßdruck bei der bindemittellosen Brikettierung, Frbg. Forschungsh. A 567 (1977) S. 73—80 (Mit H. Skadow)

616. Beiträge zum Vergleich von Korngrößenverteilungen, Frbg. Forschungsh. A 567 (1977) S. 107—153 (Mit A. Bahr)

617. Zwei Jahrzehnte Entwicklung des Einsatzes der Energieträger Kohle und Erdöl im Weltmaßstab, Sitzungsberichte der SAW zu Leipzig, Math.-naturwiss. Klasse, Bd. 112, H. 6, Berlin: Akademie-Verl. 1977, 29 S.

618. Probleme der qualitativen Übertragbarkeit von Ergebnissen der Laborbrikettierung auf die Formkanalstempelpresse, Neue Bergbautechnik *7* (1977) 5, S. 369—374 (Mit H. Krug, W. Naundorf u. D. Trommer)

619. Einfluß der Brikettierparameter auf die Qualität der Braunkohlenbriketts, Frbg. Forschungsh. A 574 (1977) 184 S. (Mit H. Krug, W. Naundorf, M. Süß u. D. Trommer)

1978

620. Aus der Projektierungs- und der ersten Betriebszeit der Kokerei Lauchhammer, Energietechnik *28* (1978) 1, S. 26–30 (Mit G. Bilkenroth)
621. Zur Tropfengrößenverteilung bei der Zerstäubung von Flüssigkeiten, Frbg. Forschungsh. A 590 (1978) S. 95–109 (Mit A. Bahr)
622. Zusammenhänge zwischen spezifischer Verdampfung und dem spezifischen Wärmebedarf beim Trocknungsprozeß, Neue Bergbautechnik *8* (1978) 7, S. 396–400 (Mit M. Weber u. V. Würzner)

1980

623. Einige Kapitel aus den ersten 30 Jahren der Braunkohlenbrikettierung unter besonderer Berücksichtigung des Pressenbaus. Teil 1: Über die von 1858–1888 errichteten Braunkohlenbrikettfabriken, Frbg. Forschungsh. D 125 (1980), S. 19–77 (Mit F. Böhme u. G. Krumbiegel)
624. Fachwörterbuch Braunkohlenbrikettierung, Autorenkollektiv unter der Leitung von E. Rammler, Hrsg. vom Inst. für Braunkohlenbergbau Großräschen, 1. Aufl. April 1980, 72 S.

1981

625. Hallesche Pioniere der Braunkohlenbrikettierung, Frbg. Forschungsh. D 132 (1981), S. 5–76 (mit Fr. Böhme u. G. Krumbiegel)

1982

626. Einführende Worte zum Ehrenkolloquium anläßl. des 100. Geburtstages von Prof. Dr.-Ing. O. Fritzsche, in: Hervorragende Angehörige und Freunde der Bergakademie Freiberg, Bd. 2: Otto Emil Fritzsche, S. 7–9 Hrsg. von der Bergakademie Freiberg, 1982
627. Nachruf für Georg Bilkenroth, Neue Bergbautechn. *12* (1982) 9, S. 490 bis 491
628. Einige Kapitel aus den ersten 30 Jahren der Braunkohlenbrikettierung unter bes. Berücksichtigung des Pressenbaus, Teil 2: Über den Einsatz des Maschinenbaus bei der Entwicklung der Braunkohlenbrikettierung, Frbg. Forschungsh. D 147 (1982), S. 7–46 (mit Fr. Böhme, G. Krumbiegel u. E. Wächtler)

1983

629. Die Entwicklung der Braunkohlenbrikettierung in der Zeit von 1889–1918, Frbg. Forschungsh. D 153 (1983), S. 61–124 (mit E. Wächtler unter Mitwirkung von Fr. Böhme)

1984

630. Zum Prozeß der Konzentration und Zentralisation des Kapitals und der Produktion in der Braunkohlenbrikettierung — zur Rolle der „Großgesellschaften" der Braunkohlenindustrie in diesem Industriezweig bis 1921, Frbg. Forschungsh. D 163 (1984), S. 6–52 (mit E. Wächtler)

1985

631. Über den Einfluß der kapillaren Bindung des Wassers auf den spezifischen Wärmebedarf der Trocknung von Braunkohle, Neue Bergbautechn. *15* (1985) 3, S. 102–110 (mit M. Weber)
632. Zur Entwicklung der Braunkohlenbrikettierung in der Zeit der Weimarer Republik (1918 bis 1932), Frbg. Forschungsh. D 169 (1985), S. 7–79 (mit E. Wächtler)

Peter Friedrich Matzen

11. 10. 1909—28. 11. 1986

Am 28. 11. 1986 verstarb kurz nach Vollendung seines 79. Lebensjahres nach langer schwerer Krankheit einer der führenden Orthopäden der DDR, das langjährige Mitglied der Sächsischen Akademie der Wissenschaften, Prof. Dr. Peter Friedrich Matzen, emeritierter Direktor der Klinik für Orthopädie am Bereich Medizin der Karl-Marx-Universität. Peter Friedrich Matzen wurde am 11. 10. 1909 als Sohn eines praktischen Arztes in München geboren. Nach bestandener Reifeprüfung am humanistischen Theresien-Gymnasium in München studierte er Medizin in Berlin, Greifswald, Königsberg und München und erhielt 1933 dort die Approbation als Arzt. Im gleichen Jahr promovierte er mit der Arbeit „Die Brauchbarkeit der Read'schen Formel zur Grundumsatzbestimmung" zum Dr. med. Es folgte zunächst eine militärmedizinische Ausbildung mit längerer Hospitation an verschiedenen Kliniken der Charité. Während des 2. Weltkrieges lernte P. F. Matzen als Chef einer Sanitätskompanie, später als Divisionsarzt die Schrecken des Krieges kennen. Nach seiner 4. Verwundung erfolgte die Kommandierung an die Chirurgische Universitätsklinik in Halle. Hier erhielt Matzen nun eine gründliche Ausbildung an der damals noch nicht selbständigen Orthopädischen Abteilung der Klinik. Er erwarb 1947 die Facharztqualifikation für Chirurgie und 1950 für Orthopädie. Bereits 1951 habilitierte er mit einer Arbeit „Läßt sich der physiologische Ablauf der Knochenbruchheilung beschleunigen?". Im gleichen Jahr wurde er zum Oberarzt und zum Leiter der Orthopädischen Abteilung der Chirurgischen Klinik ernannt. Im Herbst 1951 wurde nach Berufung von F. *Loeffler* auf den Lehrstuhl für Orthopädie der Charité aus mehreren Einrichtungen die Orthopädische Klinik der Martin-Luther-Universität gegründet und Matzen mit deren kommissarischer Leitung beauftragt. 1953 erfolgte die Ernennung zum Professor mit Lehrauftrag und zum Direktor dieser Klinik. Gleichzeitig übernahm er die Körperbehindertenfürsorge im Bezirk Halle und leistete hier eine umfangreiche Aufbauarbeit. Nach seiner Berufung als Direktor der Orthopädischen Universitätsklinik in Leipzig begann ein unermüdliches Aufbauwerk in der noch von Kriegsschäden gezeichneten Klinik, in der Organisation und Betreuung Körperbehinderter und in der Reorganisation der Klinik zu einer führenden Lehr- und Forschungsstelle im Lande. Beharrlichkeit und Pflichttreue, Einsatzbereitschaft und Wahrhaftigkeit des Lehrers prägten viele seiner Mitarbeiter und ließen Matzen oft zu einem unbequemen, stets aber aufrechten und für das Wohl der Sache eintretenden Verfechter der Interessen seines Fachgebietes und seiner Patienten werden.

Die von ihm bzw. unter seiner Leitung bearbeiteten Forschungsthemen umfassen das gesamte Fachgebiet der Orthopädie. Die wesentlichsten Gebiete bilden die Behandlung der Skoliose, Fragen der Kallusbildung, die Entstehung von Pseudoarthrosen sowie die operative Behandlung der Trichterbrust. Zahlreiche Bücher und Buchbeiträge machten Matzen weit über die Landesgrenzen hinaus bekannt.

Peter Friedrich Matzen wurden zahlreiche Ehrungen und Anerkennungen zuteil, von denen nur einige erwähnt seien: 1956 Verdienter Arzt des Volkes; 1955 Aufnahme in die Deutsche Akademie der Naturforscher Leopoldina, ab 1967 Sekretar der Medizinischen Abteilung; 1959 Mitglied der Sächsischen Akademie der Wissenschaften zu Leipzig; 1980 Verleihung der Cotheniusmedaille; 1963 Fellow des International College of Surgeons sowie Ehrenmitglied zahlreicher inländischer und ausländischer Gesellschaften; 1974 Erich-Lexer-Preis der Deutschen Gesellschaft für Chirurgie; 1973 Priorev-Medaille der Sowjetischen Allunionsgesellschaft für Orthopädie.

Eine heimtückische Erkrankung setzte der auch nach der Emeritierung ungebrochenen Schaffenskraft ein rasches Ende. Tapfer ertrug der rastlose Geist die körperliche Behinderung der letzten Jahre, die ihm auch eine Teilnahme an den Sitzungen unserer Akademie verwehrte. Die Sächsische Akademie schätzt sich glücklich, daß sie Peter Friedrich Matzen zu den Ihren zählen durfte und wird das Andenken an den erfolgreichen Arzt und Hochschullehrer stets bewahren.

Albrecht Gläser

Remus Răduleţ

3. 5. 1904—6. 2. 1984

Am 6. 2. 1984 verstarb im 80. Lebensjahr Professor Dr.-Ing. Remus Răduleţ, emeritierter Professor am Polytechnischen Institut in Bukarest, Vizepräsident der Rumänischen Akademie der Wissenschaften und Direktor des Instituts für Energetik der Rumänischen Akademie der Wissenschaften.

Remus Răduleţ wurde am 3. Mai 1904 als drittes von vier Kindern in Hendorf (heute Bradeni) im Gebiet Fagaraşi am Fuße des gleichnamigen Gebirges als Sohn eines Lehrers geboren. Nach Abschluß der Grundschule in seinem Heimatdorf begann er im Jahre des Ausbruchs des 1. Weltkrieges seine Oberschulausbildung, die er mit einem hervorragenden Abitur in Braşov abschloß. Anschließend studierte er am Polytechnikum in Timişoara und wurde nach seinem Studium wissenschaftlicher Assistent am gleichen Institut.

Im Jahre 1927 erhielt er ein Stipendium in der Schweiz und promovierte mit einer Arbeit über eisenlose Induktionsöfen an der Eidgenössischen Technischen Hochschule in Zürich.

Er hatte das Glück, an Ort und Stelle die stürmische Atmosphäre der frühen 30er Jahre mitzuerleben, als sich die Quantenphysik herausbildete. Er nahm aktiv an Vorlesungen und Seminaren von Wolfgang *Pauli* jr., *Plancherel*, *Scherer* und *Einstein* teil.

Den Erinnerungen von Professor Răduleţ zufolge war seine Begegnung mit Einstein recht ungewöhnlich. Während er einen Vortrag in *Paulis* Seminar hielt, kam *Einstein* herein und hörte sich den Vortrag interessiert bis zum Ende an, da er das Seminar nicht unterbrechen wollte. Dann fragte er *Pauli* „Ein Physikstudent, nicht wahr?" „Nein" erwiderte *Pauli*, „das ist ein rumänischer Ingenieur, der auf dem Gebiet der Elektrotechnik promoviert." „Schade" antwortete *Einstein*.

Nach seiner Rückkehr nach Rumänien wirkte er in der Lehre an verschiedenen Hochschulen, zunächst in Timişoara. Nach dem Ende des 2. Weltkrieges lehrte Professor Răduleţ in den Fächern Elektromagnetismus und Spezielle Relativitätstheorie an der Bukarester Universität. Danach erhielt er den Lehrstuhl für Physik und Elektrotechnik am Eisenbahn-Institut und schließlich (1951) den Lehrstuhl für Elektrotechnik am Polytechnischen Institut in Bukarest, den er bis zu seiner Emeritierung (1974) innehatte. Auch danach setzte er seine Lehrtätigkeit als Honorarprofessor fort. Aus seiner Schule gingen viele bedeutende Nachwuchskräfte mit hervorragenden theoretischen Kenntnissen hervor.

1955 wurde er korrespondierendes Mitglied, 1963 ordentliches Mitglied der Rumänischen Akademie der Wissenschaften, war von 1963 bis 1965 Präsident der Sektion Technikwissenschaften und von 1965 bis 1974 Vizepräsident dieser Akademie. Er war Mitglied der „Academie du Monde Latin" in Paris und der „New York Academy of Sciences"

Mehr als 20 Jahre war er auswärtiges Mitglied unserer Akademie.

Seine wissenschaftlichen Arbeiten liegen auf den Gebieten der Theoretischen Elektrotechnik, insbesondere des elektromagnetischen Feldes, der Wanderwellen auf elektrischen Leitungen, der Schweißtechnik, Induktionsöfen, Induktionsbremsen und der elektrischen Maschinen. Die mehr als 200 wissenschaftlichen Veröffentlichungen zeichnen sich einerseits durch ein hohes theoretisches Niveau aus, sind andererseits stets auf die Nutzung in der technischen Praxis gerichtet. Als bahnbrechend sind besonders seine Arbeiten über die Wirbelströme und den Skineffekt in Zusammenhang mit dem Entwurf und Betrieb von Induktionsöfen zu nennen.

Bedeutende Projekte Rumäniens und Südosteuropas, wie die komplexe Behandlung des Schiffahrts- und Wasserkraftsystems am Eisernen Tor sind mit seinem Namen verknüpft.

Hervorzuheben sind seine Arbeiten an Nachschlagewerken, so am Rumänischen Technischen Lexikon, dessen erste Auflage sieben Bände umfaßte und von dem die zweite Auflage mit 19 Bänden 1968 vollendet wurde. Unter seiner Leitung arbeiteten mehr als 400 Spezialisten fast 20 Jahre lang an der Vollendung dieses Werkes, das in den bedeutendsten Bibliotheken der Welt seinen Platz gefunden hat.

In die gleiche Richtung geht seine Tätigkeit in der Internationalen Elektrotechnischen Kommission in Genf (CEI), deren Vizepräsident und Präsident er war. Im Jahre 1970 wurde er zum Vorsitzenden der Studienkommission Nr. 1 (Terminologie) gewählt.

Mit dem Tode von Prof. Răduleţ am 6. 2. 1984 verlor nicht nur die Wissenschaft Rumäniens einen hervorragenden Gelehrten auf dem Gebiet der Elektrotechnik, sondern darüber hinaus einen Wissenschaftler, der weit über die Grenzen seines Heimatlandes hinaus durch seine internationale Tätigkeit Anerkennung und Wertschätzung gefunden hat.

Die Sächsische Akademie der Wissenschaften wird dem Forscher und Menschen Remus Răduleţ ein ehrendes Andenken bewahren.

Eugen-Georg Woschni

Miroslav Karšulin

4. 4. 1904—12. 2. 1984

Im 81. Lebensjahr verstarb der bedeutendste jugoslawische Forscher auf den Gebieten Photochemie und Elektrochemie, Professor Dr. Miroslav Karšulin, auswärtiges Mitglied seit 9. 11. 1974.

Er wuchs in der k.u.k.Donaumonarchie auf, studierte an der Technischen Hochschule in Wien und wechselte später zur Technischen Fakultät der Universität in Zagreb, wo seine Laufbahn begann und er sein ganzes Leben verbrachte. Während der höheren Semester fesselte ihn die anorganische Photochemie mit der Diplomarbeit „Über photochemische Reaktionen in Gegenwart von Chromatsalzen“ (1928). Trotz seiner Tätigkeit als wissenschaftlicher Assistent am Pharmakologischen Institut der Medizinischen Fakultät blieb er dieser Richtung treu und promovierte 1932 mit Untersuchungen über den „Becquerel Effekt“ an belichteten CuO-Elektroden, angeregt durch I. *Plotnikov*, der als sein Lehrer in der Photochemie fungierte. Nach weiterer Assistententätigkeit am Institut für allgemeine und anorganische Chemie habilitierte er sich 1940 mit einer Arbeit aus dem Bereich der physikalischen Chemie mit dem Thema „Über periodische elektrochemische Reaktionen“, die zu dieser Zeit breites Interesse fanden, nicht zuletzt im Institut für Physikalische und Elektrochemie in Dresden unter Leitung von Professor K. *Schwabe*. Diese Phänomene haben ihn mehr als 30 Jahre danach noch beschäftigt. Ab 1941 Dozent, ab 1945 ao. Professor, hatte er seit 1952 das Ordinariat für physikalische Chemie an der Technischen Fakultät der Universität Zagreb inne. Im gleichen Jahr erfolgte seine Wahl zum ordentlichen Mitglied der Jugoslawischen Akademie der Wissenschaften in Zagreb, deren Generalsekretär er zwischen 1961 bis 1972 war. Seit 1971 war er auch korrespondierendes Mitglied der Makedonischen Akademie der Wissenschaften. Er gehörte einer Reihe bedeutender nationaler und internationaler wissenschaftlicher Gesellschaften an: Kroatische Chemi sche Gesellschaft, Serbische Chemische Gesellschaft, Faraday Society, Internationale Gesellschaft der Elektrochemiker (seit 1953 Sekretär für Jugoslawien), Präsident des Vereines der Ingenieure und Techniker für Materialschutz, SFRJ, Generalsekretär des Internationalen Komitees zur Erforschung der Bauxite, Aluminium Hydroxide und Oxide, Deutsche Keramische Gesellschaft, Verein der Ingenieure und Techniker Jugoslawiens.

1950 wurde er für seine Arbeiten mit dem höchsten jugoslawischen Staatspreis für Chemie sowie mit weiteren Anerkennungen und staatlichen Orden ausgezeichnet.

M. Karšulins Leistungen auf dem Gebiet der physikalischen Chemie sind über die Grenzen seines Landes hinaus anerkannt. Die in den dreißiger Jahren begonnenen umfangreichen Untersuchungen zu den photogalvanischen Erscheinungen an belichteten CuO-Elektroden verfolgte er bis zur Aufklärung der früher beschriebenen Erscheinungen, die er auf dem ISE-Meeting 1971 in Dubrownik unter dem Titel "On the Photoeffect of Electrochemically Polarized Cu–CuO–Cu_2O Electrodes" vorstellte.

Daneben konzentrierte sich Miroslav Karšulin sehr zeitig auf die durch chemische Einwirkung hervorgerufenen Veränderungen von Metallen. Seine 1934—36 publizierten Versuche über periodische Potentialschwankungen des Eisens in Chrom-Schwefelsäure-Lösungen können auch als anorganische Nervenleitungsmodelle betrachtet werden. Sie eröffnen darüber hinaus die Reihe der Untersuchungen zur Korrosion und ihrer Inhibierung. Davon seien nur die wichtigsten genannt: 1938 und 1939 Versuche über die periodischen Potentialschwingungen des Zinns in CrO_3-HCL-Lösungen; 1952 über die Korrosion des Bleis in der Erdölindustrie; 1954 über den Mechanismus der Bodenkorrosion der Metalle; 1959 über die Korrosion des Kesselsystems einer Thermozentrale sowie über den Korrosionsschutz bei Stahlkonstruktionen 1971.

Zu erwähnen sind drittens Karšulins Forschungsarbeiten zur Chemie der Silikate. Ausgerüstet mit hervorragenden Kenntnissen des physikalischen Chemikers, studierte er — um nur einige Mineralien zu nennen — 1954 den Basenaustausch und die Entwässerung (Hochtemperaturverhalten) hydratisierter Alumo-Silikate in den Bauxiten, Bentoniten, Kaoliniten, Montmoriloniten und des Halloysits. Dabei analysierte er 1961 das neue Mineral „Tucanit" ($2\,Al_2(OH)_6 \cdot H_2O$). 1955 interessierte ihn die Zusammensetzung und Technologie von neolithischer Keramik in der Grabac-Höhle auf der Insel Hvar.

So spannt sich der Bogen seines Forscherlebens von Grundlagenuntersuchungen bis hin zur Praxis der Silikatindustrie.

Karšulins zahlreiche Schüler führen sein Werk fort und haben wesentlichen Anteil am Aufbau der bekannten Forschungszentren seines Landes.

Hermann Berg

Kurt Kramer

16. 6. 1906—23. 3. 1985

Am 23. März 1985 verstarb das auswärtige Mitglied der mathematisch-naturwissenschaftlichen Klasse der Sächsischen Akademie der Wissenschaften Professor Dr. med. Kurt Kramer.

Der in Münster geborene Wissenschaftler absolvierte sein Medizinstudium in Berlin, Zürich und Freiburg, wo er mit einer Arbeit über die elektrischen Potentiale der Magenschleimhaut promovierte. Damit ließ er bereits sein Interesse an der experimentellen Forschung in der Physiologie erkennen, jenem Fachgebiet, das er durch sein Lebenswerk entscheidend bereichern sollte. Nach Abschluß seines Studiums arbeitete Kramer als Assistent folgerichtig am Physiologischen Institut in Göttingen. Hier wurde er durch Hermann *Rein* in die Grundlagen der physiologischen Denkweisen und Untersuchungstechniken eingeführt. Er selbst entwickelte neue photoelektrische Methoden zur fortlaufenden Messung des Sauerstofftransports im Blut von uneröffneten Gefäßen und erreichte erstmalig eine zeitgerechte Zuordnung von Muskelfunktion und Energieumsatz.

Es folgten Assistentenjahre bei Klothilde *Gollwitzer-Meier* am Institut für experimentelle Pathologie und Balneologie in Bad Oeynhausen und bei Johann Daniel *Achelis* am Physiologischen Institut der Universität Heidelberg. Kramer hat sich seinen großen Lehrmeistern immer verbunden gefühlt und die wissenschaftliche Atmosphäre seiner Lehrstätten als richtungsweisend für seine eigenen Vorstellungen von physiologischer Forschung angesehen.

Bereits mit 34 Jahren wurde er in Heidelberg zum Dozenten ernannt und 1940 als außerordentlicher Professor nach Berlin berufen. Schon vier Jahre später erreichte ihn der Ruf auf das Ordinariat für Physiologie an der Leipziger Universität.

In den Nachkriegsjahren arbeitete Kurt Kramer zunächst in US-amerikanischen Laboratorien, bevor er 1950 durch seine Berufung auf den Lehrstuhl für Physiologie in Marburg nach Deutschland zurückkehrte. Es folgte 1955 der Ruf nach Göttingen, wo er zehn Jahre verbrachte. In diesen fruchtbringenden Jahren scharte er eine junge Wissenschaftlergeneration um sich. Die Arbeiten seines Arbeitskreises über Kreislaufregulationen, Nierenfunktion und die vegetative Steuerung der Herz- und Atmungstätigkeit brachten ihm internationale Anerkennung ein. Den Höhepunkt seines Wirkens erreichte er 1965 mit der Berufung an die Ludwig-Maximilian-Universität München, wo er das Direktorat des Physiologischen Instituts bis zu seiner Emeritierung im Jahre 1974 innehatte.

In München beschäftigte sich Kramer mit Problemen der Muskelfunktionen, des Lymphsystems und der Regulation von Körperflüssigkeiten. Sein wissenschaftliches Werk umfaßt über 100 Originalarbeiten. Besonders hervorzuheben ist die Gründung einer 17-bändigen Lehrbuchreihe, die zu den Standardwerken seines Fachgebietes gezählt wird. Auch als Herausgeber wissenschaftlicher Zeitschriften, wie des traditionsreichen Pflügerschen Archivs und der Münchner Medizinischen Wochenschrift, erwarb er sich bleibende Verdienste.

Die Ausstrahlungskraft Kurt Kramers auf seine Mitarbeiter und Schüler wird durch die Berufung von 9 Wissenschaftlern seiner Schule auf Ordinariate der Bundesrepublik Deutschland und Österreich eindeutig belegt. Es ist verständlich, daß ein Hochschullehrer seines Ranges auch auf seine Studenten großen Einfluß ausübte, zumal er stets den persönlichen Kontakt in der Lehre suchte und fand.

Äußere Zeichen der internationalen Wertschätzung konnten nicht ausbleiben. Bereits 1944 war Kramer in die Sächsische Akademie der Wissenschaften gewählt worden. Später folgten die Wahl in die Deutsche Akademie der Naturforscher Leopoldina und die Göttinger Akademie der Wissenschaften. Die Medizinische Fakultät Lüttich verlieh ihm den Prix Franquis. Den Zenit seiner Tätigkeit erreichte er sicher mit der Wahl zum Präsidenten des XXV. Kongresses der International Union of Physiological Sciences, der 1971 in München über 3000 Wissenschaftler zusammenführte.

Nach seiner Emeritierung widmete sich Kramer verstärkt seinen musischen und philologischen Neigungen. So befaßte er sich mit den Zusammenhängen zwischen Literatur und Musik am Beispiel von Wolfgang Amadeus Mozart. Seine ungebrochene Vitalität erlaubte es ihm, die wissenschaftlichen Erkenntnisse seines Lebens mit persönlichen Neigungen in glücklicher Weise zu verbinden.

Die Sächsische Akademie der Wissenschaften zu Leipzig wird das Andenken des Gelehrten stets in Ehren halten.

Werner Ries

Innokentij Petrovič Gerasimov

9. 12. 1905—30. 3. 1985

Nach kurzer, schwerer Krankheit verstarb am 30. März 1985 in Moskau Innokentij Petrovič Gerasimov kurz nach Vollendung seines 80. Lebensjahres. Mit ihm verlor die Geographie und die Bodenkunde einen ihrer hervorragendsten und international hoch angesehenen Vertreter, der seit 1971 auswärtiges Mitglied der mathematisch-naturwissenschaftlichen Klasse der Sächsischen Akademie der Wissenschaften und der Akademie der Wissenschaften der DDR war, weiterhin ordentliches Mitglied der Akademie der Landwirtschaftswissenschaften der DDR, der Deutschen Akademie der Naturforscher Leopoldina, der Akademie der Wissenschaften der UdSSR (seit 1946) sowie zahlreicher anderer Akademien und wissenschaftlicher Gesellschaften, darunter Ehremitglied der Internationalen Geographischen Union.

I. P. Gerasimov hat eine ganze Periode der Geographie und der Bodenkunde in der Sowjetunion geprägt und auf nahezu allen Gebieten der Physiogeographie und in der Bodenkunde und Bodengeographie außerordentliche Leistungen vollbracht. Ihm sind dafür hohe Anerkennungen zuteil geworden, wie zweimal der Leninorden, der Staatspreis der UdSSR, der Dimitroff-Preis Bulgariens, die Pržewalski-Medaille, die Goldene Dokučaev-Medaille und andere.

Schon als Student der Geographischen Fakultät der Leningrader Universität, die er mit 16 Jahren bezog, begann er auf Expeditionen in die asiatischen Teile der Sowjetunion jene umfangreichen Erfahrungen zu sammeln, die ihm Zeit seines Lebens ein breites Fundament seiner geowissenschaftlichen Leistungen sein konnten. Innokentij P. Gerasimov war Teilnehmer geowissenschaftlicher Expeditionen in das damalige Turkestan (1924/25), nach Ust'-Jurt, in die Wüsten Kara-Kum und Kysyl-Kum sowie in die Steppen und Wüstensteppen in der Kaspi-Niederung. Nach dem II. Weltkrieg leitete I. P. Gerasimov umfassende Forschungsexpeditionen zur Neugestaltung von Naturbedingungen im Süden des europäischen Teils der UdSSR, im Wolgagebiet, im Ural, in den kasachischen und westsibirischen Neulandgebieten sowie in den Gebirgen Zentralasiens und der Mongolischen Volksrepublik. Aber bis in sein siebentes Lebensjahrzehnt griff er neue Tätigkeitsgebiete als „Feldforscher", als Teilnehmer an großen Expeditionen auf: Die Befahrung großer Teile des Pazifischen Ozeans und anderer Meere führte ihn zu neuen geomorphologischen Studien über die Morphostruktur der Ozeanbecken auf der Grundlage neuester Erkenntnisse zur Plattentektonik der Erdkruste.

Innokentij P. Gerasimov schloß seine Ausbildung mit einer Aspirantur bei S. S. *Neustruev* im Jahre 1930 ab. Dieser führende Geograph und Bodenkundler prägte die Interessengebiete des jungen Wissenschaftlers sehr nachhaltig. Vor allem in der Geomorphologie, der Bodengeographie, der Paläogeographie sowie in der jüngeren Zeit auf dem Gebiet der

B. REMUS RĂDULEȚ

3. V. 1904 Hendorf-Bradeni — 6. II. 1984 Bukarest

MIROSLAV KARŠULIN

4. IV. 1904 Przemyśl (Polen) — 12. II. 1984 Zagreb

KURT KRAMER

16. VI. 1906 Münster — 23. III. 1985 München

INNOKENTIJ PETROVIČ GERASIMOV

9. XII. 1905 St. Kostroma — 30. III. 1985 Moskau

G. ŞERBAN ŢIŢEICA

27. III. 1908 Bukarest — 28. V. 1985 Bukarest

BOHUMIL KVASIL

14. II. 1920 Plaňany — 30. X. 1985 Prag

HAMAO UMEZAWA

1. X. 1914 Tokyo — 25. XII. 1986 Tokyo

Umweltforschung und der Naturressourcenforschung konnte I. P. Gerasimov bahnbrechende Forschungsleistungen erreichen und Anregungen für die Entwicklung ganz neuer Wissenschaftsbereiche in der Sowjetunion wie im internationalen Maßstab geben.

Eines der Hauptgebiete seiner Feldarbeiten und seiner theoretischen Verallgemeinerungen war die Bodengeographie. Nach den ausgedehnten Expeditionsarbeiten der 20er und frühen 30er Jahre war I. P. Gerasimov seit 1935 Leiter der Abteilung Geographie und Kartographie der Böden am Dokučaev-Institut für Bodenkunde der Akademie der Wissenschaften der UdSSR in Moskau. Seine enge Zusammenarbeit mit dem hervorragenden Pedologen L. I. *Prasolov* führte ihn bereits 1933 zu Vorstellungen über die bodengeographische Provinzialität und die Fazies maritim-kontinentaler Wandlungen in der Bodendecke, die zusammen mit der Lehre von den Bodenzonen seines Vorbildes V. V. *Dokučaev*, des Begründers der russisch-sowjetischen Schule in der Bodenkunde, noch heute das Grundgerüst der Lehre von der Struktur der Bodendecke in der regionischen Dimension darstellt. Dieses Thema hat I. P. Gerasimov bis in seine letzten Lebensjahre gefesselt: Die bodengeographische Rayonierung der UdSSR, die er im Auftrage des Rates für die Erforschung der Naturressourcen der UdSSR bearbeitete, die Bodenkarten im Physisch-geographischen Weltatlas, das in mehrere Sprachen übersetzte Lehrbuch „Grundlagen der Bodenkunde und der Bodengeographie (gemeinsam mit M. A. *Glazovskaya*) und schließlich die Zusammenfassung seiner Vorstellungen über „Genetische, geographische und historische Probleme der aktuellen Bodenkunde“ im Jahre 1976 weisen ihn als einen Vertreter der traditionsreichen Dokučaev'schen Bodenkunde aus, der bis zuletzt bestrebt war, neue Erkenntnisse in dieses Wissenschaftsgebäude zu integrieren. Die in seinen letzten Lebensjahren aufgegriffenen synthetischen Darstellungen über Prozesse der Bodenbildung und die Bodendynamik belegen das sehr nachdrücklich. I. P. Gerasimov nimmt deshalb einen geachteten Platz in der Reihe der großen russischen und sowjetischen Bodenkundler der vergangenen 100 Jahre ein.

Parallel zu diesem Arbeitsfeld hat I. P. Gerasimov vom Beginn seiner wissenschaftlichen Tätigkeit an sich mit geomorphologischen und paläogeographischen Problemen befaßt. Seine Doktordissertation (Habilitationsschrift) widmete er — auf der Basis umfangreicher Feldstudien — den „Grundlegenden Etappen der Entwicklung der aktuellen Oberflächengestalt des Turan“ (1937). Seine Arbeiten zur Quartärforschung erreichten einen ersten Höhepunkt mit der Monographie „Die Eiszeitperiode auf dem Gebiet der UdSSR“ (1939), gemeinsam verfaßt mit K. K. *Markov*, dem führenden Geomorphologen der Moskauer Universität und weltweit anerkannten Quartärforscher. Die Lehre von der Morphostruktur und ihre großen kontinentweiten Zusammenhänge verdanken I. P. Gerasimov bedeutende Anregungen und kühne wissenschaftliche Synthesen, die in dem Werk über „Das Relief der Erde — Morphostruktur und Morphoskulptur“ (1967) und in den geomorphologischen Karten des Physisch-geographischen Weltatlas ihren bedeutendsten Ausdruck finden.

Und ein drittes Arbeitsfeld von I. P. Gerasimov muß aus der viel weiter reichenden Fülle seiner wissenschaftlichen Interessen hervorgehoben werden: die Begründung einer auf die Anwendung in der Volkswirtschaft, vor allem in den Ingenieurwissenschaften und der Territorialentwicklung orientierten Geographie, der er die Bezeichnung „Konstruktive Geographie“ gab. Bereits seine Expeditionsarbeiten in den 30er und 40er Jahren, die der Auffindung und Nutzbarmachung von natürlichen Ressourcen in den sibirischen und mittelasiatischen Gebieten der UdSSR gewidmet waren, die Forschungen zur Umgestaltung der Naturbedingungen in der Wiederaufbauphase nach dem Kriege und die Bemühungen um die wissenschaftliche Bewältigung des Umweltproblems verdeutlichen diese über

Jahrzehnte währenden Bemühungen Gerasimovs. Als eine große Herausforderung an die Geowissenschaften bis hin zur Ökonomie der Naturressourcen sah er das gewaltige Projekt der Umleitung von Wasser in die Trockengebiete Kasachstans an, an dem er und sein Institut wesentlich beteiligt war. Besondersher vorzuheben ist ebenso die 5—6bändige Serie „Die natürlichen Bedingungen und Ressourcen der UdSSR" (1963—1973), für die I. P. Gerasimov die Grundlage gab und deren Redaktionskollegium er leitete. In den 60er Jahren schließlich gehörte I. P. Gerasimov zu den international herausragenden Geowissenschaftlern, die im Rahmen von UNEP, dem Umweltprogramm der Vereinten Nationen, den Kampf gegen die Desertifikation auf mehreren Kontinenten einleiteten. Über mehrere Wahlperioden leitete er als Präsident die Kommission für Umweltfragen der Internationalen Geographischen Union und trat auf diesem internationalen Forum unermüdlich für die Einbeziehung geographischer Erkenntnisse in die Gestaltung und den Schutz der natürlichen Umwelt ein. Die Grundgedanken seiner vielfältigen Forschungsarbeiten und der wissenschaftsorganisatorischen Bemühungen auf diesem Feld sind in dem mehrbändigen Werk „Probleme der Konstruktiven Geographie" (1975) sowie in der Monographie „Mensch, Gesellschaft und Umwelt" (1973, deutsch 1976) niedergelegt.

I. P. Gerasimov übernahm 1951 die Leitung des Geographischen Instituts der Akademie der Wissenschaften der UdSSR in Moskau, eines der größten wissenschaftlichen Zentren der Geographie. Zugleich wurde er Herausgeber der führenden sowjetischen Fachzeitschrift „Izvestija Nauk, serija geografičeskaya". Beide Aufgaben hatte er bis zu seinem Tode über mehr als 35 Jahre wahrgenommen. Er gehörte zu den führenden Wissenschaftsorganisatoren auf dem Gebiet der Geographie und der Bodenkunde, der über drei Jahrzehnte nicht nur in der Sowjetunion, sondern auch in den internationalen Vereinigungen der Geographie (IGU) der Pedologie (ISSS) und der Quartärgeologie (INQUA) neue Gedanken, neue Arbeitsrichtungen und Organisationsformen einbrachte. Damit regte er viele außerordentlich fruchtbare Kontakte zwischen den Wissenschaftlern aus aller Welt auf diesen Fachgebieten an. So war es seinem Ideenreichtum, seiner Tatkraft und seinem organisatorischen Geschick zu verdanken, wenn 1967 und 1968 zwei mehrwöchige Geländebefahrungen in der Sowjetunion von Moskau bis in die Ukraine sowie durch die VR Polen, die DDR, die ČSSR und in die Ungarische VR mit Erfolg durchgeführt werden konnten, die einem internationalen Vergleich von Forschungen zum Problemkreis „Löß — Periglazial — Paläolithikum" gewidmet waren. Darüber berichten mehrere Publikationen in den beteiligten Ländern (1972 in deutsch).

Innokentij P. Gerasimov war ein unermüdlich tätiger Wissenschaftler, den bis in das hohe Alter Spannkraft und Leistungsfähigkeit auszeichneten. Noch 1984 hielt er zum Beispiel während der Feierlichkeiten zum 125. Todestag Alexander von *Humboldts* an der Akademie der Wissenschaften der DDR einen vielbeachteten Vortrag über dessen asiatische Reisen, die in Gebiete geführt hatten, die auch für I. P. Gerasimov ein Ausgangspunkt seiner wissenschaftlichen Arbeiten gewesen waren. Das ist nur ein Bruchteil seines wissenschaftlichen Werkes, das neben zahlreichen Monographien in weit über 1000 Publikationen in Zeitschriften und Sammelbänden niedergelegt ist.

Dazu konnte I. P. Gerasimov ein überaus liebenswürdiger Gastgeber für Fachkollegen aus aller Welt sein, die sich bei ihm im Institut und in seinem Heim häufig zu Fachdiskussionen und geselligem Beisammensein trafen. Der Name Innokentij Petrovič Gerasimov ist für immer in die Geowissenschaften eingegangen. Seinem Vorbild nachzustreben und sein wissenschaftliches Vermächtnis auszuschöpfen bleibt Aufgabe seiner zahlreichen Schüler, Kollegen und Freunde.

Günter Haase

G. Şerban Ţiţeica

27. 3. 1908—28. 5. 1985

Die Sächsische Akademie der Wissenschaften zu Leipzig erreichte die Nachricht vom Ableben ihres auswärtigen Mitgliedes G. Şerban Ţiţeica.

Professor Dr. Ş. Ţiţeica wurde am 27. 3. 1908 in Bukarest geboren. Seine ersten wissenschaftlichen Arbeiten betrafen die Theorie der metallischen Leitfähigkeit insbesondere unter dem Einfluß von Magnetfeldern. Er führte sie Anfang der dreißiger Jahre in Leipzig als Assistent bei *W. Heisenberg* durch. Es gelang ihm, durch Berücksichtigung der Stöße der Leitungselektronen mit dem Gitter gute Übereinstimmung mit den experimentellen Daten zu erhalten. Seine Untersuchungen legten ihm nahe, den Ladungsträgern eine „scheinbare Masse" zuzuordnen, die etwa dem heutigen Begriff der „effektiven Masse" entspricht.

Danach wandte sich Herr Ţiţeica kernphysikalischen Problemen zu, die er in Rumänien fortsetzte. Er widmete sich vornehmlich den Korpuskularstrahlen, deren Absorption und Fluktuation er untersuchte. Seine Strahlen aus schweren Ionen betreffenden Ergebnisse waren beim Aufbau der kernphysikalischen Meßtechnik von Bedeutung. Die theoretischen Methoden bereicherte er durch wahrscheinlichkeitstheoretische Betrachtungen.

An diese Forschungen, die bis etwa 1940 dauerten, schloß er Arbeiten zur Theorie des Positrons an und begann in die immer aktueller werdende Theorie der Elementarteilchen einzudringen. Bei der Gründung (1956) des „Vereinigten Instituts für Kernforschung", Dubna, UdSSR, war Ş. Ţiţeica der Vertreter der VR Rumänien im Wissenschaftlichen Rat dieser Großforschungsstätte. Gleichzeitig wurde er zum Mitglied des Gelehrtenrates des „Laboratoriums für Theoretische Physik" des VIK gewählt. Damit begann für Ş. Ţiţeica eine Periode bedeutender wissenschaftlicher Aktivitäten, in der er sich dem Problem des Pion-Müon-Zerfalls widmete. In mehreren Arbeiten analysierte er das reiche experimentelle, am VIK, Dubna, und am CERN, Genf, gewonnene Material.

Große Verdienste erwarb sich Ş. Ţiţeica bei der Entwicklung der Wissenschaft in der VR Rumänien. Maßgebend beteiligt war er beim Aufbau der physikalischen Wissenschaften. An der Universität Bukarest hatte er einen Lehrstuhl für Theoretische Physik inne und lehrte Thermodynamik, Statistische Physik und Quantenmechanik. Die Bulgarische Akademie der Wissenschaften wählte ihn zu ihrem Mitglied. Sein internationaler wissenschaftlicher Ruf und seine enge Bindung zum VIK, Dubna, fanden ihre Würdigung in der Berufung zum Vizedirektor des „Vereinigten Instituts für Kernforschung".

In Rumänien wirkte Ş. Ţiţeica als stellvertretender Direktor des Instituts für Atomphysik und wurde später Vizepräsident der Rumänischen Akademie der Wissenschaften.

Mit G. Şerban Ţiţeica ist einer der vielseitigsten und bedeutendsten Physiker der Volksrepublik Rumänien verstorben.

Die Akademie wird ihm stets ein ehrendes Andenken bewahren.

Armin Uhlmann

Bohumil Kvasil

14. 2. 1920—30. 10. 1985

Am 30. 10. 1985 verstarb im 66. Lebensjahr Prof. Dr.-Ing. Bohumil Kvasil, Professor an der Technischen Hochschule in Prag und Präsident der Tschechoslowakischen Akademie der Wissenschaften.

Bohumil Kvasil wurde am 14. Februar 1920 in Plaňany geboren. Er studierte an der

Fakultät für Elektrotechnik und Maschineningenieurwesen der Technischen Hochschule in Prag und schloß sein Studium, das durch den 2. Weltkrieg unterbrochen wurde, 1947 ab. Anschließend war er leitender technischer Mitarbeiter des Militärtechnischen Institutes in Prag. Im Jahre 1958 wurde er als Professor an die Karls-Universität, dann an die Technische Hochschule in Prag berufen. 1962 promovierte er zum Doktor der technischen Wissenschaften. Von 1968 bis 1979 war er Rektor der Technischen Hochschule in Prag und hatte damit maßgeblichen Anteil an dem Ausbau dieser führenden Bildungseinrichtung.

Im Jahre 1962 wurde er korrespondierendes Mitglied, 1973 ordentliches Mitglied der Tschechoslowakischen Akademie der Wissenschaften.

Im Jahre 1977 wurde er zum Vizepräsidenten der Tschechoslowakischen Akademie der Wissenschaften und 1981 zum Präsidenten dieser Akademie gewählt. 1979 erhielt er die Berufung als Direktor des Physikalischen Institutes der Tschechoslowakischen Akademie der Wissenschaften. Von 1970—1981 war er Präsident der Tschechoslowakischen Gesellschaft für Wissenschaft und Technik (ČSVTS). Ferner war er Mitglied der Staatskommission für Wissenschaftlich-technische und Investitionsentwicklung und Stellvertretender Vorsitzender des Staatskomitees für die Verleihung der Klement-Gottwald-Staatspreise.

Er war Träger hoher staatlicher Auszeichnungen sowie Ehrenmitglied der Akademie der Wissenschaften der UdSSR, auswärtiges Mitglied der Akademie der Wissenschaften der DDR sowie der Bulgarischen Akademie der Wissenschaften und erhielt die Ehrendoktorwürde der Technischen Universität Dresden. Seine Zuwahl zum auswärtigen Mitglied unserer Akademie erfolgte am 8. Februar 1985. Diese Zuwahl hatte für ihn einen hohen Stellenwert, wie er in einem Dankesbrief an den Präsidenten zum Ausdruck brachte.

Bohumil Kvasil war ein national und international anerkannter Wissenschaftler auf den Gebieten der Radioelektronik, Vakuumtechnik und Hochfrequenztechnik. Er gehört zu den Begründern der UHF-Technik in der ČSSR. Bemerkenswerte Ergebnisse seiner Forschungstätigkeit liegen auf dem Gebiet der Radartechnik und der Quantenelektronik. Hier sind insbesondere maßgebliche Arbeiten zur Berechnung und zur Theorie von Antennensystemen, Wellenleitern und Hohlraumresonatoren zu nennen.

Weiterhin beschäftigte er sich mit Messungen der Leitfähigkeit von Halbleitern sowie mit der Laserordnung von Satelliten.

Professor Kvasil gehörte zu den führenden Persönlichkeiten der tschechoslowakischen Wissenschaft in der Gegenwart. Aus seiner Schule sind viele Nachwuchswissenschaftler hervorgegangen.

Er ist Verfasser einer Vielzahl wissenschaftlicher Arbeiten sowie von Monographien und Hochschullehrbüchern. Besonders hervorzuheben sind eine Monographie über ausgewählte Kapitel der Hochfrequenzelektronik und Arbeiten auf dem Gebiet der Theorie der Resonatoren und elektromagnetischen Felder, für die er mit hohen Akademie- und Staatsauszeichnungen geehrt wurde.

Eine Würdigung der Persönlichkeit von Professor Kvasil ist nicht vollständig, ohne seine Verdienste bei der Leitung der tschechoslowakischen Wissenschaft hervorzuheben. Dies bezieht sich insbesondere auf seine Leitungstätigkeit in der tschechoslowakischen Akademie der Wissenschaften sowie an der Technischen Hochschule in Prag. Dabei bemühte er sich stets um eine enge Verflechtung wissenschaftlicher Erkenntnisse mit der praktischen Nutzung.

Der Tod von Professor Kvasil hinterläßt eine Lücke, nicht nur in seinem Heimatland, sondern darüber hinaus in der wissenschaftlichen Welt. Die Sächsische Akademie der Wissenschaften wird das Andenken an ihn wachhalten.

Eugen-Georg Woschni

Hamao Umezawa

1. 10. 1914–25. 12. 1986

Nur ein Jahr konnte sich dieser so erfolgreiche Biochemiker der auswärtigen Mitgliedschaft in unserer Akademie erfreuen, dann erreichte uns die Trauerbotschaft durch seinen Sohn Kazuo aus dem Institut für Mikrobielle Chemie in Tokyo (Shinagawa-ku).

Aufgewachsen in einer Familie von Naturwissenschaftlern graduierte er 1937 an der Medizinischen Fakultät der Universität Tokyo, woran sich ein Studium der Mikrobiologie und Biochemie (Immunologie) anschloß. Als „Assistent Professor" wurde er seit 1944 mit Antibiotikaforschung betraut: Penizillin- und Streptomazinproduktion bildeten den Einstieg. 1947 übernahm er die Leitung der Antibiotikaabteilung im Nationalen Gesundheitsinstitut. Jetzt folgten die ersten Entdeckungen: 1957 das Aminoglykosid Kanamyzin, der erste Vertreter einer neuen Klasse, worauf für ihn das Institut für Mikrobielle Chemie 1962 gegründet wurde. Bis heute sind dort isoliert oder synthetisiert worden: etwa 30 Antitumorsubstanzen, 70 Antibiotika und 40 Enzyminhibitoren.

Auf der Suche nach membranaktiven Enzyminhibitoren entdeckte er die Klasse der Immunmodulatoren, darunter solche, die bei Krebserkrankungen die Immunabwehr steigern können.

Weltbekannt wurden: Kasugamyzin (gegen eine Reisinfektion), Phleomyzin, Bleomyzin, Aplasmomyzin, Bestatin, wonach eine Reihe semisynthetische Derivate hergestellt wurden. Seine Publikationen brachten dem J. of Antibiotics (Japan) steigende Anerkennung und Beachtung in Europa und Amerika. Hinzu kommen drei Bücher in Englischer Sprache über Antibiotika und Enzyminhibitoren und fünf in Japanischer.

H. Umezawa wurde damit zum Pionier auf dem Gebiet der Antitumorantibiotika. Er stellte Struktur-Aktivitätsbeziehungen auf, die Voraussagen für effektivere Strukturen ermöglichten. Insbesondere die Gruppe der Anthrazykline hat er entscheidend gefördert, zuletzt durch Isolierung von Aclacinomyzin-A, welches weniger Nebenwirkungen zeigt als das z. Z. führende Adriamyzin. Auf diesem Gebiet gab es über Jahre einen Gedankenaustausch mit Mitarbeitern der Abteilung Biophysikochemie des ZIMET Jena.

Seine Lehrtätigkeit an der Universität Tokyo beendete er 1975, war jedoch bis zuletzt an seinem Institut tätig. Gemäß seiner Devise "research is my habit" war er überaus produktiv — allein an über 800 Publikationen war er maßgeblich beteiligt — und wurde vielfach ausgezeichnet: Preise für Krebsforschung und für neue Antibiotika; der Fujiwara Preis für Pionierleistungen, der Karl-August Forster Preis der Mainzer Akademie der Wissenschaften 1977, der Paul Ehrlich Preis, die Kultur Medaille des Kaisers von Japan, der Smissman Preis der Amerikanischen Chemischen Gesellschaft. Ihm wurden die Ehrendoktorate verliehen von der Universität von Santiago de Compostella (Spanien) und von dem Königlichen Karolinska Institut, Stockholm.

Zuletzt war H. Umezawa Mitglied in folgenden Institutionen: Japanische Akademie 1969, Japanische Krebs Assoziation (Präsident 1978), Deutsche Akademie der Naturforscher Leopoldina 1973, New York Akademie der Wissenschaften 1955, Amerikanische Akademie für Kunst und Wissenschaft, Boston 1978, Königlich Schwedische Akademie Stockholm 1978, Brasilianische Gesellschaft für Krebsforschung 1969, Polnische Medizinische Vereinigung 1970, Amerikanische Chemische Gesellschaft, Internationale Chemotherapie Assoziation 1977 (Vizepräsident und Präsident), Amerikanische Gesellschaft für Mikrobiologie, Biochemische Gesellschaft Japans (Ratsmitglied), Chemische Gesellschaft

London 1963, Japanische Antibiotikaforschung Vereinigung (Präsident seit 1971), Pontifikal Akademie der Wissenschaften im Vatikan, Japanische Bakteriologische Gesellschaft (Ratsmitglied), Japanische Chemotherapie Gesellschaft (Direktor).

In vier Jahrzehnten hat Hamao Umezawa die moderne Chemotherapie entscheidend mitgeprägt und als Berater u. a. des Gesundheitsministeriums die Vormachtstellung der japanischen pharmazeutischen Industrie festigen helfen.

Hermann Berg

Joachim Müller

12. 7. 1906—7. 3. 1986

Wenige Monate vor seinem 80. Geburtstag verstarb am 7. März 1986 Professor Dr. habil. Joachim Müller, emeritierter Professor für deutsche Literatur an der Friedrich-Schiller-Universität Jena, wo er in jahrzehntelangem Wirken wesentlich zur Entwicklung der literaturwissenschaftlichen Germanistik der DDR beigetragen hat. Damit schloß sich das Leben eines leidenschaftlichen Universitätslehrers und bis in seine letzten Jahre ungemein produktiven Forschers, der — seit 1959 Mitglied der SAW — durch Vorträge und Publikationen viel zu ihrem geistigen Leben beigesteuert hat.

Joachim Müller ist am 12. Juli 1906 in Oberwiesenthal als Sohn eines Kaufmanns geboren worden. Er ging zunächst einen geradlinigen Bildungsweg, der ihn über die Volksschule auf das Staatsrealgymnasium in Annaberg führte, wo er 1926 das Abitur ablegte. Danach studierte er Germanistik und Geschichte in München, Heidelberg und Leipzig. Er beschäftigte sich auch mit Kunstgeschichte, Philosophie, Englisch und Französisch. Eine schwere Krankheit zwang ihn zu einer längeren Studienpause, aber dennoch konnte er 1930 als Schüler von Hermann August *Korff* und Theodor *Frings* mit „Vergleichenden Studien zur Menschenauffassung und Menschendarstellung Adalbert Stifters und Gottfried Kellers" promovieren. Von 1931 bis 1944 war er im Höheren Schuldienst tätig: als Studienreferendar, Studienassessor und Studienrat an der Thomasschule und an der Wirtschaftsoberschule in Leipzig. Außerdem arbeitete er als Mitherausgeber der „Zeitschrift für Deutschkunde".

Nach 1945 begann — so hat er es selbst empfunden — sein zweites, eigentliches wissenschaftliches Leben. Einer der ihm vertrautesten seiner Schüler schrieb darüber: „Der damals 39jährige wird wie viele Deutsche seiner Generation nicht nur umlernen und neu beginnen, er wird sein großes Wissen und Können, seinen Forscherehrgeiz im Rahmen und Prozeß und in der geistigen und politischen Auseinandersetzung mit der sich entwickelnden sozialistischen Gesellschaft entfalten und geltend machen." Im damaligen „Kulturbund zur demokratischen Erneuerung Deutschlands" und an den Volkshochschulen in Annaberg und Dresden fand Joachim Müller neue Arbeitsgebiete, auf denen er mit Hilfe seiner ausgebreiteten historischen Kenntnisse, seiner kulturellen Bildung und seiner pädagogischen Fähigkeiten zur demokratisch-humanistischen Neugestaltung des durch den Nationalsozialismus verwüsteten kulturellen Lebens beitrug.

1951 wurde er zum Professor mit Lehrauftrag für neuere und neueste deutsche Literatur an die Universität Jena berufen; wenig später zum Professor mit vollem Lehrauftrag ernannt, wirkte er hier — nach seiner 1953 mit einer Arbeit über „Hebbels Weltbild" erfolgten Habilitation — ab 1955 als Professor mit Lehrstuhl. 1954/55 übernahm er noch eine Gastprofessur in Halle, und über ein Jahrzehnt hielt er auch Gastvorlesungen an der Medizinischen Akademie Erfurt. Wer das Glück hatte, seine Vorlesungen und Seminare besuchen zu können, erlebte ihn als einen begeisterten Fürsprecher seines Fachs. Er war von den Gegenständen fasziniert, mit denen er sich beschäftigte, ließ — wo er nur konnte — die Dichtungen selbst zu Wort kommen und suchte bei seinen Studenten die eigene Liebe zur Literatur zu begründen, beförderte Verständnis für diffizile geistige Probleme und weckte ästhetisches Empfinden. Im Interesse seines kulturellen Bildungsanspruches verzichtete er manchmal sogar bewußt auf systematische Strenge der eigenen Darlegungen. Seine Zuhörer haben es ihm zumeist gedankt.

Die Forschungsinteressen Joachim Müllers waren weit gefächert. Ihn zeichnete eine ungemeine Belesenheit aus; und es scheint mir kein kleines Verdienst zu sein, daß er in einer Zeit, da es immer schwerer wurde, die internationale literaturwissenschaftliche Forschung auf weiteren Gebieten zu überschauen, keine Mühe gescheut hat, deren Standard zum Ausgangspunkt seiner Untersuchungen zu machen. Seine Neigung gehörte zunächst mehr dem „silbernen Zeitalter" der deutschen Literatur. Stifter, Grillparzer, Hebbel, die Droste-Hülshoff, Mörike waren bevorzugte Gegenstände seines Forschens. Es war daher schon kennzeichnend für ihn, daß er 1983 mit dem Grillparzer-Ring geehrt wurde. Sein wissenschaftliches Interesse richtete sich aber von Anfang an auch auf die deutsche Aufklärung und Klassik. Immer wieder reizten ihn Goethes Dichtungen zu neuen Untersuchungen; der „Faust" wurde ihm im Alter geradezu zum Spiegel eigener Lebensproblematik. Mehr und mehr erstreckten sich seine Forschungen auch ins 20. Jahrhundert. Er beschäftigte sich mit Rilke, Thomas Mann, dem Expressionismus und Bertolt Brecht, mit Max Frisch und Thomas Bernhard. Seine ausgeprägte Fähigkeit, literarisch-geistige Werte zu erkennen, ließen ihn auch da Bewahrenswertes finden, wo andere verständnislos blieben. Er hat sich sehr dafür eingesetzt, daß die Leistungen großer avantgardistischer Schriftsteller des 20. Jahrhunderts in der DDR anerkannt wurden.

Joachim Müller verkörperte wichtige Tugenden humanistischen Gelehrtentums: unermüdlichen Fleiß, der sich in etwa 500 wissenschaftlichen Veröffentlichungen niedergeschlagen hat, ein bis ins hohe Alter wachbleibendes Interesse für wissenschaftliche Neuerungen, Aufmerksamkeit auch für ihm fremde oder fernliegende Forschungsrichtungen, Verantwortungsgefühl für die nachfolgenden Wissenschaftlergenerationen. Als Literaturwissenschaftler hat er versucht, eine Tradition lebendig zu erhalten, die sich dem einzelnen literarischen Kunstwerk, dem dichterischen Wort, der Gedankenwelt des bedeutenden Autors verpflichtet fühlt. Er hat dabei auch viel Subjektives in seine wissenschaftlichen Produktionen eingebracht. Am Schluß eines Curriculi vitae, das er kurz vor Ende seines Lebens abfaßte, steht der ihn kennzeichnende Satz: „Der Kern seiner wissenschaftlichen Bemühungen um das literarische Kunstwerk waren die Fragen nach der Möglichkeit der Humanität und nach der Bewältigung der existentiellen Problematik, deren Tragik die große Dichtung je und je erschließt." Wer sich derart den unauflöslichen und letzten Fragen verschreibt, kann nicht allseitige und immerwährende Zustimmung erwarten. Er bekundet aber ein Ethos, das auf den ungeschminkten Ausdruck eigener Lebenserfahrung und auf soziale Wirksamkeit drängt. Viele, die mit ihm wissenschaftlich oder privat zu tun hatten, haben das respektvoll gespürt.

Hans-Georg Werner

Gertrud Schubart-Fikentscher

23. 12. 1896—24. 3. 1985

Am 24. März 1985 verstarb im 89. Lebensjahr Gertrud Schubart-Fikentscher, emeritierte odentliche Professorin für bürgerliches Recht und Rechtsgeschichte an der Martin-Luther-Universität Halle—Wittenberg, ordentliches Mitglied der Sächsischen Akademie der Wissenschaften zu Leipzig und ihrer Historischen Kommission.

Gertrud Schubart-Fikentscher wurde am 23. Dezember 1896 in Zwickau/Sa. geboren.

Sie wuchs in einer Familie auf, deren Mittelpunkt die „Fabrik" war, der erste größere Industriebetrieb Zwickaus, der im 19. Jahrhundert für Sachsen eine bedeutende Rolle spielte. Hieraus, aus der Familien-GmbH entwickelte sich ein Zusammengehörigkeitsgefühl der Großfamilie, von dem auch Gertrud Fikentscher stark geprägt war. In den Jahren von 1903 bis 1913 besuchte sie die Städtische höhere Bürgerschule in Zwickau. Danach erhielt sie noch eine Zeitlang Privatunterricht beim ehemaligen Schuldirektor. Ostern 1916 ging sie nach Berlin, um sich dort ganz der sozialen Arbeit zu widmen. Dieser überraschende, aber nicht unvorbereitete Schritt einer wohlbehüteten Neunzehnjährigen, sich auf eigene Füße zu stellen, zeigt die ihr eigene Zielstrebigkeit, die sie auch in den späteren Phasen ihres Lebens auszeichnete.

Nach einjähriger Ausbildung als Schulpflegerin im sozial-pädagogischen Seminar des Vereins Jugendheim Charlottenburg verrichtete sie acht Jahre lang praktische Arbeit in den verschiedensten Zweigen der Sozialfürsorge, so als Schulpflegerin, als Pflegerin in der Kinderfürsorge und in der Adoptionsabteilung der Jugendfürsorge. Daneben besuchte sie vom Oktober 1919 bis Juli 1921 eine der damals berühmten sozialpädagogischen Frauenschulen von Dr. Alice *Salomon*. Überhaupt kam sie in der Berliner Nachkriegszeit mit vielen Persönlichkeiten in Berührung, besonders mit führenden Repräsentantinnen der deutschen Frauenbewegung, wie mit Helene *Lange* und mit Gertrud *Bäumer*. Viele Jahre arbeitete sie in den Publikationsorganen der Frauenbewegung „Die Frau" und „Die Hilfe" mit. Am 14. Juli 1921 legte sie die staatliche Prüfung als Wohlfahrtspflegerin mit „sehr gut" ab und wurde schon ab 1. September desselben Jahres als Leiterin der Jugendgerichtshilfe Berlin-Mitte eingesetzt. Aus dieser praktischen Arbeit und aus dem Umgang mit Rechtsfragen erwuchs bei ihr der Wunsch nach einem abgeschlossenen Studium der Rechtswissenschaft, mit der sie schon als Gasthörer in einigen Fächern Berührung gefunden hatte.

Wiederum ging sie zielstrebig an die Verwirklichung dieses Planes. Im Sommer 1924 legte sie das sogenannte Kulturexamen beim Preussischen Kultusministerium ab, womit ihr eine Zulassung zum Studium ohne Reifeprüfung ermöglicht wurde und schon im Wintersemester 1924/25 nahm sie, finanziell unterstützt von Verwandten, das Studium der Rechtswissenschaft auf. Berühmte Gelehrte der deutschen Iurisprudenz waren vier Jahre lang ihre Lehrer. Danach legte sie bei dem nicht weniger berühmten Kammergericht in Berlin die Referendarprüfung ab und traf Anstalten, den Vorbereitungsdienst aufzunehmen. Doch inzwischen war ein wichtiges Ereignis in ihrem Leben eingetreten.

Am 17. Dezember 1928 schloß sie die Ehe mit Wilhelm *Schubart*, einem Papyrologen von Weltruf, der als Kustos bei den Staatlichen Museen und als Honorarprofessor an der Berliner Universität wirkte. Er hatte zwei Jahre zuvor seine Frau, eine Kusine Gertrud Fikentschers, verloren und fand in Gertrud Fikentscher eine Partnerin, mit der er zusammen noch 32 Jahre in Harmonie leben sollte. Zusätzliche Aufgaben traten nun an Gertrud Schubart heran. Sie stand aber auch vor neuen beruflichen Problemen; denn sie war nicht der Typ, der sich mit der Rolle einer Hausfrau zufrieden gab. Bedeutete es damals schon eine Seltenheit, als Frau das Studium der Rechtswissenschaft aufzunehmen und sogar erfolgreich zu beenden, so war es am Ende der zwanziger Jahre unmöglich, als verheiratete Frau in den Justizdienst zu gelangen. Sie gab daher den aussichtslosen Vorbereitungsdienst auf und widmete sich seither ganz der wissenschaftlichen Arbeit. Zunächst begleitete sie im ersten Halbjahr 1929 ihren Ehemann auf einer wissenschaftlichen Reise nach Ägypten. In den Monaten ihres Aufenthaltes, die sie sehr genossen hat, blieb sie durchaus nicht untätig. In zum Teil mühseliger Arbeit versuchte sie sich einen Einblick in das ägyptische Recht zu verschaffen. Nach Berlin zurückgekehrt, verlegte sie ihre wissenschaftliche Arbeit endgültig auf das Gebiet der deutschen Rechtsgeschichte. Angeregt durch den Berliner Rechtshistoriker Ernst *Heymann*, beschäftigte sie sich intensiv mit dem Brünner Schöffenbuch. Aus den Studien zu dieser Rechtsquelle schälte sich dann auch das Thema für ihre Dissertation heraus, die sie 1932 erfolgreich abschloß. Am 23. Juni 1933 erfolgte die Promotion zum Doktor beider Rechte an der Berliner Universität. Sie verdankte Ernst *Heymann* manchen wertvollen Rat, aber ihr akademischer Lehrer im eigentlichen Sinne, bei dem sie längere Zeit als Assitentin hätte tätig sein können, und der sie zielbewußt wissenschaftlich geführt hätte, war weder Ernst *Heymann* noch ein anderer Rechtslehrer. Dafür war ihr aber Wilhelm *Schubart* das große wissenschaftliche Vorbild, dem sie auf ihrem Fachgebiet nachzustreben bemüht war. Seine exakte Arbeitsweise kennzeichneten zunehmend auch ihre Forschungen. Da ihr als Frau in der Nazizeit die weiteren Schritte auf dem Weg zum Hochschullehrer verwehrt blieben, nahm sie 1935 gern das Angebot der Monumenta Germaniae historica an, beim Reichsinstitut für ältere deutsche Geschichtskunde als freie Mitarbeiterin für weitere Forschungen am Brünner Schöffenbuch tätig zu sein. Mit ihren Veröffentlichungen fand sie bei den deutschen Rechtshistorikern wissenschaftliche Anerkennung. Der Name Gertrud Schubart-Fikentscher, wie sie sich in der Wissenschaft nannte, wurde ein Begriff für solide Quellenarbeit. Im Jahre 1935 begründete sie ferner im Auftrag und im Zusammenhang mit der deutsch-österreichischen Arbeitsgemeinschaft und der Helene-Lange-Stiftung, deren Vorstand sie angehörte, die „Bibliographischen Mitteilungen über die Rechtsstellung der Frau“, die sie jahrelang leitete, dann aber aufgab, um größere Vorhaben in Angriff zu nehmen. Als im Jahre 1938 die Berliner Akademie der Wissenschaften eine Preisaufgabe zu dem Thema „Die Verbreitung der deutschen Stadtrechte in Osteuropa“ ausschrieb, beschloß sie spontan, sich daran zu beteiligen und nahm energisch die Arbeit auf. Nach intensiven Forschungen legte sie 1940 der Akademie eine umfangreiche Arbeit vor. Auf Grund dieser hervorragenden Leistung wurde ihr der Preis zuerkannt, was damals erhebliches Aufsehen erregte, wie aus Zeitungsberichten jener Zeit zu entnehmen ist. Aber nicht nur in der Forschung war sie engagiert tätig, sie bemühte sich auch, in der Lehre Erfahrungen zu sammeln. So gab sie ab Ostern 1941 als Dozentin an der Volkspflegeschule der Provinz Brandenburg Unterricht in Rechtskunde, was ihr sehr viel Freude bereitete. Doch als im August 1943 ihre Berliner Wohnung durch einen Fliegerangriff völlig zerstört und die reichhaltige wissenschaftliche Bibliothek vernichtet wurde, mußte sie ihre Lehrtätigkeit aufgeben und erst einmal ein neues Domizil suchen. Sie fanden es bei der Mutter in Zwickau.

Nach der Zerschlagung des Faschismus stellten sich Gertrud und Wilhelm *Schubart* sofort als wissenschaftliche Lehrkräfte der Sächsischen Landesregierung in Dresden zur Verfügung. Gertrud Schubart-Fikentscher wurde beauftragt, an der Universität Leipzig vertretungsweise Vorlesungen und Übungen im bürgerlichen Recht und in Deutscher Rechtsgeschichte abzuhalten. Nun waren endlich auch die formellen Schranken gefallen, sich als Frau auf diesen Gebieten zu habilitieren. In Anerkennung einer bereits veröffentlichten Monographie und nach Ablegung der weiteren Habilitationsleistungen konnte sie am 18. Mai 1946 das Habilitationsverfahren an der Juristenfakultät Leipzig erfolgreich abschließen. Nun begann für sie auch beruflich ein neuer Lebensabschnitt, der der Hochschullehrerin. Im August 1946 wurde sie an der Universität Leipzig zur Dozentin für Deutsche Rechtsgeschichte ernannt. Am 1. September 1948 folgte sie einem Ruf als ordentlicher Professor für Bürgerliches Recht und Deutsche Rechtsgeschichte an die Rechts- und Staatswissenschaftliche Fakultät der Martin-Luther-Universität Halle—Wittenberg. An dieser Hochschule war 1754 die erste Frau zum Doktor promoviert worden. Nun sollte sie auch die erste Universität im deutschsprachigen Raum sein, die eine Frau in ein juristisches

Ordinariat berief. Zunächst blieb Gertrud-Schubart-Fikentscher, die im November 1948 zum korrespondierenden Mitglied der Monumenta Germaniae historica berufen worden war, noch in Leipzig wohnhaft, wo auch ihr Mann lehrte. Diese Entfernung war relativ leicht zu überbrücken. Vielleicht zögerte sie mit der Übersiedelung, weil von der Sächsischen Landesregierung eine Rückberufung nach Leipzig in Erwägung gezogen wurde. Doch die zunehmenden Aufgaben an der Martin-Luther-Universität zwangen sie, nun endgültig den Wohnungswechsel nach Halle ins Auge zu fassen, was schließlich 1950 realisiert wurde.

Im Frühjahr 1950 wurde Gertrud Schubart-Fikentscher von der engeren Fakultät für die nächste Amtsperiode zum Dekan gewählt und vom Staatssekretariat bestätigt. Am 1. August 1950 nahm sie ihre Amtsgeschäfte als Dekan auf und führte sie voller Tatkraft und Verständnis in der wohl schwersten Zeit der Fakultät, während der drei Lehrstuhlinhaber emeritiert und der große Teil der verbliebenen Lehrkräfte republikflüchtig wurden. Ihre unermüdliche Einsatzbereitschaft bei dem Bemühen, den Fakultätsbetrieb auch unter den erschwerten Bedingungen aufrechtzuerhalten, fand bei den damaligen Studenten hohe Anerkennung und brachte ihr den Ehrennamen „Mutter der Fakultät" ein. Als sie ihre Amtsgeschäfte als Dekan am 1. Januar 1952 in die Hände ihres Nachfolgers legte, hatte sie ein schweres Stück Arbeit geleistet. Sie konnte auf Erfolge zurückblicken, hatte aber manch Ärgerliches, manche Widrigkeiten zu überwinden gehabt.

Als sie mit ihrem 60. Geburtstag, am 23. Dezember 1956, die gesetzliche Altersgrenze für Frauen erreichte, erfolgte am Ende des Studienjahres, also am 31. August 1957 ihre Emeritierung. Unter den für eine Frau erschwerten Verhältnissen war sie erst mit 50 Jahren Hochschullehrerin geworden, so daß ihr nur ein Jahrzehnt aktiver Tätigkeit in dieser Stellung beschieden war. Und doch hat sie sich in der kurzen Zeit um die Fakultät außerordentlich verdient gemacht und zum wissenschaftlichen Ansehen der Martin-Luther-Universität Halle—Wittenberg beigetragen. Noch heute sprechen viele ihrer ehemaligen Studenten, die verantwortliche Positionen in Staat, Wirtschaft und Wissenschaft einnehmen, voller Hochachtung von ihren Leistungen und von ihrer Menschlichkeit. Das Gleiche gilt von ihren ehemaligen Mitarbeiterinnen und Mitarbeitern, von denen sie sehr viel Einsatz verlangte, denen sie aber in der Bewältigung der Arbeitslast selber stets ein Vorbild war. Ihre Leistungen für unser Hochschulwesen fand schließlich eine offizielle Würdigung, als ihr zum 65. Geburtstag auf Antrag der Fakultät der Vaterländische Verdienstorden verliehen wurde. Emeritierung bedeutete für Gertrud Schubart-Fikentscher nur die Entlastung von der Lehr- und Leitungstätigkeit. Nun hatte sie Zeit für die Forschung und, was ihr besonders am Herzen lag, die notwendige Muße für ihren inzwischen 84jährigen Mann, der immer noch aufarbeitend und mit Bedacht wissenschaftlich tätig war. In der Forschung griff Gertrud Schubart-Fikentscher weiterhin Themen aus dem 17. und 18. Jh. auf, die ihr schon während der Vorbereitungen zum Thomasius-Jubiläum bearbeitenswert erschienen waren, und die sie nun in Ruhe aufarbeiten wollte, wie sie sich ausdrückte.

Am 7. Dezember 1959 wurde sie wegen ihrer hervorragenden und inzwischen auch international anerkannten Forschungsleistungen in die Sächsische Akademie der Wissenschaften zu Leipzig gewählt, so daß hier die Seltenheit auftrat, daß ein Gelehrtenehepaar gemeinsam, aber für unterschiedliche Fächer ordentliche Mitglieder einer Akademie waren. Diese wissenschaftliche Gemeinsamkeit währte allerdings nur noch wenige Monate. Am 9. August 1960 verstarb Wilhelm *Schubart.*

Für Gertrud Schubart-Fikentscher begann nunmehr der letzte Abschnitt ihres arbeitsreichen Lebens. Die Sächsische Akademie wurde ihre geistige Heimstatt. Ihr widmete sie ihre ganze Kraft. Mit ihren geistvollen Vorträgen, dann als stellvertretender Sekretar der Philologisch-historischen Klasse und als äußerst rührige Vorsitzende der Historischen

Kommission, der sie schon seit 1951 als Mitglied angehörte, hat sie sich unermüdlich für diese Gelehrtengesellschaft eingesetzt, die sie als eines der wenigen weiblichen Mitglieder stets in ganz besonderer und dankbarer Erinnerung behalten wird.

Anfang Januar 1985 brach sie sich durch einen Sturz im Haus das Bein und mußte in das hallische Klinikum eingeliefert werden. Der Bruch heilte zwar sehr bald, aber andere Beschwerden traten hinzu. Nach längerem Leiden entschlief sie am Sonntagmorgen des 24. März. Ein arbeitsreiches Leben hat sich vollendet, für das wohl kein anderes Wort besser zutrifft als der bekannte Wahlspruch „Nunquam otiosus", „Niemals müßig". Wir werden sie nicht vergessen!

Rolf Lieberwirth

Willem Pée

9. 6. 1903—20. 5. 1986

Am 20. Mai 1986 verschied in Brüssel nach längerem, ihn sehr bedrückendem Leiden der von Fachkollegen vieler Länder hochgeschätzte Dialektologe Willem Pée, emeritierter Professor für Niederländische Linguistik, Dialektologie und experimentelle Phonetik an der Universität Gent, auswärtiges Mitglied unserer Akademie seit 1971. Er fühlte sich mit den Leipziger Germanisten eng verbunden; schon seit den 50er Jahren pflegte er freundschaftliche Kontakte mit Theodor *Frings* und seinen Schülern, von denen sich mehrere lehrend und forschend der niederländischen Sprache und Literatur widmeten. Am Germanistischen Institut der Alma mater Lipsiensis bestand bereits seit 1919 eine Niederländische Abteilung, die zumeist von Extraordinarien geleitet wurde und die 1969 unter dem jetzigen Ordinarius für Niederländische Philologie, Professor Dr. Gerhard *Worgt*, bei einem sprachwissenschaftlichen Kolloquium mit internationaler Beteiligung auf eine 50jährige fruchtbare Tätigkeit aufmerksam machen konnte. Neben der von Theodor *Frings* und Gabriele *Schieb* intensiv betriebenen Veldeke-Forschung spielte dabei auch die niederländische Dialektologie eine große Rolle, wie sie auf der Konferenz unter anderem von Willem Pée vertreten wurde.

Die Niederlandistik hatte bis zu Beginn unseres Jahrhunderts im Schatten der großen Schwestern, der deutschen, englischen und nordischen Philologie gestanden. Es kennzeichnete dabei die früher vorherrschende junggrammatische Denkweise von der historischen Deszendenz und deren Veranschaulichung in Stammbäumen, wenn in der historisch vergleichenden Sprachwissenschaft dem Friesischen mehr Aufmerksamkeit geschenkt wurde als der niederländischen Sprache, die sich seit dem Spätmittelalter zur selbständigen Nationalsprache konstituierte und in diesem Prozeß große Teile des Friesischen einbeschloß. Die zentrale Stellung, die dem Niederländischen auch im weiten Rahmen der Entwicklung der germanischen Sprachen zukommt, schließlich erkannt und verdeutlicht zu haben ist das Verdienst der Dialektologen; denn die niederländischen Mundarten können Aufschluß geben über die Vorgänge der Aufgliederung des Germanischen und der Neuformierung der jüngeren Einzelsprachen seit der Mitte des ersten Jahrtausends. Zu diesen Erkenntnissen haben die Arbeiten von Theodor *Frings* Bedeutendes beigetragen, der sich dabei mit niederländischen und belgischen Dialektologen und Sprachhistorikern verbunden wußte.

Bei der Erforschung der flämischen Dialekte, die für diese sprachhistorischen Entwicklungen besonders ergiebige Einsichten vermitteln konnten, haben Edgar *Blancquaert* und sein Schüler und Nachfolger auf dem Genter Lehrstuhl, Willem Pée, in der ersten Linie gestanden. Die westflämischen Mundarten seiner Heimat, die er schon als junger Mann auf

Kundfahrten beobachtete, waren für Willem Pée immer wieder Ausgangsbasis und Bezugspunkt seiner sprachwissenschaftlichen Arbeiten.

In Brügge war er am 9. April 1903 als Sohn eines Lehrers geboren worden und verbrachte dort auch seine Jugendjahre. Nach dem Studium in Gent wurde er 1927 mit einer dialektologischen Dissertation über die niederländischen Diminutiva bei Edgar *Blancquaert* promoviert, war dann bei ihm nach einer dreijährigen Tätigkeit als Lehrer von 1931 bis 1938 als Assistent auch vorwiegend mit den Arbeiten für die Dialektatlanten beschäftigt und wirkte von 1939 bis 1943 in Gent als Dozent. 1943 wurde Willem Pée als Ordinarius nach Lüttich berufen; er lehrte historische Sprachkunde, Phonetik und Orthophonie des Niederländischen. Als sich *Blancquaert* 1957 zurückzog, übernahm Pée dann dessen Lehrstuhl in Gent, den er bis zu seiner Emeritierung innehatte.

Damit kehrte er in sein Ausgangsgebiet sprachwissenschaftlicher Forschung zurück. Er hatte die Mühen der Feldarbeit dialektologischer Erkundung nicht gescheut und sich auf diese Weise den notwendigen engen Kontakt mit den Mundartsprechern geschaffen. Er hatte weiterhin die Kleinarbeit der Aufbereitung des in mündlichen Befragungen erhobenen Dialektmaterials für die *Reeks Nederlandse Dialektatlassen* mit geleistet, mit denen *Blancquaert* und Pée (ab 1948 mitverantwortlicher und nach *Blancquaerts* Rücktritt hauptverantwortlicher Herausgeber) nach Jules *Gilliérons* Vorbild des *Atlas Linguistique de la France* ein vergleichbares sprachgeographisches Werk für das Niederländische zu schaffen unternahmen. Pée hat dafür selbst die Bände 6 und 7 erarbeitet: *Dialectatlas West-Vlaanderen en Fransch-Vlaanderen*, Antwerpen 1946 (XCV + 474 Seiten, 150 Karten) und *Dialectatlas van Antwerpen*, 1958 (LI + 596 Seiten, 150 Karten). Seine Forschungen richteten sich auch auf die Bewertung und Einordnung der primären Ergebnisse in die weiteren Zusammenhänge einer historischen Dialektologie des Westgermanischen. Neben einer Reihe von Abhandlungen zu lautlichen Erscheinungen ist vor allem die große Monographie über die „Dialektgeographie der niederländischen Diminutiva“ zu nennen, die 1936/37 in zwei Bänden von der Königlich Flämischen Akademie der Wissenschaften herausgegeben wurde. Die Diminutiva sind keineswegs ein Randproblem; sie können exemplarisch die dialektgeographische Entwicklung des Niederländischen in seiner Stellung zwischen Fränkisch, Sächsisch, Friesisch und Englisch veranschaulichen.

Sein dialektologisches Ausgangsgebiet an der flämisch-französischen Sprachgrenze veranlaßte Pée zu eingehender soziologischer Erörterung der Ausgleichsvorgänge. Über „Anderthalb Jahrhunderte Sprachgrenzverschiebung und Sprachsituation in Französisch-Flandern“ berichtete er 1957 in den Mitteilungen der Dialektkommission der Königlich Niederländischen Akademie der Wissenschaften zu Amsterdam. Mehrfach hat er sich auch zu Einzelerscheinungen geäußert. Das Interesse für die Problematik der sprachlichen Interferenz, das daraus erwachsen war, führte ihn auch (zuerst zusammen mit zwei anderen niederländischen Linguisten) nach Suriname und den Antillen, wo er über längere Zeit diese Fragen am Beispiel des Verhältnisses der niederländischen und der englischen Sprache zu den Sprachen der einheimischen Bevölkerung, besonders unter phonetischen Aspekten, studierte und zusammen mit W. G. *Hellinga* und Pater Antoon *Donicie* eine Orthographie für das *Sranan Tongo*, die Umgangssprache in Suriname, entwarf.

Zur Persönlichkeit Willem Pées gehört sein ausgeprägtes Engagement in der Öffentlichkeit. Einerseits haben ihn seine phonetischen Studien in die Diskussionen um die Orthographie-Reform der niederländischen Schriftsprache einbezogen. In mehreren staatlichen Kommissionen hat er aktiv daran teilgenommen, zeitweise auch als Vorsitzender. Einen Einblick in diese Tätigkeit vermittelte sein Vortrag über „Rechtschreibungsprobleme im Niederländischen“, den er 1974 im Plenum unserer Akademie gehalten hat (erschienen in den Sitzungsberichten, Band 116, Heft 1, 1977). — Auf der anderen Seite hat sich Willem Pée mit der ganzen Vitalität, die ihm eigen war, dafür eingesetzt, daß die niederländische Hochsprache (das *Algemeen Beschaafd Nederlands*) in den flämischen Teilen Belgiens an Geltung gewinnt, weil die niederländischen Mundarten in der direkten Konfrontation mit der französischen Literatursprache in der modernen industriellen Gesellschaftsentwicklung bald unterliegen würden, die flämisch sprechenden Bevölkerungsteile damit aber sehr benachteiligt wären. Der eifrige Vertreter der Mundartforschung hielt nicht das Mindeste von engstirnigem Partikularismus. In dieses Bild fügt sich auch Willem Pées Tätigkeit in offiziellen Kommissionen mit fachsprachlichen Aufgaben, so zur Vorbereitung des Niederländischen Textes der belgischen Verfassung, des Gesetzbuches und für Angelegenheiten des Innenministeriums. Der belgische Staat hat ihm seine Einsatzbereitschaft mit hohen Auszeichnungen gedankt.

Willem Pée hatte sehr vielseitige Kontakte mit zahlreichen Linguisten, Folkloristen und Historikern des Auslands, nicht zuletzt auch in den sozialistischen Ländern. Schon in den 50er Jahren besuchte er mit einer Delegation europäischer Wissenschaftler die Volksrepublik China. Viele Reisen führten ihn in die Sowjetunion und in die anderen sozialistischen Länder. Die Erlebnisse in zwei Weltkriegen hatten ihn zu einem streitbaren Pazifisten gemacht, der sich in seinem Staat nachdrücklich für kulturelle Beziehungen zu den sozialistischen Ländern einsetzte. Seine Initiative hatte nicht geringen Anteil daran, daß 1963 die *Vereeniging België — Duitse Demokratische Republiek*, die Freundschaftsgesellschaft Belgien — DDR, gegründet wurde, deren Vorsitzender er fast zwei Jahrzehnte war; und darüber hinaus war er Vorstandsmitglied der Freundschaftsgesellschaften mit der UdSSR und der ČSSR. Dieses nachhaltige Wirken für die Völkerverständigung ist gewürdigt worden mit der Verleihung der Friedensmedaille des Friedensrates der DDR, des Sterns der Völkerfreundschaft in Gold, der Ehrennadel der Liga für Völkerfreundschaft der DDR in Gold, des Jacob- und Wilhelm-Grimm-Preises der DDR. Nicht nur den engeren Fachkollegen wird Willem Pée als eine eindrucksvolle Persönlichkeit im Gedächtnis bleiben.

Rudolf Große

Bibliographie von Willem Pée in: *Album W. P.*, hrsg. von E. *Blancquaert*. Tongeren: Michiels 1973, S. 1—11. Für die Zeit nach 1972 vergleiche man die Jahrbücher der Sächsischen Akademie der Wissenschaften zu Leipzig.

Vladimir Georgiev

18. 2. 1908—14. 7. 1986

Am 14. Juli 1986 verstarb in Sofia das Auswärtige Mitglied unserer Akademie, Vladimir Georgiev, einer der bedeutendsten bulgarischen Linguisten der neueren Zeit, der mit seinen grundlegenden Forschungen über die Sprachen des Balkans und Kleinasiens vor allem der historisch-vergleichenden Sprachwissenschaft in unserem Jahrhundert viele Impulse gab.[1]

[1] Vgl. die ausführliche Würdigung des Verstorbenen anläßlich seines 70. Geburtstages durch *I. Duridanov* in der ihm gewidmeten Festschrift: V čest na akademik Vladimir Georgiev. Ezikovedski proučvanija po slučaj sedemdeset godin ot roždenieto mu. Sofia, 1980, S. 5—15, sowie den Nachruf von *R. Eckert, K. Kostov*, in: Zs. f. Slawistik *32* (1987) 2, S. 334—336; K. Gutschmidt, in: Namenkundl. Informationen 52 (1987) S. 48f. I. Duridanov, in: Bălgarski ezik 37 (1987) S. 3—10.

Vladimir Georgiev wurde am 18. Februar 1908 in Gabare (Bezirk Vraca) als Sohn eines Volksschullehrers geboren. Nach dem Besuch des Gymnasiums in Varna studierte Georgiev in den Jahren 1926 bis 1930 klassische Philologie an der Universität Sofia. Hervorragende Philologen wie Dimităr *Dečev*, Stefan *Mladenov* und Veselin *Beševliev* waren seine Lehrer. Er erhielt bald eine Assistenz am Lehrstuhl für klassische Philologie der Universität Sofia und konnte in den 30er Jahren seine Kenntnisse während Studienaufenthalten in Wien, Berlin, Florenz und Paris bedeutend erweitern. 1945 wurde er zum ao. Professor an der Universität Sofia berufen; seit 1948 war er Inhaber des Lehrstuhls für allgemeine und historisch-vergleichende Sprachwissenschaft dieser Universität; in den Jahren 1951 bis 1956 auch ihr Rektor. Seit 1952 war er auch Ordentliches Mitglied der Bulgarischen Akademie der Wissenschaften und in den Jahren 1959 bis 1972 ihr Vizepräsident. Er verstand es, viele maßgebende wissenschaftliche Leitungsfunktionen für die Profilierung der bulgarischen Sprachwissenschaft der Nachkriegszeit zu nutzen und selbst grundlegende Arbeiten auf seinem Fachgebiet vorzulegen.

Wichtigstes Arbeitsgebiet war für ihn die indoeuropäische Sprachwissenschaft: hier suchte er die Zeugnisse jener Sprachen, die im Laufe der Jahrhunderte auf der Balkanhalbinsel, in ihr benachbarten Räumen und auch in Kleinasien einander ablösen, immer wieder neu zu beleuchten und für strittige Fragen neue Lösungen vorzuschlagen, die zwar nicht immer allgemein akzeptiert wurden, aber zu neuem Nachdenken anregten und so die Forschung auf diesem Gebiet maßgeblich mitgestalteten. So arbeitete er das Pelasgische als eine vorgriechische Sprache, die er als indoeuropäisch ansah, heraus. Entscheidende Impulse für das Studium dieser Schichtungsfragen auf der Balkanhalbinsel verdankte er Paul *Kretschmer* und Norbert *Jokl*, die ihn während seines Wiener Studienaufenthaltes anregten, die Verbreitung und Abfolge der Balkansprachen allseitig zu beleuchten. In diesem Zusammenhang sind auch seine Arbeiten über die Sprache der Etrusker und ihr Verhältnis zum Hethitischen zu nennen. Die älteren und jüngeren etruskischen Handschriften wurden von ihm monographisch behandelt. Ebenso bezog er auch das Kreto-Mykenische und das Thrakische, das Georgiev deutlich vom Dakischen und Phrykischen absetzte, in seine Forschungen ein. Dabei zog er den Bogen über den ganzen mediterranen Raum und gewann grundlegende Erkenntnisse zum historischen Sprachvergleich und seiner Berechtigung, die von verschiedenen Seiten angezweifelt worden war. Dies gilt natürlich auch für seine hethitologischen Studien und viele andere Arbeiten, die sich zu einer Synthese der Betrachtung der ethnischen Verhältnisse im alten nordwestlichen Kleinasien verdichteten.

Georgiev versuchte allen Materials, dessen Analyse neue Erkenntnisse versprach, habhaft zu werden. Nicht nur appellativisches Gut, sondern auch die Nomina propria, vor allem die Orts-, Gewässer- und Personennamen in alten Quellen (u. a. vor allem in Inschriften), fanden seine Aufmerksamkeit. In diesem Zusammenhang ist seine Anregung zur Sammlung des gesamten toponymischen Materials in Bulgarien zu nennen, die eine reiche Ernte einbrachte.

Auch im slawistischen Bereich, der ihm als Bulgaren immer nahestand, hat der Verstorbene Grundlegendes geleistet. Vor allem das Urslawische, sein Verhältnis zum Baltischen (die baltoslawische Sprachgemeinschaft), Venetischen, Germanischen und zu anderen indoeuropäischen Sprachen sowie die Frage seiner Ausgliederung aus der Ursprache waren immer wieder Gegenstand seiner Untersuchungen, so etwa die Frage des urslawischen Lautsystems und der noch umstrittenen Herkunft des vor allem im Russischen auftretenden sogenannten Akanjes (der Aussprache von *a* anstelle von unbetontem *o* in Fällen wie russ. voda ‚Wasser'); Georgiev plädierte für die urslawische Herkunft dieser Erscheinung. Auch zur Morphologie und Lexikologie, die Onomastik eingeschlossen, lieferte er beachtliche

Erkenntnisse. Er ist auch Mitbegründer des seit 1971 erscheinenden mehrbändigen etymologischen Wörterbuches der bulgarischen Sprache, das er zielstrebig förderte; er sorgte sich auch um die Pflege seiner Muttersprache, so um die Reform der bulgarischen Orthographie. Zu zahlreichen Fragen der Geschichte des Bulgarischen hat er immer wieder Stellung genommen.

Das Bild des großen Gelehrten, der sich um die Indoeuropäistik, Balkanistik und Slawistik hohe Verdienste erwarb, wäre nicht vollständig, wollten wir nicht auch seiner über vier Jahrzehnte währenden Lehrtätigkeit in der bulgarischen Hauptstadt gedenken, in der er Grund- und Spezialvorlesungen wie auch Seminare zu den von ihm bearbeiteten Gebieten hielt. Dabei erzog er Generationen von Wissenschaftlern, die selbst heute längst einen geachteten Platz in der Wissenschaft einnehmen und an sein Werk produktiv anknüpfen und es weiterentwickeln. In einer Einheit von Forschung und Lehre wie auch der Organisation der wissenschaftlichen Arbeit auf Konferenzen und Kongressen, in vielfältigen Publikationsorganen und als Vorsitzender wie Mitglied zahlreicher wissenschaftlicher Akademien und Komitees, die hier nicht aufgezählt werden sollen, erreichte Georgiev eine selten anzutreffende Ausstrahlungskraft, die dem Balkan den ihm zustehenden Platz in der Sprach- und auch Geschichtsforschung verschaffte.

Ernst Eichler

Bibliographie: *E. Mašalova*, in: V čest na akademik Vladimir Georgiev, Sofia 1980, S. 16–78 (bis 1980), Fortsetzung: Dies., in: Linguistique balkanique *29* (1986) H. 4, S. 7–23.

Georgij Vladimirovič Stepanov

9. 4. 1919–28. 10. 1986

Am 28. Oktober 1986 verstarb in Moskau im Alter von 67 Jahren der bekannte sowjetische Hispanist Georgij Vladimirovič Stepanov. Er gehörte der Sächsischen Akademie der Wissenschaften zu Leipzig seit Oktober 1982 als Auswärtiges Mitglied an. Mit seinen Forschungen trug er wesentlich dazu bei, die sprachliche Situation Lateinamerikas im Hinblick auf die nationalen und regionalen Varianten der spanischen Literatursprache aufzuhellen. Ebenso gelang es ihm in zahlreichen Studien, in überzeugender Weise spezifische Aspekte der künstlerischen Sprachgestaltung herauszuarbeiten und so auf die Notwendigkeit fruchtbaren Zusammenwirkens von Sprach- und Literaturwissenschaft nachdrücklich aufmerksam zu machen.

G. V. Stepanov wurde am 9. April 1919 in Bijsk, einem Ort im Altaigebiet, geboren. Nach 1937 erfolgtem Abschluß der Oberschule in Leningrad nahm er ebenda an der Universität das Studium der Romanischen Philologie auf, das er 1947 erfolgreich abschloß. Seine Studienzeit wurde zweimal unterbrochen. 1938 meldete er sich freiwillig zum Einsatz als Spanisch-Dolmetscher bei den Internationalen Brigaden, die die legalen republikanischen Kräfte Spaniens im Kampf gegen die faschistischen Usurpatoren unterstützten. Ein Jahr später kehrte er wieder an seine Leningrader Alma mater zurück, die er indessen bald wieder verließ, um 1941 bis 1944 in den Reihen der Roten Armee seine Heimat gegen die nazistischen Eindringlinge zu verteidigen.

An der Leningrader Universität durchlief G. V. Stepanov alle Stationen einer akade-

JOACHIM MÜLLER

12. VII. 1906 Oberwiesenthal (Sachsen) — 7. III. 1986 Jena

GERTRUD SCHUBART-FIKENTSCHER

23. XII. 1896 Zwickau (Sachsen) — 24. III. 1985 Halle (Saale)

WILLEM PÉE

9. VI. 1903 Brügge (West-Flandern) — 20. V. 1986 Brüssel

VLADIMIR I. GEORGIEV

18. II. 1908 Gabare — 14. VII. 1986 Sofia

GEORGIJ VLADIMIROVIČ STEPANOV
9. IV. 1919 Bijsk (Altaigebiet) — 28. X. 1986 Moskau

IORGU IORDAN
11. X. 1888 Tecuci (Rumänien) — 28. IX. 1986 Bukarest

mischen Laufbahn. Zunächst arbeitete er als Aspirant und Assistent am Lehrstuhl für Romanische Philologie, promovierte 1951 mit der Dissertation „Cervantes' Rolle bei der Entstehung der spanischen nationalen Literatursprache", wurde 1953 zum Dozenten für Hispanistik berufen, erwarb 1967 den Grad eines Dr. sc. mit der Abhandlung „Die spanische Sprache Lateinamerikas im System der einheitlichen spanischen Sprache" und wurde 1968 zum Professor für Romanische Philologie ernannt.

1971 übersiedelte er nach Moskau, wo er die Leitung des Sektors für romanische Sprachen am Institut für Sprachwissenschaft der Akademie der Wissenschaften der UdSSR übernahm. Daneben war er von 1972 bis 1981 als Professor für Hispanistik am Moskauer Staatlichen Pädagogischen Institut für Fremdsprachen „Maurice Thorez" tätig. Im Jahre 1974 wurde er zum Korrespondierenden Mitglied und 1981 zum Ordentlichen Mitglied der Akademie der Wissenschaften der UdSSR gewählt. Seit 1977 leitete er als Direktor das Sprachwissenschaftliche Institut der Akademie der Wissenschaften der UdSSR. Die Königlich Spanische Akademie in Madrid und die Akademie der Wissenschaften zu Lissabon wählten ihn 1978 zum Auswärtigen Mitglied. G. V. Stepanov wirkte in zahlreichen wissenschaftlichen und wissenschaftspolitischen Gremien seines Landes in verantwortlichen Funktionen mit. Als Chefredakteur der Zeitschrift „Izvestija Akademii nauk SSSR" (Reihe Literatur und Sprache) von 1976—1982 und als Chefredakteur der Zeitschrift „Voprosy jazykoznanija" seit 1982 erwarb er sich große Verdienste um die Entwicklung der sowjetischen Sprachwissenschaft.

G. V. Stepanov hat sich mit seinen Forschungen zum Spanischen in Lateinamerika einem Gebiet zugewandt, das erst in neuerer Zeit stärker ins Blickfeld der Hispanistik gerückt ist. Die sprachlichen Gegebenheiten in Mittel- und Südamerika, das stellte sich bald heraus, lassen sich nicht einfach mit denen in Europa hinsichtlich des Verhältnisses von Hochsprache und Dialekten vergleichen. Es bedurfte einer differenzierteren Herangehensweise, um die sprachliche Spezifik des amerikanischen Subkontinents in ihrer Komplexität zu erfassen. In seiner 1963 in Moskau erschienenen Monographie „Die spanische Sprache in den Ländern Lateinamerikas" faßte G. V. Stepanov nicht nur den hierbei erreichten Forschungsstand zusammen, sondern lenkte den Blick auch darauf, wie grundlegende Fragen einer Lösung zugeführt werden können. Dabei legte er von Anfang an besonderen Wert darauf, daß auch die Ergebnisse Berücksichtigung finden, die bei der Erforschung der spanischen Sprachgeschichte und Dialektologie erzielt worden sind. Er operierte mit dem Begriff der nationalen Variante und betrachtete das Spanische in Lateinamerika als Variante bzw. in den einzelnen Ländern als Variante einer strukturell einheitlichen spanischen Sprache. So arbeitete er die übergreifende lateinamerikanische Variante und ihre jeweiligen nationalen Teilvarianten heraus und stellte Bezüge her zu den Prozessen der Hispanisierung in den einzelnen Regionen und Ländern unter Berücksichtigung der historischen Entwicklung und dialektalen Gliederung der spanischen Sprache auf der Iberischen Halbinsel. Er achtete genau darauf, wo wirklich sprachliche Neuschöpfungen vorlagen oder wo es sich um Sprachzustände handelte, die nach Spanien wiesen und mit damit verknüpften siedlungsgeschichtlichen Bewegungen zusammenhingen. Die meisten Unterschiede gegenüber dem europäischen Spanisch zeigen sich zwar in der Lexik, doch lassen sich auch in lautlicher, morphologischer und syntaktischer Hinsicht einige charakteristische Besonderheiten feststellen.

Auf einem reichhaltigen Material fußend, beschrieb G. V. Stepanov nicht nur sprachliche Situationen in Lateinamerika, sondern stieß auch zu soziolinguistischen und typologischen Verallgemeinerungen vor. In seinem 1979 erschienenen Werk „Zum Problem der sprachlichen Varianten: Die spanische Sprache Spaniens und Amerikas" brachte er die Probleme der sprachlichen Varietät in einen inneren Zusammenhang mit der Auffassung vom Systemcharakter der Sprache. Er wies nach, daß die Varietät zu den fundamentalen Eigenschaften der Sprache gehört. Anhand der lateinamerikanischen Sprachverhältnisse beleuchtete er die soziale Stratifikation der Sprache und zeigte, welche Rolle hierbei die Neubildungen im System der einheitlichen spanischen Sprache auf den Ebenen der Phonologie, der Lexik und der Wortbildung spielen. Noch stärker auf soziolinguistische Aspekte ausgerichtet war sein 1976 publiziertes Werk „Die Typologie der Sprachzustände und Sprachsituationen in den romanisch sprechenden Ländern". Darin wird dem Wechselverhältnis von äußeren und inneren Faktoren der Sprachentwicklung nachgegangen. Die eigentlichen sprachlichen Erscheinungen werden von ihm in die sozialökonomische Entwicklung integriert, wobei die engen Wechselwirkungen zwischen sprachlicher und literarisch-kultureller Entwicklung besondere Beachtung finden. So folgerte er beispielsweise bezüglich der sprachlichen Entwicklung in Argentinien: „Wenn es auch keine besondere argentinische Sprache gibt, so ist doch die spanische Sprache der argentinischen Nation eine Realität" (op. cit., S. 121).

Außer seinen Studien zur spanischen Sprachgeschichte und zur sprachlichen Situation in Lateinamerika verfaßte G. V. Stepanov auch eine Reihe von Studien und Abhandlungen zur Struktur der spanischen Sprache. Insbesondere seine Darstellungen der spanischen Grammatik, die in der UdSSR im Hochschulunterricht Verwendung finden, werden wegen ihrer wissenschaftlichen Gründlichkeit und pädagogisch geschickten Darbietung sehr geschätzt.

G. V. Stepanov beschäftigte sich eingehend mit den ästhetischen Aspekten der nationalen Literatursprache. Die vielschichtigen Beziehungen zwischen Form und Inhalt in der literarischen Gestaltung erregten immer wieder seine forscherische Aufmerksamkeit. In seinem 1977 in einem Sammelband veröffentlichten Artikel „Inhaltlicher und formaler Aspekt in der literaturkritischen Analyse des künstlerischen Werkes" betont er: „Das sprachliche Material ist als gängiges Gut ein bereits gestaltetes Material, das vom Dichter zielgerichtet zum Ausdrücken künstlerischer Bedeutungen genutzt wird" (S. 4). In den Mittelpunkt der entsprechenden Untersuchungen möchte er den literarischen Text gestellt wissen, wobei die linguistische Analyse nur einige Aspekte zu beleuchten vermag, die Literaturwissenschaft und Ästhetik aber auf die Ganzheit des Werkes und ihre Strukturen ihre Blicke richten müssen. Er selbst hat in musterhaften Interpretationen von Werken russischer bzw. sowjetischer (Puschkin, Scholochov, Tvardovskij) und spanischer bzw. lateinamerikanischer Autoren (Unamuno, García Lorca, Valle-Inclán, Baroja, Nicolás Guillén) unter Beweis gestellt, wie er dabei Sprach- und Literaturwissenschaft zu verknüpfen wußte. In den letzten Jahren war er sehr bemüht, das zwischen Autor und Adressaten bestehende Verhältnis von der sprachlichen Seite her aufzuhellen. Die Fragen der literarischen Kommunikation und in diesem Zusammenhang der Dialogcharakter der Sprache erweckten sein ganz besonderes Interesse. In glänzenden Analysen von Werken Valle-Incláns und García Lorcas machte er deutlich, was er unter „Poetik der Wahrnehmung" und künstlerischer Weltauffassung verstand und wie er selbst dabei wissenschaftliches und künstlerisches Herangehen miteinander verknüpfte.

Die Sächsische Akademie der Wissenschaften wird diesem hervorragenden sowjetischen Gelehrten, der in seinem Lande aufgrund seiner hervorragenden wissenschaftlichen, wissenschaftpolitischen und staatsbürgerlichen Verdienste mit hohen staatlichen Auszeichnungen geehrt wurde und in der internationalen hispanistischen Fachwelt großes Ansehen genießt, stets ein ehrendes Gedenken bewahren.

Werner Bahner

Iorgu Iordan

11. 10. 1888—20. 9. 1986

Am 20. September 1986 verstarb in Bukarest, wenige Wochen vor Erreichung seines 98. Geburtstages, der international hochangesehene rumänische Romanist Iorgu Iordan, der unserer Akademie seit März 1958 als Auswärtiges Mitglied angehörte. Mit grundlegenden Werken hat er in bemerkenswerter Weise zum Erkenntnisfortschritt in der Romanischen Sprachwissenschaft beigetragen und auf dem Gebiet der Rumänistik durch bahnbrechende Studien als Pionier gewirkt. Bis in die letzten Wochen seines Lebens hinein war er kreativ tätig, zeigte er eine bewundernswerte geistige Frische und erstaunliche wissenschaftliche Produktivität.

Iorgu Iordan wurde am 11. Oktober 1888 in Tecuci (Kreis Galaţi) geboren. Nach Ablegung der Reifeprüfung am Lyzeum „C. Negruzzi" in Jassy bezog er ebenda die Universität und studierte von 1908 bis 1912 Neuphilologie und Rechtswissenschaft. Nach dem Studium war er als Gymnasiallehrer in Galaţi, Pomîrla und Jassy tätig. 1919 promovierte er an der Universität Jassy mit der 1921 erschienenen Dissertation „Diftongarea lui e şi o accentuaţi în poziţiile a, e". Zur Vervollständigung seiner romanistischen Studien begab er sich in den folgenden Jahren an ausländische Universitäten. Von 1921 bis 1922 weilte er an der Universität Bonn, wo der Altmeister der Romanistik Wilhelm *Meyer-Lübke* lehrte, im Jahre 1923 an der Berliner Universität und 1925 an der Sorbonne in Paris. 1926 erhielt er eine außerordentliche und 1927 eine ordentliche Professur für Romanische Philologie an der Universität Jassy. Nach dem Tode seines akademischen Lehrers Alexandru *Philippide* übernahm er 1934 auch den Lehrstuhl für rumänische Sprache. Die Universität Jassy verließ er im Jahre 1946, als er den Ruf auf den Lehrstuhl für Romanische Philologie an der Universität Bukarest erhielt. Auch nach seiner 1962 erfolgten Emeritierung gehörte er der hauptstädtischen Universität noch als Honorarprofessor an und engagierte sich hier als eifriger Förderer der romanistischen Studien.

Während seines langen Lebens leistete Iorgu Iordan in Forschung und Lehre ein ganz außergewöhnliches Pensum. Auch am politisch-gesellschaftlichen Leben in seinem Land beteiligte er sich tatkräftig. Viele Jahre hindurch übte er neben seinen wissenschaftlichen Aufgaben und Verpflichtungen in Forschung und Lehre wichtige wissenschaftsleitende Ämter aus. Vom Vertrauen seiner Kollegen getragen, nahm er die Amtsgeschäfte eines Dekans (Jassy 1938—1939, Bukarest 1947—1950 und 1956—1957) und eines Rektors (Bukarest 1957—1958) wahr. An der Rumänischen Akademie der Wissenschaften, die ihn als Korrespondierendes Mitglied 1934 und als Ordentliches Mitglied 1946 zuwählte, entfaltete er eine fruchtbare Tätigkeit als Direktor des Instituts für Sprachwissenschaft (1950—1952 und 1958—1969) und als Vizepräsident (1957—1966). Im öffentlichen Leben genoß er als aufrechter Demokrat hohe Wertschätzung. In den Jahren der faschistischen Bedrohung wirkte er unerschrocken in den Reihen der fortschrittlichen rumänischen Intelligenz, eine Zeitlang als Präsident des Antifaschistischen Rumänischen Komitees. Nach der Befreiung vom faschistischen Joch war er von 1945 bis 1947 als Botschafter seines Landes in Moskau tätig. Von 1956 bis 1967 fungierte er als Vorsitzender bzw. stellvertretender Vorsitzender der Nationalen Unesco-Kommission der Sozialistischen Republik Rumänien.

Iorgu Iordan hat es im Laufe seines langen fachlichen Wirkens ausgezeichnet verstanden, sich wenig bearbeiteten Gebieten zuzuwenden, entsprechende Themen und Probleme zielstrebig anzupacken und neue Methoden zu erproben, ohne in pseudorevolutionärer Manier pauschal das als völlig überlebt und irrelevant abzutun, was bis dahin von allgemeiner Gültigkeit schien. Früh hat er die Dialektik von Kontinuität und Diskontinuität in der Wissenschaftsentwicklung wahrgenommen und in diesem Sinne zu wirken gesucht. So erkannte er bald, daß in der romanischen Sprachwissenschaft durch die damals vorherrschende, von noch junggrammatischen Traditionen geprägte positivistische Konzeption wichtige Bereiche wie Stilistik, Literatursprache oder moderne Umgangssprache viel zu wenig oder überhaupt nicht ins Blickfeld der Forschung gerieten. Deshalb begann er sich u. a. für neuaufkommende Forschungsrichtungen wie die von Charles *Bally* begründete Stilistik oder die betont antipositivistische idealistische Schule Karl *Vosslers* zu interessieren. In kritisch schöpferischer Weise übernahm er einige der neugewonnenen Einsichten und Grundsätze und bemühte sich, diese insbesondere beim Studium der rumänischen Sprache zu verwerten, ohne dabei zu einem einseitigen Adepten einer bestimmten Strömung zu werden. Eine ähnliche Position bezog Iorgu Iordan in neuerer Zeit auch gegenüber den sich in der jüngeren romanischen Sprachwissenschaft herausbildenden Richtungen und Methoden.

Unter diesem Blickpunkt ist es nicht zufällig, daß sich Iorgu Iordan immer wieder mit der Geschichte und den Methoden der romanischen Sprachwissenschaft beschäftigte und grundlegende Studien hierzu veröffentlichte. Durch Leo *Spitzer* vermittelt, zu dem er in Bonn in freundschaftlichen Kontakt getreten war, erschien 1924 in der Festschrift für Wilhelm *Streitberg* sein damals vielbeachteter Aufsatz „Der heutige Stand der romanischen Sprachwissenschaft" (S. 585—621). Er wurde zur Ausgangsposition seines 1932 in Jassy erschienenen Buches „Introducere în studiul limbilor romanice. Evoluţia şi starea actuală a lingvisticii romanice", das dann 1937 in englischer Sprache in London erschien, übersetzt und bearbeitet von John *Orr*: „An Introduction to Romance Linguistics. Its Schools and Scholars." 1970 wurde in Oxford eine von Rebecca *Posner* ergänzte zweite Auflage dieses Werkes veröffentlicht. Im Jahre 1962 brachte Iorgu Iordan in Bukarest eine völlig überarbeitete Fassung seines 1932 publizierten Werkes heraus: „Lingvistica romanică. Evoluţie, curente, metode." Er nahm darin nicht nur Bezug auf die jüngste Entwicklung der romanischen Sprachwissenschaft, sondern bemühte sich zugleich, erstmals die bisherige Geschichte seines Faches in marxistischer Sicht darzustellen. Im selben Jahr noch erschien hiervon beim Akademie-Verlag in Berlin eine deutsche Fassung: „Einführung in die Geschichte und Methoden der romanischen Sprachwissenschaft", ins Deutsche übertragen, ergänzt und teilweise neubearbeitet von Werner *Bahner*. Und im Jahre 1967 wurde in Madrid eine von Manuel *Alvar* besorgte spanische Fassung dieses Werkes publiziert: „Lingüística Románica. Evolución — Corrientes — Métodos. Reelaboración parcial y notas de Manuel Alvar." Eine portugiesische Übersetzung der deutschen Fassung dieses Werkes von Iorgu Iordan wurde 1973 in Lissabon herausgebracht. Der 1971 in Moskau erschienenen russischen Übersetzung von Iordans Werk hingegen lag die rumänische Ausgabe von 1962 zugrunde und der 1973 publizierten italienischen Übersetzung die 1937 von *Orr* herausgebrachte englische Fassung.

Als sehr nützliches Handbuch hat sich auch sein zusammen mit Maria *Manoli* verfaßtes Werk „Introducere în lingvistica romanică", Bukarest 1965, erwiesen, das 1972 in einer zweibändigen spanischen Fassung in Madrid erschien: Manual de lingüística románica. Revisión, reelaboración parcial y notas por Manuel Alvar. Darin wird die Herausbildung der romanischen Sprachen systematisch dargestellt. Das Gleiche gilt für die unter seiner Leitung herausgegebene mehrbändige „Crestomaţie romanică", Bukarest 1972—1974.

Neben seinen gesamtromanistischen Interessen stand die Erforschung seiner Muttersprache ebenfalls ständig im Zentrum seiner wissenschaftlichen Betätigung. Zum einen ging es ihm darum, die sprachhistorischen und typologischen Bezüge zwischen dem Rumänischen und den anderen romanischen Sprachen aufzuhellen. So untersuchte er beispielsweise die Beziehungen zwischen den italienischen Dialekten und dem Rumänischen oder erörterte unter neuem Licht das vorher bereits von der Areallinguistik berührte Verhältnis zwischen dem Iberoromanischen und dem Dakoromanischen. Auf der anderen Seite beschäftigte er sich ganz speziell mit nahezu allen Komponenten seiner Muttersprache. Dabei wandte er sich oftmals Gebieten und Themen zu, die in der betreffenden Zeit in der Tat wissenschaftliches Neuland darstellten. Seine umfangreichen Abhandlungen über Toponomastik (u. a. „Rumänische Toponomastik“, 3 Bände, Bonn/Leipzig 1924–1926), Stilistik (u. a. „Stilistica limbii române“, Bukarest 1944, Neuauflage 1975), moderne rumänische Literatursprache (z. B. „Limba română contemporană“, Bukarest 1954, 2. neudurchgesehene Auflage 1956) und Entwicklungstendenzen in der rumänischen Gegenwartssprache („Limba română actuală. O gramatică a «greşelilor»“, Jassy 1943) sind fundamentale Werke, die für diese Gebiete noch lange Zeit eine grundlegende Ausgangsposition bieten und den Studierenden das unentbehrliche Rüstzeug vermitteln werden. Nicht unerwähnt bleiben darf in diesem Zusammenhang auch seine Mitarbeit am „Dicţionar al limbii române“, der Fortsetzung des alten rumänischen Akademiewörterbuches. An diesem sehr wichtigen lexikographischen Werk, von dem inzwischen seit 1965 fünf stattliche Bände erschienen sind und das Iorgu Iordan gemeinsam mit Alexandru *Graur* und Ion *Coteanu* herausgebracht hat, arbeitete er bis zu seinen letzten Lebenstagen.

Die bedeutenden wissenschaftlichen Leistungen Iorgu Iordans fanden weit über Rumänien hinaus hohe Anerkennung. Die „Société de linguistique et philologie romanes“ ernannte ihn zum Ehrenpräsidenten. Von der Humboldt-Universität Berlin und den Universitäten Jassy, Gent, Montpellier, Rom und Budapest erhielt er die Ehrendoktorwürde verliehen. Außer unserer Akademie wählten ihn die Akademie der Wissenschaften der DDR, die Bayerische Akademie der Wissenschaften, die Österreichische Akademie der Wissenschaften und die Real Academia Española zum Auswärtigen Mitglied.

Die Sächsische Akademie wird Iorgu Iordan stets ein ehrendes Gedenken bewahren.

Werner Bahner

VERZEICHNIS DER MIT DER AKADEMIE IM SCHRIFTENTAUSCH STEHENDEN KÖRPERSCHAFTEN

I. *Periodica*

Ägypten — VAR

Kahira — *Institut Français d'Archéologie Orientale*
Bibliothèque d'études
Bulletin
Bulletin de liaison du groupe int. d'étude de la céramique Egyptienne
Conférences

National Information and Documentation Centre
Journal of Chemistry

Argentinien

Buenos Aires — *Comision Nacionale de la Energia Atómica*
Informe

Sociedad Científica Argentina
Anales

La Plata — *Universidad Nacional. Facultad de Ciencias Fisicomatemáticas*
Revista

Australien

Adelaide — *Barr Smith Library*
The Australian Journal of Experimental Biology and Medical Science

Brisbane — *Royal Society of Queensland*
Proceedings

Melbourne — *Royal Society of Victoria*
Proceedings

Sydney — *Royal Society of New South Wales*
Journal and Proceedings

Belgien

Bruxelles — *Algemene Bibliotheek van de Vrije Universiteit*
Tijdschrift
Studiereeks

Institut Royal des Sciences Naturelles de Belgique
Memoires

Société des Bollandistes
Analecta Bollandiana

	Union Académique Internationale Archivum latinitatis medii aevi Compte rendu Handbook
Gent	*Koninklijke Vlaamse Academie voor Taal- en Letterkunde* Jaarboek Verslagen en Mededeelingen Leonard Willemsfonds
Leuven	*Universiteitsbibliotheek* Ancient Society Humanistica Lovaniensia Studia Hellenistica
Liège	*Institut Archéologique Liègeois* Bulletin
Louvain	*Centre Général de Documentation de l'Université Catholique* Faculté des Sciences économiques, N. S. Travaux de la Faculté de Philosophie et Lettres Travaux de l'Institut de Psychologie
	Faculté de Philosophie et Lettres, Bibliothèque Recueil des Travaux d'histoire et de philologie
Meise	*Jardin Botanique National* Bulletin
Namur	*Rédaction „Les Etudes classiques"* Les Etudes classiques

Brasilien

Rio de Janeiro	*Academia Brasileira de Ciências* Anais
	Centro Brasileiro de Pesquisas Físicas Summa brasiliensis mathematicae

VR Bulgarien

Sofija	*Balgarska Akademija na Naukite* Doklady Ekologija Literaturna istorija
	Universitetska Biblioteka Godišnik na Sofiski Universitet. Filologičeski Fakultet Juridičeski Fakultet
	Upravlenie za Geolozki Proučvanija Godišnik. Otdel A

Bundesrepublik Deutschland

Aachen	*Aachener Geschichtsverein* Zeitschrift	
	Bibliothek der Rheinisch-Westfälischen Technischen Universität Jahrbuch	
Augsburg	*Historischer Verein für Schwaben* Zeitschrift	
	Naturwissenschaftlicher Verein für Schwaben Bericht	
Bad Godesberg	*Deutscher Forschungsdienst* Bericht über ihre Tätigkeit Deutscher Forschungsdienst Deutscher Forschungsdienst. Angewandte Wissenschaft Kommission zur Erforschung der Luftverunreinigung. Mitteilungen	
Bayreuth	*Universitätsbibliothek* Bayreuther Mathematische Schriften	
Beuron	*Bibliothek der Erzabtei Beuron* Erbe und Auftrag Texte und Arbeiten Vetus lat. inst. Bericht	
Bonn	*Universitätsbibliothek* Politeia	
Braunschweig	*Universitätsbibliothek der Technischen Universität* Abhandlungen der Braunschweigisch Wissenschaftlichen Gesellschaft Geographische Rundschau Sitzungsberichte und Mitteilungen der Braunschweigischen Wissenschaftlichen Gesellschaft	
Bremen	*Übersee-Museum* Veröffentlichungen. Reihe A. B. C. F.	
	Die Wittheit zu Bremen Abhandlungen des Naturwissenschaftlichen Vereins Abhandlungen und Vorträge Bremisches Jahrbuch Jahrbuch der Bremischen Wissenschaft	
	Staatsarchiv der Freien Hansestadt Bremen Veröffentlichungen	
Darmstadt	*Hessische Landes- und Hochschulbibliothek* Jahrbuch der Deutschen Akademie für Sprache und Dichtung Veröffentlichungen der Deutschen Akademie für Sprache und Dichtung	
Düsseldorf	*Düsseldorfer Geschichtsverein* Düsseldorfer Jahrbuch	

	Rheinisch-Westfälische Akademie der Wissenschaften Vorträge. Reihe Geisteswissenschaften Reihe Natur-, Ingenieur- und Gesellschaftswissenschaften Wissenschaftliche Abhandlungen
Erlangen	*Institut für Fränkische Landesforschung* Jahrbuch Schriften. Historische Reihe
	Physikalisch-Medizinische Sozietät Sitzungsberichte
Frankfurt a. M.	*Philosophisch-Theologische Hochschule St. Georgen* Theologie und Philosophie
	Physikalischer Verein Jahresbericht
	Senckenbergische Naturforschende Gesellschaft Abhandlungen Aufsätze und Reden Natur und Museum Senckenbergiana biologica Senckenbergiana lethaea
	Frobenius-Institut an der Goethe-Universität Paideuma
Freiburg i. Br.	*Naturforschende Gesellschaft* Berichte
Gießen	*Bibliothek der Justus-Liebig-Universität* Hessische Blätter für Volkskunde Kritikon Literarum Mitteilungen des Oberhessischen Geschichtsvereins Nachrichten der Gießener Hochschulgesellschaft Schriften der Justus-Liebig-Universität
	Deutsche Morgenländische Gesellschaft Zeitschrift
	Oberhessische Gesellschaft für Natur- und Heilkunde Bericht. Naturwissenschaftliche Abteilung

Göttingen	*Akademie der Wissenschaften*
	Abhandlungen. Math.-phys. Klasse
	  Phil.-hist. Klasse
	Göttingische gelehrte Anzeigen
	Jahrbuch
	Nachrichten. Math.-phys. Klasse
	  Phil.-hist. Klasse

Hamburg	*Geographische Gesellschaft* Mitteilungen

Gesellschaft für Natur- und Völkerkunde Ostasiens
Mitteilungen
Nachrichten

Mathematische Gesellschaft
Mitteilungen

Staats- und Universitätsbibliothek
Abhandlungen aus dem Gebiete der Auslandskunde
Hamburger Universitätsreden

Hannover

Akademie für Raumforschung und Landesplanung
Raumforschung und Raumordnung

Bibliothek der Technischen Universität / Technische Informationsbibliothek
Berichte der Naturhistorischen Gesellschaft
Jahrbuch

Niedersächsische Landesbibliothek
Niedersächsisches Jahrbuch für Landesgeschichte
Studia Leibnitiana

Heidelberg

Heidelberger Akademie der Wissenschaften
Abhandlungen. Phil.-hist. Klasse
Jahrbuch
Sitzungsberichte. Math.-nat. Klasse
Phil.-hist. Klasse

Universitätsbibliothek
Heidelberger Jahrbücher
Veröffentlichungen aus Heidelberger Papyrussammlung

Karlsruhe

Bibliothek der Technischen Universität
Monographien

Kiel

Naturwissenschaftlicher Verein für Schleswig-Holstein
Schriften

Universitätsbibliothek
Schriften des Geographischen Instituts der Universität Kiel

Lübeck

Stadtbibliothek
Ausblick
Mitteilungen der Geographischen Gesellschaft und des Naturhistorischen Museums

Verein für Lübeckische Geschichte und Altertumskunde
Zeitschrift

Verein „Natur und Heimat"
Berichte

Mainz

Akademie der Wissenschaften und der Literatur
Abhandlungen der Klasse Literatur
Abhandlungen der geistes- und sozialwiss. Klasse
Abhandlungen der math.-naturwiss. Klasse
Jahrbuch
Karl-A.-Forster-Lectures

	Mainzer Altertumsverein Mainzer Zeitschrift
Marbach	*Schiller-Nationalmuseum* Schriften
Marburg	*Gesellschaft zur Beförderung der gesamten Naturwissenschaften* Sitzungsberichte
	Universitätsbibliothek Alma Mater Philippina
München	*Bayerische Akademie der Wissenschaften* Abhandlungen. Math.-nat. Klasse Phil.-hist. Klasse
	Jahrbuch Sitzungsberichte. Math.-nat. Klasse Phil.-hist. Klasse
	Sonderschriften
	Deutsches Museum Abhandlungen und Berichte Jahresbericht Verwaltungsbericht
	Max-Planck-Gesellschaft Berichte und Mitteilungen Jahrbuch
	Monumenta Germaniae Historica Deutsches Archiv zur Erforschung des Mittelalters Dahlmann-Waitz
	Technische Universität, Universitätsbibliothek Astronomisch-Geodätische Arbeiten Veröffentlichungen der Deutschen Geodätischen Kommission. Reihe B, C, E Berichte über die Vollsitzungen der Deutschen Geodätischen Kommission
	Zentralinstitut für Kunstgeschichte Jahresbericht
Münster	*Universitätsbibliothek* Westfälische Geographische Studien
	Verband der Deutschen Höhlen- und Karstforscher Bibliographie zur Karst- und Höhlenkunde in Deutschland Jahreshefte für Karst- und Höhlenkunde Karst und Höhle Mitteilungen
Nürnberg	*Germanisches Nationalmuseum* Anzeiger Bilder aus deutscher Vergangenheit
Offenbach	*Bibliothek des Deutschen Wetterdienstes* Agrarmeteorologische Bibliographie Berichte Deutsches meteorologisches Jahrbuch

Speyer	*Pfälzische Landesbibliothek* Mitteilungen der Pollichia Mitteilungen des Historischen Vereins der Pfalz Pfälzische Bibliographie
Stuttgart	*Kommission für geschichtliche Landeskunde in Baden-Württemberg* Zeitschrift für Württembergische Landesgeschichte
	Museum für Länder- und Völkerkunde. Linden-Museum Tribus
	Staatliches Museum für Naturkunde Stuttgarter Beiträge zur Naturkunde
	Württembergische Landesbibliothek Jahrbücher für Statistik und Landeskunde von Baden-Württemberg
Trier	*Karl-Marx-Haus* Schriften aus dem Karl-Marx-Haus Archiv für Sozialforschung
Ulm	*Verein für Kunst und Altertum in Ulm und Oberschwaben* Mitteilungen
Wiesbaden	*Hessisches Landesamt für Bodenforschung* Abhandlungen Hessisches Lagerstättenarchiv Notizblatt
	Nassauischer Verein für Naturkunde Jahrbücher
	Verein für Nassauische Altertumskunde und Geschichtsforschung Nassauische Annalen
Wolfenbüttel	*Braunschweiger Geschichtsverein* Braunschweigisches Jahrbuch
	Herzog-August-Bibliothek Wolfenbütteler Beiträge Wolfenbütteler Forschungen
Würzburg	*Freunde Mainfränkischer Kunst und Geschichte* Mainfränkische Hefte Mainfränkisches Jahrbuch für Geschichte und Kunst
	Physikalisch-medizinische Gesellschaft Berichte

China

Pei-ching	*Kuo li t'u shu kuan (National Library)* Chinese Literature Chinese Medical Journal Scientia Sinica

Città del Vaticano

	Archivum Historicum Societatis Jesu Archivum

Biblioteca Apostolica Vaticana
Studi e Testi

Pontifico Istituto Biblico
Biblica
Orientalia

Specola Vaticana
Annual Report
Miscellanea astronomica
Ricerche astronomiche
Ricerche spettroscopiche

Dänemark

Århus

Statsbiblioteket
Acta Jutlandica

København

Det Kongelige Danske Videnskaberne Selskab
Arkeologisk-kunsthistoriske meddelelser
Arkeologisk-kunsthistoriske skrifter
Biologiske meddelelser
Biologiske skrifter
Carlsbergfondet. Arsskrift
Historisk-filologiske meddelelser
Historisk-filologiske skrifter
Matematisk-fysiske meddelelser
Matematisk-fysiske skrifter
Oversigt over selskabets virksomhed

Universitets Matematiske Institut
Mathematica Scandinavica

Odense

Odense Universitetsbibliotek
Mediaeval Scandinavia

Deutsche Demokratische Republik

Bautzen

Institut für sorbische Volksforschung beim Zentralinstitut für Geschichte der Akademie der Wissenschaften
Lětopis

Berlin

Akademie der Wissenschaften der DDR
Abhandlungen. Abt. Mathematik, Naturwissenschaft, Technik
Abt. Veröffentlichungen der Wissenschaftlichen Räte
Jahrbuch
Journal für Hirnforschung
Sitzungsberichte. Gesellschaftswissenschaften
Mathematik, Naturwissenschaft, Technik

Deutsches Amt für Meßwesen und Warenprüfung
Wissenschaftliche Abhandlungen

Geologischer Dienst, Staatliche Geologische Kommission
Geologie. Nebst Beihefte
Zeitschrift für angewandte Geologie

	Universitätsbibliothek der Humboldt-Universität Wissenschaftliche Zeitschrift. Gesellschafts- und sprachwiss. Reihe Mathematisch-naturwiss. Reihe
Dresden	*Bibliothek der Hochschule für Verkehrswesen* Wissenschaftliche Zeitschrift
	Bibliothek der Technischen Universität Wissenschaftliche Zeitschrift
Erfurt	*Wissenschaftliche Bibliothek der Stadt Erfurt* Beiträge zur Geschichte der Stadt Erfurt
Greifswald	*Universitätsbibliothek* Wissenschaftliche Zeitschrift. Gesellschafts- und sprachwiss. Reihe Mathematisch-naturwissenschaftl. Reihe
Halle	*Deutsche Akademie der Naturforscher „Leopoldina"* Nova Acta Leopoldina
	Landesmuseum für Vorgeschichte Jahresschrift für mitteldeutsche Vorgeschichte Vorgeschichtliche Museumsarbeit und Bodendenkmalpflege
	Universitäts- und Landesbibliothek Hallische Monographien Schriften zum Bibliotheks- und Büchereiwesen in Sachsen-Anhalt Wissenschaftliche Zeitschrift. Gesellschafts- und sprachwiss. Reihe Mathematisch-naturwiss. Reihe
Ilmenau	*Technische Hochschule* Wissenschaftliche Zeitschrift
Jena	*Universitätsbibliothek* Wissenschaftliche Zeitschrift. Gesellschafts- und sprachwiss. Reihe Mathematisch-naturwiss. Reihe
Leipzig	*Deutsches Institut für Länderkunde* Geographische Berichte
	Universitätsbibliothek Wissenschaftliche Zeitschrift. Gesellschafts- und sprachwiss. Reihe Mathematisch-naturwiss. Reihe
Magdeburg	*Technische Hochschule Otto von Guericke* Wissenschaftliche Zeitschrift
Potsdam	*Geodätisches Institut* Veröffentlichungen
Rostock	*Universitätsbibliothek* Archiv der Freunde der Naturgeschichte in Mecklenburg Wissenschaftliche Zeitschrift. Gesellschafts- und sprachwiss. Reihe Mathematisch-naturwiss. Reihe
Tautenburg (Kr. Jena)	*Karl-Schwarzschild-Observatorium* Mitteilungen
Weimar	*Zentralbibliothek der deutschen Klassik* Wissenschaftliche Zeitschrift der Hochschule für Architektur und Bauwesen Goethe-Almanach

Dominikanische Republik

Santo Domingo — *Academia de Ciencias de la República Dominicana*
Anuario

England

Cambridge — *Cambridge Philosophical Society*
Proceedings

Edinburgh — *Royal Society of Edinburgh*
Proceedings
Transactions
Year Book

Leeds — *South Library. The University*
Proceedings. Scientific section
Literary and historical section

Liverpool — *Biological Society*
Proceedings and Transactions

London — *India Office Library*
Report

London Mathematical Society
Bulletin

University of London Library
Annual Report of the Library Committee
Bulletin of the Institute of Historical Research
Bulletin of the School of Oriental and African Studies
Institute of Historical Research. Annual Report
Slavonic and East European Review
Theses and Dissertation accepted for Higher Degrees

The Warburg Institute
Journal of the Warburg and Courtauld Institutes

Manchester — *The John Rylands University Library*
African Social Research
Journal of Semitic Studies

Finnland

Espoo — *Geologian Tutkimuskeskus*
Geological Map of Finnland
Geological survey of Finnland. Bulletin

Helsinki — *Societas pro Fauna et Flora Fennica*
Acta botanica fennica
Acta zoologica fennica
Memoranda

Societas Biologica Fennica „Vanamo“
Annales Botanici Fennici
Annales Zoologici Fennici

Suomalaisen Kirjallisunden Seura
Proverbium

Suomen Tiedeseura
Acta. Nova series B. C.
Arctos
Arsbok
Bidrag till kännedom af Finlands natur och folk
Commentationes biologicae
Commentationes humanorum litterarum
Commentationes physico-mathematicae
Commentationes scientiarum socialium

Suomalainen Tiedeakatemia
Dissertationes humanorum litterarum
Ergebnisse der magnetischen Beobachtungen
Folklore Fellows Communications
Sitzungsberichte
Toimituksia (Annales). Sarja A 1.2.3.4.5.6. B
Vuosikirja (Year Book)

Suomalais-Ugrilainen Seura. Kirjasto
Finnisch-ugrische Forschungen

Turku *Abo Akademis. Bibliothek*
Acta. Humaniora
Mathematica et physica

Nordic Institute of Folklore
Newsletter

Turun Yliopiston Kiriasto
Temenos
Turun Yliopiston Julkaisuja. Ser. A I.II. B

Frankreich

Besançon *Université de Besançon*
Annales littéraires. Philosophie
Histoire Ancienne

Cherbourg *Société Nationale des Sciences Naturelles et Mathématiques*
Mémoires

Clermont-Ferrand *Académie des Sciences, Belles-Lettres et Arts*
Bulletin historique et scientifique de l'Auvergne

Lyon *Bibliothèque de l'Université*
Annales de l'Université. Droit
Lettres
Sciences. Sect. A. B. C.
Fascicule spécial

Société Limnéenne
Bulletin mensuel

Marseille	*Bibliothèque de l'Université d'Aix-Marseille* Annales de la Faculté des Sciences Comptes Rendus des travaux	
	Société Mathématique de France Mémoires	
Montpellier	*Académie des Sciences et Lettres* Bulletin	
Paris	*Ecole Normale Supérieure* Annales scientifiques	
	Institut de France. Académie des Inscriptions et Belles-Lettres Comptes Rendus Mémoires Présentés par divers savants Mémoires de l'Académie	
	Institut de France. Académie des Sciences Annuaire Bulletin bibliographique des publications périodiques Comptes Rendus hebdomadaires. Sér. A. B. C. D.	
	Institut de France. Académie des Sciences, Morales et Politiques Notices biographiques et bibliographiques Revue des Sciences morales et politiques	
	Muséum National d'Histoire Naturelle Annuaire Bulletin. Section A. B.	
	Société Mathématique de France Bulletin Gazette des Mathématiques	
Rennes	*Société Scientifique de Bretagne* Bulletin	
Saint-Martin-d'Hères	*Institut de Mathématique Pure* Annales de l'Institut Fourier	
Sèvres	*Bureau International des Poids et Mesures* Travaux et Mémoires	
Toulouse	*Académie des Sciences, Inscriptions et Belles-Lettres* Mémoires	
	Bibliothèque Universitaire Annales publ. de la Faculté des Lettres et des Sciences. Sér. A. Caliban B. Homo C. Philosophie D. Grammatique E. Littératures F. Pallas G. Via Domitia Travaux de l'Institut d'Art préhistoriques	

Ghana

Accra *Ghana Academy of Arts and Sciences*
Ghana Journal of Science
Proceedings

Griechenland

Athenai *Ecole Française d'Athènes*
Bulletin de Correspondance Hellénique

Thessaloniki *Institute for Balkan Studies*
Balkan bibliography
Balkan Studies

Indien

Allahabad *Allahabad Mathematical Society*
Indian Journal of Mathematics

Indonesien

Djarkarta *Perpustakaan-Museum Pusat*
Museografia

Irland

Dublin *Royal Dublin Society*
Economic Proceedings
Report

Royal Irish Academy
Proceedings. Sect. A. B. C.
Minutes

Island

Reykjavik *Visindafélag Islendinga*
The Eruption of Hekla
Greinar
Rit

Italien

Acireale *Biblioteca Zelantea*
Memorie e Rendiconti. Classe di Lettere

Bologna *Accademia delle Scienze dell'Istituto*
Atti. Classe di Scienze Fisiche
Memorie
Rendiconti

Istituto di Geologia e Paleontologia dell'Università
Giornale di Geologia

Brescia *Ateneo*
Annuario della specola cidnea
Commentari. Nebst Supplemento

Centro Camuno di Studi Preistorici
Archivi
Studi Camuni

Cremona *Biblioteca Governativa e Libreria Civica*
Annali

Ferrara *Accademia delle Scienze. Biblioteca Ariόstea*
Atti

Firenze *Accademia della Crusca*
Studi di filologia italiana
Studi di grammatica italiana

Accademia Toscana di Scienze e Lettere „La Colombaria"
Atti e Memorie

Genova *Museo Civico di Storia Naturale „Giocamo Doria"*
Annali
Doriana

Lecce *Università degli Studi. Biblioteca Centrale*
Annali di Storia
Annali. Fac. di Lettere e Filosofia
Fac. di Magistero
Bollettino di storia della filosofia
Istituto di filologia moderna. Quaderni
Istituto di Lingue e Letterature Straniere. Quaderni
Quaderni della Biblioteca Centrale
Quaderno filosofico

Mantova *Accademia Virgiliano di Scienze, Lettere ed Arti*
Atti e Memorie

Milano *Istituto Lombardo. Accademia di Scienze e Lettere*
Memorie. Classe di Lettere e Scienze Morali e Storiche
Classe di Scienze Matematiche e Naturali. A. B.
Parte generale e Atti ufficiali

Società Storica Lombarda
Archivio

Dipartimento di Matematica
Quaderni
Rendiconti

Modena *Accademia di Scienze, Lettere ed Arti*
Atti e Memorie
Istituto di Fisica dell'Università
Atti del Seminario Matematico e Fisico

Napoli	*Società Nazionale di Scienze, Lettere ed Arti* Annuario Atti dell'Accademia di Scienze Fisiche e Matematiche Atti dell'Accademia di Scienze Morali e Politiche Atti dell'Accademia Pontaniana Memorie dell'Accademia di Archeologia, Lettere e Belle Arti Rendiconti dell'Accademia di Archeologia, Lettere e Belle Arti Rendiconti dell'Accademia di Scienze Fisiche e Matematiche Rendiconti ed Atti dell'Accademia di Scienze, Mediche e Chirurgiche
	Università di Napoli. Biblioteca della Facoltà di Lettere e Filosofia Annali
Padova	*Biblioteca del Seminario Matematico* Rendiconti
Pisa	*Scuola Normale Superiore* Annali. Classe di Lettere, Storia e Filosofia Classe di Scienze, Fisiche e Matematiche
	Società Toscana di Scienze Naturali Atti. Ser. A. B.
Roma	*Accademia Nazionale dei Lincei* Atti. Rendiconti. Classe di Scienze Fisiche, Matematiche e Naturali Classe di Scienze Morali, Storiche e Filologiche Rendiconti della Adunanze Solenni
	Accademia Nazionale dei XL Rendiconti
	American Academy in Rome Memoirs Papers and Monographs
	Servizio Geologico d'Italia Bolletino
Sassari	*Università. Istituto Giuridico* Studi Sassaresi. Ser. 3
Siena	*Università degli Studi. Facolta di Lettere e Filosofia* Annali
Torino	*Accademia delle Scienze* Annuario Atti. Classe di Scienze Fisiche, Matematiche e Naturali Classe di Scienze Morali, Storiche e Filologiche Memorie. Classe di Scienze Fisiche, Matematiche e Naturali Classe di Scienze Morali, Storiche e Filologiche
Trento	*Museo di Storia Naturale della Venezia Tridentina* Memorie Studi Trentini
Trieste	*Museo Civico di Storia Naturale* Atti

Università degli Studi
Notiziario
Pubblicazioni
Rendiconti dell'Istituto di Matematiche
Separata

Venezia *Istituto Veneto di Scienze, Lettere ed Arti*
Atti. Classe die Scienze Matematiche e Naturali
Classe di Scienze Morali e Lettere
Parte generale e Atti ufficiali

Museo Civico di Storia Naturale
Bolletino

Japan

Fukuoka *Kyusyu University. Faculty of Science. Mathematical Institute*
Memoirs. Ser. A: Mathematics

Hiroshima *Hiroshima University. Library*
Journal of Science. A — II: Physics and Chemistry
B — I : Zoology
B — II: Botany
C: Geology and Mineralogy
Memoirs of the Faculty of Engineering

Laboratory for Amphibian Biology
Scientific Report

Kyoto *Research Institute for Mathematical Sciences*
Memoirs of numerical mathematics
Publications

Nagoya *Department of Mathematics. Faculty of Science. Nagoya University*
Nagoya mathematical journal

Okayama *Department of Mathematics. Faculty of Science. Okayama University*
Mathematical Journal

Osaka *Kansai University. Faculty of Engineering*
Technology Reports

Osaka City University. Faculty of Science
Annual Reports of biological works
Osaka Journal of Mathematics

Osaka City University. Institute of Polytechnics
Journal of Biology

Sapporo *Hokkaido University. Faculty of Science*
Journal of the Faculty of Science. Physics

Sendai *Tohoku University. Faculty of Letters. Laboratory of Psychology*
Tohoku psychologica folia

Tokyo

University of Tokyo. Faculty of Science.
Journal of the Fac. of Science. Section I A

Nippon Telegraph and Telephone Public Cooperation.
The Electrical Communication Laboratory
Review

Toyama

Department of Mathematics. Faculty of Science.
Toyama University
Mathematics Reports

Yokohama

Mathematical Society of Japan
Journal

SFR Jugoslawien

Beograd

Department of Mechanics. Faculty of Sciences.
University of Belgrade
Teorijska i primenjena mehanika

Drustvo Matematicara, Fizicara i Astronoma N. R. S.
Mathematica balkanica
Vesnik

Institut de Geographie „Jovan Cvijić“
Posebna izdanja
Zbornik radova

Matematicki Institut
Matematički vesnik
Publications

Observatoire Astronomique
Bulletin
Publications

Srpska Akademija Nauka i Umetnosti
Balcanica
Balkanološki Institut. Posebna izdana
Balkanske Narodne Umotvorine
Bulletin. Classe des Sciences naturelles et mathématique
Classe des Sciences médicale
Classe des Sciences naturelles
Chilandarski zbornik
Galeria sanu
Glas. Otdel. istorijskich nauka
Otdel. likovne i muzičke umetnosti
Glasnik
Glasnik Etnografskog Instituta
Godišnjak
Godišnjak našeg neba
Gradja
Institut za književnost i umetnost. Godišnjak
Studije e rasprave
Istoriski časopis
Istoriski Institut. Posebna izdanja

Jugoslovenske zemlje u XIX veku
Jugoslovenske zemlje u XX veku
Južnoslovenski filolog
Klasični izdanja
Muzička izdanja
Naš jezik
Naučno-popularni spisi
Onomatološki prilozi
Posebna izdanja
Pregled razmene izdanja
Spomenice
Spomenik
Srpski etnografiski zbornik
Starinar
Zbornik radova
Zbornik radova o etnomofauna
Zbornik radova o fauni SR Srbije
Zbornik radova Vizantoloskog Instituta
Zbornik za istočnjacki istorisku i književnu gradju
Zbornik za istoriju, jezik i književnost srpskog naroda

Ljubljana

Conseil des Académies de la RPF Yougoslavie
Bulletin scientifique. Sect. A. B.

Nuklearni Institut „Jozef Stefan"
Report

Slovenska Akademija Znanosti in Umetnosti
Acta carstologica
Arheološki vestnik
Biblioteka
Dela. Classis I—V
Fontes rerum slovenicarum
Geografski zbornik
Gradivo za narodopisje slovencev
Letopis
Linguistica
Razprave. Classis I—IV
Zbornik Instituta za slovensko narodopisje

Novi Sad

Matica Srpska
Zbornik za filologiju i lingvisticu

Institut za Matematiku
Zbornik radova. Ser. za Fiziku
Ser. za Matematiku

Pula

Arheološki Muzej Istre
Jadranski zbornik
Kulturhistorische Denkmäler in Istrien

Sarajevo

Akademija Nauka i Umjetnosti Bosne i Hercegovine
Djela
Godisnja
Posebna izdanja

Biološki Institut
Godišnjak

Filozofski Fakultet
Radovi

Zemalski Muzej
Glasnik. Arheologija
Etnologija
Istorija
Wissenschaftliche Mitteilungen des Bosnisch-Herzegowinischen Landesmuseums

Skopje

Filozofski Fakultet na Universitetot
Godišen zbornik

Faculté de Physique des Sciences Naturelles de l'Université Kiril et Metodij
Godišen zbornik. Fizika

Faculté des Mathématiques de l'Université
Godišen zbornik

Filozofski Fakultet na Universitetot, Seminar na klasicna filologia
Živa antika

Institute of Folklore
Makedonski folklor
Makedonski pecal'barski narodni pesni

Makedonische Akademie der Wissenschaften und Künste
Letopis
Macedonian Review
Prilog kon bibliografijata
Prilozi. Odd. za opstestveni nauki
Odd. za prir.-mat. nauki
Pristapni

Narodna i Universitetska Biblioteka „Kliment Ohridski"
Macedonian Review
Razgledi

Split

Institut za nacionalnu arheologiju
Starohrvatska prosvjeta

Zagreb

Društvo Matematičara i Fizičara SRH
Glasnik matematičko-fizički i astronomski

Hrvatsko-prirodoslovno Društvo
Periodicum biologicum

Geološki Zavod
Geološki vjesnik

Jugoslovenska Akademija Znanosti i Umetnosti
Bulletin international
Djela
Gradja za povijest književnosti hrvatski
Hrvatska bibliografija

Ljetopis
Prirodoslovna istraživanja
Rad
Zbornik za narodni život
Zbornik zavoda za povjesne znanosti Istraživačkog Centra JAZ

Staroslovenski Institut
Slovo

Kanada

Montréal *Université de Montréal. Départment d'Etudes Slaves*
Etudes slaves et est-européennes

Kolumbien

Bogotá *Academia Columbiana de Ciencias Exactas, Fisicas y Naturales*
Revista

Kongo

Kinshasa *Université Lovanium*
Publications

Luxemburg

Luxemburg *Institut Grand-Ducal de Luxemburg. Section des Sciences Naturelles, Physiques et Mathématiques*
Archives
Publications

Marokko

Rabat *Université Mohammed V. Institut Scientifique*
Bulletin
Documents

Mexico

Mexiko *Biblioteca Instituto de Geologia*
Boletin
Divulgación
Paleontologia mexicana

Escuela Nacional de Ciencias Biológicas
Anales

Instituto Nacional de Antropologia e Historia
Antropologia e Historia

Neuseeland

Auckland *The University of Auckland*
Mathematics Chronicle
New Zealand Mathematics Magazine
Univ. of Auckland. Dpt. of Mathematics. Report Series

Wellington *Royal Society of New Zealand*
Bulletin
Journal
Proceedings
Transactions

Niederlande

Amsterdam *Koninklijke Nederlandse Akademie van Wetenschappen*
Jaarboek
Mededeelingen. Afd. Letterkunde
Proceedings. Afd. A. B. C.
Verhandelingen. Afd. Letterkunde
Afd. Natuurkunde

Wiskundig Genootschap
Nieuw Archief voor Wiskunde
Wiskundige opgaven met de oplossingen

Haarlem *Hollandsche Maatschappij der Wetenschappen*
Archives néerlandaises de zoologie
Physica

Den Haag *Koninklijke Bibliotheek*
Bibliografie
Mnemosyne
Neophilologus

Leiden *Maatschappij der Nederlandsche Letterkunde*
Jaarboek

Utrecht *Provinciaal Utrechts Genootschap van Kunsten en Wetenschappen*
Bijdragen en mededeelingen betr. de gesch. der Nederlanden
Verslag van het verhandelde

Norwegen

Bergen *Universitetsbiblioteket*
Årbok. Hist. antikv. rekke
Humanistisk serie
Matemat.-naturvidenskapelig serie
Medisinsk rekke
Aarsmelding
Skrifter. Bergens Historiske Forening

Oslo *Norske Meteorologiska Institutt*
Norsk Meteorologisk Årbok

Norske Videnskaps-Akademi
Årbok
Astrophysica Norvegica
Avhandlingar. Hist.-filos. klasse
Matem.-naturvid. klasse
Geophysica Norvegica

Hvalradets Skrifter
Physica Norvegica
Skrifter. Hist.-filos. klasse
Matem.-naturvid. klasse

Universitetets Oldsaksamling
Årbok
Norske Oldfunn
Skrifter. Ny rekke
Tilvekst
Viking

Universitetsbiblioteket
Archiv for Matematik og Naturvidenskab

Tromsø *Tromsø Museum*
Tromura. Ser. cultural sciences

Trondheim *Det Kongelige Norske Videnskabers Selskabet*
Museet. Direksjones Arsberetning
Forhandlinger
Skrifter

Österreich

Graz *Historischer Verein für Steiermark*
Blätter für Heimatkunde
Mitteilungen des Steiermärkischen Landesarchives
Zeitschrift. Nebst Sonderbände

Naturwissenschaftlicher Verein für Steiermark
Mitteilungen

Steiermärkische Landesbibliothek
Jahrbuch der naturwissenschaftlichen Abteilung am Joanneum

Innsbruck *Universitätsbibliothek*
Innsbrucker Beiträge zur Kulturwissenschaft.
Sonderhefte

Linz *Institut für Landeskunde von Oberösterreich*
Forschungen in Lauriacum

Adalbert-Stifter-Institut des Landes Oberösterreich
Vierteljahresschrift

Wien *Bibliothek der Technischen Hochschule*
Abhandlungen der Geographischen Gesellschaft
Mitteilungen der Geographischen Gesellschaft

Geologische Gesellschaft
Mitteilungen

Naturhistorisches Museum
Annalen

Österreichische Akademie der Wissenschaften
Almanach
Anzeiger. Math.-nat. Klasse
Phil.-hist. Klasse
Archiv für österreichische Geschichte
Denkschriften. Math.-nat. Klasse
Phil.-hist. Klasse
Fontes
Mitteilungen der Prähistorischen Kommission
Monatshefte für Chemie
Sitzungsberichte. Math.-nat. Klasse
Phil.-hist. Klasse

Österreichische Mathematische Gesellschaft
Internationale mathematische Nachrichten

Universitätssternwarte
Annalen

Zoologisch-botanische Gesellschaft
Abhandlungen
Koleoptereologische Rundschau
Verhandlungen

Peru

Lima
Academia Nacional de Ciencias Exactas, Fisicas y Naturales
Actas

VR Polen

Kraków
Polska Akademia Nauk. Oddział w Krakowie
Acta archeologica Carpathica
Acta biologica Cracoviensa. Ser. Botanica et Zoologica
Folia quaternaria
Mały Atlas gwar polskich
Materialy Komisji nauk historycznych
Prace Komisji Archeologicznej
Prace Komisji Filologii klasycznej
Prace Komisji Nauk Historicznych
Ruch literacki
Słownik staropolski
Studia Ośrodka dokumentacji fizjograficznej

Polish Academy of Sciences. Institute of Systematic and experimental Zoology
Acta Zoologica Cracoviensia
Folia Biologica

Polskie Towarzystwo Geologiczne
Regionalna Geologia Polski
Rocznik

Łódź
Łódzkie Towarzystwo Naukowe
Biuletyn peryglacjalny

Lublin *Biblioteka Uniwersytecka. Katolickiego Uniwersytetu Lubelskiego*
Roczniki filozoficzne
Roczniki teologiczno-kanoniczne
Rozprawy. Wydział Filozoficzny
Rozprawy. Wydział Historyczno-filologicznego
Wydział Teolog.-kanon.

Uniwersytet Marii Curie-Skłodowskiej
Annales. A. AA. B. C. D. DD. E. F. G. H.

Poznań *Polskie Towarzystwo Antropologiczne*
Przegląd Antropologiczny

Polskie Towarzystwo Historyczne. Oddział w Poznaniu
Studia i materiały do dziejów Wielkopolski i Pomorza

Poznańskie Towarzystwo Przyjaciół Nauk
Bulletin. Ser. 6
Prace Komisji Farmaceuticznej
Prace Komisji Filologicznej
Prace Komisji Historii Sztuki
Prace Komisji Językoznawczej
Roczniki Historyczne
Zabytki języka i literatury polskiej

Szczecin *Muzeum Narodowe*
Materiały Zachodnio-pomorskie

Toruń *Towarzystwo Naukowe*
Fontes
Prace Wydziału Filologiczno-filozoficznego
Roczniki
Sprawozdania
Studia. Sect. C. E. F. G.
Zapiski Historyczne

Warszawa *Centralny Instytut Informacji Naukowo-Technicznej i Ekonomicznej*
Obzor pol'skoj techničeskoj literatury

Panstwowe Muzeum Archeologiczne
Archeologia
Materialy starożytne
Wiadomości archeologiczne

Polska Akademia Nauk. Instytut Matematyczny
Annales polonici mathematici

Polskie Towarzystwo Matematyczne
Roczniki. Ser. A: Prace Matematyczne
B: Wiadomości Matematyczne

Warsaw Technical University. Institute of Mathematics
Demonstratio Mathematica

Wrocław *Muzeum Etnograficzne. Oddz. Muzeum Śląskiego*
Roczniki etnografii śląskiej
Zeszyty Etnograficzne

Polski Związek Entomologiczny
Polskiego pismo entomologiczne. Ser. B.

Wrocławskie Towarzystwo Naukowe
Comptes rendus
Prace. Ser. A. B.
Sprawozdania. Ser. A. B.

Portugal

Lisboa

Academia das Ciências de Lisboa
Anuário
Boletim

Academia Internacional da Cultura Portuguesa
Boletim

Sociedade Portuguese de Física
Portugaliae physica

SR Rumänien

Bucureşti

Academia Republicii Socialiste România
Analele
Communicările
Discursuri de receptie
Noesis
Publicaţiile Comisiei pentru studiul şi formarea limbii şi poporului romin
Revista de filozofii
Revue des études sud-est européennes
Revue roumaine de biologie. Ser. Animale
Ser. Vegetale
Revue roumaine de chimie
Revue roumaine de géologie, géophysique et géographie
Revue roumaine de mathématiques pures et appliquées
Revue roumaine des sciences sociales
Sér. de philosophie et logique
Sér. de psychologie
Sér. des sciences économiques
Sér. des sciences juridiques
Revue roumaine des sciences techniques
Sér. de mécanique appliquée
Sér. électrotechnique et énergétique
Revue roumaine d'histoire
Studii. Revista de istorie
Studii clasice
Studii şi cercetări istorie veche
Studii şi materiale de istorie modernă
Viitorul social

Institutul Geologic
Anuarul Comitetului geologic
Adunare ... a Com. Seismol. Europene
Dări de sea mă ale şedineţlor

Memoires
Studi tehnice şi economice

Societatea de Ştiinţe Matematice şi Fizice
Bulletin mathématique
Gazeta mathematică. Ser. A

Cluj

Biblioteca Centrală Universitară
Anuarul de Folclor

Iasi

Academia de Ştiinţe Sociale şi Politice.
Institutul de Istorie şi Arheologie „Xenopol"
Anuarul

Schweden

Göteborg

Chalmers Tekniska Högskolas Biblioteket
Handlingar

Kungl. Vetenskaps- och Vitterhetssamhället
Årsbok
Årsredogörelse
Etnologiska studier

Universitetsbibliotek
Göteborgs Universitets Årsskrift
Göteborger germanistische Forschungen
Gothenburg Studies in English
Romanica Gothoborgensia
Studia graeca et latina Gothoburgensia

Lund

Kungl. Fysiografiska Sällskapets
Förhandlingar

Kungl. Humanistika Vetenskapssamfundet
Årsberättelse
Scripta minora
Skrifter

Slaviska Institutet vid Lunds Universitet
Årsbok
Meddelanden (Sprakliga bidrag)

Universitetsbiblioteket
Lunds Universitets Årsskrift
Mémoires du Musée historique

Stockholm

Kungliga Biblioteket
Acta Bibl. Reg. Stockh.

Kungl. Tekniska Högskolas Bibliotek
Forskning och Framsteg

Kungl. Vitterhets Historie och Antikvitets Akademien
Antikvariskt arkiv
Årsbok

Filologiskt arkiv
Fornvännen
Handlingar. Antikvariska serien
Filosofisk-filologiska serien
Historika serien
Historiskt arkiv
Myntkabinettet tillväxten
Numismatica Stockholmiensia

Nordiska Museet
Fataburen
Handlingar

Stockholms Universitets Bibliotek
The Ethnographical Museum of Sweden. Monograph series
Stockholm studies in history of literature

Uppsala *Kungl. Humanistiska Vetenskapssamfundet*
Skrifter

Geological Survey of Sweden. Library
Förhandlingar
Sveriges Geologiska Undersökning

Kungl. Vetenskaps-Societeten
Årsbok
Nova Acta

Universitetsbiblioteket
Acta Bibliothecae R. Universitatis Upsaliensis
Acta Universitatis Upsaliensis
Acta Societatis linguisticae Upsaliensis
Historia litterarum
Historia religonum
Bulletin of the Geological Institute
Eranos
Upsala Journal of Medical Science, Suppl.
Uppsala Läkareförenings förhandlingar

Schweiz

Aarau *Historische Gesellschaft des Kantons Aargau*
Argovia

Basel *Historische und antiquarische Gesellschaft*
Basler Bibliographie
Basler Zeitschrift für Geschichte und Altertumskunde

Naturforschende Gesellschaft
Verhandlungen

Öffentliche Bibliothek der Universität
Akademische Vorträge
Jahresverzeichnis der Schweizerischen Hochschulschriften

Bern *Allgemeine Geschichtsforschende Gesellschaft der Schweiz*
Bibliographie der Schweizergeschichte

Bulletin
Schweizerische Zeitschrift für Geschichte

Naturforschende Gesellschaft
Jahrbuch
Mitteilungen

Schweizerische Geisteswissenschaftliche Gesellschaft
Jahresbericht

Schweizerische Naturforschende Gesellschaft
Denkschriften
Verhandlungen

Chur
Naturforschende Gesellschaft Graubündens
Jahresbericht

Genf
Institut National Genevois
Bulletin
Bulletin. N. S.

Musée d'Art et d'Histoire
Genava

Société Physique et d'Histoire Naturelle
Mémoires

Neuchâtel
Bibliothèque Centrale de l'Université
Mémoires
Publications du Séminaire de Géométrie
Recueil des travaux
Travaux de l'Institut botanique

Schaffhausen
Naturforschende Gesellschaft
Mitteilungen
Neujahrsblatt

Zürich
Geographisch-ethnographische Gesellschaft
Geographica Helvetica

Naturforschende Gesellschaft
Neujahrsblatt
Vierteljahrsschrift. Nebst Beihefte

Schweizerisches Landesmuseum
Jahresbericht

Senegal

Dakar
Université de Dakar. Bibliothèque Universitaire
Annales de la Faculté des Séances

Sowjetunion

Alma-Ata
Akademija Nauk Kazachskoj SSR. Central'naja Naučnaja Biblioteka
Botaničeskie Materialy Gerbarija

Astrofizičeskij Institut Akademii Nauk Kazachskoj SSR
Astrofizika

Izvestija
Trudy

Char'kow

Char'kovskaja Gosudarstvennaja Naučnaja Biblioteka
Fizika nizkich temperatur
Russkoe jazykoznanie

Char'kovskij Gosudarstvennyj Universitet im. A. M. Gor'kogo
Cirkuljar Astronomičeskoj observatorii

Dušanbe

Akademija Nauk Tadžikskoj SSR. Central'naja Naučnaja Biblioteka
Doklady AN TSSR
Izvestija AN TSSR

Erevan

Akademija Nauk Armjanskoj SSR
Soobščenija Bjurakanskoj Observatorii

Kazań

Kazanskij Gosudarstvennyj Universitet
Bjulleten Astronomičeskoj Observatorii
Izvestija Astronomičeskoj Engel'gardtovskoj Observatorii

Kiev

Akademija Nauk Ukrainskoj SSR. Central'naja Naučnaja Biblioteka
Astronometria i Astrofizika
Avtomatičeskaja svarka
Doslidžennja i materialy z ukrainskojimovy
Geologičnyj žurnal
Leksykografija i kul'tura reči
Prykladna mechanika
Trudy Poltavskoj Gravimetričeskoj Observatorii
Visnyk AN USSR

Astronomičeskaja Observatorija Gosudarstvennogo Universiteta im. T. G. Ševčenko
Cirkuljar
Publikacii

Kišinev

Central'naja Biblioteka Akademii Nauk Moldavskoj SSR
Monographien

Leningrad

Akademija Nauk SSR
Astronomičeskij ežegodnik
Bjulleten Vsesojuznogo Astronomo-geodezičeskogo Obščestva
Efemeridy malych planetov
Izvestija Glavnoj Astronomičeskoj Observatorii v Pulkove
Izvestija Krymskoj Astrofizičeskoj Observatorii
Materialy vtoričnoj patentnoj informacii
Novosti sistematiki nizšich rastenij
Novosti sistematiki vysšich rastenij
Sbornik Muzeja Antropologii i Etnografii
Soobščenija Gosudarstvennogo Astronomičeskogo Instituta im P. K. Sternberga
Trudy Gel'mintologičeskoj Laboratorii
Trudy Glavnoj Astronomičeskogo Observatorii v Pulkove
Trudy i materialy naučnych kongressov i soveščanij, opublikovannye za rubežom
Trudy Paleontologičeskogo Instituta

L'vov	*Astronomičeskaja Observatorija L'vovskogo Gosudarstvennogo Universiteta im. Ivana Franko* Cirkuljar
Moskva	*Gosudarstvennaja Publičnaja Naučno-techničeskaja Biblioteka SSSR* Uspechi chimii
Tartu	*Akademija Nauk Estronskoj SSR. Institut Fiziki i Astronomii* Soobščenija Tartuskoj Astronomičeskoj Observatorii Trudy
Taškent	*Akademija Nauk Uzbekskoj SSR. Fundamental'naja Biblioteka* Doklady Obščestvennye nauki v Uzbekistane
Tbilisi	*Akademija Nauk Gruzinskoj SSR. Abastumanskaja Astrofizičeskaja Observatorija* Bjulleten

Spanien

Barcelona	*Real Academia de Ciencias y Artes* Memorias Nomina de personal académico
Valladolid	*Universidad de Valladolid. Departamento de Prehistoria y Arqueología* Boletín

Sri Lanka

Peradeniya	*University of Peradeniya* Administration Report of the Director Ceylon Journal of Science. Biological Series Spolia Zeylanica. Geology, Zoology, Anthropology

Tschechoslowakische Sozialistische Republik

Bratislava	*Geologický Ustav D. Štúra* Sborník geologických vied
	Slovenská Akadémia Vied Acta geologica et geographica Ekonomický časopis Filozofia Jazykovedny časopis Slovenskie odborné názvoslovie
	Slovenska Akademia Vied. Geofyzikálný Ustav Bulletin of the Slovak Seismographic Stations Contributions
Brno	*Brněnská Základna Československé Akademie Věd* Folia Geobotanica Prace. Botanika Geografia Geologia Zoologia

Czechoslovak Academy of Sciences. Botanical Institute
Česká mykologie
Folia geobotanica et phytotaxonomica bohemoslavica

Universita J. E. Purkyně. Filosofické Fakulty
Ročenka
Sbornik prací Filosofické fakulty. Rada C. E. F. G.
Spisy Lékarské fakulty
Spisy Přírodovědecké fakulty

University J. E. Purkyně. Faculty of Science
Archivum Mathematicum
Folia
Scripta

Vysoká Škola Zemědělská
Sborník. Řada A. B. C.
Spisy

Olomouc

University F. Palackého. Přírodovědecké Fakulty
Acta

Ostrava

Státní Vědecká Knihovna
Sborník praci Ped. Fakulty
Spisy Ped. Fakulty

Praha

Archivní správa Ministerstva Vnitra
Archivní časopis
Sborník archivních prací

Československá Akademie Věd
Collection of Czechoslovak Chemical Communications
Rozpravy matemat. a přírod. věd
Rozpravy společenských věd
Rozpravy technických věd
Slovanký přehled
Vestník

Československá Akademie Věd. Geofysikální Ustav
Bulletin ČS Seismických Stanic
Geofysikalný sborník

Československá Akademie Věd. Historický Ustav
Československý časopis historický

Československá Akademie Věd. Kabinet cizích jazyků
Slavia

Československá Akademie Věd. Matematický Ustav
Aplikace matematiky
Časopis pro pěstování matematiky
Czechoslovak mathematical journal

Československá Akademie Věd. Ustav Technické Fysiky
Czechoslovak journal of physics

Československá Akademie Věd. Ustředni Ustav Matematicki
Časopis pro pěstování matematiky a fysiky

Československé Entomologická Společnost
Acta entomologica bohemoslavica

Národní Muzeum. Entomologické oddělení
Acta faunistica entomologica
Sborník

Státní židovské Muzeum
Judaica Bohemiae

Ustředni ústav Geologický
Sborník

VR Ungarn

Budapest

Bányaszati Kutatóintézet
Mitteilungen

Budapesti Müszaki Egyetem Központi Könyvtara
Elfogadot doktori diszertaciok jegy zeke
Felsöoktataisi munkaved. közlemenych
Periodica polytechnica

Magyar Tudományos Akademia
Acta biologica
Acta geologica
Acta historica
Acta historiae artium
Acta linguistica
Acta mathematica
Acta medica
Acta morphologica
Acta Orientalia
Acta physiologica
Acta veterinaria
Könyvtárának közlemenyei
Magyar tudomány
Studia historica

Magyar Tudományos Akadémia. Matematikai Kutató Intézetének
Studia scientiarum mathematicarum Hungaricae

Debrecen

Institutum mathematicum Universitatis Debreceniensis
Publicationes mathematicae

Szeged

Institutum Bolyainum Universitatis
Acta scientiarum mathematicarum

Uruguay

Montevideo

Museo Nacional de Historia Natural
Comunicaciones antropológicas
Comunicaciones botanicás
Comunicaciones paleontológicas
Comunicaciones zoológicas

Venezuela

Caracas	*Universidad Central de Venezuela. Facultad de Ciencias. Escuela de Biología* Acta biologica venezuelica	

Vereinigte Staaten von Amerika

Albany	*New York State Museum and Science Service* Bulletin Educational Leaflet Handbook Map and Chart Series
Berkeley	*University of California* Lick Observatory Bulletin Pacific Journal of Mathematics
Bloomington	*Indiana University Library* Indiana University Publications. Social Sciences Series Journal of Mathematics and Mechanics
Boston	*American Academy of Arts and Sciences* Daedalus Memoirs Records
Cambridge	*Massachusetts Institute of Technology* Studies in applied mathematics *Museum of Comparative Zoology at Harvard College* Bulletin
Chicago	*Field Museum of Natural History* Publication. Report Series
Columbus	*Ohio State University* Chemical Abstracts
Eugene	*University of Oregon. Library* Comparative literature
Gainesville	*University of Florida. Florida State Museum* Bulletin. Biological Science Report of the Director
Indianapolis	*Indiana Academy of Science* Proceedings
Lawrence	*Kansas Academy of Science* Transactions *University of Kansas. Library* Library Series Science Bulletin
Lexington	*University of Kentucky Library* Kentucky Geological Survey. Bulletin Report of Investigations Special Publication

Los Angeles	*University of Southern California. Allan Hancock Foundation* Allan Hancock Monographs in marine biology
Madison	*Wisconsin Academy of Sciences, Arts and Letters* Transactions Wisconsin astrophysics
New Haven	*Connecticut Academy of Arts and Sciences* Memoirs Transactions
	Kline Science Library Peabody Museum. Bulletin
New York	*American Academy of Arts and Letters* Proceedings
	American Council of Learned Societies Annual Report
	American Museum of Natural History Annual Report Anthropological Papers Bulletin Natural History Novitates Science Guide
	Rockefeller Institute for Medical Research Journal of General Physiology
Philadelphia	*American Philosophical Society* Memoirs Proceedings Transactions Year Book
Pittsburgh	*Hillmann Library* Public Policy Studies Documents
Providence	*American Mathematical Society* Bulletin
Reston	*U. S. Geological Survey* Earthquake Information Bulletin New Publications
San Francisco	*California Academy of Sciences* Annual Report Occasional Papers Proceedings
Seattle	*University of Washington. Library* Annual Northwest Traffic Engineering Conference. Proceedings Publications in Anthropology Publications of Oceanography Trend in Engineering

Urbana *University of Illinois. Library*
Agricultural Experiment Station. Bulletin
Circular
Biological Notes
Engineering Experiment Stations. Bulletin
Engineering Outlook
Illinois Natural History Survey. Bulletin
Circular
Publications

Washington *Library of Congress*
American Bibliography of Russian and East European Studies
World list of Future International Meetings

National Bureau of Standards
Earthquake Information Bulletin
Journal of Research, Sect. B

Smithsonian Institution
Annual Report of the Board of Regents
Bureau of American Ethnology. Annual Report
Bulletin
Smithsonian Contributions to Astrophysics
U. S. National Herbarium. Contributions
U. S. National Museum. Proceedings

Westberlin

Deutsches Archäologisches Institut
Archäologische Bibliographie
Archäologischer Anzeiger
Jahrbuch

Staatsbibliothek Preußischer Kulturbesitz
Monographien

Technische Universität
Humanismus und Technik

Es gingen ein an Einzelwerken im Jahre 1985 — 200 Bände
1986 — 259 Bände.

OBR Dr, Dietmar Debes
Dr. Gerald Wiemers

ABKÜRZUNGEN

Abh.	Abhandlung(en)
AdW	Akademie der Wissenschaften der DDR
AfO	Archiv für Orientforschung . (Berlin) Graz
Alman.	Almanach
Ann.	Annalen
Anz.	Anzeige(r)
Art.	Artikel
Bd	Band, Bände
Beil.	Beilage
Beitr.	Beiträge zur Geschichte der deutschen Sprache und Literatur. Tübingen.
Ber.	Berichte
Bespr.	Besprechung(en)
BO	Bibliotheca Orientalis. Leiden
BrP	Beiträge zur romanischen Philologie. Berlin
CVA	Corpus Vasorum Antiquorum
ders., dies.	derselbe, dieselbe
DLZ	Deutsche Literaturzeitung. Berlin 1880ff.
dtsch.	deutsch(-e, -er)
DZfPh	Deutsche Zeitschrift für Philosophie. Berlin
ebda	ebenda
Festschr.	Festschrift
FFH	Freiberger Forschungshefte
Forsch.	Forschungen
FuF	Forschungen und Fortschritte. Berlin
H.	Heft
HZ	Historische Zeitschrift
Interv.	Interview
Jahrb., Jb.	Jahrbuch
Jh.	Jahrhundert
Kal.	Kalender
KDT	Kammer der Technik
KMU	Karl-Marx-Universität Leipzig
Ktn	Karten
LAB	Linguistische Arbeitsberichte. Leipzig
Lfg	Lieferung
LVZ	Leipziger Volkszeitung
MGH	Monumenta Germaniae Historica
MHF	Ministerium für Hoch- und Fachschulwesen
Mitt.	Mitteilungen
MPG	Max-Planck-Gesellschaft
Nachf.	Nachfolger
Nachr.	Nachruf
ND	Neues Deutschland

NT	Neues Testament
NTM	Naturwissenschaft, Technik, Medizin
NVA	Nationale Volksarmee
OLZ	Orientalische Literaturzeitung. (Leipzig) Berlin
o. V.	ohne Verfasser
PGM	Petermanns Geographische Mitteilungen
PH	Pädagogische Hochschule
Pl.	Plan, Pläne
RD	Referatedienst zur Literaturwissenschaft
Rev.	Revue
Rep.	Report
RGW	Rat für gegenseitige Wirtschaftshilfe
RUB	Reclams Universal-Bibliothek
S.-B., Sitzungsber.	Sitzungsbericht
T.	Teil, Titel
TH	Technische Hochschule
ThLZ	Theologische Literaturzeitung. (Leipzig) Berlin
TU	Technische Universität
Vortr.	Vortrag
Vorw.	Vorwort
Wschr.	Wochenschrift
WTA	Wissenschaftlich-technische Assistentin
WuF	Wissenschaft und Fortschritt
WZ	Wissenschaftliche Zeitschrift
Z., Zs., Zschr.	Zeitschrift
ZAA	Zeitschrift für Anglistik und Amerikanistik
ZAMM	Zeitschrift für angewandte Mathematik und Mechanik. Berlin
Zbl.	Zentralblatt
ZfdPh	Zeitschrift für deutsche Philologie
ZfG	Zeitschrift für Geschichtswissenschaft
ZfSl	Zeitschrift für Slawistik
ZISW	Zentralinstitut für Sprachwissenschaft
ZPSK	Zeitschrift Phonetik, Sprachwissenschaft, Kommunitationsforschung
ZRG (GA, RA, KA)	Zeitschrift der Savigny-Stiftung für Rechtsgeschichte (germanistische Abteilung, romanistische Abteilung, kanonistische Abteilung)
Ztg	Zeitung

ANHANG

Wie familiär war Johann Sebastian Bach[1]

Werner Felix

Vor mehreren Jahren hat Herr Kollege Werner Neumann vor Ihnen über einige grundlegende Beobachtungen an Bachs Kantatenschaffen und über einige Fragen zur Entwicklung der Bachforschung gesprochen. Im Jubiläumsjahr 1985 sind zahlreiche Äußerungen über Johann Sebastian Bach in der Öffentlichkeit erfolgt.

Ich habe mich deshalb zu einem Thema entschlossen, das Johann Sebastian Bach gewidmet, aber nicht von strenger oder programmatischer Grundsätzlichkeit ist. Lassen Sie uns gemeinsam der Frage nachgehen, wie familiär Bach gewesen ist, dem alten Herrn gewissermaßen über die Schulter schauen und dabei aus dem Blick in die Familie und in die Häuslichkeit doch zugleich etwas Wesentliches für das Verständnis seiner Persönlichkeit, seiner Haltungen und Denkweisen gewinnen.

Fragen wir nach Wesenszügen, die für Johann Sebastian Bach kennzeichnend waren, so tritt mit Notwendigkeit seine Integration in einen Familienverband hervor, die bei keinem anderen unserer großen Meister der Musik ihresgleichen hat. Die uns überlieferten und die bis heute erschlossenen Dokumente vermitteln Einsichten in familiäre Fragen, die nur höchst selten einmal zum Gegenstand der Betrachtung gemacht werden, auf die man aber nicht verzichten sollte, wenn man Johann Sebastian Bach in seiner Komplexität verstehen oder darstellen will. Wie alle dokumentarischen Überlieferungen sind aber natürlich auch die familienbezogenen lückenhaft, und sie verdienen des weiteren Nachdenkens.

Allgemein ist die plastische Beschreibung der Familientage, der Familientreffen bekannt, die der erste Bachbiograph, Johann Nikolaus Forkel im Jahre 1802 gegeben hat.[2]

Im 1. Kapitel seines Buches beschreibt Forkel einiges aus der Generationsfolge der Bache und hebt ihre gegenseitige Anhänglichkeit hervor.

„Außer dieser schönen, zum frohen Lebensgenuß unentbehrlichen Genügsamkeit, hatten auch die verschiedenen Glieder dieser Familie eine sehr große Anhänglichkeit an einander. Da sie unmöglich alle an einem einzigen Orte beysammen leben konnten, so wollten sie sich doch wenigstens einmal im Jahre sehen, und bestimmten einen gewissen Tag, an welchem sie sich sämmtlich an einem dazu gewählten Orte einfinden mußten. Auch dann noch, als die Familie an Zahl ihrer Glieder schon sehr zugenommen, und sich außer Thüringen auch hin und wieder in Ober- und Niedersachsen, so wie in Franken hatte verbreiten müssen, setzte sie ihre jährlichen Zusammenkünfte fort. Der Versammlungsort war gewöhnlich Erfurt, Eisenach oder Arnstadt. Die Art und Weise, wie sie die Zeit während dieser Zusammenkunft hinbrachten, war ganz musikalisch. Da die Gesellschaft aus lauter Cantoren, Organisten und Stadtmusikanten bestand, die sämmtlich mit der Kirche zu thun hatten, und es überhaupt damals noch eine Gewohnheit war, alle Dinge mit Religion anzufangen, so wurde, wenn sie versammelt waren, zuerst ein Choral angestimmt. Von

[1] Vorgetragen in der Sitzung am 13. 2. 1987

[2] Johann Nikolaus Forkel. Über Johann Sebastian Bachs Leben, Kunst und Kunstwerke, Leipzig 1802.

diesem andächtigen Anfang gingen sie zu Scherzen über, die häufig sehr gegen denselben abstachen. Sie sangen nehmlich nun Volkslieder, theils von possierlichem, theils auch von schlüpfrigem Inhalt zugleich mit einander aus dem Stegreif so, daß zwar die verschiedenen extemporirten Stimmen eine Art von Harmonie ausmachten, die Texte aber in jeder Stimme andern Inhalts waren. Sie nannten diese Art von extemporirter Zusammenstimmung Quodlibet, und konnten nicht nur selbst recht von ganzem Herzen dabey lachen, sondern erregten auch ein eben so herzliches und unwiderstehliches Lachen bey jedem, der sie hörte."

Forkel kann die Information über diese Familientreffen wohl nur über die Bach-Söhne Wilhelm Friedemann und Carl Philipp Emanuel erhalten haben. Im Nekrolog auf Johann Sebastian Bach waren sie noch nicht erwähnt worden.

Es ist ganz unzweifelhaft, daß die vielen Angehörigen der Bachfamilie auch im frühen 18. Jahrhundert noch untereinander verbunden waren, daß sie einander wo notwendig, auch geholfen haben. Johann Sebastians Lebensweg bietet für diese Feststellung manche sicheren Anhaltspunkte:

Seine Bestallung als Organist der Neuen Kirche in Arnstadt erfolgte am 9. August 1703. Überlegen wir: Bach war damals reichlich 18 Jahre alt. Er hatte ganze 5 Monate untergeordneten Hofmusikerdienst in Weimar geleistet. Er hatte zuvor eine Organistenstelle in Sangerhausen nicht erhalten, um die er sich nach Ende seiner Gymnasialausbildung in Lüneburg beworben hatte. Dennoch hatte Arnstadt ihn vielleicht zur Orgelprüfung in die Neue Kirche eingeladen. Die Orgel dieser Kirche war nach langer Zeit erneuert und die Bestallung eines Organisten war notwendig geworden. Bachs mögliche Einladung zur Prüfung dieser Orgel geschah aber kaum, weil er bereits ein hochangesehener Organist war, und nur angesehene Organisten wurden zu Orgelprüfungen eingeladen. Für die Öffentlichkeit war Johann Sebastian Bach im Sommer 1703 als Orgelspieler noch ein unbeschriebenes Blatt. Nur der Einfluß der Familie Bach, deren mehrere Mitglieder in Arnstadt und Umgebung wirkten, kann den Arnstädter Bürgermeister Feldhaus, der übrigens in die Familie Bach hineingeheiratet hatte, bewogen haben, sich für den jungen Johann Sebastian stark zu machen. Und er konnte damals wahrhaftig nicht ahnen, daß in Arnstadt damit der Beginn einer in ihrer Art beispiellosen Musikerlaufbahn eines Mitgliedes der Familie Bach gesetzt wurde.

Solche gegenseitige Hilfe der Bache war ein Stück Selbstbehauptung der Familie, und sie gründete sich zudem auf ein hohes Ansehen, das sich die Bache in mehreren Generationen in Erfurt, Arnstadt, Eisenach, Ohrdruf, Gehren, Gotha, Wechmar, Weimar usw. erworben hatten, und mit dem sie wohl umzugehen wußten.

Offensichtlich sind aber auch Wandlungen in der Eigenart der Familienbeziehungen, im familiären Verhalten der Bache eingetreten: Lockerungen des Gefüges in der Generationenfolge, der regionalen Verstreuung der Familienmitglieder, unterschiedlicher Höhen ihres sozialen Aufstieges und der relativ niedrigen Lebenserwartung, die manche Zweige dieser Familie unerwartet früh verschwinden ließ. Eine Beobachtung, die für die damalige Zeit überall zu machen ist.

Als Johann Sebastian Bach 1685 geboren wurde, hatte er sechs Geschwister: vier Brüder und zwei Schwestern. Zehn Jahre später, als die Kinder beide Elternteile durch Tod verloren, waren nur noch vier Geschwister am Leben, drei Brüder und eine Schwester.

1685 starb der Bruder Johann Jonas Bach (geboren 1675),
1686 die Schwester Johanna Juditha (geboren 1680).
1691 wurde der Bruder Johann Balthasar begraben (geboren 1673).
1694 starb die Mutter.

1695 starb der inzwischen zum zweiten Mal verheiratete Vater.

1721 starb Johann Sebastians Bruder Johann Christoph (geboren 1671), der den jungen Sebastian nach dem Tode der Eltern zu sich nach Ohrdruf genommen hatte.

1722 starb der Bruder Johann Jakob (geboren 1682), der „fratello dilettissimo" in schwedischen Diensten, für den Johann Sebastian in Arnstadt einst das berühmte „Capriccio auf die Abreise des geliebtesten Bruders" geschrieben haben dürfte.

1728 starb als letztes Geschwister die Schwester Maria Salome (geboren 1677).

Fünf Jahre nach seinem Leipziger Amtsantritt war Johann Sebastian der einzige Überlebende aus der Eisenacher Familie von Johann Ambrosius Bach und Elisabeth Bachin geborene Lämmerhirt geblieben.

Es gab aber auch eine Anzahl weiterreichender Familienbindungen zu entfernteren Familienteilen und Familienangehörigen, so z. B. zu den Cousins Johann Valentin Bach (1669 bis 1720) in Schweinfurth, oder zum Arnstädter Johann Ernst Bach (1683 bis 1739), mit dem er einstens in Ohrdruf die Schulbank gedrückt und den er als seinen Vertreter während der von Arnstadt aus angetretenen Bildungsreise nach Lübeck eingesetzt hatte.

Sechs Bache waren zeitweilig Schüler von Johann Sebastian. Unter ihnen des Schweinfurther Cousins Jungen Johann Lorenz (1695 bis 1773) und Johann Elias (1705 bis 1755): Lorenz in Weimar, Elias in Leipzig, wo er von 1737 bis 1742 als Hauslehrer und Sekretär Johann Sebastians gearbeitet und schließlich die hiesige *alma mater* bezogen hat. Bachs leibliche Söhne sind in dieser Schülerzahl nicht enthalten.

Faßt man, was an dokumentarischer Überlieferung von Details über Bachs familiäres Verhalten vorhanden ist, zusammen, so wird, von der lückenhaften Zufälligkeit des Überlieferten abgesehen, deutlich, daß einer geringeren Zahl von Äußerungen Johann Sebastians eine größere Zahl von Äußerungen oder Beschreibungen gegenübersteht, die nicht von ihm stammen. Dazu gehören Briefe von Johann Elias Bach[1] und an Johann Sebastian gerichtete Briefe von Dritten, z. B. über den nicht auffindbaren Sohn Johann Gottfried Bernhard[2].

Der Vater hatte den 1715 in Weimar geborenen Sohn Johann Gottfried Bernhard musikalisch ausgebildet. Er hatte seine Bestallung zum Organisten an der Marienkirche zu Mühlhausen (1735) sowie zwei Jahre später zum Organisten an der Jakobi-Kirche in Sangerhausen aktiv betrieben. Im Frühjahr 1738 verließ der Sohn das Amt und die Stadt. Er blieb für Monate unauffindbar, verschollen. Auch zum Elternhaus in Leipzig nahm er keine Verbindung auf. Im Januar 1739 ist Johann Gottfried Bernhard Bach als Student an der Universität Jena aufgetaucht, aber dort bereits im Mai des gleichen Jahres aus unbekannten Gründen verstorben.

Vater Bach wurde aus Sangerhausen über das Verschwinden des Sohnes brieflich informiert. Der Junge hatte dort auch offenbar beträchtliche Schulden hinterlassen. Johann Sebastian schrieb seinem Informanten, dem Ratsherrn und Kaufmann Klemm in Sangerhausen, eine umfangreiche Antwort über den leider mißratenen Sohn, den auch die „civilisirtere Lebensarth" der Sangerhäuser nach den offensichtlichen Ausrutschern in Mühlhausen nicht hatte auf einen ebenen Weg zurückführen können.

Hier werden familiäre und soziale Konflikte in Umrissen erkennbar, die der berühmte und verbitterte Vater nicht zu lösen vermochte.

[1] Dok. II, 423, 443, 458 und pass.

[2] Dok. II, 430.

Während Johann Sebastian Bachs Empfehlungsbrief vom 2. Mai 1735 für seinen eben erwähnten Sohn Johann Gottfried Bernhard erhalten ist (es ging um des Sohnes Anstellung in Sangerhausen) und ebenso die beiden von Vater Bach eigenhändig geschriebenen Briefe zur Bewerbung des ältesten Sohnes Wilhelm Friedemann um das Organistenamt an der Sophienkirche in Dresden heute noch existieren (beide vom Juni 1733), fehlen jegliche Briefe Bachs an seine leiblichen Kinder und Schwiegerkinder sowie deren Briefe an die Eltern oder Schwiegereltern in Leipzig. Daß es solche Briefe nicht gegeben hat, ist ganz unwahrscheinlich. Ebenso ist es kaum denkbar, daß sie alle rein zufällig verlorengegangen sind. Vielleicht ist der noch vorhandene Rest von ihnen bei der Erbteilung im November 1750 oder aber nach Anna Magdalena Bachs Tode 1760 verlorengegangen, möglicherweise auch vernichtet worden. Ob auch alle Briefwechsel zwischen den Kindern des Leipziger Thomaskantors verschollen bleiben, ist zumindest ungewiß. Mögen die Beziehungen zwischen den Halbgeschwistern, den Kindern aus der ersten und aus der zweiten Ehe Bachs manchmal belastet gewesen sein, so waren die Kinder aus erster und aus zweiter Ehe untereinander doch eng verbunden. Es waren normale Beziehungen, und es muß ernsthaft bezweifelt werden, daß es zwischen ihnen keine briefliche Kommunikation gegeben haben soll. Die damaligen Jahrzehnte gehören ja noch in das Zeitalter des Briefeschreibens, und die räumliche Trennung der Geschwister machte Briefwechsel zur Verständigung untereinander unumgänglich. Allein: die Briefe sind entweder noch nicht gefunden, was ein bemerkenswerter Zufall wäre, oder sie bleiben für alle Zeit verloren.

Zwei Vorgänge fordern unsere besondere Aufmerksamkeit, weil sie Bachs Familienbewußtsein im Sinne eines Bekenntnisses jenseits von den Zufälligkeiten persönlichen Umganges und unabhängig von der sonstigen Lückenhaftigkeit der dokumentarischen Überlieferung beleuchten:

1. 1735 legte Johann Sebastian Bach jene familiengeschichtliche Übersicht an, die eine zusammenfassende Darstellung des Bachgeschlechtes bezweckte, den „Ursprung der musicalisch-bachischen Familie“[1]. Mag sein, daß in diesem Dokument, das in einer Abschrift von Anna Carolina Philippina, der Tochter von Carl Philipp Emanuel Bach, erhalten ist, während das Original bis heute nicht auftauchte, eine Replik an Johann Gottfried Walther[2] gesehen werden kann, der in seinem Lexikon-Artikel über Johann Sebastian Bach die Bachische Familiengeschichte nur angedeutet und damit beim Thomaskantor das Bedürfnis nach Ergänzung geweckt haben mag (Chr. Wolff). Noch mehr aber muß man in diesem Dokument wohl einen Ausdruck von Verantwortung sehen, die Bach empfand als Nachfahre, als spätes und berühmtes Glied einer langen Kette und als letzter Überlebender der von Johann Ambrosius, dem Vater, gegründeten Familie Bach.

   Wer, wenn nicht er, der Leipziger Thomaskantor und gewesene Hofkapellmeister, sollte auf das Musikergeschlecht der Bache aufmerksam machen, wer es den jüngeren Bachen überantworten?

2. Johann Sebastian besaß das „Alt-Bachische Archiv“, eine Sammlung von Kompositionen verschiedener Vorfahren, die er, wenigstens teilweise, in seine Leipziger Aufführungen einbezog und zu diesem Zweck auch in Einzelheiten ergänzt hat[3].

   Hier tritt der unmittelbare musikalische Bezug zu den Vorfahren an den Tag, die Wertschätzung für Kompositionen anderer Bache, der Stolz auf die in Generationen in

[1] Dok. I, 184.
[2] Musicalisches Lexikon, Leipzig 1732 (= Dok. II, 323).
[3] z. B. verschiedene Motetten von Johann Christoph Bach.

der Familie Bach gewachsenen Leistungen, ihre Bewahrung, Anwendung und wohl auch ihre Weitergabe an die nachfolgende Generation.

In diesen beiden Vorgängen oder Sachverhalten tritt ein entschieden großer Zug, ein gravierendes Element von Johann Sebastian Bachs Familienbewußtsein hervor.

Hinzu treten eine Fülle von familiären Alltagsdetails, die den Blick auf Freude und Leid Bachscher Familienwirklichkeit im engeren Sinne öffnen. Hier spielen Briefe, die Johann Elias Bach als Sekretär beim Thomaskantor in Leipzig geschrieben hat, eine besondere Rolle, weil sie manche Einblicke in Bachs private Sphäre gestatten. So schreibt Johann Elias Ende April 1738 an seine Mutter (übrigens auch eine Anna Magdalena) in Schweinfurth: „Wenns angeht, so hätte auch gerne eine Flasche von rechten guten Hefen Brandewein vor meinen Herrn Vetter u. etliche Stücke NB gelbe Nelcken vor unsere Frau Muhme, welche eine große Liebhaberin von der Gärtnerey ist, ich weiß gewiß, ich würde eine große Freude damit machen, und mich desto mehr bey beyden insinuiren, weswegen ich nochmahls gar sehr darum bitte ...“.[1]

Im Juni 1740 schrieb der gleiche Johann Elias Bach an den Kantor Hille in Glauchau die Bitte um Überlassung eines abgerichteten Singvogels für Anna Magdalena Bach in Leipzig. Hinter diesem Brief stand wohl der Thomaskantor selbst, der seiner Frau eine besondere Freude machen wollte. Es enthüllt sich ein Blick auf das gute Verhältnis der beiden Eheleute zueinander. Elias schreibt: „Es hat nemlich nur gedachter Herr Capell-Meister, als er in vergangener Faste von Halle zurücke kam, unter dem vielen Guten seiner Frau Liebste auch dieses referiert, daß Ew. WohlEdlen einen Hänfling besäßen, welcher durch die geschickte Anweisung seines LehrMeisters sich besonders im Singen hören ließe; Weil nun meine Fr. Muhme eine große Freundin von dergleichen Vögeln sind, als habe mich hierdurch erkundigen sollen, ob Ew. WohlEdlen diesen Sänger gegen billige Bezahlung an Sie zu überlaßen u. durch sichere Gelegenh. zuübersenden etwa möchten gesonnen seyn.“[2]

Daß Bach an seinen Kindern nicht nur Freude hatte, wurde schon (um eine moderne Terminologie zu verwenden) an dem Aussteiger Johann Gottfried Bernhard erkennbar. Einer der musikalisch offenbar sehr begabten Söhne aus der zweiten Ehe, Gottfried Heinrich Bach (1724 bis 1763), war schwachsinnig und blieb dadurch in seiner gesamten Entwicklung außerhalb der Erwartungen und Hoffnungen.

Bach hat sich überaus zufrieden über die musikalische Leistungsfähigkeit seiner Familie in Leipzig geäußert. In dem berühmten Brief an den Jugendfreund Georg Erdmann vom 28. Oktober 1730[3] ist nachzulesen, daß er mit Frau und Kindern, die sämtlich „geborene Musici“ waren, ein Konzert „Vocaliter und Instrumentaliter“ formieren konnte.

Zu Bachs Persönlichkeit und zu seinem familiären Verhalten gehört offenbar auch ein ausgeprägter Sinn für Sparsamkeit. Geht man allen seinen Äußerungen zu materiellen Fragen, Geldaufwendungen etc. nach, so darf man getrost sagen, daß er seine Lage fast immer etwas schwächer darstellte, als sie wirklich war. Es gehörte offenbar zu seinen Grundsätzen, bildlich zu machen, daß er nichts verschenken könne und als Familienvater Geld und Gut zusammenhalten müsse. Eine Ausnahme findet sich in dem genannten Brief an Georg Erdmann. Dieser Brief aber war in seiner Zielsetzung eine Art Bewerbung, und darin bildete die Darstellung seiner Einkünfte für den Adressaten den Maßstab für ein mögliches Stellenangebot an Bach, das freilich niemals erfolgt ist.

Notwendig ist die Frage, ob Johann Sebastian sich der Familie und ihrer Tradition gegen-

[1] Dok. II, 423.
[2] Dok. II, 477.
[3] Dok. I, 23.

über immer integrierend verhalten hat. Das war, wenn wir die Familie im weiteren Sinne betrachten, offensichtlich nicht der Fall, und dies macht die Frage nach seinem Familiensinn in gewisser Weise brisant.

Man kann deutlich verfolgen, daß Bach aus familiären Traditionen auch ausgeschert ist. Während die Mehrzahl der Bache, auch seiner Vorfahren, offenbar eine stabile Heimatbindung entwickelte, kann man das von Johann Sebastian nicht ohne Vorbehalt sagen. Schon der Aufenthalt des Jünglings an der Michaelisschule in Lüneburg (1700 bis 1703) und die Reise nach Lübeck zu Buxtehude, es war eine wirkliche Bildungsreise (Ende 1705 bis Anfang 1706), rücken aus dem Normalverhalten der Bache heraus, es waren die frühen Schritte, die nicht dem Usus der Mehrzahl der Bachschen Familienmitglieder in Thüringen entsprachen. Es gibt nur Einzelfälle in der Bachschen Familiengeschichte, mit denen man Johann Sebastians Verhalten in dieser Hinsicht vergleichen kann.[1]

Der Grundsatz, familiäre Hilfsmöglichkeiten zu nutzen, ihnen aber nicht zu erliegen, hat Bachs gesamten beruflichen Werdegang geprägt. Köthen und Leipzig waren seine großen Konsequenzen, der wahrscheinliche innere Wunsch der Anstellung in Dresden oder der Erdmann-Brief von 1730 mit der Frage nach einer „convenablen station“ „dasigen Orthes“ (in Danzig, heute Gdańsk) machen die innere und äußere Lösung Bachs aus einer zu engen Umklammerung durch die Familie im weiteren Sinne ganz deutlich. Hierher gehört auch Bachs Bemühung um eine Organistenanstellung in Hamburg während der Köthener Zeit, von der ja bekannt ist, daß sie nur dadurch scheiterte, daß Bach nicht eine größere Geldsumme zahlen konnte, um in Hamburg bestallt zu werden.

Bachs beruflicher Werdegang führte ihn frühzeitig in Stellungen, die im Rahmen der Familientradition der Bache Ausnahmen und schließlich Einmaligkeiten darstellten und die dann bei seinen Söhnen nachgewirkt haben dürften (denken wir an die Anstellungen seiner Söhne in Berlin, in Hamburg, in Bückeburg, in Italien und in London).

Weimar, Köthen und Leipzig hoben als Wirkungsstätten den Eisenacher Hausmannssohn bereits ein beträchtliches Stück über die Familientratition hinaus. Johann Sebastian Bach als Orgelspieler, Orgelsachverständiger, Klavierspieler, Lehrer und schließlich auch als Komponist übersprang ebenfalls die innerfamiliären Erfahrungen der Bache und auch der mit den Bachen verbundenen anderen Thüringer Musikerfamilien.

Was hingegen bei Johann Sebastian an familiärer Bewußtheit zu beobachten ist, hängt offenbar sehr stark vom musikalischen Können der Familienmitglieder und auch der Vorfahren ab. Und auch in dieser Hinsicht war der Leipziger Thomaskantor zu einer realen Selbsteinschätzung seiner besonderen Fähigkeiten durchaus in der Lage, da sollte man sich von gelegentlichen Formulierungen der Bescheidenheit, die zum guten Ton gehörten, nicht täuschen lassen.

Er verlor allerdings sein Leben lang auch nicht solche Wesenszüge, die seine Familienbindung und seine Thüringer Herkunft gleichermaßen kennzeichneten: Haushälterischen Sinn, überlegten, sparsamen Umgang mit materiellen und ideellen Gütern oder Leistungen, hartnäckiges Durchsetzungsvermögen. Die erhaltenen Dokumente berichten darüber in ausreichendem Maße.

Sein jahrelanger Leipziger Sekretär, der schon mehrfach erwähnte Johann Elias Bach,

[1] Vgl. 1704 Johann Jakob Bachs Schritt in schwedische Dienste. Ab 1708 war ein Johann Christoph Bach in England, 1717 in Rotterdam in den Niederlanden nachweisbar (= Oefner DJfM 1969). Ob der um 1598 nach den Niederlanden und schließlich nach Indonesien ausgewanderte Trompeter Eberhard Heinrich Bach mit den Thüringer Bachen verbunden war, ist bislang nicht erwiesen.

hatte beim älteren Vetter, dem Leipziger Thomaskantor, nach dessen „preußischer Fuge“[1] angefragt. Johann Sebastian antwortete ihm am 6. Oktober 1748 nach Schweinfurth, daß er ihm nicht dienen könne, weil alle Exemplare vergriffen seien, er nur hundert habe drucken lassen „wovon die meisten an gute Freunde gratis verthan worden.“[2] Wenn aber neue gedruckt seien, könne der Herr Vetter ein Exemplar bekommen, sofern er vorher einen Thaler dafür nach Leipzig schicke. Gegenüber der weiteren Familie hört also die Großzügigkeit auf, selbst bei einem Mann, der jahrelang für ihn in Leipzig gearbeitet hat. Da werden Geschäft und familiäres Gefühl deutlich getrennt.

Im gleichen Jahre hatte besagter Johann Elias ein Fäßlein Frankenwein nach Leipzig geschickt, ob aus eigenem Antrieb oder auf Bachs Wunsch, ist nicht feststellbar. Aber der Wein war infolge der langen Fahrt und bei offenbar wiederholten Kontrollen weniger geworden, und nach Erhalt der Sendung schreibt der Thomaskantor eine haushälterische Aufrechnung über das „Fäßlein Mostes“[3] an den Vetter in Schweinfurth. Ich darf Ihnen dieses Dokument nicht vorenthalten. Es lautet im Auszuge: „Daß Sie nebst Frauen Liebsten sich noch wohl befinden, versichert mich Dero gestriges Tages erhaltene angenehme Zuschrifft, nebst mit geschickten kostbaren Fäßlein Mostes, wofür hiermit meinen schuldigen Danck abstatte. Es ist aber höchlich zu bedauren, daß das Fäßlein entweder durch die Erschütterung im Fuhrwerck oder sonst Noth gelitten; weiln nach deßen Eröffnung und hiesiges Ohrtes gewöhnlicher visirung, es fast auf den 3ten Theil leer u. nach des visitatoris Angebung nicht mehr, als 6 Kannen in sich gehalten hat; und also schade, daß von dieser edlen Gabe Gottes das geringste Tröpfflein hat sollen verschüttet werden. Wie nun zu erhaltenen reichen Seegen dem Herrn Vetter herzlich gratulire; als muß hingegen pro nunc mein Unvermögen bekennen, üm nicht im Stande zu seyn, mich reellement revengiren zu können.“ Und in einem Pro Memoria nach vollzogener Briefunterschrift, reibt der Herr Bach seinem Vetter das Problem mit aller Deutlichkeit unter die Nase: „Ohnerachtet der Herr Vetter sich geneigt offeriren, fernerhin mit dergleichen liqueur zu assistiren; So muß doch wegen übermäßiger hiesiger Abgaben es depreciren; denn da die Fracht 16 gr. der Überbringer 2 gr. der Visitator 2 gr. die Landaccise 5 gr. 3 Pf. u. generalaccise 3 gr. gekostet hat, als können der Herr Vetter selbsten ermeßen, daß mir jedes Maaß fast 5 gr. zu stehen kömt, welches denn vor ein Geschenke alzu kostbar ist, etc.“[4]

Daß Bach, wie er schreibt, nicht in der Lage sei, sich bei dem Herrn Vetter für das „Geschencke reellement revengiren“ zu können, ist eine bedenkliche Untertreibung. Er bietet als Gegengabe noch nicht einmal die kostenlose Übersendung der gewünschten preußischen Fuge an!

Aber es kommt noch besser:

Bach schreibt, seine Tochter Ließgen werde kommenden Januar heiraten.[5] Er würde ja den Herrn Vetter dienstlich einladen, aber der unbequemen Jahreszeit und der Entfernung wegen dürfe er sich das nicht erlauben. Auf gut Deutsch: Kaum angedeutete Einladung und eindeutige Ausladung in einem Satz! Wer brächte das in solch immer noch freundlicher Kürze sonst wohl fertig! Und dann kommt die Coda zu diesem Thema:

[1] Gemeint ist wahrscheinlich das Ricercare aus dem Musikalischen Opfer BWV 1079 oder auch das ganze Werk. Vgl. Dok. I, 49.

[2] a. a. O.

[3] Dok. I, 50.

[4] a. a. O.

[5] den begabten Leipziger Bachschüler Johann Christoph Altnickol.

Bach bittet sich zugleich aus, „in Abwesenheit mit einem christlichen Wunsch zu assistiren, wormit mich an dem Herrn Vetter bestens empfehle..."[1].

Hier halten sich die Familienbande erkennbar in Grenzen.

Anfangs zitierte ich die liebevolle Beschreibung der Familientreffen der Bache durch Johann Nikolaus Forkel. Nun, in Abwägung des Vorgetragenen, wäre zu fragen: ob Johann Sebastian als einziger überlebender Sohn von Johann Ambrosius Bach und als der berühmteste aller Bache einmal daran gedacht haben mag, die an verschiedenen Orten lebenden Bache aus den verschiedenen Zweigen der Familie zu einem Treffen einzuladen oder aufzufordern, wie es doch nach Forkels Beschreibung früher regelmäßig abgehalten wurde? Wir wissen es nicht, aber es ist schwer vorstellbar, daß ein solches Familienereignis völlig untergegangen wäre. Es wäre wohl sicher in den Informationen der Söhne Carl Philipp Emanuel und Wilhelm Friedemann an den Biographen Forkel wie so viele andere Begebenheiten erwähnt worden, von anderen Möglichkeiten der Überlieferung ganz abgesehen. Aber vielleicht hatte der Thomaskantor auch einen heimlichen Horror vor einem solchen Treffen und vor den vielen Wünschen und Anliegen, die die „kleineren Bache" ihrem großen Verwandten in Leipzig um den Hals gebunden hätten?

Es besteht kaum Anlaß, für die erste Hälfte des 18. Jahrhunderts ein Zerbrechen des Bachschen Familienverbandes anzunehmen. Doch die Lockerung der familiären Bande ist nicht zu übersehen, und sie fand in der Generation der Kinder, vor allem der berühmten Söhne Johann Sebastians wohl sogar noch eine Verschärfung. Die einst ausgeprägte Familiensolidarität war unverzichtbar gewesen, solange die Familienmitglieder noch in Anstellungen ohne großen Einfluß und von teilweise geringem sozialen Status tätig waren. Von allen lebenden Bachen war Johann Sebastian aus dem Thüringer Familienverband beruflich am weitesten hinausgetragen worden, und diese soziale Veränderung hatte ihren Preis.

In Johann Sebastian Bachs Werdegang beobachten wir, analog zu vergleichbaren sozialen Entwicklungen im bürgerlichen und plebejischen Lebensbereich, den alten und noch immer wachsenden Drang vom Lande in die Stadt, in Zentren von Einfluß, Repräsentanz und weitergesteckten Entwicklungsmöglichkeiten einschließlich ihrer ökonomischen Chancen. Bachs Lebensweg zeigt, etwa im Vergleich zu Händel, einen durchaus bescheidenen Drang in die Ferne, aus der Familie hinaus und in neue Lebensverhältnisse. Verglichen mit dem Lebensweg der meisten Thüringer Bache aber war Johann Sebastian ein weitgereister, ein beruflich mobiler, ein bemerkenswert selbstbewußter und ein sehr erfolgreicher Mann. Er hatte an einer ganz modernen Entwicklung teil, die sein Leben, seine Denkweise und selbstverständlich auch seine gesamte familiäre und berufliche Erfahrungswelt geprägt hat.

Bach nahm an jener Entwicklung teil, die wir heute (unabhängig von Anekdote, Wunschdenken oder Verklärung) dem Prozeß zugehörig erkennen, in den die spätfeudalen Strukturen in Mitteldeutschland in der ersten Hälfte des 18. Jahrhunderts geraten waren und in dem das Erstarken des Bürgertums aufgeklärtes Denken und Sichverhalten beförderte. Dabei wurden die Anliegen der Sippe offenbar schrittweise verdrängt und der ausgeprägt professionelle Status des Einzelnen in das Zentrum des sozialen Verhaltens dieser Musikerfamilie gerückt.

Es ist soziologisch wohl schon ein Zeitalter des Überganges, der Ablösung, in dem Herkömmliches seinen angestammten Platz verlor, in Bewegung geriet, eine neue soziale Wirklichkeit auch im familiären Verhalten aber noch nicht zur Reife ausgeprägt war.

So war Johann Sebastian Bach familiär im Sinne des Wissens um die jahrhundertealte

[1] Dok. I, 50.

Tradition seiner Familie und ihres Beitrages zur Musikkultur, im Bewahren dieser Bewußtheit auch als Vater einer eigenen Familie.

Er war nicht familiär im Sinne eines Patriarchen und eines bedingungslos Familientreuen, dem, was Bach heißt, über alles geht.

Er verhielt sich zur Familie vergleichbar dialektisch wie gegenüber den vielen grundlegenden Erscheinungen und Erfahrungen seines Lebens, seines Berufes und seiner Kunst.

Er bewahrte und hob familiäre ähnlich wie musikalische Traditionen in jenem Sinne auf, den Hegel ein halbes Jahrhundert später in Aufarbeitung vorliegender Erfahrungen philosophisch mit dem Begriff der Dialektik verbunden hat.

Abkürzung:

Dok. I, II = Bach-Dokumente, herausgegeben vom Bach-Archiv Leipzig, Supplement zu Johann Sebastian Bach. Neue Ausgabe sämtlicher Werke.
Bd. I: Schriftstücke von der Hand J. S. Bachs (Werner Neumann und Hans-Joachim Schulze). Leipzig und Kassel 1963.
Bd. II: Fremdschriftliche und gedruckte Dokumente ... 1685—1750 (Werner Neumann und Hans-Joachim Schulze)
Leipzig und Kassel 1969.

ZUWAHLEN

Auswärtige Mitglieder

13. Mai 1988

Mathematisch-naturwissenschaftliche Klasse

Hiebert, Erwin Nick, Dr., o. Professor für Geschichte der Wissenschaften und Technik an der Harvard University, geb. 27. V. 1919 Saskatchewan (Kanada), dienstl.: Department of the History of Science, Harvard University, Science Center 235, Cambridge, Mass. 02138, USA; 40 Payson Road, Belmont, MA 02178, Tel. (617) 489—1741.

Müller, Karl Alexander, Dr. rer. nat., o. Professor für Physik an der Universität Zürich, geb. 20. IV. 1927 in Basel, CH-8803 Rüschlikon, Säumerstraße 4, Tel. dienstl. (01) 7248111.

Oleinik, Olga, Dr., o. Professor für Mathematik (Angewandte Analysis), geb. 2. VII. 1925, Mathematisch-physikalische Fakultät der Lomonossow-Universität Moskau.

Senda, Mitsugi, Dr. agr., o. Professor für Biopolymerchemie und Agrikulturchemie an der Universität Kyoto, geb. 20. II. 1929, 15-5, Kitado-cho, Kamitakano, Skyo-ku, Kyoto 606.

Philologisch-historische Klasse

Chropovský, B., Dr. phil., o. Professor für Archäologie in Bratislawa, geb. 9. VIII. 1926 in Čataja/Bratislawa, Hrad Slovenska, Akademia ved., Archäol. Ustav, ČSSR 94921 Nitra.

Gamkrelidze, Thomas V., Dr. phil., o. Professor für allgemeine und vergleichende Sprachwissenschaft an der Universität Tbilissi, geb. 23. X. 1929 in Kutaisi (Georgien), Tsereteli Institute of Oriental Studies, Academy of Sciences of the Georgian SSR, Acad. Tsereteli St. 3, UdSSR-Georgia 380062 Tbilissi.

Schmid, Wolfgang P., Dr. phil., o. Professor für vergleichende Sprachwissenschaft an der Universität Göttingen, geb. 25. X. 1929 in Berlin, 3403 Friedland 5, Schladeberg 20, OT. Niederjesa, Tel. 05509/1336.

Szulc, Aleksander, Dr. phil., Dr. phil. h. c., o. Professor für germanische Philologie, geb. 22. III. 1924 in Poznań, Universytet Jagielloński, Instytut Filologii Germańskiej, 31-120 Kraków, Al. Mickiewicza 9/11.

Ordentliche Mitglieder

3. Juni 1988

Mathematisch-naturwissenschaftliche Klasse

Arnold, Klaus, Dr. rer. nat., o. Professor für Biophysik an der KMU Leipzig, geb. 19. V. 1942 in Preußlitz (Kr. Bernburg), 7010 Leipzig, Karl-Tauchnitz-Str. 23, Tel. 310889.

Beyer, Klaus, Dr. rer. nat., o. Professor für Mathematik an der KMU Leipzig, geb. 26. IV. 1939 in Leipzig, KMU Leipzig, Sektion Mathematik, 7010 Leipzig, Karl-Marx-Platz 10.

Haustein, Uwe-Frithjof, Dr. med., o. Professor für Dermato-Venerologie an der KMU Leipzig, geb. 20. II. 1937 in Dresden, 7113 Markkleeberg, Gustav-Freytag-Straße 5, Tel. 323273.

Wilhelmi, Bernd, Dr. rer. nat., o. Professor für Experimentalphysik an der Friedrich-Schiller-Universität Jena, geb. 6. I. 1938 in Erfurt, 6902 Jena, Am Goldberg 1.

Philologisch-historische Klasse

Groß, Reiner, Dr. phil., Direktor des Staatsarchivs Dresden, geb. 3. VIII. 1937 in Zwickau 8017 Dresden, Kurt-Tucholsky-Straße 10/7-01.

Nagel, Peter, Dr. theol., Dr. phil., ao. Professor für Koptologie an der Sektion Orient- und Altertumswissenschaften der Martin-Luther-Universität Halle—Wittenberg, geb. 3. IV. 1938 in Erdmannsdorf (Kr. Flöha), 4090 Halle-Neustadt, Block 151/02/17.

Schuster-Šewc, Heinz, Dr. phil., o. Professor für Sorabistik an der KMU Leipzig, geb. 8. II. 1927 in Purschwitz (Kr. Bautzen), 7010 Leipzig, Straße des 18. Oktober 22, Tel. 208510.

NAMENREGISTER

(Mitglieder der Akademie und der mit ihnen im Zusammenhang stehende Personenkreis)

Kolibri 360 GmbH
Ferdinand-Jühlke-Straße 7
99095 Erfurt, Deutschland
produktsicherheit@kolibri360.de